·高等学校计算机基础教育教材精选·

数据库技术应用教程

李彩霞 刘萍 主编
焦坦 副主编

清华大学出版社
北京

内容简介

本书较为详细地讲述了数据库系统的基本概念、原理和方法，阐述了数据库设计和实现的基本过程，并利用 SQL Server 2005 这一环境使读者将数据库技术的理论知识转化为实际应用；同时也介绍了数据库系统的最新进展。

本书可以作为高等学校计算机专业、信息管理等相关专业的“数据库原理及应用”课程的教材，也可供从事数据库研究、开发和应用的研究人员和工程技术人员参考。

图书在版编目（CIP）数据

数据库技术应用教程/李彩霞，刘萍主编．--北京：清华大学出版社，2011.4

（高等学校计算机基础教育教材精选）

ISBN 978-7-302-24914-6

Ⅰ. ①数…　Ⅱ. ①李…　②刘…　Ⅲ. ①数据库系统—高等学校—教材　Ⅳ. ①TP311.13

中国版本图书馆 CIP 数据核字(2011)第 032914 号

责任编辑：白立军　王冰飞
责任校对：白　蕾
责任印制：何　芊

出版发行：清华大学出版社　　**地　　址**：北京清华大学学研大厦 A 座
http://www.tup.com.cn　　**邮　　编**：100084
社　总　机：010-62770175　　**邮　　购**：010-62786544
投稿与读者服务：010-62795954，jsjjc@tup.tsinghua.edu.cn
质 量 反 馈：010-62772015，zhiliang@tup.tsinghua.edu.cn

印 刷 者：三河市君旺印装厂
装 订 者：三河市新茂装订有限公司
经　　销：全国新华书店
开　　本：185×260　　**印　　张**：26.25　　**字　　数**：620 千字
版　　次：2011 年 4 月第 1 版　　**印　　次**：2011 年 4 月第 1 次印刷
印　　数：1～3000
定　　价：39.00 元

产品编号：038648-01

出版说明

在教育部关于高等学校计算机基础教育三层次方案的指导下，我国高等学校的计算机基础教育事业蓬勃发展。经过多年的教学改革与实践，全国很多学校在计算机基础教育这一领域中积累了大量宝贵的经验，取得了许多可喜的成果。

随着科教兴国战略的实施以及社会信息化进程的加快，目前我国的高等教育事业正面临着新的发展机遇，但同时也必须面对新的挑战。这些都对高等学校的计算机基础教育提出了更高的要求。为了适应教学改革的需要，进一步推动我国高等学校计算机基础教育事业的发展，我们在全国各高等学校精心挖掘和遴选了一批经过教学实践检验的优秀的教学成果，编辑出版了这套教材。教材的选题范围涵盖了计算机基础教育的三个层次，面向各高校开设的计算机必修课、选修课，以及与各类专业相结合的计算机课程。

为了保证出版质量，同时更好地适应教学需求，本套教材将采取开放的体系和滚动出版的方式（即成熟一本，出版一本，并保持不断更新），坚持宁缺毋滥的原则，力求反映我国高等学校计算机基础教育的最新成果，使本套丛书无论在技术质量上还是文字质量上均成为真正的"精选"。

清华大学出版社一直致力于计算机教育用书的出版工作，在计算机基础教育领域出版了许多优秀的教材。本套教材的出版将进一步丰富和扩大我社在这一领域的选题范围、层次和深度，以适应高校计算机基础教育课程层次化、多样化的趋势，从而更好地满足各学校由于条件、师资和生源水平、专业领域等的差异而产生的不同需求。我们热切期望全国广大教师能够积极参与到本套丛书的编写工作中来，把自己的教学成果与全国的同行们分享；同时也欢迎广大读者对本套教材提出宝贵意见，以便我们改进工作，为读者提供更好的服务。

我们的电子邮件地址是：jiaoh@tup.tsinghua.edu.cn；联系人：焦虹。

清华大学出版社

前言

数据库技术是计算机科学技术中发展最快的领域之一，也是应用最广泛的技术之一，它是计算机信息系统与应用系统的核心技术和重要基础。从 20 世纪 60 年代中期到今天仅仅四十多年的历史，但已经经历了几代演变，发展和丰富了这门学科，目前人们正在研究新一代的数据库系统。就数据库学科而言，它经历了第一代层次网状数据库系统，形成了较为成熟的第二代关系数据库系统理论体系和一大批有应用前景的商品化系统，已成为计算机软件科学领域的一个重要分支。数据库技术是数据管理的最新技术，是研究数据库的结构、存储、设计、管理和使用的一门软件学科，并且推动了这一巨大产业的进步。

本书是作者多年从事"数据库原理及应用"课程教学经验的结晶，是作者在十多年讲授"数据库原理及应用"课程的基础之上，结合现代大学本科教育的特点编写而成的。本书已列入清华大学出版社普通高等教育"十二五"规划教材，其主要特点如下：

(1) 教学内容既注重基础理论又突出实用性。突出数据库的基本原理、概念和方法，特别强调培养学生分析问题、解决问题和动手实践的能力，重点突出，有精选例题和较多的案例，由浅入深地逐步展开进行讲解。

(2) 充分体现教师的教学思想。参加编写的教师均是多年从事数据库技术及应用教学和科研工作的一线教师，积累了一定的经验，本书编写时突出数据库的设计方法，把教师的教学思想融入到本书中，由浅入深、循序渐进，语言和语法的讲解完全融会贯通在实例和案例中。

(3) 重点内容突出。舍弃一些次要内容，如关系数据库的关系演算、模式分解的算法，使该教材通俗易懂。

(4) 本书包含大量的实例，并附有实验内容。

本书内容全面，教师可根据不同专业、不同学生群体，对书中的内容有选择地进行讲解。

本书主编由青海民族大学计算机学院教授李彩霞、刘萍担任。本书分为原理篇及应用篇，共 17 章。原理篇为第 1～8 章，应用篇为第 9～17 章。其中，青海民族大学李彩霞教授承担了第 3 章和第 5 章的编写工作；青海民族大学刘萍教授承担了第 4 章和第 11 章的编写工作；青海省广播电视大学李学峰承担了第 8 章、第 12 章及第 13 章的编写工作；青海大学周钧承担了第 6 章、第 16 章及第 17 章的编写工作；青海大学马蓉承担了第 7

章、第 14 章及第 15 章的编写工作；青海民族大学冯桂莲承担了第 9 章和第 10 章的编写工作；青海民族大学保海军承担了第 1 章和第 2 章的编写工作。

由于编者水平有限，书中难免存在疏漏之处，望学术同仁及读者不吝赐教，给予批评指正，编者在此表示感谢。

编　者

2011 年 1 月

目录

原 理 篇

应 用 篇

原　理　篇

第1章 数据库系统概述

1.1 基本概念

本节主要对有关数据的几个基本概念作全面的介绍，其中包括数据、数据模型、数据库、数据库管理系统、数据库系统。

1. 数据

数据是数据库中存储的基本对象。数据在多数人的脑海中的首先反应就是数字。这是传统的、狭义的理解，数字只是简单的一种数据。从广义上理解，数据的种类非常多，包括文字、图形、图像、声音、学生的档案记录等，这些都是数据。

为了了解世界和方便信息的交流，人们需要描述一些事物。在日常生活中直接用自然语言（如汉语）来描述。在计算机中，为了存储和处理这些事物，就要抽取对这些事物感兴趣的一些特征组成一个记录来描述。例如：在高考招生表中，如果人们最感兴趣的是考生的考号、考分、姓名、性别、所在地、民族，那么可以这样描述：

(0514030023030,647,桑杰扎西,男,青海海西,藏)

因此，这里的考生记录就是数据。对于上面这条学生记录，了解其含义的人会得到如下信息：桑杰扎西是个即将步入高等学府的大学生，男，青海人，民族是藏族；不了解其语义的人则无法理解其含义。可见，数据的形式还不能完全表达其内容，需要经过解释。所以数据和关于数据的解释是不可分的，数据的解释是指对数据含义的说明，数据的含义称为数据的语义，数据与其语义是不可分的。

对数据可以做如下定义：凡是计算机中用来描述事物的记录，都可以称为数据。

2. 数据模型

为了用计算机处理现实世界中的具体事物，往往要对客观事物加以抽象，提取主要特征，归纳形成一个简单清晰的轮廓，从而使复杂的问题变得易于处理，这就是建立模型的概念。数据模型首先要真实地反映现实世界，否则就没有实际意义了；其次，要易于理解，和人们对外部事物的认识相一致；最后，要便于实现，因为最终要由计算机来处理。

数据库中存储的是数据，这些数据反映了现实世界中有意义、有价值的信息，它不仅反映数据本身的内容，而且反映数据之间的联系。那么如何抽象地表示、处理现实世界中的数据和信息呢？这就需要使用数据模型这个工具。数据是描述事物的符号记录。模型是对现实世界感兴趣的内容的抽象特征的模拟和抽象。数据模型是用来抽象表示和处理现实世界中的数据和信息的。它是数据特征的抽象，是数据库中用于提供信息表示和操作手段的形式框架，是人们将现实世界转换为数据世界的桥梁。通俗地讲，数据模型就是现实世界的模拟。

只有将客观事物抽象为数据模型，才有可能建立计算机化的数据库系统。数据库设计的核心问题之一就是建立一个好的数据模型。而实体模型是设计数据库的先导，它是确定数据库包含哪些内容的关键。

数据模型通常由数据结构、数据操作和完整性约束三要素组成。

(1) 数据结构描述的是系统的静态特性，是所研究对象的类型的集合。由于数据结构反映了数据模型最基本的特征，因此，人们通常都按照数据结构的类型来命名数据模型。传统的数据模型有层次模型、网状模型和关系模型。近年来，面向对象模型得到广泛的应用。

(2) 数据操作描述的是系统的动态特性，是对各种对象实例允许执行的操作的集合。数据操作主要分更新和检索两大类，更新包括插入、删除、修改。两类统称增、删、改、查。

(3) 完整性约束的目的是保证数据的正确性、有效性和相容性。例如，在关系模型中，任何关系都必须满足实体完整性和引用完整性这两个条件。

3. 数据库

顾名思义，数据库是存放数据的仓库。只不过这个仓库是在计算机存储设备上，而且数据是按一定的格式存放的。它产生于50年前，随着信息技术和市场的发展，特别是20世纪90年代以后，数据管理不再仅仅是存储和管理数据，而是转变成用户所需要的各种数据管理方式的数据库，实际上，就是按照一定的组织方式存储在一起的相互关联的数据的集合。在引入了数据库管理系统(DBMS)这个概念之后，可以认为，数据库就是由DBMS统一管理和控制的数据的聚集。数据库中的数据按一定的数据模型组织、描述和存储，具有较小的冗余度、较高的数据独立性和易扩展性，并可为各种用户共享。

4. 数据库管理系统

了解了以上的基本概念后，下一个问题就是如何科学地组织和存储数据，如何高效地获取和维护数据。完成这个任务的是一个系统软件——数据库管理系统。数据库管理系统是数据库系统的一个重要组成部分。

数据库管理系统是一种系统软件，介于应用程序和操作系统之间。它允许一个或多个使用者对数据库中的抽象数据提出请求(包括询问和修改)，并以合乎使用者要求的格式提供给使用者。抽象数据的含义是指数据由数据模型表示。若数据以关系数据模型存储，则相应的管理系统称为关系数据库管理系统。DBMS不仅具有最基本的数据管理功能，还能保证数据的完整性、安全性，提供多用户的并发控制，当数据库出现故障时使系统进行恢复。

它的主要功能包括以下几个方面。

1) 数据定义功能

DBMS提供数据定义语言(Data Definition Language，DDL)，用户通过它可以方便地对数据库中的数据对象进行定义。

2）数据操纵功能

DBMS 还提供数据操纵语言（Data Manipulation Language，DML），用户可以使用 DML 操纵数据实现对数据库的基本操作，如查询、插入、删除和修改等。

3）数据库的运行管理

数据库在建立、运行和维护时由数据库管理系统统一管理、统一控制，以保证数据的安全性、完整性、多用户对数据的并发使用及发生故障后的系统恢复。

4）数据库的建立和维护功能

数据库的建立与维护功能包括数据库初始数据的输入、转换功能，数据库的转储、恢复功能，数据库的重组织功能和性能监视、分析功能等，这些功能通常是由一些实用程序完成的。

5. 数据库系统

数据库系统是指具有管理和控制数据库功能的计算机系统。它通常由 5 部分组成：硬件系统、数据库、软件支持系统、数据库管理员和用户。应当指出的是，数据库的建立、使用和维护等工作只靠一个 DBMS 远远不够，还要有专门的人员来完成，这些人被称为数据库管理员（DataBase Administrator，DBA）。

当然，人们也常把除人以外与数据库有关的硬件和软件系统称为数据库系统。一个数据库系统应该有如下功能。

（1）允许用户用一种叫做“数据定义语言”的专用语言来建立新的数据库。

（2）允许用户用一种叫做“数据操作语言”或者“查询语言”的专用语言来对数据库中的数据进行查询和更新。

（3）支持存储大量的数据，保证对数据的正确及安全使用。

（4）控制多用户的并发访问，保证并发访问不相互影响，不损坏数据。

由于数据模型是数据库系统的基础，因此人们就按数据模型来命名数据库系统，如数据模型为层次模型、网状模型或关系模型，则相应的数据库系统就称为层次数据库系统、网状数据库系统或关系数据库系统。数据库系统可以用图 1-1 表示。

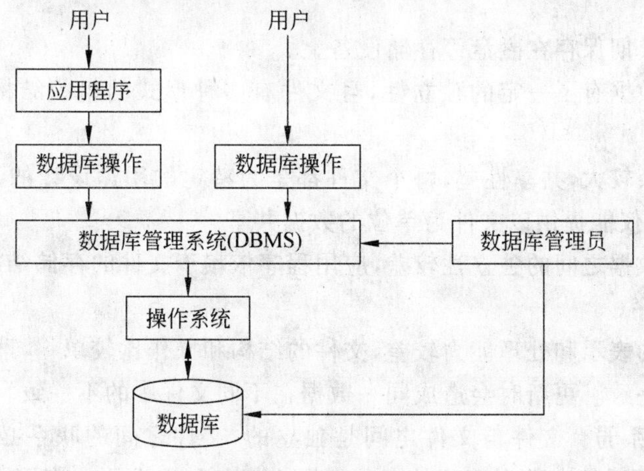

图 1-1　数据库系统

1.2 数据库技术的产生和发展

数据库技术是数据管理的最新技术，是研究数据库的结构、存储、设计、管理和使用的一门软件学科。数据库技术是在操作系统的文件系统的基础上发展起来的，而且数据库管理系统本身要在操作系统支持下才能工作。数据管理技术的发展动力分别是应用需求的推动、计算机硬件的发展、计算机软件的发展。

用计算机实现数据管理经历了3个发展阶段：人工管理阶段、文件系统阶段、数据库系统阶段。

1. 人工管理阶段

它是数据库管理的初级阶段。人工管理阶段是指20世纪50年代中期以前，该时期的计算机应用范围狭窄，主要用于科学计算。

这个时期数据管理的特点如下。

(1) 数据不保存，其主要原因是当时的计算机主要用于科学计算。

(2) 数据均由应用程序自己管理，没有统一的负责管理数据的专门软件系统。

(3) 数据不具有独立性，无法进行数据共享。

2. 文件系统阶段

此阶段是指从20世纪50年代后期到60年代中期。该时期的计算机应用范围逐渐扩大，计算机不仅用于科学计算，而且还大量用于信息管理。

文件系统管理数据具有如下特点。

(1) 计算机技术有了很大的发展，开始广泛应用于信息处理。

(2) 有了磁盘、磁鼓等可直接存取的设备。

(3) 计算机有了操作系统，包括文件管理系统，用户可将数据组织成文件提交给系统进行自动管理。

(4) 数据可长期保存在磁盘等存储设备上。

(5) 程序和数据有了一定的独立性，且文件有多种形式的组织结构：顺序、链接、索引、直接。

(6) 数据冗余较大，共享性差，每个文件都是为特定的用途设计的，同样数据在多个文件中重复存储，仅能提供以文件为单位的数据共享。

(7) 程序和数据之间的独立性较差，应用程序依赖于文件的存储结构，修改文件存储结构就要修改程序。

(8) 对数据的表示和处理能力较差，文件的结构和操作比较单一，不够丰富。

(9) 数据不一致。更新时会造成同一数据在不同文件中的不一致。

(10) 数据联系弱。文件与文件之间是独立的，文件之间的联系必须通过程序来构造，尽管如此，文件系统在数据管理技术的发展中仍起着很重要的作用。

3. 数据库系统阶段

数据库系统阶段是指从 20 世纪 60 年代后期至今。计算机用于信息处理的规模越来越大，对数据管理的技术提出了更高的要求，此时开始提出计算机网络系统和分布式系统，出现了大容量的磁盘，文件系统已不再能胜任多用户环境下的数据共享和处理。一个新的数据库管理技术——DBMS 由此而形成，它对所有用户数据实行统一的、集中的管理、操作和维护。

1）特点

数据库系统具有如下特点。

(1) 数据结构化。数据库系统实现整体数据的结构化，这是数据库的主要特征之一，也是数据库系统与文件系统的本质区别。所谓的整体结构化是指在数据库中的数据不再仅仅针对某一个应用，而是面向全组织；不仅数据内部是结构化的，而且整体也是结构化的，数据之间是有联系的。

(2) 数据的共享度高，冗余度低，易扩充。数据库系统从整体角度看待和描述数据，数据不再面向某个应用而是面向整个系统，因此数据可以被多个用户、多个应用共享使用。数据共享可以大大减少数据冗余，节约存储空间。数据共享还能够避免数据之间的不相容性与不一致性。

(3) 数据独立性高。数据独立性是数据库领域中一个常用术语和重要概念，包括数据的物理独立性和数据的逻辑独立性。物理独立性是指用户的应用程序与存储在磁盘上的数据库中的数据是相互独立的。也就是说，数据在磁盘上的数据库中怎样存储是由 DBMS 管理的，用户程序不需要了解，应用程序要处理的只是数据的逻辑结构，这样当数据的物理存储改变时，应用程序不用改变。逻辑独立性是指用户的应用程序与数据库的逻辑结构是相互独立的，也就是说，数据的逻辑结构改变了，用户程序也可以不变。数据独立性是由 DBMS 的二级映像功能来保证的。

(4) 数据由 DBMS 统一管理和控制。DBMS 提供以下的数据控制功能。

① 数据的安全性保护。

② 数据的完整性保护。

③ 并发控制。

④ 数据库恢复。

2）发展阶段

数据库发展阶段的划分应该把数据模型的进展情况作为主要依据和标志。按照数据模型的进展情况，数据库系统的发展可划分为三代。

(1) 第一代：层次数据库系统和网状数据库系统。它主要支持层次和网状数据模型。第一代数据库的代表是 1969 年 IBM 公司研制的层次模型的数据库管理系统 IMS 和 20 世纪 70 年代美国数据库系统语言协商 CODASYL 下属数据库任务组 DBTG 提议的网状模型。层次数据库的数据模型是有根的定向有序树，网状模型对应的是有向图。这两种数据库奠定了现代数据库发展的基础。这两种数据库具有如下共同点：

① 支持三级模式(外模式、模式、内模式)，保证数据库系统具有数据与程序的物理独

立性和一定的逻辑独立性；

② 用存取路径来表示数据之间的联系；

③ 有独立的数据定义语言；

④ 导航式的数据操纵语言。

(2) 第二代：关系数据库系统。1970 年，IBM 公司 San Jose 研究室的研究员 E F Codd 发表了“大型共享数据库数据的关系模型”论文，提出了数据库的关系模型，开创了数据库关系方法和关系数据理论的研究，为关系数据库技术奠定了理论基础。关系数据库系统支持关系数据模型，该模型有严格的理论基础，概念简单、清晰，易于用户理解和使用。因此一经提出便迅速发展，成为实力性最强的产品。第二代数据库的主要特征是支持关系数据模型(数据结构、关系操作、数据完整性)。关系模型具有以下特点：①关系模型的概念单一，实体和实体之间的联系用关系来表示；②以关系数学为基础；③数据的物理存储和存取路径对用户不透明；④关系数据库语言是非过程化的。

(3) 第三代：新一代数据库系统——面向对象数据库系统。随着科学技术的发展，计算机技术不断应用到各行各业，数据存储不断膨胀的需要对未来的数据库技术将会有更高的要求。基于扩展的关系数据模型或面向对象数据模型是尚未完全成熟的一代数据库系统。

从 20 世纪 80 年代以来，数据库技术在商业领域的巨大成功刺激了其他领域对数据库技术需求的迅速增长，但传统数据库系统的局限性难以满足新应用的需求。传统数据库系统的局限性主要表现在以下几方面。

① 面向机器的语法数据模型。传统数据库中采用的数据模型强调数据的高度结构化，只能存储离散的数据和有限的数据与数据之间的关系，语义表示能力差。

② 数据类型简单、固定。

③ 结构与行为完全分离。传统数据库主要关心数据的独立性及存取数据的效率，是语法数据库，语义表达能力差，难以抽象化地去模拟行为。对象的结构表示可映射到数据库模式，对象的行为特征最多只能由应用程序来表示。

④ 阻抗失配。它主要是指关系系统中，数据操纵语言和通用程序设计语言之间的失配。

⑤ 被动响应。仅能响应和重做用户要求它们做的事情。

⑥ 存储、管理的对象有限。仅能存储和管理数据，缺乏知识管理和对象管理的能力。

⑦ 事务处理能力较差。仅能支持非嵌套事务，对长事务的响应较慢，且在事务发生故障时恢复比较困难。

于是产生了第三代数据库，它产生于 20 世纪 80 年代。其主要有以下特征：

① 支持数据管理、对象管理和知识管理；

② 保持和继承了第二代数据库系统的技术；

③ 对其他系统开放，支持数据库语言标准，支持标准网络协议，有良好的可移植性、可连接性、可扩展性和互操作性等。

第三代数据库支持多种数据模型(比如关系模型和面向对象的模型)，并和诸多新技术相结合(比如分布处理技术、并行计算技术、人工智能技术、多媒体技术、模糊技术)，广泛应用于多个领域(商业管理、GIS、计划统计等),由此也衍生出多种新的数据库技术。

分布式数据库允许用户开发的应用程序把多个物理分开的、通过网络互联的数据库当作一个完整的数据库看待。并行数据库通过 cluster 技术把一个大的事务分散到 cluster 中的多个节点去执行,提高了数据库的吞吐和容错性。多媒体数据库提供了一系列用来存储图像、音频和视频的对象类型,更好地对多媒体数据进行存储、管理、查询。模糊数据库是存储、组织、管理和操纵模糊数据库的数据库,可以用于模糊知识处理。

1.3 数据库系统结构

从不同的角度看,可得出不同的数据库系统结构。从数据库管理系统角度来看,数据库系统通常采用三级模式结构,是数据库系统内部的系统结构;从数据库最终用户的角度来看(数据库系统外部的体系结构),数据库系统的结构分为单用户结构、主从式结构、分布式结构和客户/服务器结构。

1.3.1 数据库系统组成

数据库系统是一个复杂的系统,它不仅指数据库管理系统本身,而且指计算机系统引进数据库技术后的整个系统,通常数据库系统由系统硬件、系统软件、数据库和数据库管理员 4 个部分组成。

1. 系统硬件

数据库系统的硬件包括中央处理器(CPU)、主存储器(Memory)、磁盘驱动器(HardDisk)以及其他外部设备所组成的计算机系统。

数据库系统对内存的要求比起数值计算要大得多。它需要容量大的内存以及存放操作系统、数据库管理系统的例行程序、应用程序、数据库表、目录和系统缓冲区等。在外存方面,需要大量的可直接存取的存储设备。此外,还要求有较高的通信能力。

2. 系统软件

数据库系统的软件主要包括以下几方面。

(1) 支持 DBMS 运行的操作系统,如 UNIX、DOS、Windows 等。

(2) DBMS 本身,如 Oracle、DB2、Visual FoxPro、SQL Server 等。

(3) 主语言,如 COBOL、PASCAL、FORTRAN 等,也称为宿主语言。这是由于数据库本身提供的 SQL 语言需要嵌入到某个高级语言的程序中,才能来完成对数据库的操作。

(4) 应用程序,它是用户根据自己的应用需要而编写的。

3. 数据库

数据库是“按照数据结构来组织、存储和管理数据的仓库”，是依照某种数据模型组织起来并存放在二级存储器中的数据集合，是一个长期存储在计算机内的、有组织的、有共享的、统一管理的数据集合，是一个特定组织的各项应用相关的全部数据的集合。通常由两大部分组成：一部分是有关应用所需要的工作数据的集合，称作物理数据库，它是数据库的主体；另一部分是关于各级数据结构的描述数据，称作描述数据库，通常由一个数据词典系统管理。

4. 数据库管理员(DBA)

数据库管理员是负责整个系统的建立、维护和协调工作的专门人员。他们对程序语言和系统软件，如操作系统和 DBMS 等都要熟悉，而且还要熟悉所处理的所有业务。

在数据库系统环境下有两类共享资源。一类是数据库，另一类是数据库管理系统软件。因此需要有专门的管理机构来监督和管理数据库系统。DBA 则是这个机构的一个(组)人员，负责全面管理和控制数据库系统。具体职责如下。

1) 决定数据库中的信息内容和结构

数据库中要存放哪些信息，DBA 要参与决策。因此 DBA 必须参加数据库设计的全过程，并与用户、应用程序员、系统分析员密切合作、共同协商，搞好数据库设计。

2) 决定数据库的存储结构和存取策略

DBA 要综合各用户的应用要求，和数据库设计人员共同决定数据的存储结构和存取策略，以求获得较高的存取效率和存储空间利用率。

3) 定义数据的安全性要求和完整性约束条件

DBA 的重要职责是保证数据库的安全性和完整性。因此 DBA 负责确定各个用户对数据库的存取权限、数据的保密级别和完整性约束条件。

4) 监控数据库的使用和运行

DBA 还有一个重要职责就是监视数据库系统的运行情况，及时处理运行过程中出现的问题。比如系统发生各种故障时，数据库会因此遭到不同程度的破坏，DBA 必须在最短时间内将数据库恢复到正常状态，并尽可能不影响或少影响计算机系统其他部分的正常运行。为此，DBA 要定义和实施适当的后备和恢复策略。如周期性的转储数据、维护日志文件等。有关这方面的内容将在下面做进一步讨论。

5) 数据库的改进和重组重构

DBA 还负责在系统运行期间监视系统的空间利用率、处理效率等性能指标，对运行情况进行记录、统计分析，依靠工作实践并根据实际应用环境，不断改进数据库设计。不少数据库产品都提供了对数据库运行状况进行监视和分析的实用程序，DBA 可以使用这些实用程序完成这项工作。

另外，在数据运行过程中，大量数据不断插入、删除、修改，时间一长，会影响系统的性能。因此，DBA 要定期对数据库进行重组，以提高系统的性能。

当用户的需求增加和改变时，DBA 还要对数据库进行较大的改造，包括修改部分设计，即数据库的重构造。

1.3.2 数据库系统的三级模式结构

模式(Schema)是数据库中全体数据的逻辑结构和特征的描述，通常也称为“模型”，如“学生”模式包括学号、姓名、性别等。模式的一个具体值称为模式的一个实例，同一个模式可以有大量的实例。模式是相对稳定的，而实例是相对变动的，因为数据库中的数据是在不断更新的。模式反映的是数据的结构及其联系，而实例反映的是数据库某一时刻的状态。

数据库系统的体系结构是数据库系统的一个总的框架。尽管实际的数据库系统软件产品多种多样，它们支持不同的数据模型，使用不同的数据库语言，建立在不同的操作系统之上，数据的存储结构也各不相同，但是绝大多数数据库系统在总的体系结构上都具有三级模式的结构特征。当然有些微机上的小型数据库系统不具有这种特征，或者是不支持这一结构的所有方面，这也不影响其数据库的构成。本节分析的框架结构对于理解数据库系统的完整概念和解释特定数据库系统都是非常有价值的。

数据库系统的三级模式结构由外模式、模式和内模式组成，如图 1-2 所示。

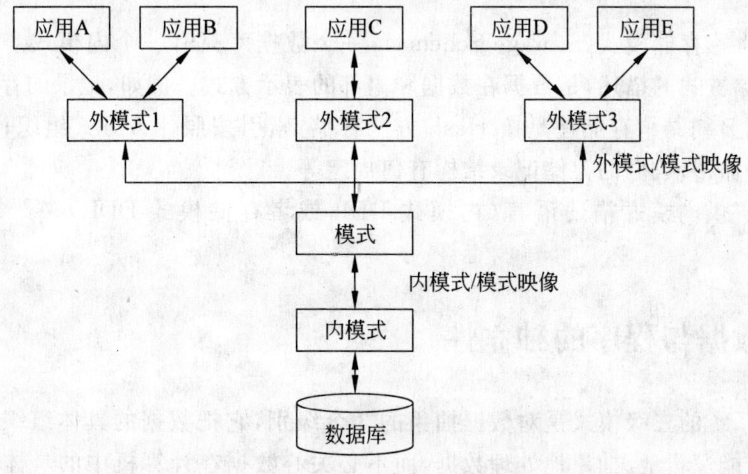

图 1-2 数据库系统的三级模式结构

1. 模式

模式也称为逻辑模式，是数据库中全体数据的逻辑结构和特性的描述，是所有用户的公共数据视图。

模式通常以某一种数据类型为基础，它不仅仅是数据逻辑结构的定义，而且要定义与数据有关的安全性、完整性要求；不仅要定义数据记录内部的结构，而且要定义这些数据项之间的联系，以及不同记录之间的联系。

数据库系统提供模式描述语言(模式 DDL)来严格地表示这些内容。用模式 DDL 写出的一个数据库逻辑定义的全部语句，称为该数据库的模式。模式是对数据库结构的一种描述，而不是数据库本身，它是装配数据的一个框架。

DBMS 提供模式描述语言(模式 DDL)来严格地定义模式。

2. 外模式(External Schema)

外模式也称子模式(Subschema)或用户模式,它是数据库用户(包括应用程序员和最终用户)能够看见和使用的局部数据的逻辑结构和特征的描述,是数据库用户的数据视图,是与某一应用有关的数据的逻辑表示。

外模式通常是模式的子集。一个数据库可以有多个外模式。由于它是各个用户的数据视图,如果不同的用户在应用需求、看待数据的方式、对数据保密的要求等方面存在差异,则其外模式描述就是不同的。即使对模式中的同一数据,在外模式中的结构、类型、长度、保密级别等都可以不同。另一方面,同一外模式也可以为某一用户的多个应用系统所使用,但一个应用程序只能使用一个外模式。

外模式是保证数据库安全性的一个有力措施。每个用户只能看见和访问所对应的外模式中的数据,数据库中的其余数据是不可见的。

DBMS 提供子模式描述语言(子模式 DDL)来严格地定义子模式。

3. 内模式(Internal Schema)

内模式也称存储模式(Storage Schema),一个数据库只有一个内模式。它是数据物理结构和存储方式的描述,是数据在数据库内部的表示方式。例如,记录的存储方式是顺序存储、按照 B 树结构存储还是按 Hash 方法存储;索引按照什么方式组织;数据是否压缩存储,是否加密;数据的存储记录结构有何规定等。

DBMS 提供内模式描述语言(内模式 DDL 或者存储模式 DDL)来严格地定义内模式。

1.3.3 数据与程序的独立性

数据库系统的三级模式是对数据抽象的 3 个级别,它把数据的具体组织留给 DBMS 管理,使用户能逻辑地、抽象地处理数据,而不必关心数据在计算机中的具体表示方式与存储方式。为了能够在内部实现这 3 个抽象层次的联系和转换,数据库管理系统在这三级模式之间提供了两层映像。

(1) 外模式/模式映像。

(2) 模式/内模式映像。

正是这两层映像保证了数据库系统中的数据能够具有较高的逻辑独立性和物理独立性。

1. 外模式/模式映像

模式描述的是数据的全局逻辑结构,外模式描述的是数据的局部逻辑结构。对应于同一个模式可以有任意多个外模式。对于每一个外模式,数据库系统都有一个外模式/模式映像,它定义了该外模式与模式之间的对应关系。这些映像定义通常包含在各自外模式的描述中。

当模式改变时(例如增加新的关系、新的属性、改变属性的数据类型等),由数据库管理员对各个外模式/模式的映像作相应改变,可以使外模式保持不变。应用程序是依据数据的外模式编写的,从而应用程序不必修改,保证了数据与程序的逻辑独立性,简称数据的逻辑独立性。

2. 模式/内模式映像

数据库中只有一个模式,也只有一个内模式,所以模式/内模式映像是唯一的,它定义了数据库全局逻辑结构与存储结构之间的对应关系。例如,说明逻辑记录和字段在内部是如何表示的。该映像定义通常包含在模式描述中。当数据库的存储结构改变了(例如选用了另一种存储结构),由数据库管理员对模式/内模式映像作相应改变,可以使模式保持不变,从而应用程序也不必改变。它保证了数据与程序的物理独立性,简称数据的物理独立性。

在数据库的三级模式结构中,数据库模式即全局逻辑结构是数据库的中心与关键,它独立于数据库的其他层次,因此设计数据库模式结构时应首先确定数据库的逻辑模式。

数据库的内模式依赖于它的全局逻辑结构,但独立于数据库的用户视图即外模式,也独立于具体的存储设备。它将全局逻辑结构中所定义的数据结构及其联系按照一定的物理存储策略进行组织,以达到较好的时间与空间效率。数据库的外模式面向具体的应用程序,它定义在逻辑模式之上,但独立于存储模式和存储设备。当应用需求发生较大变化,相应外模式不能满足其视图要求时,该外模式就得做相应改动,所以设计外模式时应充分考虑到应用的扩充性。

特定的应用程序是在外模式描述的数据结构上编制的,它依赖于特定的外模式,与数据库的模式和存储结构独立。不同的应用程序有时可以共用同一个外模式。数据库的二级映像保证了数据库外模式的稳定性,从而从底层保证了应用程序的稳定性,除非应用需求本身发生变化,否则应用程序一般不需要修改。

数据与程序之间的独立性,使得数据的定义和描述可以从应用程序中分离出去。另外,由于数据的存取由 DBMS 管理,用户不必考虑存取路径等细节,从而简化了应用程序的编制,大大减少了应用程序的维护和修改。

1.4 数据库管理系统

数据库管理系统是数据库系统的核心,是用于建立、使用和维护数据库的一组软件。数据库系统资源配置关系如图 1-3 所示。

1. 数据库管理系统的主要功能

数据库管理系统的主要功能包括以下几个方面。

(1) 数据库定义功能。

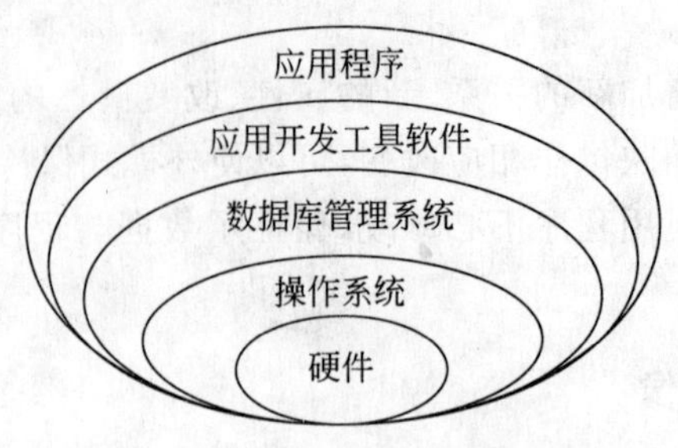

图 1-3　数据库系统资源配置关系

(2) 数据库操纵功能。

(3) 数据库运行控制功能。

(4) 数据库的建立和维护功能。

(5) 数据组织、存储和管理。

(6) 数据通信接口提供数据库管理系统与其他软件系统进行通信的功能。

2. 数据库管理系统的组成

根据数据库管理系统所需完成的功能，数据库管理系统通常由以下几部分组成。

1) 数据库语言

数据库语言包括两个子语言：数据定义子语言和数据操纵子语言。

(1) 数据定义子语言。数据定义语言(Data Definition Language，DDL)包括数据库模式定义和数据库存储结构与存取方法定义两方面。

(2) 数据操纵子语言。数据操纵语言(Data Manipulation Language，DML)用来表示用户对数据库的操作请求，是用户与 DBMS 之间的接口。

2) 数据库管理的例行程序

数据库管理例行程序随系统不同而各异。一般包括以下几部分。

(1) 语言翻译处理程序。

(2) 系统运行控制程序。

(3) 公用程序。

该程序包括定义公用程序和维护公用程序。定义公用程序包括信息格式定义、概念模式定义、外模式定义和保密定义等公用程序。维护公用程序包括数据装入、数据库更新、重组、重构、恢复、统计分析、工作日记、转储和打印等公用程序。

3. 数据库管理系统的工作流程

在数据库系统中，当一个应用程序或用户需要存取数据库中的数据时，应用程序、数据库管理系统、操作系统和计算机硬件等几方面必须协同工作，共同完成用户的请求。在这个较复杂的运行过程中，数据库管理系统起着关键的桥梁作用。

应用程序 A 通过数据库管理系统从数据库中访问一个数据需要经过以下几个步骤，如图 1-4 所示。

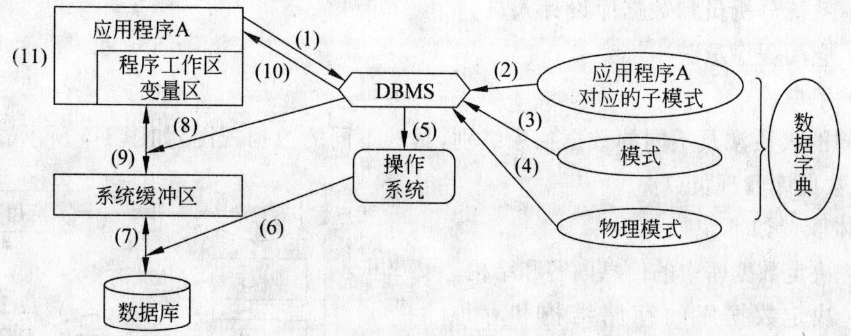

图 1-4　应用程序 A 访问数据库中的一个数据的全过程

1.5　数据库系统

数据库系统由数据库、数据库管理系统(及其开发工具)、应用系统、数据库管理员、硬件平台及数据库、软件、人员组成。

1. 硬件平台及数据库

数据库系统对硬件资源的要求如下。

1) 足够大的内存

(1) 操作系统。

(2) DBMS 的核心模块。

(3) 数据缓冲区。

(4) 应用程序。

2) 足够大的外存

(1) 磁盘或磁盘阵列用于数据库的存取。

(2) 光盘、磁带用于数据备份。

(3) 较高的通道能力,提高数据传送率。

2. 软件

(1) DBMS。

(2) 支持 DBMS 运行的操作系统。

(3) 数据库接口的高级语言及其编译系统。

(4) 以 DBMS 为核心的应用开发工具。

(5) 为特定应用环境开发的数据库应用系统。

3. 人员

(1) 数据库管理员。

(2) 系统分析员和数据库设计人员。

(3) 应用程序员。

(4) 用户。

不同的人员涉及不同的数据抽象级别,具有不同的数据视图,如图 1-5 所示。

1) 数据库管理员(DBA)

具体职责如下。

(1) 决定数据库中的信息内容和结构。

(2) 决定数据库的存储结构和存取策略。

(3) 定义数据的安全性要求和完整性约束条件。

(4) 监控数据库的使用和运行。

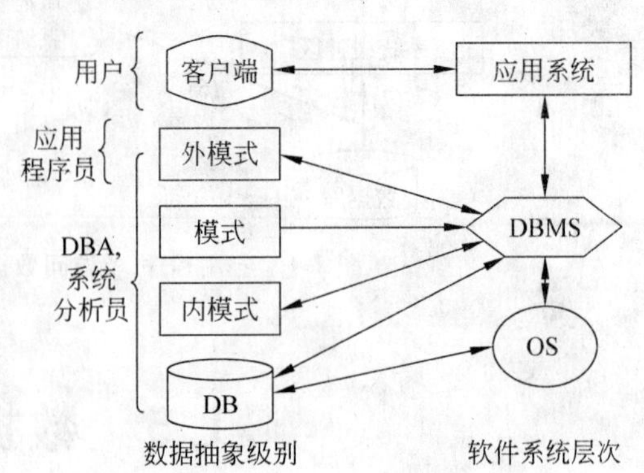

图 1-5　各种人员的数据视图

- 周期性转储数据库。
- 系统故障恢复。
- 介质故障恢复。
- 监视审计文件。

(5) 数据库的改进和重组。

- 性能监控和调优。
- 定期对数据库进行重组,以提高系统的性能。
- 需求增加和改变时,数据库需要重构造。

2) 系统分析员和数据库设计人员

(1) 系统分析员职责如下。

- 负责应用系统的需求分析和规范说明。
- 与用户及 DBA 协商,确定系统的硬软件配置。
- 参与数据库系统的概要设计。

(2) 数据库设计人员职责如下。

- 参加用户需求调查和系统分析。
- 确定数据库中的数据。
- 设计数据库各级模式。

3) 应用程序员

(1) 设计和编写应用系统的程序模块。

(2) 进行调试和安装。

4) 用户

用户是指最终用户(End User)。最终用户通过应用系统的用户接口使用数据库。

(1) 偶然用户。

- 不经常访问数据库,但每次访问数据库时往往需要不同的数据库信息。
- 企业或组织机构中的高级管理人员。

(2) 简单用户。

- 主要工作是查询和更新数据库。
- 银行的职员、机票预定人员、旅馆总台服务员。

(3) 复杂用户。

- 工程师、科学家、经济学家、科技工作者等。
- 直接使用数据库语言访问数据库,甚至能够基于数据库管理系统的 API 编制自己的应用程序。

通过前面的介绍,大家已经知道,在一台能够满足数据库应用开发需求的计算机上先安装一个具体的数据库管理系统,它必须安装在一个具体的操作系统之上,然后开发人员根据用户需求开发一个具体的应用系统,从而形成一个完整的数据库系统。数据库管理员的任务就是管理和维护这个数据库系统使其正常运行。

在具备了硬件环境、操作系统等其他系统软件和某个具体的数据库管理系统的情况下,对数据库应用开发人员来说,剩下的工作就是如何使用这个环境来表达用户的要求,并转换成有效的数据库结构,构成较优的数据库模式等,这就涉及数据库的设计问题。

小　　结

数据库系统是一个复杂的系统,它是采用了数据库技术的计算机系统,又是一个实际可运行的,按照数据库方法存储、维护和向应用系统提供数据支持的系统。它由硬件系统、数据库、软件支持系统、数据库管理员和用户组成。

数据库管理系统是位于应用程序(或用户)和操作系统之间的一层管理软件,它是数据库系统的核心。数据库应用系统是包含了数据库管理系统、数据库和用户应用程序的系统。

本章介绍了数据库、数据库管理系统、数据库系统、数据库三级模式的基本概念、基本原理、基本方法和应用技术,叙述了数据库技术的产生和发展,从不同角度讨论了数据库系统的结构,详细论述了数据库管理系统的主要功能、基本组成和工作流程,并对数据库系统的组成做了简要的介绍。

习　题　1

1. 简述数据、数据库、数据库管理系统和数据库系统的概念。
2. 试述数据库系统的特点。
3. 简述数据库管理系统的主要功能。
4. 简述数据模型的概念和作用以及数据模型的三要素。
5. 阐述数据管理经历的阶段。
6. 试述数据库系统的三级模式结构。

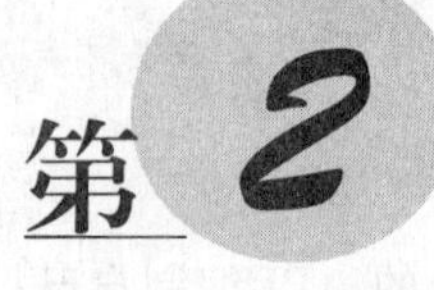

第2章 数据库系统结构

本章主要讨论的内容是数据模型。说起模型人们并不陌生。例如：一张地图、一组建筑设计沙盘、一架精致的航模飞机都是具体的模型。模型是对现实世界中某个对象的模拟和抽象。数据模型(Data Model)也是一种模型，它是对现实世界数据特征的抽象，是数据库系统的基础与核心，在1.1节里对数据模型的基本概念已经做了概括性的描述，本章将对数据模型做全面介绍。

数据模型是以数据的形式对客观事物及其联系进行描述，即实体模型的数据化。因此作为数据模型应满足三方面的要求：一是能比较真实地模拟现实世界；二是容易为人所理解；三是便于在计算机上实现。

因为计算机不可能直接处理现实世界中的具体事物，所以人们必须事先把具体事物转换成计算机能够处理的数据，也就是首先要数字化，把现实世界中的概念用数据模型这个工具来抽象、表示和处理。通俗地讲数据模型就是对现实世界的模拟。

数据模型分为两类(分属两个不同的层次)。

(1) 概念模型(Conceptual Model)。它是按用户的观点来对数据和信息建模，用于数据库设计。

(2) 逻辑模型和物理模型。逻辑模型主要包括网状模型、层次模型、关系模型、面向对象模型等，按计算机系统的观点对数据建模，用于DBMS实现。物理模型是对数据最底层的抽象，详细地描述了数据在系统内部的表示方式和存取方法，在磁盘或磁带上的存储方式和存取方法。

1. 两类数据模型

数据模型是数据库系统的最基础也是最核心的内容。各种DBMS软件都是在这些模型的基础上实施管理的。为了能够有效地组织和管理现实世界的数据，人们常常首先将现实世界中的客观对象抽象为某一种信息，然后再把概念模型转换为计算机上某一DBMS支持的数据模型，这一过程被称为抽象。

2. 数据模型的组成要素

数据模型是定义的一组概念的集合。这些概念能准确地描述系统的全貌。数据模型通常由数据结构、数据操作、完整性约束条件3部分组成。

1) 数据结构

数据结构描述数据库的组成对象，以及对象之间的联系。描述的内容如下。

(1) 与数据类型、内容、性质有关的对象。

(2) 与数据之间联系有关的对象。

说明：数据结构是对系统静态特性的描述。

2) 数据操作

数据操作是指对数据库中存在的各种对象(型)的实例(值)允许执行的操作，包括操作及相关的规则。

数据操作的类型如下。

(1) 查询。

(2) 更新(包括插入、删除、修改)。

数据操作是对系统动态特性的描述，内容如下。

(1) 操作的确切含义。

(2) 操作符号。

(3) 操作规则(如优先级)。

(4) 实现操作的语言。

3) 数据的完整性约束条件

数据完整性约束条件是一组规则。它是对给定的数据模型中数据及联系的制约和限定，用以限定符合数据库状态及状态的变化，以确保数据的正确性、有效性和相容性。

数据的完整性约束条件包括以下内容。

(1) 一组完整性规则的集合。

(2) 完整性规则：给定的数据模型中数据及其联系所具有的制约和存储规则。

(3) 用以限定符合数据模型的数据库状态以及状态的变化，以保证数据的正确、有效、相容。

数据模型对完整性约束条件的定义如下。

(1) 反映和规定本数据模型必须遵守的基本的、通用的完整性约束条件。例如，在关系模型中，任何关系必须满足实体完整性和参照完整性两个条件。

(2) 提供定义完整性约束条件的机制，以反映具体应用所涉及的数据必须遵守的特定的语义约束条件。

2.1 实体联系模型

不同的数据模型提供给人们模型化数据和信息的不同工具。根据模型应用的不同目的，可以将这些模型划分为两个层次：一类模型是概念模型(实体联系模型)，也称信息模型，它是按用户的观点对数据和信息建模，主要用于数据库设计；另一类模型是数据模型，主要包括网状模型、层次模型、关系模型等，它是按计算机系统的观点对数据建模，主要用于 DBMS 的实现。

概念模型是对信息世界建模，所以概念模型应该能够方便、准确地表示出信息世界中的常用概念。概念模型的表示方法很多，其中最常用的是 P P S Chen 于 1976 年提出的实体-联系方法(Entity-Relationship Approach)。该方法用 E-R 图来描述现实世界的概念模型,E-R 方法也称为 E-R 模型。实体-联系(E-R)数据模型是基于对现实世界的这样一种认识:世界由一组称作实体的基本对象及这些对象间的联系组成。E-R 模型是一种语义模型,模型的语义主要体现在模型力图去表达数据的意义。

E-R 模型在将现实世界中事实的含义和相互关联映射到概念模式方面非常有用,因此,许多数据库设计工具都利用了 E-R 模型的概念。

2.1.1 基本概念

E-R 数据模型所采用的概念主要有 3 个:实体集、联系集和属性。

1. 实体(Entity)

实体是对现实世界中客观存在并可互相区别的"事件"或"物体"的抽象。实体可以是具体的人、事、物,也可以是抽象的概念或联系,例如,高考招生过程中的每个人是一个实体,一个学校、考试成绩、一门课、学生的一次选课也是一个实体。实体集是具有相同类型及相同性质(或属性)的实体集合。例如,全体学生就是一个实体集,全部招生学校也是一个实体集。实体集可以相交。例如,假设某些教师在本校在职学习,那么他们既是教师身份,也是学生身份,说明学生实体集和教师实体集是相交的。

2. 属性(Attribute)

实体所具有的若干特征称为实体的属性。实体可以通过一组属性来表示,而属性是实体集中每个成员具有的描述性性质。例如,学生具有姓名、学号等属性。每个属性都有其取值的范围,在 E-R 数据模型中称为值集(Value Set)或域。例如,实体学生的属性姓名的域可能是某个长度的所有字符串的集合,属性成绩的域可能是所有正整数的集合。

在同一实体集中,每个实体的属性及其域是相同的,但可能取不同的值。一个实体是由其属性的值确定的。例如,实体班级(班级号,班级名)属性的一个取值(10002,计算机2010)就确定了计算机 2010 班这个实体。在 E-R 模型中,根据属性取值的不同种类,可将属性划分为如下几种类型。

(1) 简单属性:指它们不能再划分为更小的部分。例如,学生姓名是简单属性。

(2) 复合属性:指它们可以再划分为更小的部分(即划分为别的属性)。例如,出生日期可被设计成包括出生年、月、日的成分属性,它是复合属性。

如果用户希望在某些时候访问整个属性,而在另一些时候访问属性的一个成分,那么在设计模式中使用复合属性是一个很好的选择。通过复合属性可将相关属性聚集起来,使模型更清晰。

(3) 单值属性:指所定义的属性对一个特定实体都只有单独的一个值。例如,学号属性只对应一个学号号码。

(4) 多值属性:指对某个特定实体而言,一个属性可能对应于一组值。例如,假设实体学生还有社会关系这个属性,那么一个学生可能有 0 个、1 个或多个亲属,该实体集中不同的学生实体在属性社会关系上有不同数目的值，这样的属性称为多值属性。在具体设计中，可根据应用需求对某个多值属性的取值数目进行上、下界的限制。例如，上述学生社会关系属性限制在 6 个以内。

(5) NULL 属性：当实体在某个属性上没有值或属性值未知时使用 NULL 值。例如，某个学生无亲属，那么该学生的社会关系属性值是 NULL，表示“无意义”。NULL 用于值未知时，未知的值可能是缺失的(即值存在，只不过人们没有该信息)或不知道的(并不知道该值是否真的存在)。

(6) 派生属性：这类属性的值可以从别的相关属性或实体派生出来。例如，学生的年龄可以通过其出生日期计算出来。

形式化地说，实体集的属性是将实体集映射到域的函数。从数学上看，每个属性可以看成是一个函数。设 A 是实体集 U 的一个简单属性，S 是 A 的值集，则 A 可定义为函数：

$$A: U \rightarrow P(S)$$

$P(S)$是 S 的幂集。$A(u)$表示 U 中实体 u 的属性 A 的值。

从定义可知，$A(u)$可以是单值，也可以是多值，还可以是 NULL(相当于空集)。如果 A 是组合属性，设其各分量的值集为 $s_1, s_2, \cdots, s_n$，则 A 可定义为函数：

$$A: U \rightarrow P(s_1) \times P(s_2) \times \cdots \times P(s_n)$$

由于一个实体集可能有多个属性，每个实体可以用(属性，数据值)对构成的集合来表示，对应实体集的每个属性有一个(属性，数据值)对。从这里可以看出抽象模式与作为建模对象的现实世界的事实间的一致性。

3. 联系(Relationship)

在现实世界中，事物内部以及事物之间是有关联的，这些关联在信息世界中反映为实体与实体之间的联系。实体内部的联系通常是指组成实体的各属性之间的联系；实体间的联系通常指的是不同实体集之间的联系。本节主要讨论的是实体之间的联系。

实体之间会有各种关系，例如，学生实体与课程实体之间可能有选课关系，学生与教师之间可能有讲课关系等。这种实体与实体间的关系抽象为联系。

联系可用实体所组成的元组表示，例如，元组$<e_1, e_2, \cdots, e_n>$表示实体 $e_1, e_2, \cdots, e_n$ 之间的一个联系。如果 $n=2$，则称为二元联系，如果 $n>2$，则称为多元联系。同一类型的联系可能包含若干具体的联系，例如学生选课这一类型的联系就包含许多具体的学生选课联系。同一类型的联系所组成的集合称为联系集(Relationship Set)。设 $R(E_1, E_2, \cdots, E_n)$表示定义在实体集 $E_1, E_2, \cdots, E_n$ 上的联系集，则 $R\{<e_1, e_2, \cdots, e_n> | e_1 \in E_1, e_2 \in E_2, \cdots, e_n \in E_n |\}$。规范地说，联系集是 $n(n \geqslant 2)$个实体集上的数学关系，这些实体集不必互异。如果 $E_1, E_2, \cdots, E_n$ 为 n 个实体集，那么联系集 R 是：

$R\{<e_1, e_2, \cdots, e_n> | e_1 \in E_1, e_2 \in E_2, \cdots, e_n \in E_n\}$的一个子集，而$(e_1, e_2, \cdots, e_n)$是一个联系。实体集之间的关联称为参与，也就是说，实体集 $e_1, e_2, \cdots, e_n$ 是参与联系集。E-R 模式中的一个联系实例表示所模拟的现实世界的命名实体间存在联系。参与联系集的实体集的数目也称为联系集的度，二元联系集的度为 2，三元联系集的度为 3，如图 2-1 所示。

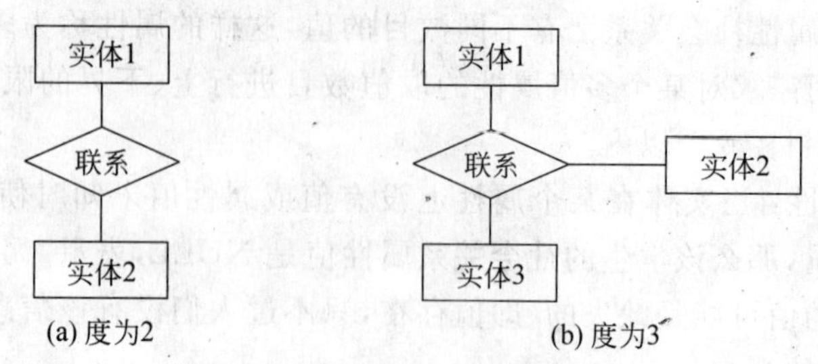

图 2-1　实体间的联系

实体在联系中的作用和地位称为实体的角色。由于参与一个联系的实体集通常是互异的，因而角色通常是隐含的并且一般不需要特别声明。但是，当联系的含义需要解释时角色还是很有用的，这主要是当参与联系集的实体集并非互异的时候，也就是说，同一个实体集在一个联系集中参与的次数大于一次，且每次参与具有不同的角色。在这类联系集中，有必要用显式角色名来定义一个实体参与联系实例的方式。

与传统的数据模型相比，E-R 数据模型在实体的联系方面提供了较多的语义。联系的语义约束包括基数比约束和参与约束。

1）基数比约束

实体间联系的约束称为映射的基数比约束。映射的基数或基数比是指通过一个联系集能同另一实体相联系的实体数目。

下面讨论二元联系集的情况。

对于实体集 A 和 B 之间的二元联系集来说，映射的基数必然是以下情况之一。

(1) 一对一：A 中的一个实体至多同 B 中的一个实体相联系，B 中的一个实体也至多同 A 中的一个实体相联系，如图 2-2(a)所示。

(2) 一对多：A 中的一个实体可以同 B 中的任意数目的实体相联系，而 B 中的一个实体至多同 A 中的一个实体相联系，如图 2-2(b)所示。

(3) 多对一：A 中的一个实体至多同 B 中的一个实体相联系，而 B 中的一个实体可以同 A 中任意数目的实体相联系，如图 2-2(c)所示。

(4) 多对多：A 中的一个实体可以同 B 中任意数目的实体相联系，B 中的一个实体也可以同 A 中任意数目的实体相联系，如图 2-2(d)所示。

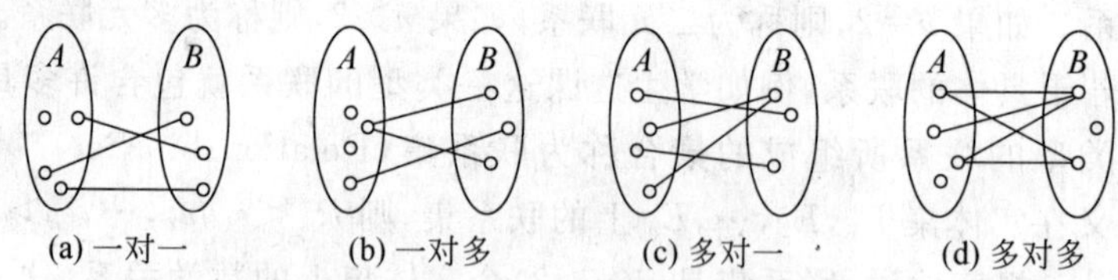

图 2-2　二元联系集中映射的基数情况

显而易见，某一联系集正确的映射基数比应当作为该联系集建模对象的现实情况。在有些 E-R 模型中，还可以进一步给出实体参与联系的最小和最大次数，这称为实体的参与度。例如，在选课联系中，如果按规定每位学生最少应选 2 门课，最多只能选 5 门课，则学生在选课联系中的参与度可表示为(2,5);又如在各门课程中,有些课程可以无人选,但任何一门课程最多只允许 130 人选,则该课程在选课联系中的参与度为(0,130)。

2) 参与约束

参与度的一般形式可表示为(min,max),式中,0≤min≤max,且 max≥1。如果 min=0,则意味着实体集中的实体不是每一个都参与联系。实体的这种参与联系的方式称为部分参与(Part Participation)。如果 min>0,则意味着实体集中的每个实体都必须参与联系,否则就不能在实体集中存在。实体的这种参与联系的方式称为全参与(Total Participation)。实体参与联系的方式是重要的语义约束,称为参与约束(Participation Constraint)。

基数比约束和参与约束构成联系的语义约束,有时合称为结构约束(Structure Constraint)。实际上,只用实体的参与度便可表示结构约束。如前所述,参与度的 min 项隐含了参与约束,而其中的 max 项隐含了基数比约束。设 $R(E_1,E_2)$为定义在实体集 E_1、E_2 的联系集,E_1、E_2 的参与度分别为($\min_1$,$\max_1$)、($\min_2$,$\max_2$),如果 $\max_1$、$\max_2$ 都为 1,则显然是 1∶1 联系;如果 $\max_1$、$\max_2$ 中有一个为 1,另一个大于 1,则显然为 1∶N 联系;如果$\max_1$ 和 $\max_2$ 都大于 1,则显然为 M∶N 联系。用参与度表示结构约束容易推广到多元联系,且对实体参与联系的程度有量的概念。

联系也可能具有描述性属性,称为联系的属性。例如,学生实体和课程实体存在选课的联系,学生在课程上的成绩可作为选课联系的描述性属性,如图 2-3 所示。

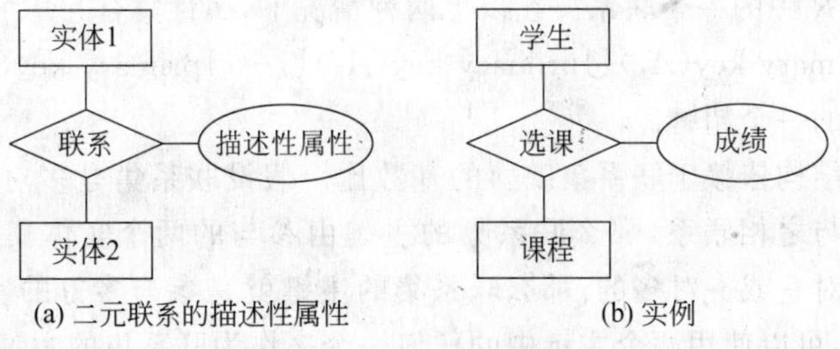

(a) 二元联系的描述性属性　　(b) 实例

图 2-3　实体间联系的属性

4. 键(Key)

关于给定实体集中的实体或给定联系集中的联系如何进行相互区别是非常重要的。从概念上来说,各个实体或联系是互异的,从数据库的观点来看,它们的区别必须用其属性来表明。键的概念可以进行这样的区别。

1) 实体集的键

关于给定实体集中的实体如何相互区别的声明是非常重要的,能够唯一标识实体的属性或属性组称为实体集的超键。超键是一个或多个属性的集合,这些属性的组合可以在一个实体集中唯一地标识一个实体。例如,学生实体集学号属性可以将不同学生区分开来,因此,学号是一个超键。

超键的概念不能够帮助大家达到目的,超键中可能包含一些无关紧要的属性。如果 K 是一个超键,那么 K 的任意超集也是超键。人们通常只对这样的一些超键感兴趣:它们的任意真子集都不能成为超键，这样的最小超键通常称为候选键。

显然，几个不同的属性集都可以作候选键的情况是存在的。例如，实体集学生的学号和姓名属性组合可以将不同学生区分开来，但它们的组合并不能成为候选键。候选键的选择必须慎重，人名是不足以作为候选键的，因为可能有多个人重名。

用主键(Primary Key)来代表被数据库设计者选中的用来在同一实体集中区分不同实体的候选键，简称为键。实体集中的任意两个实体都不可能也不允许在键属性上具有相同的值。键的指定代表了对被建模的实体集中的约束。

2) 联系集的键

实体集的主键可以将实体集中的实体相互区分开来。同样需要一种类似的机制来区别一个联系集中不同的联系。

假设 R 只是一个涉及实体集 $A_1, A_2, \cdots, A_n$ 的联系集，而 primary-key(A_i)代表构成实体集 A_i 主键的属性集合。这里假设所有主键的属性名是唯一的。联系集键的构成依赖于同联系集相联系的属性的结构。

如果没有属性同联系集 R 相联系，那么属性集合

$$\text{primary-key}(A_1) \cup \text{primary-key}(A_2) \cup \cdots \cup \text{primary-key}(A_n)$$

描述了集合 R 中的一个联系。

如果属性 $a_1, a_2, \cdots, a_m$ 同联系集 R 相联系，那么属性集合

$$\text{primary-key}(A_1) \cup \text{primary-key}(A_2) \cup \cdots \cup \text{primary-key}(A_n) \cup \{a_1, a_2, \cdots, a_m\}$$

描述了集合 R 中的一个联系。在以上两种情况下，属性集合

$$\text{primary-key}(A_1) \cup \text{primary-key}(A_2) \cup \cdots \cup \text{primary-key}(A_n)$$

构成联系集的一个超键。

联系的主键结构依赖于联系集映射的基数比。假设联系集是多对多的，而且有表示联系特征的属性与之相联系，那么联系集的主键由参与的两个实体集的主键共同组成。如果联系集是多对一或一对多的，那么联系集的主键就是参与多方的实体集的主键。在一对一的联系中，可以使用两个主键中的任何一个来作为联系集的主键。

3) 弱实体集的主键

有些实体集的所有属性都不能够表示为主键，这样的实体集称作弱实体集。与此相对，拥有主键的实体集称作强实体集。弱实体集只有作为一对多联系的一部分才有意义，这时该联系集就应该不具有任何描述性属性，因为任何所需属性都可以同弱实体集相联系。强实体集和弱实体集的概念是与存在依赖相关的。那么，什么是存在依赖？存在依赖是一类重要的约束。具体地说，如果实体 A 的存在依赖于实体 B 的存在，那么就说 A 存在依赖于 B。

具体地讲就是指在操作时，如果 B 被删除，那么 A 也要被删除。实体 B 称作支配实体，实体 A 称作从属实体。如果实体集 R 中的每个实体都参与到联系集的至少一个联系中，称实体集 R 全部参与联系集 E。如果实体集中只有部分实体参与到联系集 E 的联系中，称实体集部分参与联系集 E。全部参与同存在依赖紧密相关。强实体集的成员必然是支配实体，而弱实体集的成员是从属实体。弱实体集与其拥有者之间的联系称为标识性联系。例如，学生实体有社会关系这方面的特性，若将社会关系抽象为社会关系实体，

那么该实体的存在依赖于学生实体，所以社会关系实体为弱实体，学生实体为对应的强实体。

虽然弱实体集没有主键，但是在实际应用中仍需要区分该实体集中依赖于某个特定强实体的所有实体。弱实体集的分辨符是使得人们能进行这种区分的属性集合。由此得出弱实体集的主键由该弱实体集所存在依赖的强实体集的主键和该弱实体集的分辨符共同组成。在某些情况下，数据库设计者有时会选择用拥有者实体集的多值、复合属性来表示弱实体集。如果弱实体集只参与标识性联系，而且其属性不多，那么在建模时将其表述为一个属性更恰当。相反地，如果弱实体集参与到标识性联系以外的联系中，或者其属性较多，则建模时将其表述为弱实体集更恰当。

2.1.2 基本 E-R 图

E-R 数据模型是用来对实体、属性和联系 3 个主要的概念的抽象描述。这 3 个概念简单明了，直观易懂，用这 3 个元素来模拟现实世界比较自然。用 E-R 数据模型对具体的一个系统进行模拟，称为 E-R 数据模式。E-R 数据模式可以很方便地转换成相应的关系、层次和网状数据模式。E-R 数据模式可用非常直观的 E-R 图(E-R Diagram)表示，E-R 图中包括如下几个主要符号。

(1) 矩形：表示实体集。

(2) 椭圆：表示属性。

(3) 菱形：表示联系集。

(4) 线段：将属性连接到实体集或将实体集连接到联系集。

(5) 双椭圆：表示多值属性。

(6) 虚椭圆：表示派生属性。

(7) 双线：表示一个实体全部参与到联系集中。

(8) 双边框的矩形：表示弱实体集。

(9) 双边框的菱形：表示弱实体集对应的标识性联系。

E-R 图中使用的各种符号如图 2-4 所示。

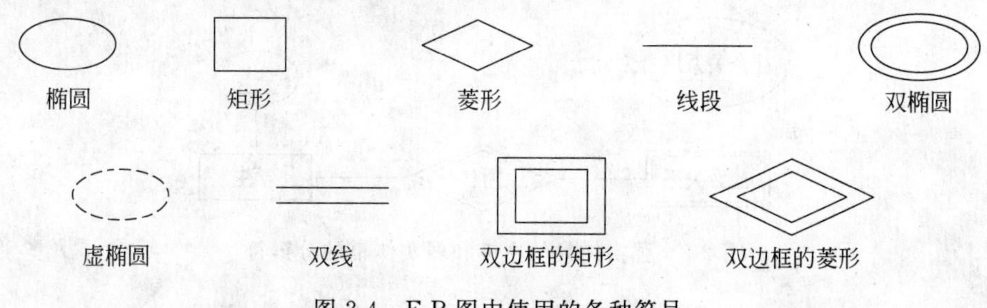

图 2-4 E-R 图中使用的各种符号

联系集可以是多对多的、一对多的、多对一的或一对一的。为了将这些类型相互区别开来，在联系集和所联系的实体集间或者用箭头(→)或者用线段(—)标识，并标注基比。例如，学生实体和课程实体存在选课联系，如图 2-5 所示。

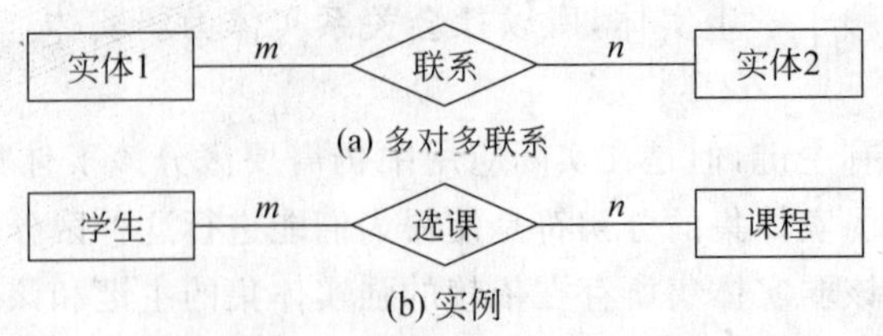

图 2-5 实体间的多对多联系

在 E-R 图中，通过在连接菱形和矩形的线上加标注来标识角色。非二元的联系集在 E-R 图中也可以简单地表示。学生实体和课程实体存在选课联系，和系实体存在就读联系，学生在选课联系中扮演选课角色，而在就读联系中扮演就读角色，如图 2-6 所示。

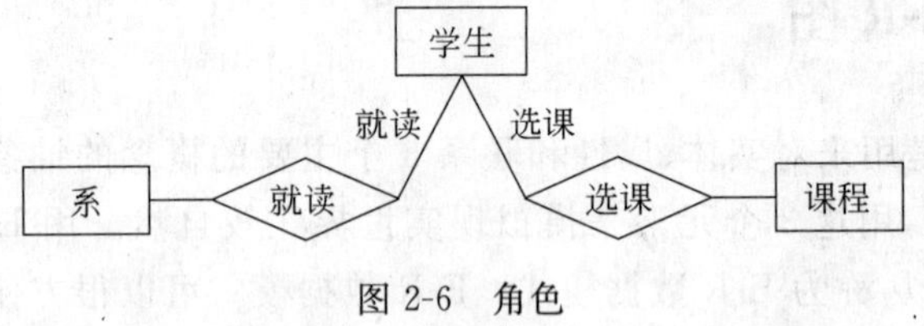

图 2-6 角色

在 E-R 图中，弱实体集以双边框的矩形表示，而对应的标识性联系以双边框的菱形表示。例如，学生实体和社会关系实体之间的联系如图 2-7 所示。

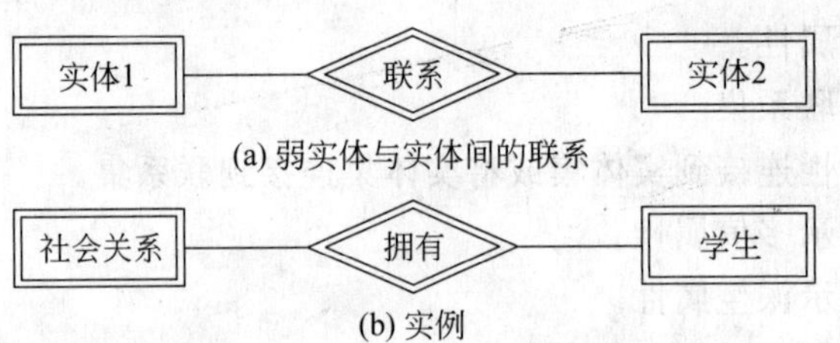

图 2-7 弱实体与实体间的联系

在 E-R 图中，强实体集的主键以下划线标明。弱实体集的分辨符也以下划线标明，但用的是虚线而不是实线，如图 2-8 所示。

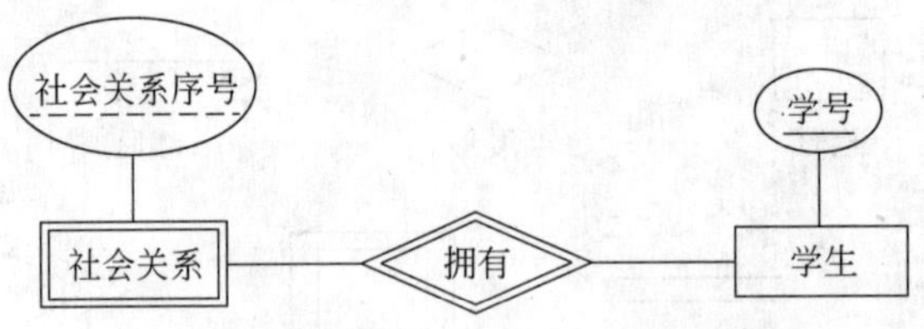

图 2-8 强实体集的主键和弱实体集的分辨符

借助 E-R 图，计算机专业人员与非计算机专业人员可以很方便地进行交流和合作，并且可以真实、合理地模拟一个单位，作为进一步设计数据库的基础。E-R 图目前广泛地用于数据库的概念设计。需要特别注意的是，用 E-R 图表示数据模式时，人们所关心的仅仅是有哪些数据，它们之间的关系如何，而不关心这些数据在计算机内如何表示和采用什么 DBMS。

2.1.3 扩充 E-R 数据模型

在目前应用需求多元化的现状下，为了满足新的应用需求和表达更复杂的语义，对 E-R 数据模型进行了扩充。扩充的 E-R 数据模型引入了下列抽象概念。

1. 特殊化(Specialization)和普遍化(Generalization)

一个实体集是具有某些共性特征的实体的集合。这些实体一方面具有共性，另一方面还具有各自独特的性质即特性。一个实体集可以按照某一特征区分为几个子实体集。例如学生这个实体集可以分为研究生、本科生、大专生等子集。如果需要的话，还可以把研究生这个实体集再分为博士生、硕士生子集。

这是一个从普遍抽象为特殊的过程，这个过程叫做特殊化。与此相反的过程叫普遍化，即把几个具有某些共性的实体集概括成一个更普遍的实体集。例如，把研究生、本科生、大专生 3 个实体集概括为学生实体集，还可以把学生、教师、职工这些实体集概括为“人”这个实体集。在 E-R 数据模型中引入特殊化和普遍化这两个概念，对模拟现实世界是有用的。

设有实体集 E，如果 F 是 E 的某些真子集的集合，即 $F=\{S_i|S_i\ E,i=1,2,\cdots,n\}$，则称 F 是 E 的一个特殊化，E 是 $S_1,S_2,\cdots,S_n$ 的超实体集，$S_1,S_2,\cdots,S_n$ 称为 E 的子实体集。如果 $S_i=E$，则称 F 是 E 的全(Total)特殊化；否则，F 是 E 的部分(Partial)特殊化。如果 $S_i \cap S_j=\varnothing,i\neq j$，则 F 是不相交(Disjoint)的特殊化；否则，F 是重叠(Overlapping)的特殊化。

全/部分特殊化以及不相交/重叠特殊化是特殊化的两种非常重要的语义约束。普遍化与特殊化是互逆过程，前面的讨论虽然是对特殊化而言的，但是对普遍化也是适用的，但有一点不同，设 $S_1,S_2,\cdots,S_n$ 被普遍化为超实体集 G，则 G 一定等于 $S_1\cup S_2\cup\cdots\cup S_n$，即在普遍化时，不会出现上述部分特殊化的情况。

综上所述，子实体集中的实体也是超实体集的实体，但是如果是部分特殊化，那么超实体集的实体不一定都是子实体集的实体。子实体集继承(Inherit)超实体集的所有属性和联系。除此以外，子实体集还可以有自己的特殊属性和联系。特殊化和普遍化如图 2-9 所示。

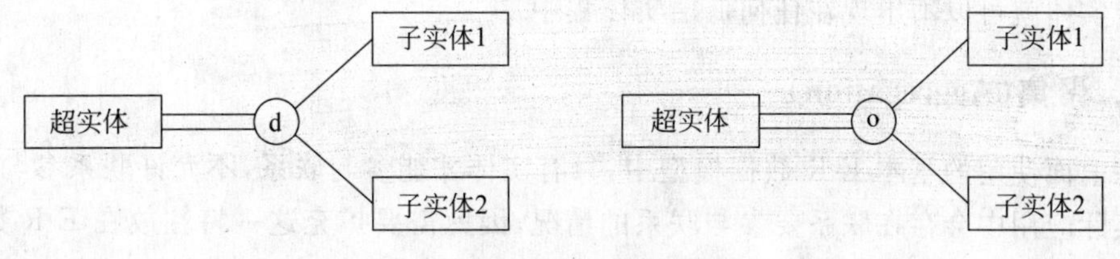

图 2-9 特殊化和普遍化

特殊化就是从一个实体集出发，通过划分和创建不同的低层实体集来强调同一实体集中不同实体之间是存在差异的。低层实体集可以拥有不适用于高层实体集中所有实体的属性,也可以参与到不适用于高层实体集中所有实体的联系中。设计者采用特殊化正是为了表达这些互不相同的特征。

普遍化处理就是将一些实体集具有的共同特征用相同的属性对它们进行描述,且它们都参与到相同的联系中。普遍化是在这些实体集的共性的基础上将它们综合成一个高层实体集。普遍化用于强调低层实体集间隐藏于它们区别背后的相似性,同时由于去除了共同属性的重复出现,使得普遍化的表示更简捷。

2. 属性继承

特殊化和普遍化所产生的高层实体集和低层实体集的一个重要特性是属性继承。高层实体集的属性被低层实体集继承。低层实体集(或子类)同时还继承参与其高层实体集所参与的那些联系集。属性继承作用于低层实体集的所有联系中。

3. 约束设计

在进行概念设计时,为了能更细致地、更精确地对系统建模,数据库设计者可以选择对特定的普遍化加上某些约束。这些约束主要有以下几种。

(1) 成员的约束:目的是用来确定哪些实体能成为给定低层实体集的成员的约束。成员资格可以是条件定义的。在条件定义的低层实体集中,成员资格的确定基于实体是否满足一个显式的条件或谓词;或用户定义的低层实体集不是通过成员资格条件来限制的,而是由数据库用户将实体指派给某个实体集。

(2) 不相交约束:是用来确定同一个普遍化中,一个实体是否可以属于多个低层实体集。低层实体集可以是不相交的,要求一个实体至多属于一个低层实体集,可重叠的在有重叠的概括中,同一实体可以同时属于同一普遍化的多个低层实体集。

说明:默认情况下,低层实体集是可以相互重叠的,而不相交约束必须显式地加到普遍化(或特殊化)中。

(3) 全部性约束:是用来对普遍化的全部性约束,用来确定高层实体集中的一个实体是否必须属于某个普遍化的至少一个低层实体集。这种约束可以是全部的,即每个高层实体必须属于一个低层实体集,也可以是部分的,即允许一些高层实体不属于任何低层实体集。由于通过普遍化产生的高层实体集通常只包括低层实体集中的实体,因而对于普遍化产生的高层实体集来说,其全部性约束一般是全部的。如果全部性约束是部分的,则高层实体就可以不出现在任何低层实体集中。

4. 聚集(Aggregation)

在前面使用的基本 E-R 数据模型中,只有实体才能参与联系,不允许联系参与联系。但是实际应用中会存在联系要参与联系的情况,因此需要扩充这一特性放在 E-R 数据模型中,解决的办法是:把联系看成由参与联系的实体组合而成的新的实体,其属性为参与联系的实体的属性和联系的属性的并集。这种新的实体称为参与联系的实体的聚集。有了聚集这个抽象概念,联系也可以参与联系,如图 2-10 所示。聚集是一种抽象,通过这种抽象,联系被当作高层实体来看待。

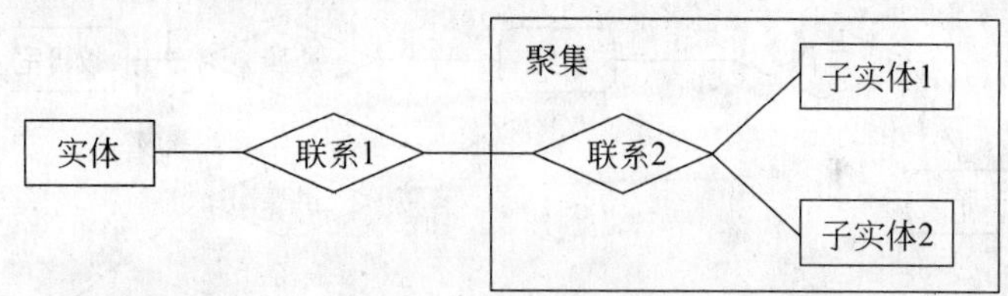

图 2-10　含有聚集的扩充 E-R 数据模型图例

5. 范畴(Category)

在用 E-R 图模拟现实世界时,有时会遇到由不同类型的实体组成的实体集,例如,车主这个实体集的成员可能是单位,也可能是个人。这种由不同类型实体组成的实体集不同于前面所定义的实体集,被称为范畴。设 $E_1, E_2, \cdots, E_n$ 是 n 个不同类型的实体集,则范畴 T 可定义为:

$$T(E_1 \cup E_2 \cup \cdots \cup E_n)$$

其中,$E_1, E_2, \cdots, E_n$ 也称为 T 的超实体集,如图 2-11 所示,圆圈中的∪表示并操作。

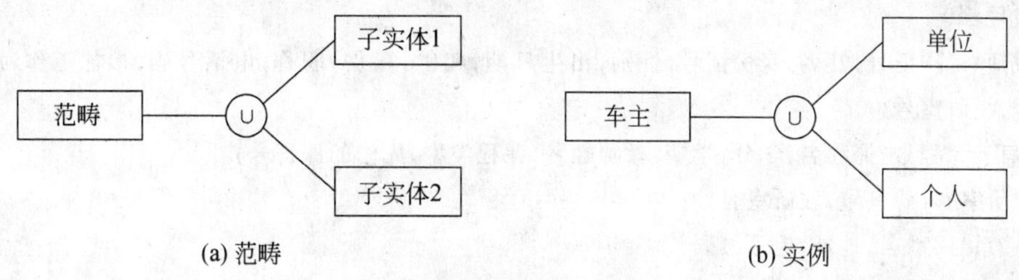

(a) 范畴　　(b) 实例

图 2-11　范畴

范畴也拥有继承其超实体集的属性,但与子实体集的继承规则不一样。子实体集继承所有超实体集的属性,而范畴的继承是有选择性的,称为选择性继承(Selective Inheritance)。范畴与具有多个超实体集的子实体集在形式上有些相似,但意义完全不同。范畴是超实体集并的子集,而子实体集是超实体集交的子集。

实体-联系方法是抽象和描述现实世界的有力工具。用 E-R 图表示的概念模型独立于具体的 DBMS 所支持的数据模型,它是各种数据模型的共同基础,因而比数据模型更一般、更抽象、更接近现实世界。

[**例 2-1**]　假设考察一个学校教学管理系统的模型。已知每个学生要记录其学号、姓名、身份证号、性别、出生日期、年龄、籍贯、入学时间、所学专业和所属系别、班级、是本科生还是专科生。每个教师要记录其工作证号、姓名、身份证号、性别、出生日期、年龄、籍贯、职称、联系电话号码、参加工作时间、所属系别和教研室。学校开设的课程要记录课程号、课程名、学分、学期、上课教师姓名、课程类型、需先修的课程,另外,要记录每个学生的选课情况和成绩。

上述学校教学管理系统模型用 E-R 图表示,如图 2-12 所示(图中省略了属性和角色

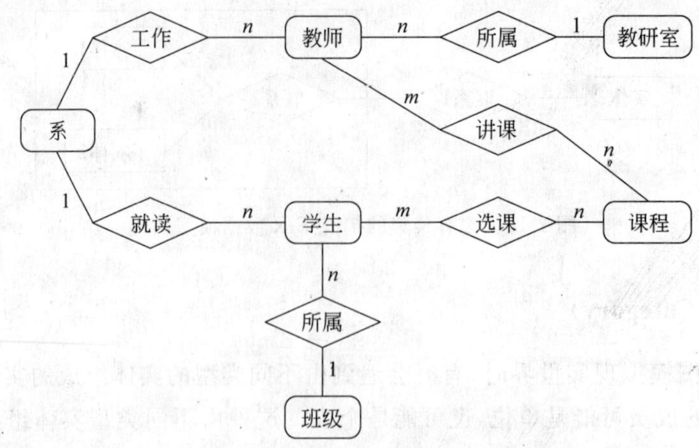

图 2-12　学校教学管理系统的 E-R 模型

标识)。图中的 6 个实体所含属性如下。

学生(学号,姓名,身份证号,性别,出生日期,年龄,籍贯,入学时间,系号,学籍类型号,专业号,班级号)

教师(工作证号,姓名,身份证号,性别,出生日期,年龄,籍贯,职称,电话号码,参加工作时间,系号,教研室号)

课程(课程号,课程名,学分,学期,教师姓名,课程类型,先修的课程号)

教研室(教研室号,教研室名)

系(系号,系名,地址,电话号码)

班级(班级号,班级名)

［**例 2-2**］　用 E-R 图表示某个工厂物资管理的概念模型。

实体所含属性如下。

(1) 仓库：仓库号、面积、电话号码。

(2) 零件：零件号、名称、规格、单价、描述。

(3) 供应商：供应商号、姓名、地址、电话号码、账号。

(4) 项目：项目号、预算、开工日期。

(5) 职工：职工号、姓名、年龄、职称。

实体之间的联系如下。

(1) 一个仓库可以存放多种零件,一种零件可以存放在多个仓库中。仓库和零件具有多对多的联系。用库存量来表示某种零件在某个仓库中的数量。

(2) 一个仓库有多个职工当仓库保管员,一个职工只能在一个仓库工作,仓库和职工之间是一对多的联系。职工实体型中具有一对多的联系。

(3) 职工之间具有领导-被领导关系。如仓库主任领导若干保管员。

(4) 供应商、项目和零件三者之间具有多对多的联系。

E-R 图如图 2-13 所示。

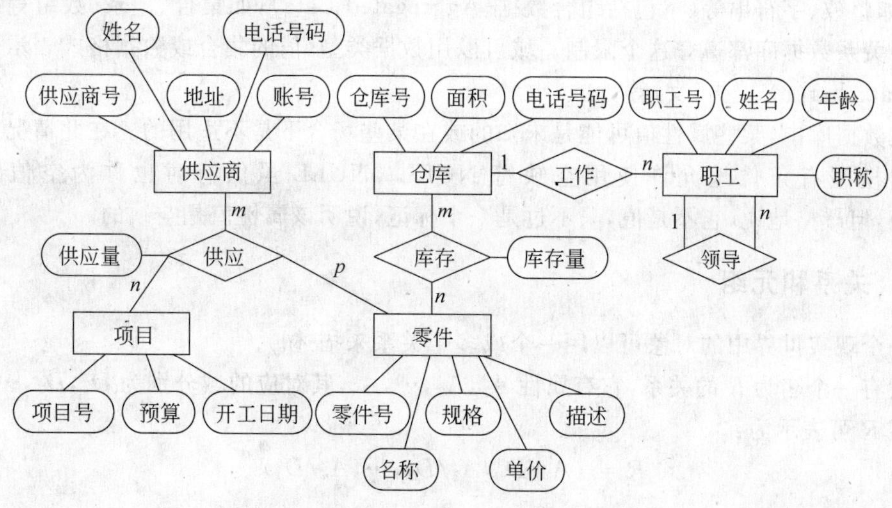

图 2-13　完整的实体-联系图

2.2 关系模型

关系模型是目前最重要的也是最常见的一种数据模型。关系数据库系统就采用关系模型作为数据的组织方式。关系数据模型是以集合论中的关系(Relation)概念为基础发展起来的数据模型。在关系模型中,无论是实体还是实体之间的联系,均由单一的结构类型即关系来表示。在关系模型中,现实世界的实体以及实体间的各种联系均用关系来表示。关系模型中数据的逻辑结构是一张二维表,它由行和列组成。表中的一行称为一个元组,表中的一列称为一个属性,元组中的一个属性值为元组的一个分量。

2.2.1　基本概念

关系模型是建立在集合代数的基础上的。下面从集合论角度给出关系数据结构的形式化定义,并介绍关系模型及有关的基本概念。

1. 属性和域

要描述一个事物,通常取其若干特征来表示,这些特征称为属性(Attribute)。每个属性对应一个取值的集合,作为其可以取值的范围,称为该属性的域(Domain)。换句话说,域是一组具有相同数据类型的值的集合。

在数学中,有些域可能是无限集合,但在计算机中,所有数据都是离散化了的数据,且表示的长度都是有限的。因而,所有的域都可以看成是有限的集合。

在关系数据模型中,对域还加了一个限制,即所有域都必须是具有原子性的数据(Atomic Data)的集合。所谓原子数据是指那些就关系数据模型而言已不可再分割的数据，例如整数、字符串等（不包括组合数据（Aggregated Data），如集合、记录、数组等）。一般商用关系数据库都遵守这个限制。域可以用数据类型、值的集合或数据格式表示，例如int、float、char(n)、{男，女}等。

在数据库中，某些属性值可能是未知的或在某些场合下是不适用的。在此情况下，关系数据模型有条件地允许使用空缺符 NULL。NULL 虽然有时也称为空值（Null Value），但严格地说，它不是值，只不过是一个标记，说明该属性值是空缺的。

2. 关系和元组

一个现实世界中的对象可以用一个或多个关系来描述。

设有一个名为 R 的关系，它有属性 $A_1, A_2, \cdots, A_n$，其对应的域分别为 $D_1, D_2, \cdots, D_n$，则关系 R 可表示为：

$$R = (A_1/D_1, A_2/D_2, \cdots, A_n/D_n)$$

或

$$R = (A_1, A_2, \cdots, A_n)$$

这称为关系 R 的模式。n 是 R 的属性的个数，称为关系的目（Degree）。

当 $n=1$ 时，称该关系为单元关系（Unary Relation）；当 $n=2$ 时，称该关系为二元关系（Binary Relation）。$A_i(1 \leqslant i \leqslant n)$ 是属性名（Attribute），其属性名在同一关系中不能同名。但是在同一关系中，不同的属性可以有相同的域，R 的值用 r 或 $r(R)$ 表示，它是 n 目元组的集合，即 $r=\{t_1, t_2, \cdots, t_m\}$。

关系中的每个元素是关系中的元组，通常用 t 表示。每个元组 t 可表示为：

$$t = \langle v_1, v_2, \cdots, v_n \rangle$$

其中，$v_i \in D_i, 1 \leqslant i \leqslant n$，即 $t_i \in D_1 \times D_2 \times \cdots \times D_n, 1 \leqslant i \leqslant m$。

也就是 R 的值 r 是属性域的笛卡儿乘积的子集，即 $r \subseteq D_1 \times D_2 \times \cdots \times D_n$。

1）笛卡儿积（Cartesian Product）

给定一组域 $D_1, D_2, \cdots, D_n$，这些域中可以是相同的。$D_1, D_2, \cdots, D_n$ 的笛卡儿积为：

$$D_1 \times D_2 \times \cdots \times D_n = \{(d_1, d_2, \cdots, d_n) \mid d_i \in D_i, i = 1, 2, \cdots, n\}$$

其中，每一个元素 $(d_1, d_2, \cdots, d_n)$ 叫做一个元组（n-tuple）或简称元组（Tuple）。元素中的每一个值叫做一个分量（Component）。

若 $D_i(i=1,2,\cdots,n)$ 为有限集，其基数（Cardinal Number）为 $m_i(i=1,2,\cdots,n)$，则 $D_1 \times D_2 \times \cdots \times D_n$ 的基数 M 为：

$$M = \prod_{i=1}^{n} m_i$$

笛卡儿积可表示为一个二维表。表中的每行对应一个元组，表中的每列对应一个域。

2）关系（Relation）

笛卡儿积 $D_1 \times D_2 \times \cdots \times D_n$ 的子集叫做在域 $D_1, D_2, \cdots, D_n$ 上的关系，表示为：

$$R(D_1, D_2, \cdots, D_n)$$

其中，R 表示关系的名字，n 是关系的目。

关系的另外一种描述方式就是笛卡儿积的有限子集，所以关系也是一个二维表，表的每一行对应一个元组，表的每一列对应一个域。由于域可以相同，为了加以区分，必须对每列起一个名字，称为属性名。n 目关系必有 n 个属性。属性也可以看作函数（映射）$A_k: r \to D_k$，即对于 r 中的一个元组 t_i，属性 A_k 在域 D_k 中取属性值 $A_k(t_i)$。有时为了表示方便，在不引起混淆时可省去属性间的逗号，例如 $R(ABC)$ 表示 R 是具有 A、B、C 这 3 个属性的关系模式。关系名有时也用来代表它的值，例如 $R.A$ 表示关系 R 的属性 A。

通常一个关系由若干个元组组成，这些元组的集合被称为关系所取的值。一般来讲，关系模式是相对稳定的，而关系的值是相对变化的。借用逻辑中的概念，称关系模式为关系的内涵（Intension），关系的值为关系的外延（Extension）。值得注意的是，在数学中，元组中的值是有序的，而在关系数据模型中对属性的次序是不作限定的，例如 $R(A_1, A_2)$ 和 $R(A_2, A_1)$ 两种表示是等价的。当然，关系的属性总要按一定的次序存储在数据库中。但这仅仅是物理存储的顺序，而在逻辑上属性在关系模式中出现的次序是无关紧要的。

从形式上看，关系相当于一个表（Table）。不过，关系所对应的表是一种简单的二维表，不允许表中出现可以拆分的数据，更不允许表中再有表。另外，关系是元组的集合，按集合的定义，元组在集合中应是无序的，而且互不相同。这就意味着在关系所对应的表中，表的行应该是无序的且互不相同。综上所述，关系是一个加以适当限制的表。因此，在关系数据模型中，关系与表这两个术语可以互相通用。与此相对应，属性又称为列（Column），元组又称为行（Row）。

在实际应用时，有时需要取一个关系或元组的部分属性的值，这称为关系或元组在这些属性上的投影，分别表示为 $R[X]$ 和 $t[X]$，其中 X 为 $\{A_1, A_2, \cdots, A_n\}$。关系可以有 3 种类型：基本关系（通常又称为基本表或基表）、查询表和视图表。按照关系的定义，关系可以是一个无限集合。由于笛卡儿积不满足交换律，所以按照数学定义，$(d_1, d_2, \cdots, d_n)$ 与 $(d_2, d_1, \cdots, d_n)$ 是不相等的。所以，当关系作为关系数据模型的数据结构时，需要给予如下的限定和扩充。

(1) 限定关系数据模型中的关系必须是有限集合。无限关系在数据库系统中是无意义的。

(2) 通过为关系的每个列附加一个属性名的方法取消关系元组的有序性，即 $(d_1, d_2, \cdots, d_i, d_j, \cdots, d_n) = (d_1, d_2, \cdots, d_j, d_i, \cdots, d_n)$ $(i, j = 1, 2, \cdots, n)$。

因此，基本关系具有以下 6 条性质。

① 列是同质的（Homogeneous），即每一列中的分量是同一类型的数据，来自同一个域。

② 不同的列可出自同一个域，称其中的每一列为一个属性，不同的属性要给予不同的属性名。

③ 列的顺序无所谓，即列的次序可以任意交换。

④ 任意两个元组不能完全相同。

⑤ 行的顺序无所谓，即行的次序可以任意交换。

⑥ 分量必须取原子值，即每一个分量都必须是不可分的数据项。

3. 键

在关系模型中，关系的每个元组是互不相同的。但是，不同的元组在有些属性上的投影可能相同，例如关系学生中，不同的元组在年龄属性或性别属性上的投影可能相同。但是，元组在有些属性上的投影是不能相同的，例如学生关系中的学号属性。

(1) 候选键(Candidate Key，简称为键)：如果关系的某一属性或属性组的值唯一地决定其他所有属性的值，也就是唯一地决定一个元组，而其任何真子集无此性质，则这个属性或属性组称为该关系的候选键。

(2) 超键(Super Key)：若属性组虽然可决定其他属性的值，但它的真子集也具有此性质，这种属性组称为超键。

(3) 主键(Primary Key)：一个关系至少有一个候选键，也可能有多个候选键，一般从候选键中选一个作为主键。主键的值可以用来识别和区分元组，它应该是唯一的，即每个元组的主键的值是不能相同的。

有时，候选键只包含一个属性。有时，关系模式的所有属性组是这个关系模式的候选键，称为全键(All-Key)。包含在任何一个候选键中的属性称为主属性(Prime Attribute)。一般从候选键中选择一个作为主键，用以区分关系中的元组。它在关系中应该具有唯一性。在关系模式中，常在主键的主属性下加下划线，以标出主键。不包含在任何候选键中的属性称为非主属性(Non-prime Attribute)。

例如在关系学生中，只有学号是主属性，而其他属性都是非主属性。姓名虽然有时用来识别学生，但由于有同名的可能，姓名不能当作键。

(4) 外键(Foreign Key)：如果关系中的属性或属性组不是本关系的键，而是引用其他关系或本关系的键，则称此键为此关系的外键。更形式化的定义如下：设 F 是基本关系 R 的一个或一组属性，但不是关系 R 的键，如果 F 与基本关系 S 的主键 K_S 相对应，则称 F 是基本关系 R 的外键，并称基本关系 R 为参照关系(Referencing Relation)，基本关系 S 为被参照关系(Referenced Relation)或目标关系(Target Relation)。关系 R 和 S 不一定是不同的关系。显而易见，目标关系 S 的主键 K_S 和参照关系的外键 F 必须定义在同一个(或一组)域上。需要特别指出的是，外键并不一定要与相应的主键同名。不过，在实际应用当中，为了便于识别，当外键与相应的主键属于不同关系时，往往给它们取相同的名字。

例如：考察学校教学管理系统的模型的下述几个关系模型。

学生(学号，姓名，身份证号，性别，出生日期，年龄，籍贯，入学时间，系号，学籍类型，专业号，班级)
课程(课程号，课程名，学分，学期，教师姓名，课程类型，先修课程号)
选课(学号，课程号，成绩)

可以从语义分析得知，课程号是课程关系的主键，学号是学生关系的主键，{学号，课程号}是选课关系的主键。而学号、课程号是选课关系的两个外键。

如果关系数据库模式是基于 E-R 模式导出的表，那么就可以由导出关系数据库模式的实体集和联系集的主键确定关系模式的主键，其主键选择遵循以下的原则。

(1) 强实体集的主键为关系的主键。

(2) 弱实体集的主键是由强实体集的主键和弱实体集的分辨符共同组成的。

(3) 对于联系集，相关实体集的主键共同构成关系的超键。如果从 A 到 B 的联系是多对多的，则此超键也就是主键。如果从 A 到 B 的联系是一对多或多对一的，“多”方实体集的主键成为关系的主键(即如果联系集从 A 到 B 是多对一的，则 A 的主键是关系的主键)。对一对一的联系集来说，关系的构造如同多对一联系集。

2.2.2 关系模式

1970 年美国 IBM 公司 San Jose 研究室的研究员 E F Codd 首次提出了数据库系统的关系模型，计算机厂商新推出的数据库管理系统几乎都支持关系模型。

1. 关系数据模型的数据结构

关系模型中数据的逻辑结构是一张二维表，它由行和列组成。例如表 2-1。

表 2-1 学生信息

学号 std_id char 10 key word	姓名 std_name varchar 20	性别 sex sex char 2	出生年月 birth Date	所在班级 class_id Char 8	手机号 tel Char 11	备注 notes text
0514030001	王薇	女	1989-3-4	05140300	13897405621	
0514030002	周娟	女	1990-11-7	05140300	13997012365	
0516030003	石凯	男	1988-6-9	05160300	18956232365	
0516030004	赵顺	男	1989-9-23	05160300	18956236541	
0512050011	郑奇	男	1988-5-8	05120500	15102651236	
0512050012	刘静	女	1989-6-30	05120500	15102561223	

(1) 关系：一个关系对应通常所说的一张表。
(2) 元组：表中的一行即为一个元组。
(3) 属性：表中的一列即为一个属性，给每一个属性起一个名称即属性名。
(4) 主码：表中的某个属性组，它可以唯一确定一个元组。
(5) 域：属性的取值范围。
(6) 分量：元组中的一个属性值。
(7) 关系模式：对关系的描述。例如：

关系名(属性 1，属性 2，…，属性 n)
学生(学号，姓名，年龄，性别，系，年级)

［例 2-3］ 学生、系、系与学生之间为一对多联系。

学生(学号，姓名，年龄，性别，系号，年级)
系 (系号，系名，办公地点)

［例 2-4］ 系、系主任、系与系主任间为一对一联系。
［例 2-5］ 学生、课程、学生与课程之间的多对多联系。

学生(学号，姓名，年龄，性别，系号，年级)
课程(课程号，课程名，学分)

选修(学号,课程号,成绩)

关系必须是规范化的,关系必须满足一定的规范条件。

最基本的规范条件:关系的每一个分量必须是一个不可分的数据项,不允许表中还有表。从图 2-14 中可以看出,表中存在表。

图 2-14 中工资和扣除是可分的数据项,不符合关系模型要求。

职工号	姓名	职称	工资		扣除			实发
			基本	津贴	职务	房租	水电	
1021	李军	助教	1205	800	50	160	112	1783
⋮	⋮	⋮	⋮	⋮	⋮	⋮	⋮	⋮

图 2-14 一个工资表(表中有表)实例

表 2-2 给出关系及一般表格的术语对照。

表 2-2 术语对照

关系术语	一般表格的术语	关系术语	一般表格的术语
关系名	表名	属性名	列名
关系模式	表头(表格的描述)	属性值	列值
关系	(一张)二维表	分量	一条记录中的一个列值
元组	记录或行	非规范关系	表中有表(大表中嵌有小表)
属性	列		

2. 关系数据模型的操纵与完整性约束

数据操作是集合操作,操作对象和操作结果都是关系,具体的操作有如下几种:查询、插入、删除、更新。

存取路径对用户隐蔽,用户只要指出"干什么",不必详细说明"怎么干"。

关系的完整性约束包括:实体完整性、参照完整性、用户定义的完整性。

3. 关系数据模型的存储结构

实体及实体间的联系都用表来表示,而表是以文件形式存储的。有的 DBMS 一个表对应一个操作系统文件,有的 DBMS 自己设计文件结构。

4. 关系数据模型的优缺点

关系数据模型的优点如下。

(1) 建立在严格的数学概念的基础上。因此概念单一,实体和各类联系都用关系来表示,对数据的检索结果也是关系。

(2) 关系模型的存取路径对用户透明。具有更高的数据独立性、更好的安全保密性,简化了程序员的工作和数据库开发建立的工作。

关系数据模型的缺点如下。

(1) 存取路径对用户透明导致查询效率往往不如非关系数据模型。

(2) 为提高性能,必须对用户的查询请求进行优化,增加了开发 DBMS 的难度。

2.2.3 关系模式的约束

关系模式除了受到语法的定义约束之外,还要对其进行语义的限制。例如,一个在职职工的年龄限制不能大于 60 小于 16 岁等,这些都是在语义上进行的限制。数据的语义不仅会限制属性的取值,而且也会制约属性间的关系。例如,关系中主键的值决定关系中其属性的值,因此,主键的值在关系中不能重复且不能为 NULL。而一个属性或一组属性能否成为一个关系的主键完全取决于它的语义,而不是语法。语义还给不同关系中的数据带来一定的限制,例如,学生选课的课程必须是学校开出的课程,等等,这些都是从语义上对数据施加的限制,统称为完整性约束。

关系数据模型完整性约束可分为 4 类。

(1) 域完整性约束(Domain Integrity Constraint):属性中的值是域中的值,除此之外,一个属性能否为 NULL,这是由语义决定的,也是域完整性约束的主要内容。

(2) 实体完整性约束(Entity Integrity Constraint):实体完整性约束是对关系的主键及其取值的约束:每个关系应有一个主键,每个元组的主键的值应是唯一的,且不能取 NULL。

(3) 参照完整性约束(Referential Integrity Constraint):参照完整性约束是对不同关系之间或同一关系的不同元组之间的约束。它要求关系中的外键与主键之间遵循参照完整性规则。

(4) 用户自定义完整性约束(User Defined Integrity):不同的关系数据库系统根据其应用环境的不同,往往还需要一些特殊的约束条件,用户自定义的完整性就是针对某一具体关系数据库的约束条件。它反映某一具体应用所涉及的数据必须满足的语义要求。例如某个属性的取值要满足一定的函数关系等。

关系模型的完整性规则是对关系的某种约束条件,体现了具体领域中的语义约束。其语义约束与数据的具体内容有关,数量很大,要说明和管理及检查这些约束,开销也很大。目前,有些 DBMS 允许用户对个别数据说明一些约束和违反约束时的处理过程,但是至今还没有一个关系产品可以全面实现用户定义完整性这种一般的完整性约束检查功能。

2.2.4 关系操作和关系数据语言

关系模型给出了关系操作的方式和能力,但并不是对 DBMS 语言给出具体的语法要求。关系模型中常用的关系操作主要包括选择(Select)、投影(Project)、连接(Join)、除(Divide)、并(Union)、交(Intersection)、差(Difference)等查询(Query)操作和增加(Insert)、删除(Delete)、修改(Update)操作两大部分。查询的表达能力是其中最主要的部分。关系操作的特点是集合操作方式，即操作的对象和结果都是集合。

关系运算的这种操作方式也称为一次一集合(Set-at-a-time)的方式。相应地，非关系数据模型的数据操作方式则为一次一记录(Record-at a-time)的方式。关系操作能力通常用代数方式或逻辑方式来表示，分别称为关系代数和关系演算。关系代数、元组关系演算和域关系演算 3 种语言在表达能力上是完全等价的。

关系代数、元组关系演算和域关系演算均是抽象的查询语言，这些抽象的语言与具体的 DBMS 中实现的实际语言并不完全一样。但它们能用作评估实际系统中查询语言能力的标准或基础。实际的查询语言除了提供关系代数或关系演算的功能外，还提供了许多附加功能。

关系操作语言是一种高度非过程化的语言，用户不必请求 DBA 为其建立特殊的存取路径，存取路径的选择由 DBMS 的优化机制来完成，此外，用户不必求助于循环结构就可以完成数据操作。另外，还有一种介于关系代数和关系演算之间的语言 SQL (Structured Query Language)。SQL 不仅具有丰富的查询功能，而且具有数据定义和数据控制功能，是集查询、DDL、DML 和 DCL 于一体的关系数据语言。它充分体现了关系数据语言的特点和优点，是关系数据库的标准语言。关系数据语言可以分为 3 类：①关系代数语言；②关系演算语言，包括元组关系演算语言；③具有关系代数和关系演算双重特点的语言，例如 SQL。这些关系数据语言的共同特点是：语言具有完备的表达能力；是非过程化的集合操作语言；功能强，能够嵌入到高级语言中使用。

2.3 面向对象的数据模型

基于关系数据库等数据库系统的局限性，一般数据模型不能很好地解决 CAD/CAM、计算机辅助软件工程 CASE 等方面的复杂应用，数据库研究人员借鉴和吸收了面向对象的方法和技术，提出了面向对象的数据模型，20 世纪 80 年代以来，数据库的应用领域迅速扩展，出现了大量的新型数据库应用，且数据库技术在商业领域取得巨大成功。为此计算机应用对数据模型的要求也出现了多种多样的格局，为适应用户不同的新需求，设计一种新型的可扩充的数据模型，由用户根据需要定义新的数据类型及相应的约束和操作的方法受到人们广泛的重视。

面向对象模型(Object-oriented Data Model，OO Data Model)是近几年来迅速崛起并得到发展的一种模型，该模型是在吸收了以前各种概念模型优点的基础上并借鉴了面向对象的设计方法而建立的模型。面向对象数据模型就是一种可扩充的数据模型，又称对象数据模型(Object Data Model)。它吸收了语义数据模型和知识表示模型的一些基本概念，同时又借鉴了面向对象程序设计语言和抽象数据类型的一些思想。这种模型具有更强的表示能力，特别是在表示非传统的数据领域(如 CAD、工程领域、多媒体领域等复杂数据关系领域)具有极强的表达力。

一个 OO 模型是用面向对象的观点来描述现实世界中的实体逻辑组织、对象间限制、联系等的模型。一系列面向对象的核心概念构成了 OO 模型的基础。概括起来，OO 模型的核心概念有如下几个。

1. 对象(Object)与对象标识 OID(Object Identifier)

所谓对象是指由一组数据结构和在这组数据结构上的操作的程序代码封装起来的基本单位。面向对象数据库中的每个对象都有一个唯一不变的标识,称为对象标识,如图 2-15 所示。

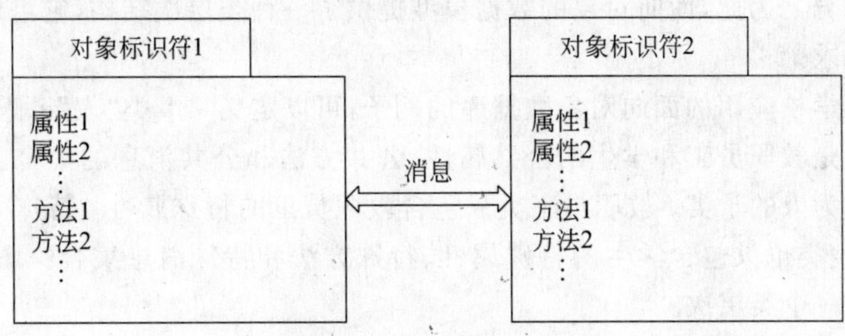

图 2-15 对象的组成

2. 封装(Encapsulation)

OO 模型的一个关键概念就是封装。每一个对象都将其状态与行为封装在一起。封装是在对象的外部界面与内部实现之间实现清晰隔离的一种抽象,外部与对象的通信只能通过消息,这是 OO 模型的主要特征之一。

3. 类(Class) 和类层次(结构)

在 OO 数据库中,把具有相似对象的集合称为类,每一个对象就是它所在类的一个实例。一个类中所有对象共享一个定义,它们的区别仅在于属性的取值不同。

现实世界缤纷复杂、种类繁多,人们学会了把这些错综复杂的事物进行分类,从而使世界变得井井有条。比如由各式各样的汽车抽象出汽车的概念,由形形色色的猫抽象出猫的概念,由五彩斑斓的鲜花抽象出花的概念等。汽车、猫、鲜花都代表着一类事物。每一类事物都有特定的状态,比如汽车的品牌、时速、马力、耗油量、座椅数,小猫的年龄、体重、毛色,鲜花的颜色、花瓣形状、花瓣数目,都是在描述事物的状态。每类事物也都有一定的行为,比如汽车启动、行驶、加速、减速、刹车、停车,猫捉老鼠,鲜花盛开。这些不同的状态和行为将各类事物区分开来。

在一个面向对象数据库模式中,一组类可形成一个类层次。一个面向对象数据库模式可能有多个类层次。在一个类层次中,一个类继承其所有超类的全部属性、方法和消息。可以定义一个类(如 C1)的子类(如 C2),类 C1 称为类 C2 的超类(或父类)。子类(如 C2)还可以再定义子类(如 C3)。这样,面向对象数据库模式的一组类形成一个有限的层次结构,称为类层次。一个子类可以有多个超类,有的是直接的,有的是间接的。例如,C2 是 C3 的直接超类,C1 是 C3 的间接超类。一个类可以继承类层次中其直接或间接超类的属性和方法。

可以把类本身也看作一个对象，称为类对象(Class Object)。面向对象数据库模式是类的集合。在一个面向对象数据库模式中，会出现多个看似相同但又有所不同的类。例如，一个有关学校应用的面向对象数据库，其中有教职员工和学生两个类，这两个类都有身份证号、姓名、年龄、性别、住址等属性，也有一些相同的方法和消息。当然，教职员工对象中有一些特殊的属性、方法和消息，如工龄、工资、办公室电话号码、家庭人员等。用户希望统一定义教职员工和学生的公共属性、方法和消息部分，分别定义各自的特殊属性、方法和消息部分。为此，面向对象的数据模型提供了一种类层次结构，它可以实现上述描述所提出的要求。

例如有关学校应用的面向对象数据库的例子，可以定义一个类“人”。人的属性、方法和消息的集合是教职员工和学生的公共属性、公共方法和公共消息的集合。教职员工类和学生类定义为人的子类。教职员工类只包含教职员工的特殊属性、特殊方法和特殊消息的集合，学生类也只包含学生的特殊属性、特殊方法和特殊消息集合。图 2-16 给出了学校数据库的一个类层次。

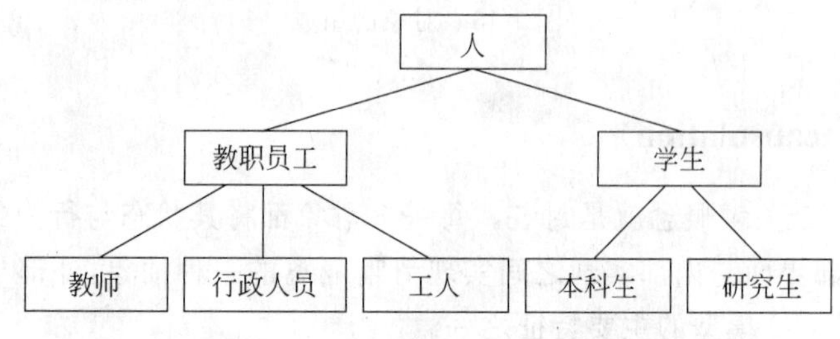

图 2-16　学校数据库的一个类层次

其中类及其对应的属性如下。

人(Person)：身份证号、姓名、年龄、性别、住址。

教职员工(Employee)：工龄、工资、办公室电话号码、家庭成员。

教师(Teacher)：职称、职务、专长。

行政人员(Officer)：职务、职责、办公室地址。

工人(Worker)：工种、级别、所属部门。

学生(Student)：入学年份、专业。

本科生(Undergraduate Student)：已修学分、平均成绩。

研究生(Graduate Student)：研究方向、导师。

为了叙述简单，没有给出这些类的方法。在这个类层次中，教职员工和学生是人的子类，教师、行政人员、工人是教职员工的子类。教师、行政人员、工人中实际只有它本身的特殊属性、方法和消息，同时它们又继承教职员工类和人的所有属性、方法和消息。因此，逻辑上它们具有人、教职员工和本身的所有属性、方法和消息。同样，本科生和研究生是学生的子类。

上述超类/子类之间的关系体现了“IS A”的语义，例如，图中教员“IS A”教职员工(即“教员 IS A 教职员工”)，教职员工“IS A”人。因此，超类是子类的抽象或普遍化，子类是超类的特殊化或具体化。

在类层次中，超类/子类之间的关系还会显示对象间的包含关系，体现了“IS PART OF”的语义，考虑一汽车结构数据库，每一个汽车结构包括车轮、车架、发动机和齿轮。车轮又包括一个轮框和一个轮胎。结构的每一个构件都描述为一个对象，同时构件间的包含也可以用对象间的包含来描述。

包含其他对象的对象称为复杂对象或复合对象。这种情形就产生了对象间的包含层次，如图 2-17 所示。复合对象可以存在多层包含。

在某些应用中，一个对象可能要包含在多个对象中，这时包含关系要用一个有向无环图(DAG)而不是用层次来表示，如图 2-18 所示。

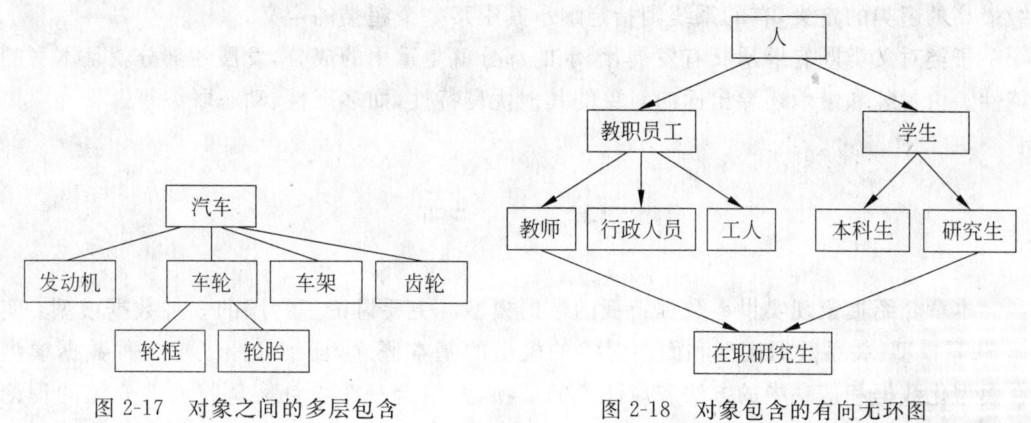

图 2-17　对象之间的多层包含　　　　图 2-18　对象包含的有向无环图

4. 消息(Message)

由于对象是被封装的，对象与外部的通信一般只能通过显式的消息传递，即消息从外部传送给对象，存取和调用对象中的属性和方法，然后在内部执行所要求的操作，操作的结果仍以消息的形式返回。

5. 继承

在 OO 模型中常用的继承有两种，分别是单继承与多重继承。若一个子类只能继承一个超类的特性，包括属性、方法和消息的继承，这种继承称为单继承；若一个子类能继承多个超类的特性，这种继承称为多重继承。例如，在学校中实际还有“在职研究生”，他们既是教师又是学生，在职研究生继承了教职员工和学生两个超类的所有属性、方法和消息，如图 2-18 所示。单继承的层次结构图是一棵树(如图 2-16 所示)，多继承的层次结构图是一个带根的有向无回路图(如图 2-19 所示)。

继承性有如下优点。

(1) 它是建模中的有力工具，提供了对现实世界精确的描述。

(2) 它提供了信息可重用机制和功能。

由于子类可以继承超类的特性，这就可以避免许多重复定义。另外，子类除了继承超类的特性外，还必须定

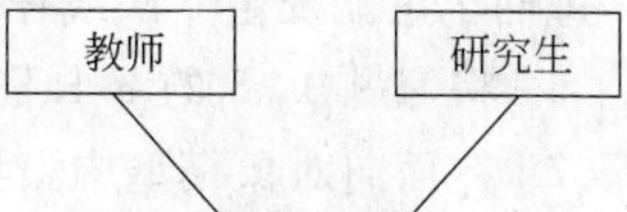

教师　研究生

在职研究生

图 2-19　具有多继承的类层次结构图

义自己所拥有的特殊属性、方法和消息。在定义这些特殊属性、方法和消息时，可能与继承下来的超类的属性、方法和消息产生冲突。例如在教职员工类中已经定义了一个操作“打印”，在教师子类又要定义一个操作“打印”，用来打印教师的姓名、年龄、性别、职称和专长，这就产生了同名冲突。这类冲突可能发生在子类与超类之间，也可能发生在子类的多个直接超类之间。这类冲突通常由系统自身来解决，在不同的系统中使用不同的冲突解决办法，便产生了不同的继承性语义。比如：对于像子类与超类之间的同名冲突，一般是以子类中定义的为准，即子类的定义取代或替换由超类继承而来的定义；对于子类的多个直接超类之间的同名冲突，有的系统是在子类中规定超类的优先次序，首先继承优先级最高的超类的定义，有的系统则指定继承其中某一个超类的定义。

子类对父类既有继承又有发展，继承的部分就是重用的成分，发展的部分就是本身的特性。由封装和继承还导出面向对象的其他优良特性，如多态性、动态联编等。

小　结

本章介绍抽象现实世界数据特征的数据模型。主要讨论了常用的3种数据模型：实体-联系模型、关系数据模型和面向对象的模型的基本概念，详细介绍了这3种数据模型在模型化数据和信息中的方法和应注意的事项，并结合一个设计实例将前面介绍的理论知识加以应用。其中的重点是概念模型，这是数据库设计的基础。

学习这一章，要掌握描述数据模型基本概念的方法，并能运用这些概念设计出符合应用需求的数据模型。

习　题　2

1. 面向对象程序设计的基本思想是什么？它的主要特点是什么？

2. 解释面向对象模型中的对象、对象标识、封装、类、类层次等概念。

3. 给出一个面向对象数据库的类层次的实例。

4. 设计一个医院的E-R图。医院有很多病人和医生，同每个病人相关的是一系列检查和测试的记录。

5. 设计一个车辆保险公司的E-R图。该公司有很多客户，每个客户有一辆或多辆车，每辆车可能发生0次或任意多次事故。

6. 将习题4、5的E-R图转换成关系表。

7. 在面向对象模型中，对象标识与关系模型中的“键”有什么区别？

8. 给出几个面向对象模型数据库类层次(包括各类对应的属性)的实例。

9. 举例说明超类和子类的概念。

第3章 关系运算及关系系统

数据库技术的发展经历了层次、网状模型后，形成了目前较为成熟的关系模型。原因是关系模型有强有力的数学理论支持——关系代数。这使得关系数据库系统的研究取得了辉煌的成就，涌现出许多性能良好、产品商品化的关系数据库系统，如目前较为著名的Visual FoxPro、SQL Server、Sybase、Informix、DB2、Oracle 等。关系模型是目前的主流数据模型，为此，关系模型系统是本书的重点之一。

关系数据库应用数学方法来处理数据库中的数据。模型的思想最先由 IBM 公司的高级研究员 E F Codd 于 1970 年在美国计算机学会会刊 *Communication of the ACM* 上发表题为 *A Relation Mode of Data for Shared Data Banks* 的论文，开创了数据库系统的新纪元，他发表的一系列论文奠定了关系模型系统的理论基础，为此他获得了计算机图灵奖。

经过多年努力，人们陆续推出了若干个关系系统，其中有些产品已构成系列，比较著名的有美国 Oracle 公司的 Oracle 数据库，Sybase 公司的 Sybase 数据库，加州大学的 Ingres 数据库，Informix 公司的 Informix 数据库，IBM 公司的 DB2 数据库，以及 Microsoft 公司的 Windows NT SQL Server 数据库等。

当然，关系系统也存在某些不足之处，例如，关系运算影响了查询提取效率，面向数据记录降低了数据抽象级别，表达能力有限，数据类型不够丰富等。但是，这些缺点并没有影响关系模型系统的广泛应用，其原因可概括为以下几点。

(1) 数据建模概念单一。在关系数据模型中，无论是实体或实体联系，都统一地用“关系”来表示，与层次模型和网状模型相比，它不仅结构简单，易于掌握，而且表达能力强，能够方便地处理多种复杂的数据结构。

(2) 数据库语言 SQL(Structured Query Language)支持关系数据模型。SQL 是一种非过程化语言，用 SQL 对数据库进行定义和操作非常简单和方便。

(3) 集合论和一阶谓词逻辑是关系模型坚实的数学理论基础，因此，不仅易于进行形式化研究，而且很容易进行数据库设计。

3.1 关系数据库的基本概念

1. 关系的形式化定义

虽然用二维表形式表示关系非常直观，但在实际应用和理论研究中非常不方便。可以用数学方法表示一个关系。一般来讲，关系运算分为两种：一种基于代数的定义，称为关系代数；另一种基于逻辑的定义，称为关系演算。下面分两节讨论关系运算。

1）关系的集合表示

一个关系通常由若干个不同的元组组成，因此，可把关系视为元组的集合。此外关系中的每个属性都有其相同的值域，或简称域（Domain）。假设有 n 个域，分别是 D_1，D_2，…，D_n。则它们的笛卡儿积为 $D_1 \times D_2 \times \cdots \times D_n$，它的每个元素都是具有以下形式的 n 元有序组：$(d_1, d_2, \cdots, d_n)$，$d_i \in D_i(i=1,2,\cdots,n)$。

［**例 3-1**］ 设有 3 个域：T=｛刘，张，李｝，C=｛语文，数学，英语｝，$Q=\{Q_1, Q_2, Q_3\}$，则 $T \times C \times Q$=｛（刘，语文，Q_1），（张，数学，Q_2），（李，英语，Q_3），…｝，其中每个元组表示某位教师在某一教室上某门课。如果从关系中取出正确的 3 行，则构成表 3-1。

表 3-1　*T-C-Q*

T	C	Q	T	C	Q
刘 张	语文 数学	Q_1 Q_2	李	英语	Q_3

显然，这是一个关系。于是给出定义 3.1。

定义 3.1　一个在域 $D_1, D_2, \cdots, D_n$ 上的关系（Relation）就是笛卡儿积 $D_1 \times D_2 \times \cdots \times D_n$ 的子集，用 $R(D_1, D_2, \cdots, D_n)$ 表示，$R \in D_1 \times D_2 \times \cdots \times D_n$。其中，$R$ 表示关系的名，n 是关系的目或度（Degree）。并且，当 $n=1$ 时，称关系为一元关系（Unary Relation）；当 $n=2$ 时称关系为二元关系（Binary Relation）；等等。

例如，关系 $T\text{-}C\text{-}Q \in T \times C \times Q$，其中，每个元组表示了特定的教师、课程和教室三者之间的关系。

2）关系的一阶谓词表示

关系模型不但可以用关系代数表示，还可以用一阶谓词演算表示。

定义 3.2　设有关系模式 R，其原子谓词表示形式为 $P(t)$。其中，P 是谓词，t 为个体变元，用元组表示。关系 R 与原子谓词 P 之间的关系如下：

$$P(t) = \begin{cases} \text{true} & t \text{ 在 } R \text{ 内} \\ \text{false} & t \text{ 不在 } R \text{ 内} \end{cases}$$

利用集合论中的特征描述法，可以将关系 R（元组的集合）与谓词 $P(t)$ 之间的联系描述为：$R=\{t \mid P(t)\}$，表示所有使谓词 P 为真或满足谓词 P 的元组 t 都属于关系 R。

2. 关系模式

每个关系有一个模式，称为关系模式（Relational Schema），由一个关系名以及它的所有属性名构成，一般形式是 $R(A_1, A_2, \cdots, A_n)$，其中 R 是关系名，$A_1, A_2, \cdots, A_n$ 是该关系的属性名，例如关系模式 $T\text{-}C\text{-}Q(T, C, Q)$。由此可见，一个关系模式实际上就是确定了这个关系的二维表的框架，称为关系的内涵；而这个关系是其模式的具体体现（称为具体关系或关系的外延），并按模式要求存储数据，具体关系是关系模式的值或实例，在数据库运行过程中，关系实例是动态变化的。

3. 关系数据库模式

一个关系数据库(Relational Database)是多个关系的集合,这些具体关系构成了关系数据库的实例。由于每个关系都有一个模式,所以,该关系数据库的所有关系模式的集合构成了关系数据库模式(Relational Database Schema)。例如,一个学生选课数据库系统的模式由下面的3个关系模式构成:

```
S(S#,SN,SEX,SA,SD)
C(C#,CN,PC#)
SC(S#,C#,G)
```

一个关系数据库除了其模式和实例外,还有模式约束。

3.2 关系代数

既然把二维表看成关系,那么,就可以用关系代数(Relation Algebra)作为语言对关系进行操作。关系代数是处理关系数据的重要数学基础之一,它为从一些关系生成另一些新关系提供了简单而又非常有用的方法,许多著名的关系数据库语言(如SQL等)都是基于关系代数开发的。

在关系代数中,用户对关系数据的所有查询操作都是通过关系代数表达式描述的,一个查询就是一个关系代数表达式。任何一个关系代数表达式都由运算符和作为运算分量的关系构成。

关系代数是一种抽象的查询语言,是关系数据操纵语言的一种传统表达方式。关系代数中给出的功能在任何实际语言中应该都能实现。

关系代数是通过关系的运算来表达查询目的的。它的运算对象是关系,运算结果也是关系。

关系代数的运算分为如下两类。

(1) 传统的集合运算:并、交、差和广义笛卡儿乘积。

(2) 专门的关系运算:选择、投影、连接和除。

在集合运算中,还涉及两类辅助运算符。

(1) 比较运算符:$>$(大于)、$\geqslant$(大于等于)、$<$(小于)、$\leqslant$(小于等于)、$=$(等于)、$\neq$(不等于)。

(2) 逻辑运算符:$\neg$(非)、$\wedge$(与)、$\vee$(或)。

3.2.1 传统的集合运算

传统的集合运算是二目运算,又称为二元操作。以下运算用到的两个关系 R 和 S 均为 n 目关系,且相应的属性取自同一个域。基本运算如下。

1. 并

关系 R 和 S 的并(Union)为：$R \cup S=\{t|t \in R \lor t \in S\}$，其结果仍为 n 目关系。任取元组 t，当且仅当 t 属于 R 或 t 属于 S 时，t 属于 $R \cup S$。

2. 差

关系 R 和 S 的差(Difference)为：$R-S=\{t|t \in R \land t \notin S\}$，其结果仍为 n 目关系。任取元组 t，当且仅当 t 属于 R 且 t 不属于 S 时，t 属于 $R-S$。

3. 交

关系 R 和 S 的交(Intersection)为：$R \cap S=\{t|t \in R \land t \in S\}$，其结果仍为 n 目关系。任取元组 t，当且仅当 t 既属于 R 又属于 S 时，t 属于 $R \cap S$。从集合论的观点分析，关系的交运算可表示为差运算：$R \cap S=R-(R-S)$。

4. 广义笛卡儿乘积

设 R 为 m 目关系，S 为 n 目关系，则 R 和 S 的广义笛卡儿乘积(Cartesian Product)为：$R \times S=\{t|t=\langle tr,ts \rangle \land tr \in R \land ts \in S\}$，其结果为 $m+n$ 目关系。元组的前 m 列是关系 R 的一个元组，元组的后 n 列是关系 S 的一个元组。若 R 有 k_1 个元组，S 有 k_2 个元组，则 $R \times S$ 有 $k_1 \times k_2$ 个元组。实际运算时，可从 R 的第一个元组开始，依次与 S 的每一个元组组合，然后对 R 的下一个元组进行同样的操作，直至 R 的最后一个元组也进行完相同操作为止，即可得到 $R \times S$ 的全部元组。

［**例 3-2**］ 给定两个相容性关系 R 和 S，如图 3-1 所示，计算 $R \cup S$、$R-S$、$R \cap S$、$R \times S$ 的结果。

A	B	C
A_1	B_1	C_1
A_1	B_2	C_2
A_2	B_2	C_1

(a) 关系 R

A	B	C
A_1	B_2	C_2
A_1	B_3	C_2
A_2	B_2	C_1

(b) 关系 S

图 3-1 关系 R 及关系 S

解：依据 4 种运算的定义，可得到如图 3-2 所示的结果。

3.2.2 专门的关系运算

专门的关系运算包括选择、投影、连接和除。前两个是一元操作，后两个是二元操作。

A	B	C
A_1	B_1	C_1
A_1	B_2	C_2
A_2	B_2	C_1
A_1	B_3	C_2

(a) $R \cup S$

A	B	C
A_1	B_1	C_1

(b) $R-S$

A	B	C
A_1	B_2	C_2
A_2	B_2	C_1

(c) $R \cap S$

R.A	R.B	R.C	S.A	S.B	S.C
A_1	B_1	C_1	A_1	B_2	C_2
A_1	B_1	C_1	A_1	B_3	C_2
A_1	B_1	C_1	A_2	B_2	C_1
A_1	B_2	C_2	A_1	B_2	C_2
A_1	B_2	C_2	A_1	B_3	C_2
A_1	B_2	C_2	A_2	B_2	C_1
A_2	B_2	C_1	A_1	B_2	C_2
A_2	B_2	C_1	A_1	B_3	C_2
A_2	B_2	C_1	A_2	B_2	C_1

(d) $R \times S$

图 3-2 例 3-2 的运算结果

1. 选择

设 R 是 n 目关系，F 是命题公式，其结果为逻辑值，取“真”或“假”，则 R 的选择(Selection)操作定义为：

$$\sigma_F(R) = \{t \mid t \in R \wedge F(t) = \text{true}\}$$

即取出满足条件 F 的所有元组。其中，F 包含下列两类符号：运算对象(元组分量(属性名或列序号)、常数)；运算符($>$、$\geqslant$、$<$、$\leqslant$、$=$、$\neq$、$\neg$、$\wedge$、$\vee$)。

F 中的常量需用单引号括起。选择操作一般对行进行运算。

[**例 3-3**] 根据例 3-2 中的关系可写出：$\sigma_{A='A_1'}(R)$，$\sigma_{B='B_2'}(R)$。

2. 投影

设 R 是 n 目关系，R 在其分量 $A_{i_1}, A_{i_2}, \cdots, A_{i_m}$ ($m \leqslant n$; $i_1, i_2, \cdots, i_m$)为 1 到 m 之间的整数，可不连续)上的投影(Projection)操作定义为：

$$\pi_{i_1,i_2,\cdots,i_m} = \{t \mid t = < t_{i_1}, t_{i_2}, \cdots, t_{i_m} > \wedge < t_1, \cdots, t_{i_m}, \cdots, t_n > \in R\}$$

[**例 3-4**] 根据例 3-2 中的关系可写出：$\pi_{A,B}(R)$，$\pi_{1,3}(S)$。

投影操作一般对列进行运算，可以改变关系中列的顺序。需要说明的是，投影操作消去部分列后，可能会出现重复元组，根据关系特性，应将重复元组删去。

3. 连接

连接(Join)也称为 θ 连接，是从两个关系的笛卡儿乘积中选取属性间满足一定条件的元组。记作：$A\theta B = \{t \mid t = < tr, ts > \wedge tr \in R \wedge ts \in S \wedge tr[A]\theta ts[B]\}$ 或 $A\theta B = \sigma_{A\theta B}(R \times S)$。

其中，A 和 B 分别是 R 和 S 上目数相等且可比的属性组(名称可不相同)。$A\theta B$ 作为

比较公式 F，F 的一般形式为 $F_1 \wedge F_2 \wedge \cdots \wedge F_n$，每个 F_i 是形为 $tr[A_i]\theta ts[B_j]$ 的式子。

下面介绍两种比较重要的连接：等值连接和自然连接。

1）等值连接

当一个连接表达式中的所有运算符 θ 取＝时的连接就是等值连接(Equi-Join)，是从两个关系的广义笛卡儿乘积中选取 A、B 属性间相等的元组，记作：

$$R \underset{R.A=S.B}{\bowtie} S = \{t \mid t = \langle tr, ts \rangle \wedge tr \in R \wedge ts \in S \wedge tr[A] = ts[B]\}$$
$$= \sigma_{A=B}(R \times S)$$

若 A 和 B 的属性个数为 n，A 和 B 中属性相同的个数为 $k(n \geqslant k \geqslant 0)$，则等值连接结果中将出现 k 个完全相同的列，即数据冗余，这是它的不足。

2）自然连接

等值连接可能出现数据冗余，而自然连接(Natural-Join)将去掉重复的列。自然连接是一种特殊的等值连接，它要求两个关系中进行比较的分量必须是相同的属性组，并且将去掉结果中重复的属性列。

如果 R 和 S 有相同的属性组 B，Att(R)和 Att(S)分别表示 R 和 S 的属性集，则自然连接记作：

$$\left\{ \prod \text{Att}(R) \cup (\text{Att}(R) - \{S\})(\sigma_t[B] = t[B](R \times S)) \right\}$$

此处 t 表示：$\{t \mid t \in R \times S\}$。

自然连接和等值连接的区别如下。

(1) 自然连接中相等的属性必须是相同的属性，但是等值连接中相等的属性可以是相同属性，也可以是不同属性。

(2) 自然连接必须去掉重复属性，主要是指相同属性，其他相同属性不管，而等值连接无此要求。

(3) 一般地，自然连接用于有公共属性的情况中。如果两个关系没有公共属性，那么它们的自然连接就退化为笛卡儿乘积。

[例 3-5] 给定关系 R 和 S，如图 3-3 所示，计算：$\sigma_{B>'5'}(R)$，$\pi_{A,B}(R)$，$R \bowtie S_{\ B<D}$，$R \underset{R.B=S.B \wedge R.C=S.C}{\bowtie} S$ 及 $R \bowtie S$（结果如图 3-4 所示）。

4. 除

给定关系 $R(X,Y)$和 $S(Y,Z)$，其中 X,Y,Z 为属性或属性组合。R 中的 Y 和 S 中的 Y 可以有不同的属性名，但必须出自相同的域集。$R \div S$ 是满足下列条件的最大关系：其中每个元组 t 与 S 中的各个元组 s 组成的新元组 $\langle t, s \rangle$ 必在关系 R 中。定义形式为：

$$R \div S = \pi_X(R) - \pi_X((\pi_X(R) \times S) - R)$$
$$= \{t \mid t \in \pi_X(R) \text{ 且 } s \in S, \langle t, s \rangle \in R\}$$

关于关系的除(Division)操作需要说明如下几点。

(1) $R \div S$ 的新关系属性是由属于 R 但不属于 S 的所有属性构成的。

(2) $R \div S$ 的任一元组都是 R 中某元组的一部分，但必须符合下列要求，即任取属于 $R \div S$ 的一个元组 t，则 t 与 S 的任一元组相接后，结果都为 R 中的一个元组。

A	B	C
1	2	3
4	5	6
7	8	9
10	11	12

R

B	C	D	E
5	6	3	1
7	8	6	2
8	9	1	7

S

A	B	C
4	5	6
7	8	9
10	11	12

$\sigma_{B>'5'}(R)$

A	B
1	2
4	5
7	8
10	11

$\pi_{A,B}(R)$

图 3-3　关系 R、S 及选择、投影操作

A	R.B	R.C	S.B	S.C	D	E
1	2	3	5	6	3	1
1	2	3	7	8	6	2
4	5	6	7	8	6	2

$R \underset{B<D}{\bowtie} S$

A	R.B	R.C	S.B	S.C	D	E
4	5	6	5	6	3	1
7	8	9	8	9	1	7

$R \underset{R.B=S.B \wedge R.C=S.C}{\bowtie} S$

A	B	C	D	E
4	5	6	3	1
7	8	9	1	7

$R \bowtie S$

图 3-4　连接操作举例

(3) $R(X,Y) \div S(Y,Z) \equiv R(X,Y) \div \pi Y(S)$

(4) $R \div S$ 的计算过程：①$T=\pi_X(R)$；②$W=(T\times S)-R$；③$V=\pi_X(W)$；④$R\div S=T-V$。

［例 3-6］　给定关系 R 和 S，求 $R\div S$（如图 3-5 所示）。

A	B	C
A_1	B_1	C_2
A_2	B_2	C_1
A_3	B_5	C_5
A_1	B_2	C_1
A_4	B_4	C_5
A_2	B_2	C_1

R

B	C
B_1	C_2
B_2	C_1

S

A
A_1
A_2

$R\div S$

图 3-5　除法操作举例

3.2.3 扩充的关系代数运算

根据前面讨论可知，涉及两个及两个以上关系表的查询时必然用到连接运算，包括等值连接、非等值连接、自然连接。除此之外，为了保留更多信息，还有外连接(Outer Join)、外部并(Outer Union)、半连接(Semi-Join)、复合连接(Compound Join)，这 4 类连接就是扩充的关系代数运算。

1. 外连接

两个关系 R 和 S 在自然连接时，选择两个关系在所有公共属性上值相等的元组组成新关系的元组。此时，两个关系公共属性上值不相等的元组无法进入连接后的新关系，造成 R 和 S 中的部分元组值被舍弃。这种舍弃是正常的，但有时希望将该舍弃的元组继续保留在新关系中。

[**例 3-7**] 有关系 R 和 S，执行运算 $R \bowtie S$ 后，结果如图 3-6 所示。

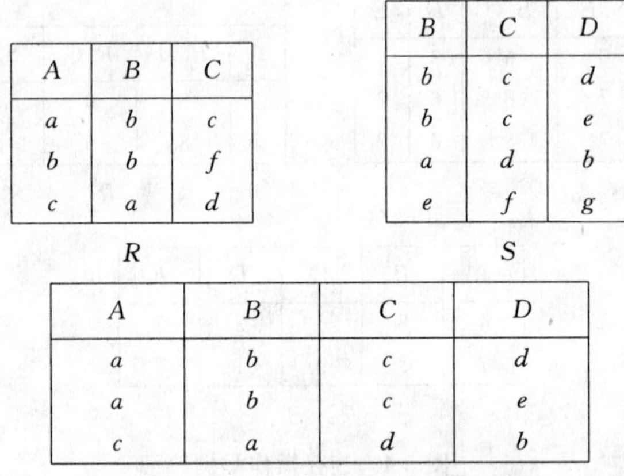

A	B	C
a	*b*	*c*
b	*b*	*f*
c	*a*	*d*

R

B	C	D
b	*c*	*d*
b	*c*	*e*
a	*d*	*b*
e	*f*	*g*

S

A	B	C	D
a	*b*	*c*	*d*
a	*b*	*c*	*e*
c	*a*	*d*	*b*

图 3-6 执行运算 $R \bowtie S$ 的结果

从例 3-7 的结果可见，结果关系中丢失了数据，但是，有时需要保证所有的数据不被丢失，但用自然连接无法实现，这时就要用到以下的运算，即外连接。

定义 3.3 如果 R 和 S 在作自然连接时，把该舍弃的元组也保留在新关系中，在新增加的属性上填上空值(NULL)，那么这种操作称为外连接，用符号 R ⟗ S 表示。根据保留元组的不同，外连接又分为左外连接和右外连接。

1) 左外连接

如果 R 和 S 在作自然连接时，只把 R 中原该舍弃的元组保留在新关系中，那么这种操作称为左外连接，用符号 R ⟕ S 表示。

2) 右外连接

如果 R 和 S 在作自然连接时，只把 S 中原该舍弃的元组保留在新关系中，那么这种操作称为右外连接，用符号 R ⟖ S 表示。

[**例 3-8**] 给出两个基本关系 R 和 S，如图 3-7 所示，其自然连接、外连接、左外连接、右外连接分别如图 3-7(c)～(f)所示。

A	B	C
a	*b*	*c*
b	*b*	*f*
c	*a*	*d*

(a) 关系 *R*

B	C	D
b	*c*	*d*
b	*c*	*e*
a	*d*	*b*
e	*f*	*g*

(b) 关系 *S*

A	B	C	D
a	*b*	*c*	*d*
a	*b*	*c*	*e*
c	*a*	*d*	*b*

(c) $R \bowtie S$ 结果

A	B	C	D
a	*b*	*c*	*d*
a	*b*	*c*	*e*
c	*a*	*d*	*b*
b	*b*	*f*	NULL
NULL	*e*	*f*	*g*

(d) $R ⟗ S$ 结果

A	B	C	D
a	*b*	*c*	*d*
a	*b*	*c*	*e*
c	*a*	*d*	*b*
b	*b*	*f*	NULL

(e) $R ⟕ S$ 结果

A	B	C	D
a	*b*	*c*	*d*
a	*b*	*c*	*e*
c	*a*	*d*	*b*
NULL	*e*	*f*	*g*

(f) $R ⟖ S$ 结果

图 3-7　例 3-8 计算结果

从例 3-8 的结果可以看出，外连接的交换律不成立。

2. 外部并

在关系代数的传统集合运算中，讨论过关系的并运算 $R \cup S$，由属于 R 或属于 S 的元组构成，此时要求两个关系 R 和 S 均为 n 目关系，且相应的属性取自同一个域。在现实应用中，经常需要在具有不同关系模式（目不同或属性来自的域不同）的两个关系 R 和 S 上进行并运算，此时涉及外部并运算。

定义 3.4　如果 R 和 S 具有不同的关系模式，$R \cup S$ 是一种操作，其结果仍是关系，该关系的属性由 R 和 S 的所有属性组成（公共属性只取一次），该关系的元组由属于 R 或属于 S 的元组构成，此时元组在新增加的属性上填上空值，那么这种操作称为外部并操作。

［**例 3-9**］　对例 3-8 中给出的两个基本关系 R 和 S 进行外部并操作，结果如图 3-8 所示。

A	B	C	D
a	*b*	*c*	NULL
b	*b*	*f*	NULL
c	*a*	*d*	NULL
NULL	*b*	*c*	*d*
NULL	*b*	*c*	*e*
NULL	*a*	*d*	*b*
NULL	*e*	*f*	*g*

图 3-8　外部并操作举例

3. 半连接

定义 3.5　两个关系 R 和 S 的自然连接运算结果在关系 R 所有属性上的投影，记作

$R \ltimes S$，即：

$$R \ltimes S \equiv \pi_{\mathrm{Att}(R)}(R \bowtie S) = R\pi_{\mathrm{Att}(R)\cap \mathrm{Att}(S)}(S)$$

［**例 3-10**］ 对例 3-8 中给出的两个基本关系 R 和 S 进行自然连接和半连接操作，结果如图 3-9 所示。

A	B	C	D
a	b	c	d
a	b	c	e
c	a	d	b

$R \bowtie S$

B	C	D
b	c	d
b	c	e
a	d	b

$S \ltimes R$

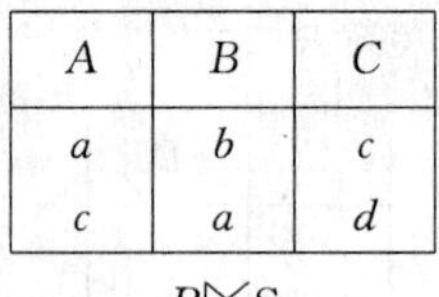

A	B	C
a	b	c
c	a	d

$R \ltimes S$

图 3-9 半连接操作举例

4. 复合连接

复合连接是指在关系 R 和 S 的自然连接结果中，去除连接属性所产生的新关系。

以上对关系代数的主要运算进行了详细的介绍，其查询功能是相当强的。可以证明，关系代数操作集（$\cup$、π、$-$、σ、$\times$）是完备的操作集，任何其他关系代数操作都可以用这 5 种操作的组合来表示。任何一个 DBMS，只要它能完成这 5 种操作，则称它是关系完备的。

3.2.4 关系代数应用举例

下面以学生-课程数据库的学生关系 Student、课程关系 Course 和选修关系 SC 这 3 个关系为基础，举例说明关系代数在关系数据库中的查询和应用。

学生-课程数据库中的 3 个表如表 3-2～表 3-4 所示。

表 3-2 Student

学号 Sno	姓名 Sname	性别 Ssex	年龄 Sage	所在系 Sdept
200815121	李琦	男	20	计算机系
200815122	刘萍	女	19	信管系
200815123	王立	女	18	数学系
200815125	李晓	男	19	信管系

表 3-3 Course

课程号 Cno	课程名 Cname	先行课 Cpno	学分 Ccredit
1	数据库	5	4
2	数学		2
3	信息系统	1	4
4	操作系统	6	3

续表

课程号 Cno	课程名 Cname	先行课 Cpno	学分 Ccredit
5	数据结构	7	4
6	数据处理		2
7	C语言	6	4

表 3-4 SC

学号 Sno	课程号 Cno	成绩 Grade	学号 Sno	课程号 Cno	成绩 Grade
200815121	1	92	200815122	2	90
200815121	2	85	200815122	3	80
200815121	3	88			

[**例 3-11**] 查询至少选修 1 号课程和 3 号课程的学生学号。

首先建立一个临时关系 K，如图 3-10(a)所示，然后求 $\pi_{Sno,Cno}(SC) \div K$。

Cno
1
3

(a)

Sno	Cno
200815121	1
200815121	2
200815121	3
200815122	2
200815122	3

(b)

图 3-10 例 3-11 的中间结果

$\pi_{Sno,Cno}(SC)$如图 3-10(b)所示，200815121 的像集为{1,2,3}，200815122 的像集为{2,3}，而$K=\{1,3\}$，于是 $\pi_{Sno,Cno}(SC) \div K=\{200815121\}$。

[**例 3-12**] 查询选修了 2 号课程的学生的学号。

$$\pi_{Sno}(\sigma_{Cno='2'}(SC)) = \{200815121, 200815122\}$$

[**例 3-13**] 查询至少选修了一门其直接先行课为 5 号课程的学生姓名。

$$\pi_{Sname}(\sigma_{Cpno} = '5'(Course \bowtie SC \bowtie Student))$$

或

$$\pi_{Sname}(\sigma_{Cpno} = '5'(Course) \bowtie SC \bowtie \pi_{Sno,Sname}(Student))$$

或

$$\pi_{Sname}(\pi_{Sno}(\sigma_{Cpno} = '5'(Course) \bowtie SC) \bowtie \pi_{Sno,Sname}(Student))$$

[**例 3-14**] 查询选修了全部课程的学生学号和姓名。

$$\pi_{Sno,Cno}(SC) \div \pi_{Cno}(Course) \bowtie \pi_{Sno,Sname}(Student)$$

综上，关系代数运算符如表 3-5 所示。

表 3-5 关系代数运算符

运算符		含 义	运算符		含 义
集合运算符	∪	并	比较运算符	>	大于
	−	差		⩾	大于等于
	∩	交		<	小于
	×	笛卡儿积		⩽	小于等于
专门的关系运算符	σ	选择		=	等于
	π	投影		<>	不等于
	⋈	连接	逻辑运算符	¬	非
	÷	除		∧	与
				∨	或

3.3 关系演算

将谓词演算作为关系数据查询语言的基本思想，最早见于 Kuhns 的论文，而把它真正用于关系数据语言，提出关系演算概念的则是 E F Codd。他首先给出了关系演算语言 ALPHA，但并未实现。然而世界上第一个关系数据库管理系统 Ingres 所使用的 QUEL 语言，正是参照了 ALPHA 语言研制的，与 ALPHA 十分相似。

对于关系数据的查询，除了可以用关系代数表达式表示，还可以用数理逻辑中的一阶谓词演算表示，这就是关系演算。关系演算是关系运算的第二种方式，它以数理逻辑中的谓词演算为基础。按谓词变元的不同，关系演算分为元组关系演算和域关系演算。前者是以元组为变量的，而后者是以域为变量的。这里先介绍元组关系演算，然后介绍域关系演算。

3.3.1 元组关系演算

1. 元组关系演算

定义 3.6 在元组演算中，元组演算关系表达式用$\{t|\phi(t)\}$来表示。其中，t 是元组变量，$\phi(t)$为元组演算公式，简称公式。$\{t|\phi(t)\}$表示所有使 $\phi(t)$ 为真的元组的集合。公式可以是原子公式，也可以由原子公式组合而成。

2. $\phi(t)$的基本形式——原子公式

关系演算的原子公式（简称原子公式）定义如下。

(1) 原子谓词 $R(t)$是原子公式，其中 R 是关系名，t 是元组变量。$R(t)$表示 t 是 R 的元

组。$\{t|R(t)\}$表示：任取 t，只要 t 是 R 中的一个元组，t 就是结果中的一个元组。$\{t|R(t)\}$表示关系 R。

(2) $t[i]\theta u[j]$是原子公式，t 和 u 均为元组变量，θ 是比较运算符（>、≥、<、≤、=、≠），$t[i]$和 $u[j]$分别表示 t 的第 i 个分量和 u 的第 j 个分量。原子公式 $t[i]\theta u[j]$表示：元组 t 的第 i 个分量和元组 u 的第 j 个分量之间满足 θ 运算。例如，$t[1]>u[3]$表示：元组 t 的第 1 个分量大于元组 u 的第 3 个分量。对于元组表达式$\{t|R(t)\wedge t[3]\geq t[5]\}$，其含义留给读者思考。

(3) $t[i]\theta c$ 或 $c\theta t[i]$是原子公式，c 为常量。$t[i]\theta c$ 表示：元组 t 的第 i 个分量和常量 c 之间满足 θ 运算。如 $t[1]\neq 40$ 表示元组 t 的第 1 个分量不等于 40。对于元组表达式$\{t|R(t)\wedge t[3]\geq 78\}$，其含义留给读者思考。

原子公式仅有上面 3 种定义方式。

3. 关系演算公式（简称公式）递归定义

公式 $\phi(t)$的递归定义有 6 条。

(1) 每个原子公式是公式。原子公式中的元组变量是自由元组变量。

(2) 如果 $\phi1$ 和 $\phi2$ 为公式，则 $\neg\phi1$，$\phi1\wedge\phi2$，$\phi1\vee\phi2$，$\phi1\Rightarrow\phi2$ 为公式。

其含义分别表示：$\phi1$ 为假，则 $\phi1$ 为真；$\phi1$ 和 $\phi2$ 同时为真，则 $\phi1\wedge\phi2$ 为真；$\phi1$ 或 $\phi2$ 为真，则 $\phi1\vee\phi2$ 为真；$\phi1$ 为真，则 $\phi2$ 为真。

(3) 如果 $\phi1$ 为公式，则 $\exists t(\phi1)$为公式。表示：存在一个元组 t 使 $\phi1$ 为真。元组变量 t 在 $\phi1$ 中是自由的，在 $\exists t(\phi1)$中是约束的。$\phi1$ 中的其他元组变量是自由的还是约束的，在 $\exists t(\phi1)$中没有改变。

(4) 如果 $\phi1$ 为公式，则 $\forall t(\phi1)$为公式。这表示：对于所有元组 t 均使 $\phi1$ 为真。元组变量的自由约束特性同(3)。

(5) 在公式中各种运算符的优先级从高到低依次是：①算术比较运算符最高；②量词次之，且∃高于∀；③逻辑运算符最低，且内部按 ¬、∧、∨ 顺序计算；④括号最优先，嵌套时先内后外。

(6) 有限次地使用上述 5 条规则得到的公式是元组关系演算公式，其他公式不是元组关系演算公式。

4. 变量的约束特性

在程序设计中大量使用变量，根据变量作用域的不同，可将变量分为局部变量和全局变量。类似地，元组谓词演算中也涉及同类问题。另外，《离散数学》的命题与关系代数部分也介绍了全称(∀)和存在(∃)两类量词。基于以上内容，下面介绍元组变量的自由和约束概念。

1) 自由元组变量

在一个公式中，元组变量的前面没有全称量词(∀)或存在量词(∃)等符号，那么该元组变量称为自由元组变量。自由元组变量类似于在程序外部定义的外部变量或全局变量。

2）约束元组变量

在一个公式中，元组变量的前面或者有全称量词（∀），或者有存在量词（∃）等符号，那么该元组变量称为约束元组变量。

约束元组变量类似于程序内部定义的局部变量。

［**例 3-15**］ 在图 3-11 中给定两个关系 R 和 S，R_1、R_2、R_3 和 R_4 分别是下列 4 个元组演算表达式的值。

$$R_1 = \{t \mid R(t) \land \neg S(t)\}$$

$$R_2 = \{t \mid (\exists u)(S(t) \land R(u) \land t[3] < u[2])\}$$

$$R_3 = \{t \mid (\forall u)(R(t) \land S(u) \land t[3] > u[1])\}$$

$$R_4 = \{t \mid (\exists u)(\exists v)(R(u) \land S(v) \land u[1] > v[2] \land t[1] = u[2] \land t[2] = v[3] \land t[3] = u[1])\}$$

A	B	C
1	2	3
4	5	6
7	8	9

R

A	B	C
1	2	3
3	4	6
5	6	9

S

A	B	C
4	5	6
7	8	9

R_1

A	B	C
1	2	3
4	5	6

R_2

A	B	C
4	5	6
7	8	9

R_3

R.B	S.C	R.A
5	3	4
8	3	7
8	6	7
8	9	7

R_4

图 3-11 元组关系演算举例

进一步分析可以发现，上述结果与特定的关系代数运算结果相同，例如：R_1 相当于 $R-S$；R_2 相当于 $\pi_{\text{Att}(R)}(R \underset{R.B>S.C}{\bowtie} S)$；$R_3$ 相当于 $\pi_{\text{Att}(R)}(R \underset{R.C>S.A}{\bowtie} S)$；$R_4$ 相当于 $\pi_{R.B,S.C,R.A}(R \underset{R.A>S.B}{\bowtie} S)$。

所以关系代数与关系演算也存在等价性。

5. 关系演算内部的等价规则

关系演算内部的等价规则如下。

(1) $\phi1 \land \phi2$ 等价于 $\neg(\neg\phi1 \lor \neg\phi2)$；$\phi1 \lor \phi2$ 等价于 $\neg(\neg\phi1 \land \neg\phi2)$。

(2) $(\forall t)(\phi1(t))$ 等价于 $\neg(\exists t)(\neg\phi1(t))$；$(\exists t)(\phi1(t))$ 等价于 $\neg(\forall t)(\neg\phi1(t))$。

(3) $\phi1 \Rightarrow \phi2$ 等价于 $\neg\phi1 \lor \phi2$。

上述等价规则可用于关系演算表达式的分析证明。

6. 元组关系演算与关系代数的等价性

从例 3-15 可知，关系代数运算可用元组关系演算表示；反之，元组关系演算也可用关系代数运算表示。同时所有关系代数运算都能用 5 种基本操作（$\cup$、π、$-$、σ、$\times$）来表示，因此只要把 5 种基本操作表示为元组演算表达式，其他复杂问题将迎刃而解。

1）并操作（$\cup$）

$$R \cup S = \{t \mid R(t) \vee S(t)\}$$

2）差操作（$-$）

$$R - S = \{t \mid R(t) \wedge \neg S(t)\}$$

3）笛卡儿乘积（$\times$）

$$\begin{aligned} R \times S = \{t(m+n) \mid (u(m))(v(n))(R(u) \wedge S(v) \wedge t[1] = u[1] \wedge t[2] \\ = u[2] \wedge \cdots \wedge t[m] = u[m] \wedge t[m+1] = v[1] \wedge t[m+2] \\ = v[2] \wedge \cdots \wedge t[m+n] = v[n])\} \end{aligned}$$

式中，R 是 m 目关系，S 是 n 目关系，$t(m+n)$ 表示 t 的目数为 $m+n$。

4）投影（π）

$$\pi_{i1,i2,\cdots,ik} = \{t(k) \mid (u)(R(u) \wedge t[1] = u[i1] \wedge t[2] = u[i2] \wedge \cdots \wedge t[k] = u[ik])\}$$

5）选择（σ）

$$\sigma_F(R) = \{t \mid R(t) \wedge F'\}$$

F'是 F 在元组演算中等价的表示形式。

［**例 3-16**］ 给定关系 R 和 S 均为二元关系，将关系代数表达式 $\pi_{1,4}(\sigma_{2=3}(R\times S))$转换成元组演算表达式。

解：此题分步完成。

第一步：先转换 $R\times S$。

$$\begin{aligned} R \times S = \{t \mid (u)(v)(R(u) \wedge S(v) \wedge t[1] = u[1] \wedge t[2] \\ = u[2] \wedge t[3] = v[1] \wedge t[4] = v[2])\} \end{aligned}$$

第二步：再完成转换 $\sigma_{2=3}(R\times S)$。

$$\begin{aligned} \sigma_{2=3}(R \times S) = \{t \mid (u)(v)(R(u) \wedge S(v) \wedge t[1] = u[1] \wedge t[2] \\ = u[2] \wedge t[3] = v[1] \wedge t[4] = v[2] \wedge t[2] = t[3])\} \end{aligned}$$

第三步：最后完成转换 $\pi_{1,4}(\sigma_{2=3}(R\times S))$。

$$\begin{aligned} \pi_{1,4}(\sigma_{2=3}(R \times S)) = \{w \mid (t)\ (u)(v)(R(u) \wedge S(v) \wedge t[1] \\ = u[1] \wedge t[2] = u[2] \wedge t[3] = v[1] \wedge t[4] \\ = v[2] \wedge t[2] = t[3] \wedge w[1] = u[1] \wedge w[2] = v[2]\ )\} \end{aligned}$$

将上述结果化简，去掉元组变量 t 可得到如下结果：

$$\begin{aligned} \pi_{1,4}(\sigma_{2=3}(R \times S)) = \{w \mid (u)(v)(R(u) \wedge S(v) \wedge u[2] \\ = v[1] \wedge w[1] = u[1] \wedge w[2] = v[2]\ )\} \end{aligned}$$

3.3.2 域关系演算

关系演算的另一种形式是域关系演算。域关系演算和元组关系演算类似，所不同的是公式中的元组变量由域变量代替，且域变量具体代替的是元组变量的每一个分量，其变化范围是某个值域而不是一个关系。

1. 域关系演算

定义 3.7 域关系演算表达式的一般形式为：$\{t_1t_2\cdots t_k \mid \phi(t_1,t_2,\cdots,t_k)\}$。其中，$t_1$，$t_2$，…，$t_k$ 是域变量，$\phi(t_1,t_2,\cdots,t_k)$为域关系演算公式，简称公式。$\{t_1t_2\cdots t_k \mid \phi(t_1,t_2,\cdots,t_k)\}$表示所有使 ϕ 为真的那些 $t_1,t_2,\cdots,t_k$ 所组成元组的集合。公式可以是原子公式，也可以由原子公式组合而成。

2. 域关系演算的原子公式

原子公式有 3 类。

(1) $R(t_1,t_2,\cdots,t_m)$。R 是一个 m 元关系，每个 t_i 是常量或域变量。$R(t_1,t_2,\cdots,t_k)$表示由分量 $t_1,t_2,\cdots,t_m$ 组成的元组属于 R。

(2) $t_i\theta u_j$。t_i 为元组 t 的第 i 个分量，u_j 为元组 u 的第 j 个分量。原子公式 $t_i\theta u_j$ 表示域变量 t_i 和 u_j 满足 θ 关系。θ 是比较运算符(＞、≥、＜、≤、＝、≠)。例如，$t_1>u_5$ 表示元组 t 的第 1 个分量大于元组 u 的第 5 个分量。

(3) $t_i\theta c$ 或 $c\theta t_i$。此处 c 为常量。$t_i\theta c$ 表示域变量 t_i 和常量 c 之间满足 θ 运算。$t_i\neq 70$ 表示域变量 t_i 不等于 70，例如域演算表达式$\{t_1t_3 \mid R(t_1,t_2,t_3)\wedge t_3\geq 80\}$。

3. 域关系演算公式$\phi(t)$的递归定义

公式 $\phi(t)$的递归定义有 6 条。

(1) 每个原子公式是公式。原子公式中的域变量必须是自由域变量。

(2) 如果 $\phi1$ 和 $\phi2$ 为域关系演算公式，则 $\neg\phi1$、$\phi1\wedge\phi2$、$\phi1\vee\phi2$ 也是域关系演算公式。

(3) 如果 ϕ 为域关系演算公式，则$(\forall t_i)\phi$ 也是域关系演算公式。

(4) 如果 ϕ 为域关系演算公式，则$(\exists t_i)\phi$ 也是域关系演算公式。

(5) 在公式中，各种运算符的优先级从高到低依次是：①算术比较运算符优先级最高；②量词次之，且 ∃ 高于 ∀；③逻辑运算符优先级最低，并且内部按 ¬、∧、∨ 顺序计算；④括号优先级第一，嵌套时先内后外。

(6) 有限次地使用上述 5 条规则得到的公式是域关系演算公式，其他公式不是域关系演算公式。

4. 变量的约束特性

在域关系演算中变量的约束特性与元组关系演算变量的约束特性完全相同，也分为自由域变量和约束域变量。

［**例 3-17**］ 在图 3-12 中给定了 3 个关系 R、S 和 W，R_1、R_2、R_3 分别是下列 3 个域关系演算表达式的值。

$$R_1=\{xyz \mid R(xyz)\wedge x<5\wedge y>3\}$$

$$R_2=\{xyz \mid R(xyz)\wedge(S(xyz)\wedge y=4)\}$$

$$R_3=\{xyz \mid (\exists u)(\exists v)(R(zxu)\wedge w(yv)\wedge u>v)\}$$

A	B	C
1	2	3
4	5	6
7	8	9

R

A	B	C
1	2	3
3	4	6
5	6	9

S

D	E
7	5
4	5

W

A	B	C
4	5	6

R_1

A	B	C
1	2	3
4	5	6
7	8	9
3	4	6

R_2

A	B	C
5	7	4
8	7	7
8	4	7

R_3

图 3-12　域关系演算举例

这里$(\exists u)(\exists v)$可简写成$(\exists uv)$。

5. 元组表达式向域表达式的转换

首先来介绍元组表达式向域表达式的转换。

(1) 设元组表达式是$\{t|P(t)\}$，t 是 k 元变量，那么引进 k 个域变量 $t_1t_2\cdots t_k$，在公式中 t 用 $t_1t_2\cdots t_k$ 替换，$t[i]$用 t_i 来替换。

(2) 对于每个量词$(\forall u)$或$(\exists u)$，若 u 是 m 元的元组变量，那么引入 m 个新的域变量 $u_1u_2\cdots u_m$。在量词的辖域内，u 用 $u_1u_2\cdots u_m$ 替换，$u[i]$用 u_i 替换，$(\forall u)$用$(\forall u_1)(\forall u_2)\cdots(\forall u_m)$替换(简写为$(\forall u_1u_2\cdots u_m)$)，$(\exists u)$用$(\exists u_1)(\exists u_2)\cdots(\exists u_m)$替换(简写为$(\exists u_1u_2\cdots u_m)$)。

［例 3-18］　给定关系 R 和 S 均为二目关系，将关系代数表达式 $\pi_{2,4}(\sigma_{1=3}(R\times S))$转换成域演算表达式。

解：此题可转化为如下的元组演算表达式：

$$\{w \mid (\exists u)(\exists v)(R(u) \land S(v) \land u[1]=v[1] \land w[1]=u[2] \land w[2]=v[2])\}$$

用上述方法转化为下列域表达式：

$$\{w_1w_2 \mid (\exists u_1u_2)(\exists v_1v_2)(R(u_1u_2) \land S(v_1v_2) \land u_1=v_1 \land w_1=u_2 \land w_2=v_2)\}$$

进一步简化后可得到：

$$\{w_1w_2 \mid (\exists u_2)(R(u_2w_1) \land S(u_2w_2))\}$$

3.3.3　关系运算的安全性

计算机不能够处理无限的关系，也不能够进行无穷的验证。所以，人们不希望关系运算导致无限的关系和无穷的验证。在数据库技术中，不产生无限关系和无穷验证的运算称为安全运算，相应的表达式称为安全表达式，所采取的措施称为安全约束。

关系代数是以集合论为基础研究关系的，所以均为有限元组的集合，基本操作是并、差、笛卡儿乘积、投影和选择，其运算结果也是有限的，所以关系代数运算总是安全的。但是关系演算不能够保证,可能会产生无限关系和无穷验证。

安全约束是对关系演算施加的一种限制,使之能够在计算机上有效地实现。之所以对这些关系运算施加这种限制,其一,计算机的存储容量是有限的,只能存放有限关系,故对关系运算的中间结果和最终结果应进行限制,它不能是无限关系;其二,让计算机进行无穷次的验证是毫无实际意义的。要想对关系运算施加一定的安全约束措施,使之不产生无限关系或无穷验证,首先要深入分析导致无限关系或无穷验证的原因。概括起来,大致有如下 3 个方面的原因。

(1) 关系代数并没有给出求补运算,只是定义了差集运算,原因在于有限集合的补集可能造成无限集。

(2) 在关系演算中,表达式$\{t|\neg R(t)\}$表示不属于 R 的所有可能出现的元组(元组的目数等于 R 的目数),是一个无限关系;而式$\{t|R(t)\vee V(t)t[2]>3\}$也可能是一个无限关系。无限关系的演算要求具有无限存储容量的计算机,因而要求处理这些无限的元组是做不到的。

(3) 在关系演算中,判断一个命题的正确与否,有时会出现无穷次验证的情况。例如,若要判断命题$(\forall u)(\omega(u))(\exists u)(\omega(u))$的真和假,当 u 的取值无限多时,就要进行无穷次的验证,显然,这是没有什么实际意义的,所以要对关系运算提出安全约束问题。安全约束通常是定义一个与公式 φ 有关的有限符号集 DOM(φ),代表 φ 的域。DOM(φ)一定包括出现在 φ 以及中间结果和最后结果的关系中的所有符号,DOM(φ)不是通过对 φ 的观察确定的,而是用实际关系的变量值替换 φ 中的关系变量后得到的函数。注意,DOM(φ)不必是最小集合。

根据运算安全性定义,显然,前面定义的关系代数运算是安全的。但是,元组演算不一定是安全的。当满足下列条件时,元组演算表达式$\{t|\varphi(t)\}$是安全的。

(1) 定义一个与 φ 有关的有限符号集 DOM(φ),其中的元素为 φ 中明显出现的值和 φ 中所出现的初始关系的某些(或全部)分量。显然,这样规定的 DOM(φ)是一个有限集(但无须是最小集)。

(2) 如果 t 使 $\varphi(t)$为真,则 t 的每个分量必属于 DOM(φ)。

(3) 对于 φ 中每一个形如$(\exists u)(w(u))$的子表达式,若元组 u 使 $w(u)$为真,则 u 的每个量必属于 DOM(φ),从而只要元组 u 有一个分量不属于 DOM(φ),则 $w(u)$为假。

(4) 对于 φ 中每一个形如$(\forall u)(w(u))$的子表达式,若 u 使 $w(u)$为假,则 u 的每个分量必属于 DOM(φ)。换言之,只要元组 u 有一个分量不属于 DOM(φ),则 $w(u)$为真。

1. 元组演算公式的安全性

定义 3.8 设 Ψ 是一个元组关系演算公式。由如下两类符号构造集合:

(1) Ψ 中的常量。

(2) Ψ 中出现的关系中的所有元组的所有属性值,把该集合称为 Ψ 的符号集合(记作:DOM(Ψ))。例如,公式 $F(t)$是 $t[1]='a'\vee R(t)$,若 R 是三元关系,则 DOM(F)=$\{a\}\cup\pi_1(R)\cup\pi_2(R)\cup\pi_3(R)$。

[例 3-19] 给定关系 R 和 S(如图 3-13 所示),$\Psi=\{t|t[1]='b'\vee\neg R(t)\vee\neg S(t)\}$,

求 DOM(Ψ)。

A	B	C
1	2	3
4	5	6
7	8	9

R

D	E	F
1	2	3
3	4	6
5	6	9

S

图 3-13　例 3-19 中的关系 R 和 S

解：根据定义进行解答：

$$\begin{aligned}\text{DOM}(\Psi) &= \{b\} \cup \pi_A(R) \cup \pi_B(R) \cup \pi_C(R) \cup \pi_D(S) \cup \pi_E(S) \cup \pi_F(S) \\ &= \{1,2,3,4,5,6,7,8,9\}\end{aligned}$$

定义 3.9　一个元组关系演算表达式$\{t|\Psi(t)\}$是安全的：

(1) 如果 $\Psi(t)$为真，则元组 t 的每个分量都属于 DOM(Ψ)。

(2) 对于 Ψ 中每个形如$(\exists t)(F(t))$的子表达式，如果 $F(u)$为真，则元组 u 的每个分量都属于 DOM(Ψ)。换言之，如果 u 有某个分量不属于 DOM(Ψ)，那么 $F(u)$必为假。

(3) 对于 Ψ 中每个形如$(\forall t)(F(t))$的子表达式，如果 $F(u)$为假，则元组 u 的每个分量都属于 DOM(Ψ)；换言之，如果 u 有某个分量不属于 DOM(Ψ)，那么 $F(u)$必为真。

上面(2)和(3)保证，要确定具有量词的公式$(\forall t)(F(t))$和$(\exists t)(F(t))$的真假值，只需考虑 DOM(F)中符号组成的元组 t。

［**例 3-20**］　给定关系 R(如图 3-14 所示)，$\Psi=\{t|\neg R(t)\}$，若不进行安全限制，则元组运算表达式是不安全的，求 DOM(Ψ)。

A	B	C
1	2	3
4	5	6

R

图 3-14　例 3-20 中的关系 R

解：根据定义进行解答：

$$\begin{aligned}\text{DOM}(\Psi) &= \pi_A(R) \cup \pi_B(R) \cup \pi_C(R) \\ &= \{\{1,4\},\{2,5\},\{3,6\}\}\end{aligned}$$

不加限制时，$\{t|\neg R(t)\}$只要取不属于 R 的元组即可，因此会出现无限关系，如果进行限定：要求 $\Psi(t)$为真的元组各分量的值来自 DOM(Ψ)，则此时构成的关系为有限关系。所以施加限制之后 $\{t|\neg R(t)\}$演算结果将会变得安全。在本例中 Ψ 是 DOM(Ψ)中各域的笛卡儿乘积与 R 的差集。

2. 域演算公式的安全性

定义 3.10　一个域关系演算表达式$\{t_1t_2\cdots t_k|\phi(t_1,t_2,\cdots,t_k)\}$是安全的：

(1) 如果 $\phi(t)$为真，则为真元组 $t_1t_2\cdots t_k$ 的每个分量 t_i 都属于 DOM(ϕ)。

(2) 对于 ϕ 的每个形如$(\exists x)(\phi1(x))$的子表达式，如果 x 使 $\phi1(x)$为真，那么 x 必在 DOM($\phi1$)中。换言之，如果有 x 不属于 DOM($\phi1$)，那么 $\phi1(x)$必为假。

(3) 对于 ϕ 的每个形如$(\forall x)(\phi1(x))$的子表达式，如果 x 使 $\phi1(x)$为假，那么 x 必在 DOM($\phi1$)中。换言之，如果有 x 不属于 DOM($\phi1$)，那么 $\phi1(x)$必为真；同样上面(2)和(3)保证，要确定具有量词的公式$(\exists x)(\phi1(x))$和$(\forall x)(\phi1(x))$的真假值，只需考虑 DOM($\phi1$)中符号组成的元组 t。

通过上述定义，施加相应约束，原本不安全的域关系演算表达式$\{t_1t_2 \mid S(t_1t_2) \vee t_2 >$ '20'$\}$变安全了。

由于元组关系演算和域关系演算可自如转化，所以：

(1) 每一个关系代数表达式有一个等价的安全的元组演算表达式。

(2) 每一个安全的元组演算表达式有一个等价的安全的域演算表达式。

(3) 每一个安全的域演算表达式有一个等价的关系代数表达式。

关系代数运算可用元组关系演算实现，元组关系演算可用域关系演算实现，反过来也可成立。因此，这 3 类关系运算的表达式是等价的，可以相互转换。

3.4 查询优化

前面已经多次提到查询优化在关系系统中所占的重要地位。自从第一个关系型数据库系统问世以来，效率一直是人们普遍关心的问题。对于层次和网状数据库系统，虽然用户使用的是低级数据操纵语言，但可以用导航方法编制高效率的查询程序。而关系数据库系统则不同，因为用户使用高级的数据操纵语言，所以用户编制应用程序的效率比较低。通常，用户不希望在程序的执行效率上花费时间，而要用更多的时间设计程序处理的算法。由于这些原因，很多学者和专家在关系数据库的查询优化方面做了大量的研究工作。"优化"是指找出一种行之有效的方法来执行查询程序。

查询是数据库系统最主要的应用功能，使用频率很高。查询速度的快慢直接影响系统效率。关系模型虽然有坚实的理论基础，成为主流数据模型，但其主要的缺点就是查询效率低。关系系统采用的是非过程化语言，用户只需指出"做什么"，而"怎么做"是由系统固有模式来决定的，因此，用户使用起来方便了，但系统负担却重了，同时查询模式不一定是最优的，这种方式数据独立性最高。可见，系统效率和数据独立性，用户使用的方便性和系统实现的便利性都是互相矛盾的。为了解决这些矛盾，必须使系统能自动进行查询优化，使关系系统在查询的性能上达到甚至超过非关系系统。

查询优化器的优点不仅在于用户不必考虑如何最好地表达查询以获得较好的效率，而且在于系统可以比用户程序的优化做得更好，因为优化器可以从数据字典中得到许多有用信息，如当前的数据情况，而用户程序得不到；优化器可以对各种策略进行比较，而用户程序做不到。关系系统的优化器不仅能进行查询优化，而且可以比用户自己在程序中优化得更好。

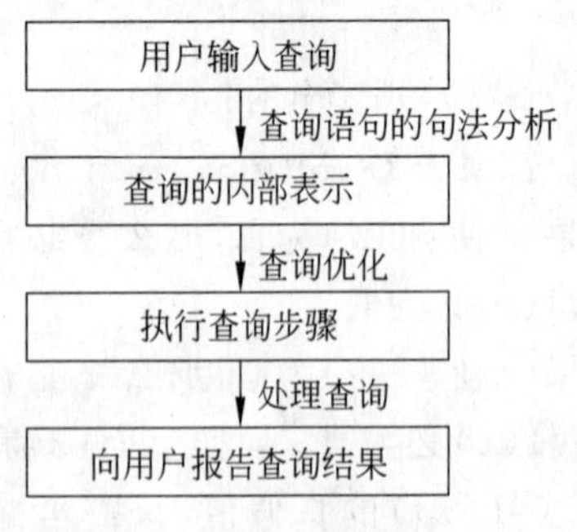

图 3-15　查询过程

图 3-15 给出了响应用户查询的一般过程。用户输入的查询通过句法分析程序(Parser)做语法正确性检查，并将查询转换成某种内部表示，然后由优化程序(Optimizer)根据优化策略和算法，构造高效率的查询执行步骤，最后执行这些步骤，将查询结果报告给用户。在这个过程中，优化的内部表示可以衡量优化的好坏。一般来说，用户希望执行查询的时间最少，临时使用的

存储空间也要尽可能地小。当然,执行优化程序本身也需要时间,因此,用优化方法节省下来的时间要大于执行优化程序所需要的时间。

查询优化的目标是:选择有效的优化策略,并根据这种策略求得给定关系表达式的值。

下面先介绍查询优化的一般策略,然后介绍常用的几种优化技术。

3.4.1 一般问题

关系代数和关系演算具有等价性,同一个问题采用同一种方法解决有不同的解决途径,这些方法结果相同,但执行效率有较大差别。下面先看一个实例,说明查询优化的一般问题。

[**例 3-21**] 有一个职工项目数据库检索参与了 P5 项目的职工姓名。

数据库模式如下:E(职工信息)(E#(职工号),EN(职工姓名),EA(职工年龄),EE(职工性别),ED(工作部门))

P(项目表)(P#(项目编号),PN(项目名),PL(计划工时))

EP(职工参与表)(E#,P#,L(完成工时))

解:用关系代数可写出多种表达式解决问题,下面选择最具代表性的 3 种加以分析。

$$A_1 = \pi_{EN}(\sigma_{E.E\# = P.E\# \wedge EP.P\# = 'P5'}(E \times EP))$$

$$A_2 = \pi_{EN}(\sigma_{EP.P\# = 'P5'}(E \bowtie EP))$$

$$A_3 = \pi_{EN}(E \bowtie (\sigma_{EP.P\# = 'P5'}(EP)))$$

先分析 A_1 的执行过程。

(1) 计算广义笛卡儿乘积。把 E 和 EP 的每个元组连接起来,一般的做法是:在内存中尽可能多地装入某个表(如 E 表)的若干块元组,留出一块存放另一个表(如 EP 表)的元组,然后把 EP 中的每个元组和 E 中的每个元组连接,连接后的元组装满一块后就写到中间文件上,再从 EP 中读入一块和内存中的 E 元组连接,直到 EP 表处理完,这时再一次读入若干块 E 元组,读入一块 EP 元组,重复上述处理过程,直到把 E 表处理完。假定 E 中记录数为 1000 个,EP 中记录数为 10 000 个(参与 P2 项目记录 50 个)。

设一块能装 10 个 E 元组或 100 个 EP 元组,在内存中存放 5 块 E 元组和 1 块 EP 元组,则读取总块数为:

$$\frac{1000}{10} + \frac{1000}{10 \times 5} \times \frac{1000}{100} = 100 + 20 \times 100 = 2100$$

其中读 E 表 100 块,读 EP 表 20 遍,每遍 100 块。若每秒读 20 块,则总计需要 105s。连接后的元组数为 $10^3 \times 10^4 = 10^7$,设每块能装 10 个元组,则写出这些块要花 $10^6/20 = 5 \times 10^4$s(设每秒写 20 块)。

(2) 依次读入连接后的元组,按照选择条件选取满足要求的记录。假定内存处理时间不计,这一步读取中间文件花费的时间为 5×10^4s(同写中间文件一样),满足条件的元组假设为 50 个,均可放在内存中。

(3) 把第(2)步的结果在 EN 上进行投影输出,得到最终结果,因此在第一种情况下执行查询的总时间为 $2\times5\times10^4+10^5$，约为 10^5s。这里，所有内存处理时间均忽略不计。

下面再分析 A_2 的执行过程。

(1) 计算自然连接。该运算读取 E 和 EP 表的方式不变，总共读取的仍为 2100 块，花费时间为 10^5s，但自然连接的结果比第一种情况大大减少，为 10^4 个，因此写出这些元组花费的时间为 $10^4\div10\div20=50$s，仅为第一种的 1/1000。

(2) 读取中间文件，执行选择运算，花费时间也为 50s。

(3) 将上一步结果投影输出。

第二种情况总时间为 205s。

最后分析 A_3 的执行过程。

(1) 先对 E 表做选择运算，只需读一遍 EP 表，存取 100 块花费时间为 5s。由于满足条件的元组只有 50 个，不必使用中间文件。

(2) 读取 E 表，把读入的 E 元组和内存中的 EP 元组做连接，也只需读一遍 E 表共 100 块，花费时间为 5s。

(3) 把连接结果投影输出。

这种情况总的执行时间约为 10s。

上面这个简单的例子充分说明了查询优化的必要性，同时也给出了一些进行初步的查询优化的方法。

3.4.2 查询优化准则

查询优化有多种技术途径。一种途径是对查询表达式进行代数变换，从而改变基本查询操作的次序，提高查询语句的执行效率。这种优化方法仅涉及查询语句本身，不涉及关系的存储结构和存取路径，故称为代数优化。另一种途径是根据系统提供的存取路径，选择合适的存储策略，如运用关键字和索引这些特点进行查询等，这种方法依赖于存取路径的优化，故称为物理优化。还有的方法除根据一些基本规则外，还对可行的几种可选择的执行策略进行代价估算，从中选用代价最小的执行策略，这叫做代价估算优化。这些技术和方法在实际中都是可行的，许多关系数据库系统往往综合运用上述几种方法，以便得到更好的优化效果。

查询优化主要是合理安排操作的顺序，以使系统效率较高。优化是相对的，变换后的表达式不一定是所有等价表达式中执行时间最少的。因此，优化没有一个特定的模式，常根据经验，运用下列策略来完成。上面提到的几种优化途径所采用的策略归纳如下。

(1) 尽可能早地执行选择运算。在查询中这种变换最为重要，因为它可以以元组为单位减小中间结果，从而使执行时间呈数量级地减少。

(2) 把笛卡儿积和之后进行的选择运算结合起来，使之成为一个连接运算。把某些选择运算同之前执行的笛卡儿乘积结合起来成为一个连接操作。笛卡儿乘积结果较大，选择后元组减少；两个操作一次完成，需对连接后的元组进行检查，决定取舍，将减少空间和时间的开销。

(3) 同一关系上的投影和选择运算同时进行,可减少应用表的扫描次数,从而节省操作时间。

(4) 找出表达式中的公共子表达式。应将该表达式结果预先计算出来并加以保留,需要时直接从文件中读取,以免重复计算。

下面两个原则也是经常运用的,不过要联系到关系的物理实现和某些预先估算。

(5) 适当的预处理。预处理包括对文件的分类排序和创建临时索引等,有时做两个关系连接更有效。

(6) 把投影同其前面的双目运算结合起来,没有必要为了去掉某一个或某几个属性而扫描一遍关系。

3.4.3 关系代数等价变换规则

前面讲的优化策略大多数关系到代数表达式的变换,所以研究优化的最好的出发点是,搜集一些应用在关系代数运算上的代数规则。查询处理器一般就是从建立代数表达式语法分析树开始的,这要求查询语句自身是一个纯关系代数语句。在这种情况下,查询分析器能产生一棵树。在这棵树中,某些节点表示关系代数运算,其他的节点表示这种语言的特殊运算。关系代数是关系数据理论的基础,关系演算可以转化为关系代数去实现,所以关系代数表达式的优化是查询优化的基本课题。

所谓关系代数表达式的等价,是指用相同的关系代替两个表达式中相应的关系后,取得的结果关系是相同的。两个关系代数表达式 $E1$ 和 $E2$ 等价,一般表示为:$E1\equiv E2$。

常用的等价变换准则有以下几个。

(1) 连接和笛卡儿乘积的交换律。

$E1$ 和 $E2$ 是两个关系代数表达式,F 是连接运算的条件,则:

$$E1 \bowtie E2 \equiv E2 \bowtie E1$$

$$E1 \underset{F}{\bowtie} E2 \equiv E2 \underset{F}{\bowtie} E1$$

$$E1 \times E2 \equiv E2 \times E1$$

(2) 连接和笛卡儿乘积的结合律。

$E1$ 和 $E2$ 是两个关系代数表达式,$F1$ 和 $F2$ 是连接运算的条件,$F1$ 只涉及 $E1$ 和 $E2$ 的属性,$F2$ 只涉及 $E2$ 和 $E3$ 的属性,则:

$$(E1 \bowtie E2) \bowtie E3 \equiv E1 \bowtie (E2 \bowtie E3)$$

$$(E1 \underset{F1}{\bowtie} E2) \underset{F2}{\bowtie} E3 \equiv E1 \underset{F1}{\bowtie} (E2 \underset{F2}{\bowtie} E3)$$

$$(E1 \times E2) \times E3 \equiv E1 \times (E2 \times E3)$$

(3) 投影的串接定律。

E 是关系代数表达式,$F1$、$F2$ 和 $F3$ 是 E 的属性集,且 $F1\subset F2\subset F3$,则:

$$\pi_{F1}(\pi_{F2}(\pi_{F3}(E))) \equiv \pi F1(E)$$

(4) 选择的串接定律。

E 是两个关系代数表达式,$F1$ 和 $F2$ 是选择运算条件,则:

$$\sigma_{F1}(\sigma_{F2}(E)) \equiv (\sigma_{F1 \wedge F2}(E))$$

(5) 选择和投影的交换律。

E 是关系代数表达式，$F1$ 是选择条件，$F1$ 只涉及 $F2$ 中的属性，则：

$$\sigma_{F1}(\pi_{F2}(E)) \equiv \pi_{F2}(\sigma_{F1}(E))$$

(6) 选择和笛卡儿乘积的交换律。

$E1$ 和 $E2$ 是两个关系代数表达式，F 是选择条件，且只涉及 $E1$，则：

$$\sigma_F(E1 \times E2) \equiv \sigma_F(E1) \times E2$$

若有 $F=F1 \wedge F2$，并且 $F1$ 只涉及 $E1$ 中的属性，$F2$ 只涉及 $E2$ 中的属性，则：

$$\sigma_F(E1 \times E2) \equiv \sigma_{F1}(E1) \times \sigma_{F2}(E2)$$

此外，若 $F=F1 \wedge F2$，且 $F1$ 只涉及 $E1$ 中的属性，$F2$ 涉及 $E1$ 和 $E2$ 中的属性，则：

$$\sigma_F(E1 \times E2) \equiv \sigma_{F2}(\sigma F1(E1) \times E2)$$

也就是说，尽可能早地执行选择操作，提高运算效率。

(7) 选择对并的分配律。

$E1$ 和 $E2$ 是两个相容的关系，则：

$$\sigma_F(E1 \cup E2) \equiv \sigma_F(E1) \cup \sigma_F(E2)$$

(8) 选择对差的分配律。

$E1$ 和 $E2$ 是两个相容的关系，则：

$$\sigma_F(E1 - E2) \equiv \sigma_F(E1) - \sigma_F(E2)$$

(9) 选择对自然连接的分配律。

$E1$ 和 $E2$ 是两个关系代数表达式，F 只涉及 $E1$ 和 $E2$ 的公共属性，则：

$$\sigma_F(E1 \bowtie E2) \equiv \sigma_F(E1) \bowtie \sigma_F(E2)$$

(10) 投影对笛卡儿乘积的结合律。

$E1$ 和 $E2$ 是两个关系代数表达式，$L1$ 是 $E1$ 的属性集，$L2$ 是 $E2$ 的属性集，则：

$$\pi_{L1 \cup L2}(E1 \times E2) \equiv \pi_L(E1) \cup \pi_L(E2)$$

(11) 投影对并的分配律。

$E1$ 和 $E2$ 是两个相容的关系，则：

$$\pi_L(E1 \cup E2) \equiv \pi_L(E1) \cup \pi_L(E2)$$

(12) 选择与连接操作的结合律。

$E1$ 和 $E2$ 是两个关系代数表达式，则：

$$\sigma_F(E1 \times E2) \equiv E1 \underset{F1}{\bowtie} E2$$

$$\sigma_{F1}(E1 \underset{F2}{\bowtie} E2) \equiv E1 \underset{F1 \wedge F2}{\bowtie} E2$$

(13) 并与交的交换律。

$$E1 \cup E2 \equiv E2 \cup E1$$

$$E1 \cap E2 \equiv E2 \cap E1$$

(14) 并与交的结合律。

$$(E1 \cup E2) \cup E3 \equiv E1 \cup (E2 \cup E3)$$

$$(E1 \cap E2) \cap E3 \equiv E1 \cap (E2 \cap E3)$$

3.4.4 关系代数表达式优化的算法

3.4.3 节介绍了关系代数优化的必要性及等价变换规则，在优化过程中这些规则是变换的基础。按照优化准则，尽可能早地执行选择操作，将多步操作组合成一步完成，进行适当的预处理，计算公共子表达式等。优化的基本算法如下。

算法：关系代数表达式的优化。

输入：一个关系代数表达式的语法树。

输出：表达式的优化程序。

优化的基本方法如下。

(1) 利用规则(4)把形如($\sigma_{F1 \wedge F2 \wedge \cdots \wedge Fn}(E)$)的表达式变换为 $\sigma_{F1}(\sigma_{F2}(\cdots(\sigma_{Fn}(E))\cdots))$。

(2) 对每个选择操作，利用规则(4)～(9)，尽可能把它移到树的叶端。

(3) 对每个投影操作，利用规则(3)、(5)、(10)、(11)，尽可能把它移到树的叶端。其中规则(3)可使某些投影消失，而规则(5)可能会把一个投影变为两个投影，其中一个有可能被移向树的叶端。

(4) 利用规则(3)～(5)，把选择和投影的串接合并成单个的选择、单个投影或一个选择后跟一个投影，使多个选择和投影能同时进行，或在一次扫描中全部完成。

(5) 将上述得到语法树的内节点分组，每一双目运算(×、∪、－、⋈)和它的直接祖先为一组(这些直接祖先是 σ 和 π 运算)，如果其后代直到叶子全是单目运算，则也将它们并入该组；但当双目运算是笛卡儿乘积(×)，而且其后的选择不能与它结合为等值连接时除外。

3.4.5 关系代数表达式优化步骤

关系代数表达式优化的基本步骤可归纳如下。

(1) 将查询转化为某种内部表示。通常用的内部表示是语法树(图 3-16(a)是例 3-21 的语法树)，为方便使用关系代数优化规则，再将其转化为关系代数语法树，如图 3-16(b)所示。

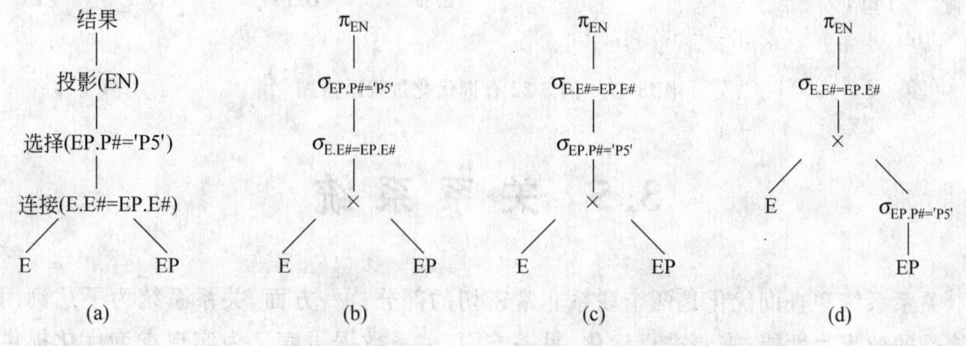

图 3-16　例 3-21 查询过程优化图解

(2) 再将语法树转换成优化形式。利用等价变换规则,把原始的语法树转换为优化的形式。图 3-16(b)所示的关系代数语法树经优化变为图 3-16(c),进一步优化可得到最终的优化结果,如图 3-16(d)所示。

[**例 3-22**] 给定由职工和部门构成的关系数据库:

EMP(编号 E#,姓名 EN,性别 SEX,年龄 AGE,工资 SAL,部门 D#)

DEPT(部门号 D#,部门名 DN,管理者号 MGR,地址 ADD) 求出管理者号为 18 部门的职工姓名,且他们的工资不超过 500 元。

解:依据题意可写出如下查询:

Q1: $\pi_{EN}((EMP \bowtie \sigma_{MGR='18'}(DEPT)) - (\sigma_{SAL>'500'}(EMP) \bowtie \sigma MGR = '18'(DEPT)))$

对应的查询树如图 3-17(a)所示。其优化过程从合并树叶 EMP 和 DEPT 开始,然后依据各种等价变换规则,进行一系列变换,最后形成图 3-17(g),对于这个查询,有经验的读者可直接写出优化结果:

Q2: $\pi_{EN}(\pi_{EN,D\#}(\sigma_{NOT\ SAL>'500'}(EMP)) \bowtie \pi_{D\#}(\sigma_{MGR='18'}(DEPT)))$

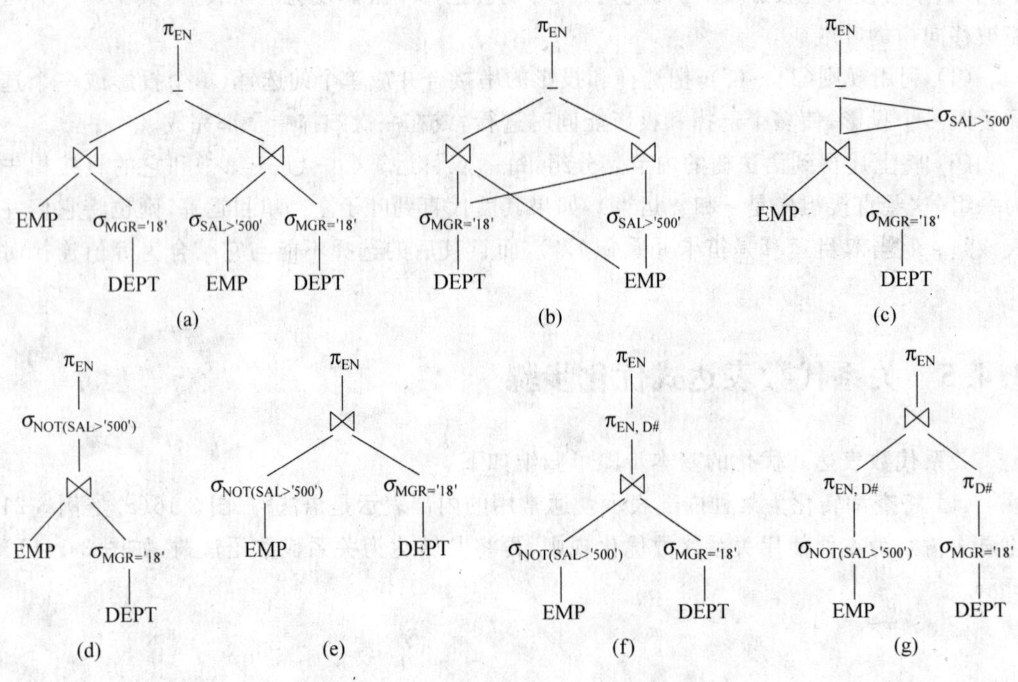

图 3-17 例 3-22 查询优化过程示意图

3.5 关系系统

关系系统和查询优化是两个联系非常密切的部分。一方面,关系系统为了达到用户可接受的效率和性能,需要进行优化;另一方面,关系数据语言又为实现查询优化提供了可能性。本节介绍关系系统的分类和一个关系系统应当满足的十二条准则。

关系数据库系统是目前应用最广泛的数据库系统。在实际应用中各类关系数据库产品的功能都是有差异的，根据其支持运算的不同，关系系统可分为（最小）关系系统、完备关系系统、全关系系统。本节将对关系系统的分类及全关系系统的基本准则进行介绍，在开发实际系统时，作为选择关系数据库产品的依据。

3.5.1 关系系统的定义

关系系统和关系模型是两个密切相关而又不同的概念。把支持关系模型的系统称为关系系统，这种说法很笼统，因为并非关系模型的每一部分（关系数据结构、关系操作和数据完整性）都是同等重要的，也不能苛刻地要求每个关系系统支持关系模型的所有组成部分，才称为关系系统，实际上，到目前还没有一个关系系统产品是能够完全支持关系模型的，因此，要给出一个关系系统的最小要求以及分类的定义。

下面给出关系系统的定义。

一个系统可定义为关系系统，当且仅当它：

(1) 支持关系数据结构。也就是说，从用户角度看，数据库是由表构成的，并且只有表这种结构。

(2) 支持选择、投影和（自然）连接运算。对这些运算不必要求定义任何物理存取路径。

显然，当一个关系系统仅支持表数据结构而没有选择、投影和连接运算功能，不能称之为关系系统。除此之外，如果一个系统虽然支持这 3 种运算，但要求定义物理存取路径，如要求用户建立索引才能按索引字段检索记录，也不能称之为关系系统。

当然并不要求每一个关系系统的选择、投影、连接运算和关系代数中的相应运算完全一样，而只要求有与这些运算等价的功能就行了。

对关系系统的定义解释如下。

(1) 为什么关系系统除了要支持关系数据结构外，还必须支持选择、投影、连接运算呢？因为不支持这 3 种关系运算的系统，用户使用起来不方便。

(2) 为什么要求这 3 种运算不能依赖于物理存取路径呢？因为依赖物理存取路径来实现关系运算就降低或丧失了数据的物理独立性。不依赖物理存取路径来实现关系运算就要求关系系统自动地选择存取路径。为此，系统要进行查询优化，以获得较好的性能，这正是实现关系系统的关键技术。

(3) 要求关系系统支持这 3 种最主要的运算而不是关系代数的全部运算功能，是因为这 3 种运算是最有用的运算功能，能解决绝大部分实际问题。

3.5.2 全关系系统的 12 条基本准则简介

下面介绍的是 E F Codd 提出的全关系系统的 12 条基本准则，只有遵循这些准则的系统才是全关系系统，可以此作为评价或购买关系数据库产品的标准。

准则 0：一个 RDBMS 必须能完全通过自身的关系能力来管理数据库。这意味着，一个称为关系型的DBMS必须能在关系这个级别支持数据库的插入、修改和删除操作。

准则0是下面12条准则的基础。不满足准则0的DBMS都不是RDBMS。

准则1：信息准则。RDBMS的所有信息都应在逻辑一级用同一个方法——表(Table)中的值显示出来。而且，每个表的表名，表中的列名和域名等，都是用系统内的数据字典表中的值表示的。数据字典本身是一个描述元数据的关系数据库。

准则2：保证访问原则。依靠表名、主码和列名的组合，应保证能够访问关系数据库中的每个数据项值。

保证访问原则规定，关系系统不能采用面向机器的寻址法，而必须采用关系系统独有的关联寻址的访问模式。

准则3：空值的系统化处理。空值是"不知道"或"无意义"的值，它不是一个具体的值(如零、空字符串等)。空值的概念很重要，在全关系DBMS中支持空值，就是要用一个系统化的方式处理空值。

准则4：基于关系模型的动态联机数据字典。数据库的描述在逻辑级上应和一般数据采用相同的表示方法，以使得授权用户能使用查询一般数据所用的关系语言来查询数据库的描述信息。

本准则不仅使每个用户只需学习一种数据模型，而且授权用户还可方便地扩充字典，使之变成完备、主动的关系数据字典。

准则5：统一的数据子语言准则。一个关系系统可以有几种语言和多种终端使用方法。但必须有一种语言，该语言的语句可以表示为具有严格语法规则的字符串，并能全面地支持以下定义：数据定义、视图定义、数据操作(交互式或程序式)、完整性约束、授权、事务处理功能(事务的开始、提交和回滚)。

关系方法是高度动态的，处于频繁的运行处理之中。因此，没有必要把说明的功能分为若干种语言来实现。关系数据库是一体化的数据子语言，它使程序员可首先交互地调试数据库语言，调试正确后再嵌入程序中，从而可大大提高程序员的生产效率。

准则6：视图更新准则。所有理论上可更新的视图也应该允许由系统进行相同的更新。"一个视图在理论上是可更新的"指的是，存在一个与时间无关的算法，该算法可无二义性地把对此视图的更新要求转换为对基本表的更新序列。

准则7：高级的插入、修改和删除操作。把一个基本关系或导出关系作为单一的操作对象处理，这不仅适用于数据检索，而且适用于数据的插入和删除。以关系为操作对象不仅简化了用户查询，也为系统进行查询优化提供了很大的余地。该准则对于获得有效的分布式事务处理也是十分重要的，可避免从远程节点传送一条记录就要发出一次请求，实现一次请求传送一个关系，从而节省通信代价。

准则8：数据的物理独立性。无论数据库中的数据在存储表示或存取方法上发生什么变化，应用程序和终端活动都保持逻辑上的不变性。

准则9：数据的逻辑独立性。当对基本关系进行理论上信息不受损害的改变时，应用程序和终端活动都保持逻辑上的不变性。

准则10：数据完整的独立性。关系数据库的完整性约束条件必须是用数据子语言定义并存储在数据字典中的，而不是在应用程序中定义。

除了实体完整性和参照完整性外，具体的关系数据库还可能有反映业务政策和管理规章的完整性约束条件。这些完整性条件都应该能用高级的数据子语言定义，并能存入数据字典中，从而，当约束条件变化时，只需改变在数据字典中定义的完整性语句，而不会在逻辑上影响应用程序和终端活动。

准则 11：分布独立性。对于如下两类具体问题：其一，原来的 DBMS 只管理非分布式数据，现在要引入分布式数据；其二，原来的 DBMS 能管理分布式数据，现在要改变原来的数据分布。在这两种情况下，由于 RDBMS 具有特定的数据子语言，都能使应用程序和终端活动保持逻辑不变性。

准则 12：无破坏准则。如果一个关系系统具有一个低级(一次一条记录)语言，该语言不能破坏或绕过完整性准则和用高级关系语言表达的约束条件。

以上这 12 条准则都以准则 0 为基础，但仅有准则 0 是不够的。

目前，虽然还没有一个 DBMS 产品是全关系型的，但随着人们对数据库技术研究的进一步深入，加上软件运行环境的改变，相信以后一定会出现越来越好的全关系型的 DBMS，以满足人们在各种应用场合下对数据库产品的需求。

3.5.3 关系系统的分类

有了关系系统的定义，就可以根据它来区分哪些系统是贴了“关系型”标签的非关系系统，哪些是关系系统。当前，许多数据库系统产品如 Oracle、Sybase、Ingres、Informix、DB2、SQL/DS 等，都是关系系统，这是依据关系系统的最小要求定义的，许多实际系统，如上面提到的那些产品，都不同程度地超过了这些要求。

按照 E F Codd 的思想，可以把关系系统分类，如图 3-18 所示，图中的圆表示关系数据模型。每个圆分为 3 部分，分别表示模型的 3 个组成部分：结构(Structure)、数据操纵(Manipulation)、完整性(Integrity)。图中阴影部分表示各类系统支持模型的程度。关系系统主要分为 3 类。

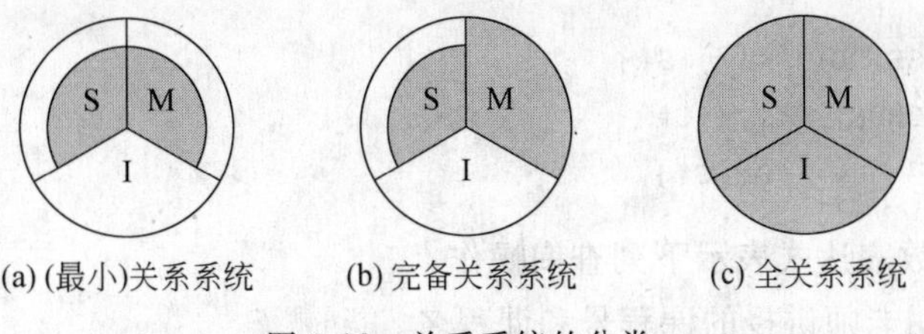

图 3-18 关系系统的分类

(1) 最小关系系统：仅支持关系数据结构和选择、投影、连接 3 种关系操作。很多在微型计算机上使用的系统如 FoxBASE 和 FoxPro 就属于这一类。

(2) 完备关系系统：不仅支持关系数据结构，而且支持所有关系代数操作。

(3) 全关系系统：支持关系模型所有特征的系统为全关系系统。它们不仅支持数据结构中域的概念，不仅是完备关系，而且支持实体完整性和参照完整性。具体地，就是支持上边介绍的 12 条基本准则。目前，很多关系系统已接近这个目标。

小　结

关系数据库系统由于有较为成熟的关系代数理论的有力支持，因此目前成为数据库应用的主流。商品化的关系数据库产品越来越多，既有支持大型应用的，也有支持一般规模的，还有面向大众在微型计算机上使用的。表结构的数据组织方式是关系数据库组织数据的基本形式，该结构能够提供哪些基本操作，有什么样的约束，哪种方式的操作是效率最高的形式等问题，是关系数据操作的核心问题。

本章主要介绍了关系数据库的各种操作，包括传统的集合运算和专门的关系运算。重点讲述了选择、投影、连接 3 种基本操作，对关系代数和关系演算完成数据操作的基本过程进行了详尽的说明，指出各种运算的等价性。同时介绍了关系操作的等价变换规则，对关系系统的概念也做了简单介绍。

习　题　3

1. 名词解释。

关系模型、关系数据库、主码、候选码、外部码、最小关系系统、完备关系系统、全关系系统。

2. 试述关系模型的 5 个元素。

3. 试述等值连接与自然连接的区别和联系。

4. 笛卡儿乘积、等值连接、自然连接 3 种运算有什么不同？试举例说明。

5. 对于给定的 3 个关系模式：

```
S(S#,SN,SA,SE,SD)  Key={S#}
C(C#,CN,TEACHER)  Key={C#}
SC(S#,C#,G)  Key= {S#,C#}
```

试用关系代数表达式表示下列查询操作。

(1) 检索赵明老师讲授的课程号和课程名。

(2) 检索所有男同学和年龄小于 19 岁的男同学。

(3) 检索至少选修赵明老师所讲授课程中一门课的学生姓名。

(4) 检索李萍同学不学的课程的课程名。

(5) 检索至少选修 3 门课程的学生姓名。

(6) 检索未被选修的课程的课程名。

(7) 检索选修全部课程的学生学号。

(8) 检索选修了赵明老师讲授课程的学生号。

(9) 检索选修了赵明老师讲授的课程且成绩高于 85 分的学生号。

(10) 检索至少选修李萍同学所学课程的课程号。

6. 在第 5 题中如果有查询语句：检索男同学所选修课程的课程名和任课教师姓名，试给出查询代数表达式，画出表达式对应的语法树并进行优化。

7. 分别用关系代数、关系演算和域关系演算表达式表示第 5 题给定的数据库中所有选修了“编译原理”课程且年龄大于 19 岁的学生姓名。

8. 查询优化的一般规律是什么？其基本步骤有哪些？

9. 对学生选课关系数据库进行如下查询：

```
SELECT *
FROM S,C,SC
WHERE S.S#=SC.S#AND SC.C#=C.C#AND S.SD='IS'
```

此查询的结果是什么？画出关系代数表示的语法树，并用关系代数表达式优化算法对原始的语法树进行优化处理，画出优化后的标准语法树。

第 4 章 关系数据库标准语言

4.1 SQL 概述

4.1.1 SQL 语言的发展概况

SQL(Structured Query Language,结构化查询语言)最早是 IBM 的圣约瑟研究实验室为其关系数据库管理系统 SYSTEM R 开发的一种查询语言,其前身是 SQUARE 语言。

SQL 语言是 1974 年提出的,1981 年由 IBM 公司正式推出;1986 年 10 月,美国国家标准化组织 ANSI 宣布将 SQL 作为数据库工业标准;1987 年 6 月国际标准化组织 ISO 将其采纳为国际标准,也称为 SQL86。随着 SQL 标准化工作的不断进行,相继出现了 SQL89、SQL92、SQL99、SQL2003 等。

目前,SQL 语言已被确定为关系数据库系统的国际标准,被大多数关系数据库系统采用,如 Oracle、Sybase、DB2、Informix、SQL Server 等数据库管理系统都支持 SQL 语言作为查询语言。SQL 已成为数据库领域中的一种主流语言,也称为关系数据库标准语言。SQL 的读音为 sequel,或按单个字母发音 S-Q-L。

SQL 语言的主要功能就是同各种数据库建立联系,进行沟通,是一种介于关系代数与关系演算之间的语言,其功能包括数据定义、查询、操纵和控制 4 个方面,是一个综合、通用的关系数据库语言。SQL 有联机交互使用方式和嵌入到某种高级程序设计语言中的使用方式,其强调的是语言的结构化和以二维表为基础的关系数据库的操作能力。

SQL 语言属于第四代语言(4GL),用户只需提出“干什么”,无须具体指明“怎么干”,如存取路径的选择和具体处理操作等,均由系统自动完成,显然,SQL 语言是一种高度非过程化的语言。自产生之日起,SQL 语言便成了检验关系数据库的试金石,SQL 语言对数据库以外的其他领域也产生了很大影响,不少软件产品将 SQL 语言的数据查询功能与图形处理功能、软件工程工具、软件开发工具、人工智能程序结合起来。

4.1.2 SQL 语言的特点

SQL 语言是一种通用的、功能极强的关系数据库语言。由于其具有简洁灵活、方便实用、功能齐全等优点,随着关系数据库的流行,SQL 在计算机界和广大用户中得到公认，并得到积极推广和应用，主要有以下5个特点。

1. 综合统一

SQL语言集数据定义语言(Data Definition Language，DDL)、数据操纵语言(Data Manipulation Language，DML)、数据查询语言(Data Query Language，DQL)和数据控制语言(Data Control Language，DCL)的功能于一体，语言风格统一，可以独立完成数据库生命周期中的全部活动，包括定义关系模式、录入数据以建立数据库、查询、更新、维护、进行数据库重构和安全性控制等一系列操作，这就为数据库应用系统开发提供了良好的环境。例如，用户在数据库投入运行后，还可根据需要随时逐步地修改模式，并不影响数据库的运行，从而使系统具有良好的可扩充性。

2. 高度非过程化

非关系数据模型的数据操纵语言是面向过程的语言，用于完成某项请求，必须指定存取路径。而用SQL语言进行数据操作时，用户只需提出“做什么”，而不必指明“怎么做”，因此用户无须了解存取路径，存取路径的选择以及SQL语句的执行过程由系统自动完成，这不但大大减轻了用户负担，而且有利于提高数据独立性。

3. 面向集合的操作方式

非关系数据模型采用的是面向记录的操作方式，操作对象是一条记录；而SQL语言采用面向集合的操作方式，其操作对象、查找结果可以是元组的集合。

4. 以同一种语法结构提供两种使用方式

SQL语言既是自含式语言，又是嵌入式语言。作为自含式语言，它能够独立地用于联机交互的使用方式，用户可以在终端键盘上直接输入SQL命令对数据库进行操作。作为嵌入式语言，SQL语句能够嵌入到高级语言(例如C、PowerBuilder)程序中，供程序员设计程序时使用。而在两种不同的使用方式下，SQL语言的语法结构基本上是一致的。这种以统一的语法结构提供两种不同的使用方式的做法，为用户提供了极大的灵活性与方便性。

5. 语言简洁，易学易用

SQL语言功能极强，但由于设计巧妙，语言十分简洁，完成数据定义、数据操纵、数据查询、数据控制的核心功能只用了9个动词：CREATE、DROP、ALTER、SELECT、INSERT、UPDATE、DELETE、GRANT、REVOKE，接近英语自然语言，因此容易学习和掌握。

4.1.3 SQL数据库的体系结构

SQL语言支持关系数据库三级模式结构，即外模式、模式和存储模式(内模式)，如

图 4-1 所示。其中外模式对应于视图和部分基本表,模式对应于基本表,内模式对应于存储文件。

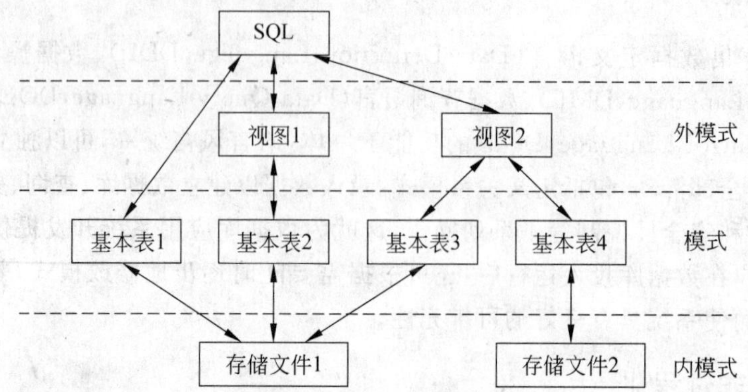

图 4-1　SQL 对关系数据库模式的支持

SQL 数据库的体系结构要点如下。

(1) 一个 SQL 模式是已命名的数据组,由表、授权、规则、约束等组成。

(2) 一个 SQL 表由若干行构成,一行是列的序列,每列对应一个数据项(字段)。

(3) 表有 3 种类型:基本表、视图、导出表。基本表是实际存储在数据库中的表,视图是由若干基本表或其他视图构成的表的定义,而导出表是执行查询后产生的虚表。

(4) 一个基本表可以跨一个或多个存储文件,一个存储文件也可以存放一个或多个基本表。每个存储文件与外部存储器上的一个物理文件对应。

(5) 用户可以用 SQL 语句对基本表和视图进行查询操作。

(6) SQL 的用户可以是应用程序,也可以是终端用户。

4.1.4　SQL 语言的组成

SQL 语言集数据定义(Data Definition)、数据操纵(Data Manipulation)、数据查询(Data Query)和数据控制(Data Control)功能于一体。

数据定义语言(DDL)用于定义 SQL 模式、数据表、视图、索引等结构;数据操纵语言(DML)用于进行数据的插入、删除和修改等操作;数据查询语言(DQL)用于进行数据查询而不会对数据本身进行修改,包括单表查询、多表查询、嵌套查询和连接查询等;数据控制语言(DCL)用于对基本表和视图进行安全性授权、完整性规则设定、事务并发控制等操作。

4.2　数据定义语言

数据定义语言 DDL 是 SQL 语言集中用于创建数据库和数据库对象,为数据库操作提供对象。例如,数据库以及表、触发器、存储过程、视图、索引、函数、类型、用户等都是数据库中的对象，都需要通过定义才能使用。在 DDL 中，主要的 SQL 定义语句包括 CREATE、ALTER 和 DROP，如表 4-1 所示。

表 4-1 SQL 定义语句

操作方式	语　　句	功　　能
创建	CREATE DATABASE	创建数据库
	CREATE TABLE	创建一个数据库表
	CREATE VIEW	创建一个视图
	CREATE INDEX	为数据库表创建一个索引
	CREATE PROCEDURE	创建一个存储过程
	CREATE SCHEMA	向数据库添加一个新模式
	CREATE TRIGGER	创建一个触发器
	CREATE DOMAIN	创建数据值域
删除	DROP DATABASE	删除数据库
	DROP TABLE	从数据库中删除表
	DROP VIEW	从数据库中删除视图
	DROP INDEX	从数据库中删除索引
	DROP PROCEDURE	从数据库中删除存储过程
	DROP TRIGGER	从数据库中删除触发器
	DROP SCHEMA	从数据库中删除一个模式
	DROP DOMAIN	从数据库中删除域
修改	ALTER DATABASE	修改数据库
	ALTER TABLE	修改数据库表结构
	ALTER DOMAIN	改变域定义

4.2.1 定义数据库

数据库是数据库服务器管理的基本单位，数据库就像一个仓库，通过其中的数据表来实现数据的存储。在 SQL Server 2005 中提供了图形工具来完成数据库的建立工作，在 SQL 标准中，提供了创建数据库的语句。为了便于理解创建数据库的语句功能，现给出文件与文件组的概念。

1. 文件与文件组

在 SQL Server 中数据库是由数据库文件和事务日志文件组成的。一个数据库至少应包含一个数据库文件和一个事务日志文件。

1）数据库文件

数据库文件(Database File)是存放数据库中数据和数据库对象的文件。一个数据库可以有一个或多个数据库文件,一个数据库文件只属于一个数据库。当有多个数据库文件时,有一个文件被定义为主数据库文件(Primary Database File),扩展名为. mdf,它用来存储数据库的启动信息和部分或全部数据,一个数据库只能有一个主数据库文件。其他数据库文件称为次数据库文件(Secondary Database File),扩展名为. ndf,用来存储主文件中没有存储的其他数据。

采用多个数据库文件存储数据的优点主要体现在如下方面。

(1) 数据库文件可以不断扩充,而不受操作系统文件大小的限制。

(2) 可以将数据库文件存储在不同的硬盘中,这样可以同时对几个硬盘进行数据存取,提高了数据处理的效率,对于服务器型的计算机尤为有用。

2）事务日志文件

事务日志文件(Transaction Log File)是用来记录数据库更新情况的文件,扩展名为. ldf。例如使用INSERT、UPDATE、DELETE 等对数据库进行更新操作都会记录在此文件中,而像 SELECT 等对数据库内容不会有影响的操作则不会记录在案。一个数据库可以有一个或多个事务日志文件。

3）文件组

文件组(File Group)是将多个数据库文件集合起来形成的一个整体,每个文件组有一个组名。与数据库文件一样,文件组也分为主文件组(Primary File Group)和次文件组(Secondary File Group)。一个文件只能存放在一个文件组中,一个文件组也只能被一个数据库使用。主文件组中包含了所有的系统表。当建立数据库时,主文件组包括主数据库文件和未指定组的其他文件。在次文件组中可以指定一个默认文件组。因此,在创建数据库对象时如果没有指定将其放在哪一个文件组中时,就会将它放在默认文件组中。如果没有指定默认文件组则将主文件组作为默认文件组。

注意:事务日志文件不属于任何文件组。

2. 用 CREATE DATABASE 命令创建数据库

语法格式:

```
CREATE DATABASE <database_name>
[ON [PRIMARY]
([NAME=<'logical file name'>,]
FILENAME=<'file name'>
[,SIZE=<size in kilobytes,megabytes,gigabytes,or terabytes>]
[,MAXSIZE=size in kilobytes,megabytes,gigabytes,or terabytes>]
[,FILEGROWTH=<kilobytes,megabytes,gigabytes,or terabytes|percentage>])]
[LOG ON
([NAME=<'logical file name'>,]
FILENAME=<'file name'>
[,SIZE=<size in kilobytes,megabytes,gigabytes,or terabytes>]
```

```
[,MAXSIZE=size in kilobytes,megabytes,gigabytes,or terabytes>]
[,FILEGROWTH=<kilobytes,megabytes,gigabytes,or terabytes|percentage>])]
[COLLATE <collation name>]
[FOR ATTACH [WITH <service broker>]| FOR ATTACH_REBUILD_LOG| WITH DB_CHAINING ON
|OFF|TRUSTWORTHY ON|OFF]
[AS SNAPSHOT OF <source database name>]
[;]
```

参数说明：

(1) database_name：数据库名称，不能超过 128 个字符，由于系统会在其后添加 5 个字符的逻辑后缀，因此实际能指定的字符数不能超过 123 个。

(2) PRIMARY：指明主数据库文件或主文件组。主文件组的第一个文件是主数据库文件，其中包含了数据库的逻辑启动信息和数据库中的系统表。如果没有 PRIMARY 选项，则在 CREATE DATABASE 命令中列出的第一个文件将被默认为主文件。

(3) SIZE：数据库初始容量。如果没有指定主文件的大小，则 SQL Server 默认其与模板数据库中的主文件大小一致，其他数据库文件和事务日志文件则默认为 1 MB。指定大小时可以使用 KB、MB 等为单位，默认的后缀是 MB。SIZE 最小值为 512 KB，默认值是 1MB。

(4) MAXSIZE：数据库最大容量。如果没有指定 MAXSIZE，则文件可以不断增长直到充满磁盘。

(5) FILEGROWTH：指定文件每次增加容量的大小，可以按百分比增长、数值增长。当指定为 0 时，表示文件不增长。如果没有指定 FILEGROWTH，则默认值为 10%。

(6) LOG ON：指明事务日志文件的明确定义。如果没有 LOG ON 选项，则系统会自动产生一个文件名前缀与数据库名相同，容量为所有数据库文件大小 1/4 的事务日志文件。

注意：在一个数据库管理系统中，数据库名称必须是唯一的，其他参数可包括数据库存储的物理位置、日志文件信息以及一些与数据库操作相关的信息。其中，日志记录了所有数据的变化以及与事务相关的操作，它可以存放在特定的数据库设备上。

CREATE DATABASE 命令在 SQL Server 中执行时使用模板数据库来初始化新建的数据库(使用 FOR ATTACH 选项时除外)。在模板数据库中的所有用户定义的对象和数据库的设置都会被复制到新数据库中。每个数据库都有一个所有者(Database Owner，DBO)，创建数据库的用户被默认为数据库所有者。可以通过 sp_changedbowner 系统存储过程来更改数据库所有者。

[**例 4-1**] 创建“学生实训”数据库。

创建结果如图 4-2 所示。

3. 用 DROP DATABASE 命令删除数据库

语法格式：

```
DROP DATABASE [IF EXISTS] database name
```

图 4-2 创建"学生实训"数据库

参数说明：

(1) DROP DATABASE 用于删除在数据库中所用的表格和删除数据库。使用此语句时要谨慎！

(2) IF EXISTS 用于防止当数据库不存在时发生错误。

如果对一个带有符号链接的数据库使用 DROP DATABASE 命令，则链接和原数据库都被取消。

4.2.2 定义数据表

数据表是数据库中最重要的数据库对象，是数据库的基本组成部分，是存储数据的逻辑载体。

1. 数据表的类型

在 SQL Server 2005 系统中把表分成了 4 种类型，即普通表、临时表、已分区表和系统表。

(1) 普通表就是数据库中存储数据的数据表，是最重要、最基本的表，其他几种类型的表都是有特殊用途的表，往往是在特殊应用环境下为了提高系统的使用效率而派生出来的。

(2) 临时表，顾名思义是临时创建、不能永久生存的表。临时表被创建之后，可以一直存储在 SQL Server 实例中，直到断开连接为止。临时表又可以分为本地临时表和全局临时表，本地临时表只对创建者是可见的，全局临时表在创建之后对所有的用户和连接都是可见的。

(3) 已分区表是将数据水平划分成多个单元的表，这些单元可以分散到数据库中的多个文件组里面，实现对单元中数据的并行访问。如果表中的数据量非常庞大，并且这些数据经常被以不同的使用方式来访问，那么建立已分区表是一个有效的选择。

(4) 系统表中存储了有关 SQL Server 服务器配置、数据库配置、用户和表对象的描述等系统信息。一般来说，只能由 DBA 使用系统表。

2. 创建数据表

关系型数据库中的表是二维结构，表的一列称为表的一个属性，也称为表的一个字段，表的一行称为一条记录。图 4-3 所示的是一张学生信息表。一个完整的数据表主要包括两部分，即数据表结构和表中的记录。因此，创建数据表主要分为两步：第一步是创建数据表的结构，第二步是录入表中的数据。

列

学号	姓名	性别	出生年月	所在班级	手机号
0514030001	王薇	女	1989-3-4	05140300	13897405621
0514030002	周娟	女	1990-11-7	05140300	13997012365
0516030003	石凯	男	1988-6-9	05160300	18956232365
0516030004	赵顺	男	1989-9-23	05160300	18956236541
0512050011	郑奇	男	1988-5-8	05120500	15102651236
0512050012	刘静	女	1989-6-30	05120500	15102561223

行

图 4-3　学生信息表

创建数据表可以用管理器完成，也可以使用 SQL 中的 CREATE TABLE 命令进行表的创建。

语法格式：

```
CREATE TABLE
[database_name.[owner] .| owner.] table_name
({<column_definition>| column_name AS computed_column_expression|
<table_constraint>} [,…n])
[ON { filegroup|DEFAULT }]
[TEXTIMAGE_ON { filegroup|DEFAULT }]
<column_definition>::={ column_name data_type }
[COLLATE <collation_name>]
[[DEFAULT constant_expression]
| [IDENTITY [(seed ,increment) [NOT FOR REPLICATION]]]]
[ROWGUIDCOL]
[<column_constraint>] [,…n]
```

参数说明：

(1) [database_name.[owner].|owner.]table_name：定义表名 table_name。可以选择数据库名 database_name 和表的所有者名 owner。表名必须符合标识符要求，且不得超过 128 个字符。如果是临时表，表名不得超过 116 个字符。

(2) column_name data_type：定义列。其中 column_name 为列名，data_type 为列的数据类型。

(3) computed_column_expression：用于指定计算列的列值表达式。

(4) [,…n]：表示可以在表中设计 n 个列的定义，每个列定义用逗号隔开。

(5) ON filegroup：使用该选项时，表将存储在 filegroup 指定的文件组中；如果省略该选项，则表存储在默认文件组中。

(6) TEXTIMAGE_ON filegroup：使用该选项时，若表中存在 text、ntext 和 image 数据类型的列，则将这些列中的数据存储在 filegroup 指定的文件组中；省略该选项，则存储在默认文件组中。

(7) NULL|NOT NULL：指定所定义的列是否可以取空值。在默认情况下是 NULL。

(8) DEFAULT constant_expression：指定列有一个默认值约束。当向表中插入一条记录时，如果本列插入的数据为空，则系统自动将默认值填充到本列。

(9) IDENTITY[(seed ,increment)]：定义标识列，也称自动编号列，该列数据不能人工插入。当在表中插入其他列的数据时，SQL Server 为标识列提供一个唯一的、递增的非空数值。在一个表中只能定义一个标识列。seed 为标识列的起始值，increment 为标识列的增量值。在默认情况下，(seed,increment)=(1,1)。

(10) NOT FOR REPLICATION：用于指定列的 IDENTITY 属性，在把从其他表中复制的数据插入到表中时不发生作用，即不生成列值，使得复制的数据行保持原来的列值。

(11) ROWGUIDCOL：用于将列指定为全局唯一标识行号列。

(12) COLLATE：用于指定表的校验方式。

(13) Column_constraint 和 table_constraint：用于指定列约束和表约束。

[**例 4-2**]　在数据库“学生实训”中创建“学生信息”表，表中各列的要求如表 4-2 所示。

表 4-2　“学生信息”表中的各字段属性

字段名称	字段类型	字段长度	允许空
std_id	char	10	NOT NULL
std_name	varchar	20	NULL
sex	char	2	NULL
birth	datetime	8	NULL
class_id	char	8	NULL
tel	char	11	NULL
notes	text		NULL

执行结果如图 4-4 所示。

显然，CREATE 语句用于创建数据库以及数据库中的对象，是一个从无到有的过程。

创建之后，用户可以在“学生实训”数据库中使用“学生信息”表。

在 SQL Server 2005 中，可以使用 CREATE 语句创建的对象包括数据库、表、视图、触发器、存储过程、规则、默认、用户自定义的数据类型等。创建不同的数据库对象，CREATE 语句有不同的用法。在某些情况下，当需要为数据库对象指定多个属性时，CREATE 语句可能相当复杂。具体的 CREATE 语法将在本书后面相应的章节中详细介绍，在此不一一讨论了。

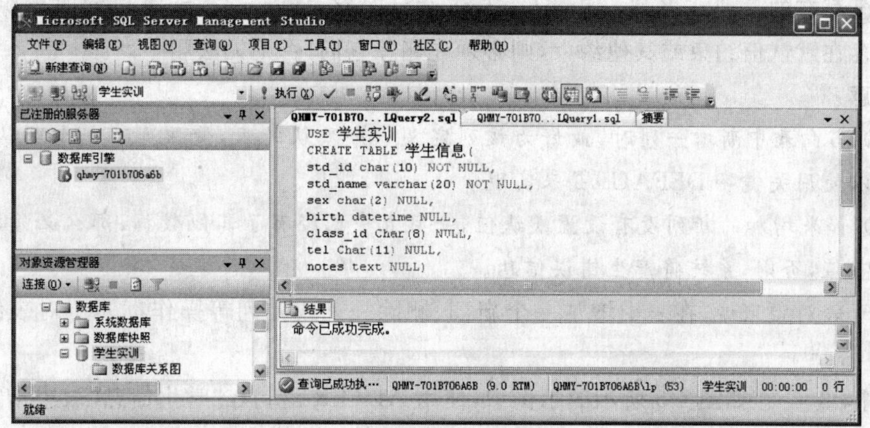

图 4-4 创建"学生信息"表

3. 修改数据表

数据库管理者或数据库设计人员可以应用 SQL 中提供的 ALTER 语句更改数据库以及数据库对象的结构。也就是说，使用 ALTER 语句时，操作对象必须已经存在。ALTER 语句仅更改其对象的结构，对对象中已有的数据不产生任何影响。用 ALTER TABLE 语句可以修改数据表，在保留表中原有数据的基础上修改表结构，打开、关闭或删除已有约束，或增加新的约束等。

语法格式：

```
ALTER TABLE table_name
{[ALTER COLUMN column_name
     {new_data_type   [NULL|NOT NULL]}
]
  |ADD column_name data_type [NULL|DEFAULT]
  |DROP  COLUMN  column_name  [,…n]
}
```

参数说明：

(1) ALTER TABLE：该关键字表示本命令将修改表的结构。

(2) table_name：指定需要修改的表名称。

(3) ALTER COLUMN column_name：关键字 ALTER COLUMN 表示该命令将修改表中已经存在的列属性。column_name 指定需要修改的列名称。

(4) new_data_type[NULL|NOT NULL]：将表中已存在列的数据类型修改为一个新的数据类型，并可以修改其非空属性。

(5) ADD column_name data_type [NULL|DEFAULT]：指明要在表中添加的列的名称 column_name 及其数据类型 data_type，只允许添加可包含空值 NULL 或指定为 DEFAULT 的非空值列。

(6) DROP COLUMN column_name [,…n]：关键字 DROP COLUMN 指明将要删

除表中已存在的一列或多列，column_name 表示列名，[，…n]表示可以同时删除多列。如果列存在默认值约束或其他约束，则必须先删除它们，否则无法删除列。

注意：

(1) 当向表中新增一列时，最好为该列定义一个默认约束，使该列有一个默认值，这一点可以使用关键字 DEFAULT 来实现。

(2) 如果增加的新列没有设置默认值，并且表中已经有了其他数据，那么必须指定该列允许空值，否则，系统将产生错误信息。

对于表对象来说，在表中增加一个新列、删除一列或几列等操作都属于对表结构的更改。

[**例 4-3**] 在如图 4-5 所示的示例中，使用 ALTER 语句在"学生信息"表中增加入学成绩 score 一列，该列用于存储学生的入学成绩。然后，使用 SELECT 语句查看"学生信息"表更改后的结果，此时学生信息表中共有 8 列。

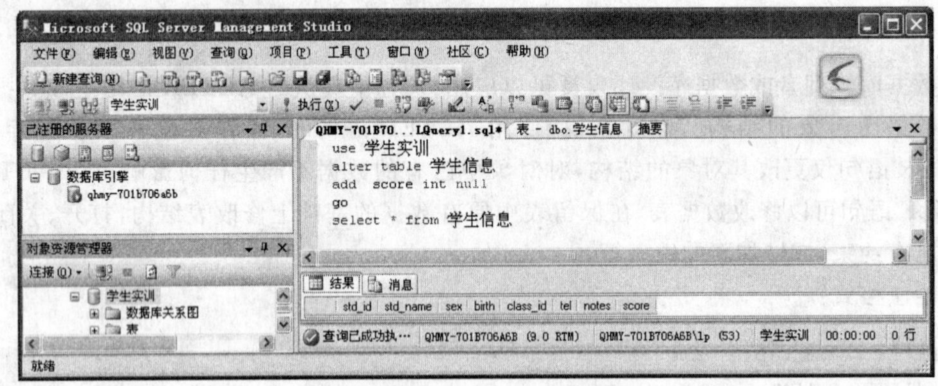

图 4-5 更改表结构

4. 删除数据表

当数据库或数据库对象不再需要时，可以通过 DROP 语句删除，使用 DROP 语句能够删除数据库、索引和表等对象。值得注意的是，删除对象结构包括删除该对象中的所有内容和对象本身。

如果想删除"学生实训"数据库中的"学生成绩"表，执行 DROP 语句后，"学生成绩"表结构就不再存在了，该表中的所有数据记录也都不存在了。

[**例 4-4**] 在图 4-6 所示的示例中，首先使用 SELECT 语句查看"学生成绩"表，这时表是存在的；然后使用 DROP 语句删除该表，当再次使用 SELECT 语句查看该表时，发现该表已经不存在了，并出现了"对象名'学生成绩'无效"的错误消息。

因此，在 SQL Server 2005 中，关于数据库对象，除了要了解其作用和特点外，更重要的是灵活掌握 CREATE、ALTER 和 DROP 语句，通过它们可以创建、更改和删除数据库及数据库对象。

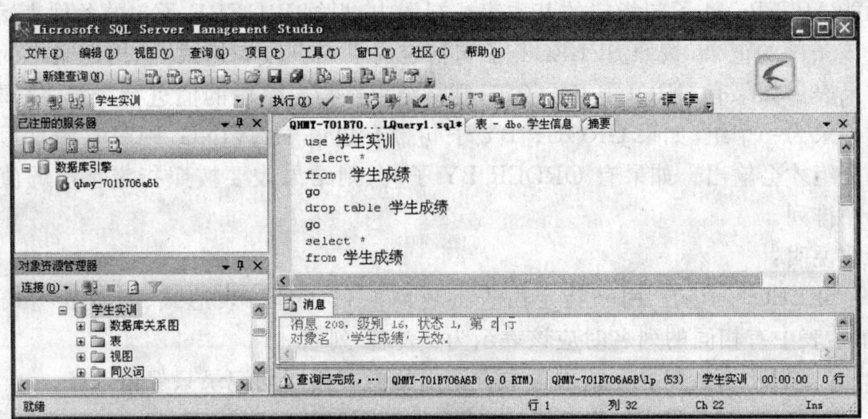

图 4-6　删除数据表

4.3　数据查询语言

在 SQL 语言中 SELECT 是使用频率最高的语句,它是 SQL 语言的灵魂。SELECT 语句可以使数据库服务器根据用户的要求搜索所需要的信息,并按规定的格式返回给用户。使用 SELECT 语句,不仅可以查询数据库中的表和视图的信息,还可以查询 SQL Server 的系统信息。

4.3.1　SELECT 语句概述

SELECT 语句具有强大的查询功能。在 SQL Server 数据库中,数据查询是通过使用 SELECT 语句完成的。使用 SELECT 语句可以按用户的要求从数据库中查询行,而且允许从一个表或多个表中选择满足给定条件的一个或多个行或列,并将数据以用户规定的格式进行整理后返回给客户端。

使用 SELECT 语句可以精确地对数据库进行查找,并且 SELECT 语句的 SQL 语法直观、结构化。当然,使用 SELECT 语句也可以进行模糊查询。

语法格式:

```
SELECT [ALL|DISTINCT][TOP n] SELECT_list
[INTO new_table]
[FROM table_source]
[WHERE search_condition]
[GROUP BY group_by_expression]
[HAVING search_condition]
[ORDER BY order_by_expression[ASC|DESC]]
[COMPUTE expression]
```

功能：从FROM子句指定的基本表或视图中，根据WHERE子句的条件表达式查找出满足该条件的记录，按照SELECT子句指定的目标字段表达式，选出记录中的属性值形成结果表。如果有GROUP BY子句，则将结果按指定字段的值进行分组，该属性列值相等的记录为一个组；如果GROUP BY子句带有短语HAVING，则只有满足短语指定条件的分组才会输出。如果有ORDER BY子句，则结果表要按照指定字段的值进行升序和降序排列。

参数说明：

(1) SELECT子句：用来指定由查询返回的列（字段、表达式、函数表达式或常量等）。基本表中有相同的列名时应该表示为：表名.列名。

(2) DISTINCT：表示在结果集中查询出的内容相同的记录只保留一条。

(3) INTO子句：用来创建新表，并将查询结果行插入到新表中。

(4) FROM子句：用来指定从中查询行的源表。可以指定多个源表，各个源表之间用“,”分隔；若数据源不在当前数据库中，则用“数据库名.表名”表示；还可以在该子句中指定表的别名，表示方法为：＜表名＞AS＜别名＞。

(5) WHERE子句：用来指定限定返回的行的搜索条件。

(6) GROUP BY子句：用来指定查询结果的分组条件，即归纳信息类型。

(7) HAVING子句：用来指定组或聚合的搜索条件。

(8) ORDER BY子句：用来指定结果集的排序方式。

(9) COMPUTE子句：用来在结果集的末尾生成一个汇总数据行。

查询语句中常用计算函数的格式及功能如表4-3所示。

表4-3 查询计算函数的格式及功能

函数格式	函数功能
COUNT(*)	统计记录条数
COUNT(字段名)	统计一列值的个数
SUM(字段名)	计算某一数值型字段值的总和
AVG(字段名)	计算某一数值型字段值的平均值
MAX(字段名)	计算某一数值型字段值的最大值
MIN(字段名)	计算某一数值型字段值的最小值

查询语句的条件表达式可以是关系表达式，也可以是逻辑表达式，表4-4中给出了＜条件表达式＞中常用的运算符。

表4-4 查询条件中常用的运算符

查询条件	运算符	说明
比较	＝、＞、＜、＞＝、＜＝、!＝、!＞、!＜	字符串比较从左向右进行
确定范围	BETWEEN…AND	BETWEEN后是下限，AND后是上限
确定集合	IN、NOT IN	检查一个属性值是否属于集合中的值
字符匹配	LIKE、NOT LIKE	用于构造条件表达式中的字符匹配
空值	IS NULL、IS NOT NULL	当属性值内容为空时，要用此运算符
多重条件	AND、OR	用于构造复合表达式

4.3.2 单表查询

单表查询是指仅设计一个表的查询，一般只用到 SELECT、FROM 和 WHERE 子句，分别说明所查询列、查询的表或视图以及搜索条件等，单表查询也称为简单查询。

1. SELECT 子句选择列表

选择列表指出所查询的字段，它可以是一组列名的列表、星号（*）、表达式、变量（包括局部变量和全局变量）等。

1）选择所有字段

［**例 4-5**］ 查询“学生信息”表中所有字段的数据。

```
SELECT * FROM 学生信息
```

该 SELECT 语句实际上是无条件地把“学生信息”表的全部信息都查询出来，也称为全表查询，查询的结果如图 4-7 所示。

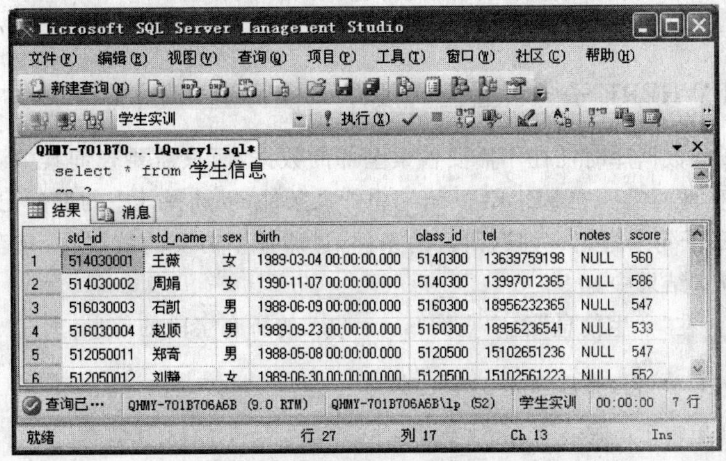

图 4-7 全表查询结果

2）选择部分字段并指定它们的显示次序

在一般情况下，查询结果集合中数据的排列顺序与在选择列表中所指定的列名的排列顺序相同。

［**例 4-6**］ 查询“学生信息”表中学生的姓名、性别和联系电话。

```
SELECT std_name,sex,tel FROM 学生信息
```

该 SELECT 语句是把学生信息表中的 std_name、sex 和 tel 这 3 个字段的全部数据都查询出来，查询的结果如图 4-8 所示。

2. 使用 FROM 子句选择表

FROM 子句指定 SELECT 语句查询及与查询相关的表或视图。在 FROM 子句中最

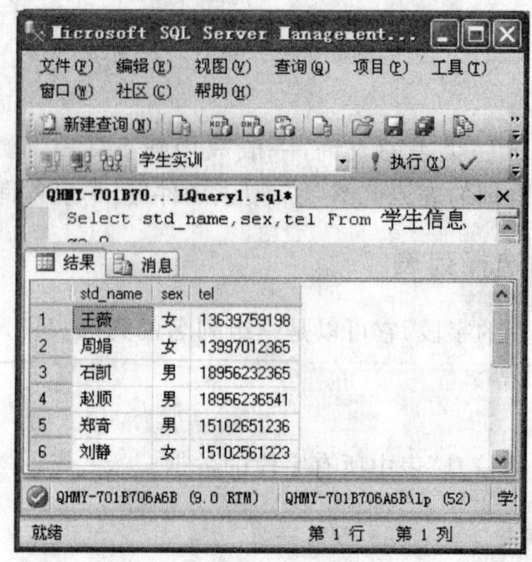

图 4-8　部分字段信息查询结果

多可指定 256 个表或视图，它们之间用逗号分隔，在单表查询中 FROM 子句后只有一个基本表名。

3. 使用 WHERE 子句设置查询条件

用户在查询数据库时往往不需要检索全部的数据，而只需要查询其中满足给定条件的一部分信息，此时需要在 SELECT 语句中加入条件，以选择其中的部分记录，这时就要用到 WHERE 子句来指定查询返回行的条件，过滤掉不需要的数据行，只有满足条件的记录显示在查询结果中。

［例 4-7］　在“学生信息”表中查询“sex='男'”的所有字段的信息。

```
SELECT * FROM 学生信息 WHERE sex='男'
```

查询结果如图 4-9 所示。

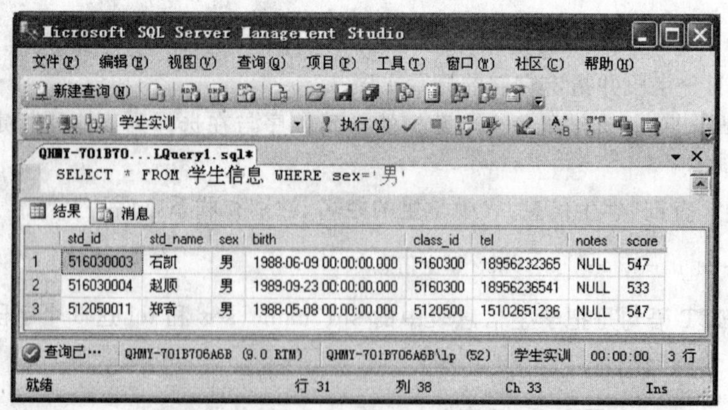

图 4-9　按条件查询的结果

4.3.3　连接查询

一个查询同时涉及两个以上的表，则称之为连接查询。连接查询主要包括等值连接查询、非等值连接查询、自身连接查询、外连接查询和复合条件连接查询等。

1. 等值与非等值连接查询

连接谓词：用来连接两个表的条件称为连接条件或连接谓词。

其一般格式为：

```
[<表名 1>.]<字段名 1><比较运算符>[<表名 2>.]<字段名 2>
```

其中比较运算符主要有＝、＞、＜、＞＝、＜＝、！＝。

此外连接谓词还可以使用以下形式：

```
[<表名 1>.]<字段名 1>BETWEEN [<表名 2>.]<字段名 2>AND [<表名 3>.]<字段名 3>
```

当连接运算符为＝时，称为等值连接；使用其他运算符时称为非等值连接。

连接谓词中的列名称为连接字段。连接条件中的各连接字段类型必须是可比较的，但不一定相同。例如，可以都是字符型，或都是日期型；也可以一个是整型，另一个是实型，整型和实型都属于数值型。

执行连接操作的过程是：首先在表 1 中找到第一条记录，然后从头开始顺序扫描或按索引扫描表 2，查找满足连接条件的记录，每找到一条记录，就将表 1 中的第一条记录与该记录拼接起来，形成结果表中的一条记录。表 2 全部扫描完毕后，再到表 1 中查找第二条记录，然后再从头开始顺序扫描或按索引扫描表 2，查找满足连接条件的记录，每找到一条记录，就将表 1 中的第二条记录与该记录拼接起来，形成结果表中的第二条记录。重复上述操作，直到表 1 中的全部记录都处理完毕为止。

2. 自身连接

可以在同一张表内进行自身连接，即将同一个表的不同行连接起来。自身连接可以看做一张表的两个副本之间的连接。在自身连接中，必须为表指定两个别名，使之在逻辑上成为两张表。

3. 外连接

在通常的连接操作中，只有满足查询条件（WHERE 搜索条件或 HAVING 条件）和连接条件的记录才能作为结果输出，这样的连接称为内连接。如果在实际应用中，也想同时输出那些不满足连接条件的记录，这时就需要使用外连接。

常用的外连接有两种形式：左外连接和右外连接。左外连接是在查询结果中包含连接表达式左边表中不满足连接条件的记录，使用运算符 *＝；右外连接是在查询结果中包含连接表达式右边表中不满足连接条件的记录，使用运算符＝*。

4. 复合条件连接

在上面各个连接查询中,WHERE 子句中只有一个条件,即一个连接谓词。WHERE 子句中有多个条件的连接操作称为复合条件连接。

连接操作除了可以是两表连接,一个表与其自身连接外,还可以是两个以上的表进行连接,后者通常称为多表连接。

4.3.4 嵌套查询

在 SQL 语言中,一个 SELECT-FROM-WHERE 语句称为一个查询块。将一个查询块嵌套在另一个查询块的 WHERE 子句或 HAVING 条件子句中的查询称为嵌套查询,又称为子查询。其中处于内层的查询称为子查询,嵌套查询命令在执行时,每个子查询在上一级查询处理之前求解,即由里向外查,子查询的结果用于建立其父查询的查找条件。

子查询是 SQL 语句的扩展,其语句形式如下:

```
SELECT <目标表达式 1> [,…]
FROM  <表或视图名 1>
WHERE [表达式] (SELECT <目标表达式 2> [,…]
    FROM  <表或视图名 2)
    [GROUP BY <分组条件>
    HAVING [<表达式>比较运算符] (SELECT <目标表达式 3> [,…]
            FROM  <表或视图名 3>)]
```

通过嵌套查询可以用一系列简单查询构成复杂的查询,从而明显地增强了 SQL 的查询能力。以层层嵌套的方式来构造程序,这正是 SQL 中"结构化"的含义所在。

4.3.5 集合查询

把多个 SELECT 语句的查询结果中结构完全相同的合并为一个结果,用集合操作来完成,这种查询称为集合查询,标准 SQL 集合操作只有并操作 UNION。

使用 UNION 将多个查询结果合并起来,形成一个完整的查询结果时,系统可以去掉重复的记录。需要注意的是,参加 UNION 操作的各结果表的列数必须相同,对应项的数据类型也必须相同。

UNION 语法格式:

```
SELECT 查询语句 1
UNION  [ALL]
(SELECT 查询语句 2)
```

ALL 选项表示将所有行合并到结果集合中。不指定该项时,联合查询结果集合中的重复行只保留一行。

进行联合查询时,查询结果的列标题为第一个查询语句的列标题。因此,列标题必须在第一个查询语句中定义。要对联合查询的结果排序时，也必须使用第一个查询语句中的列名、列标题或者列序号。

在使用 UNION 运算符时，应保证每个联合查询语句的选择列表中有相同数量的表达式，并且每个查询选择表达式应具有相同的数据类型，或是可以自动将它们转换为相同的数据类型。在进行自动转换时，对于数值类型，系统会将低精度的数据类型转换为高精度的数据类型。

4.4 数据操纵语言

数据操纵语言 DML 主要是用来操纵表和视图中数据的语句。当用户创建表对象之后，初始时该表是空的，没有任何数据，那么向表中添加数据可以使用 INSERT 语句，更新表中的数据使用 UPDATE 语句，删除数据使用 DELETE 语句。因此，DML 语言实际上包括 INSERT、UPDATE 和 DELETE 等语句。

4.4.1 INSERT 语句

INSERT 语句用于将一行记录插入到指定的一个表中，一次插入一行数据记录。当需要向表中插入多行数据记录时，需要多次使用 INSERT 语句。在 SQL Server 2008 中，可以一次插入多行数据记录。

语法格式：

```
INSERT [INTO] <table_name>
       [(<column list>)]
VALUES (<data values>) [,(<data values>)] [,…n]
```

INTO 关键字是可选项，使用它可以增强可读性。

[**例 4-8**] 在图 4-10 所示的 INSERT 语句示例中，向“学生信息”表中插入一条姓名

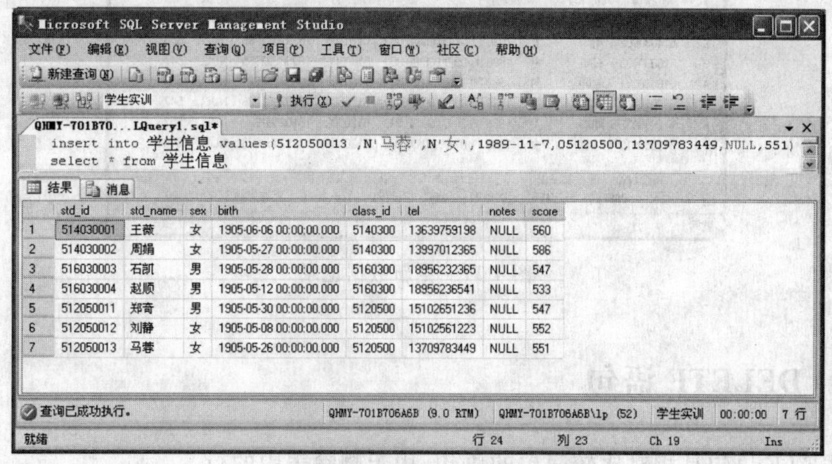

图 4-10 向表中插入数据记录

为“马蓉”的数据记录，并使用 SELECT 语句检索该表中的数据记录。

注意：

(1) table_name 必须事先存在。当输入汉字时，用单引号引起来，并且在前面加上 N 字符。

(2) 执行 INSERT 语句后，系统将上述一条记录值按照创建 table_name 时定义的顺序填入相应的列中。

4.4.2 UPDATE 语句

UPDATE 语句表示更新，即 UPDATE 语句用来更新数据表中已有的数据。和 INSERT 语句一样，它有着相当复杂的选项，但有一个能满足大多数需求的基本的语法格式：

```
UPDATE <table_name>
SET <column>=<value>[,<column1>=<value1>][,…]
[FROM <source table(s)>]
[WHERE <restrictive condition>]
```

[**例 4-9**] 将“学生信息”表中马蓉的手机号 tel 更改为 13897459028，入学成绩 score 改为 568。在图 4-11 所示的示例中，首先使用 UPDATE 语句进行数据的更新，然后使用 SELECT 语句查看更改后的结果。

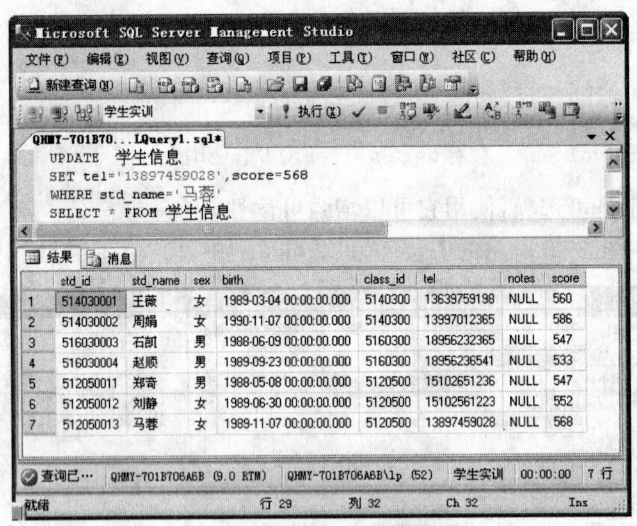

	std_id	std_name	sex	birth	class_id	tel	notes	score
1	514030001	王薇	女	1989-03-04 00:00:00.000	5140300	13639759198	NULL	560
2	514030002	周娟	女	1990-11-07 00:00:00.000	5140300	13997012365	NULL	586
3	516030003	石凯	男	1988-06-09 00:00:00.000	5160300	18956232365	NULL	547
4	516030004	赵顺	男	1989-09-23 00:00:00.000	5160300	18956236541	NULL	533
5	512050011	郑奇	男	1988-05-08 00:00:00.000	5120500	15102651236	NULL	547
6	512050012	刘静	女	1989-06-30 00:00:00.000	5120500	15102561223	NULL	552
7	512050013	马蓉	女	1989-11-07 00:00:00.000	5120500	13897459028	NULL	568

图 4-11 更新数据记录

4.4.3 DELETE 语句

DELETE 语句是相对比较简单的语句，用于删除表中的行。

语法格式：

```
DELETE <table_name>
[WHERE <condition>]
```

说明：该语句将从表中删除符合条件的数据行，如果没有 WHERE 语句，则删除所有数据行。通过使用 DELETE 语句的 WHERE 子句，SQL 可以删除单行数据、多行数据以及所有行数据。使用 DELETE 语句时，应注意以下几点。

(1) DELETE 语句不能删除单个字段的值，只能删除整行数据。要删除单个字段的值，可以采用上节介绍的 UPDATE 语句，将其更新为 NULL。

(2) 使用 DELETE 语句仅能删除记录，即表中的数据，不能删除表本身。要删除表，需要使用 DROP TABLE 语句。

(3) 同 INSERT 和 UPDATA 语句一样，从一个表中删除记录将引起其他表的参照完整性问题，这是一个潜在问题，需要时刻注意。

[**例 4-10**] 删除“学生信息”表中姓名为“刘静”的数据记录。

使用以下语句：

```
DELETE 学生信息
WHERE std_name='刘静'
```

4.5 视 图

视图是一种数据库对象，是从一个或者多个数据表或视图中导出的虚表，视图所对应的数据并不真正地存储在视图中，而是存储在所引用的数据表中，视图的结构和数据是对数据表进行查询的结果。

根据创建视图时给定的条件，视图可以是一个数据表的一部分，也可以是多个基表的联合，它存储了要执行检索的查询语句的定义，以便在引用该视图时使用。

视图的主要作用有以下几个。

(1) 简化数据操作。视图可以简化用户处理数据的方式。

(2) 着重于特定数据。不必要的数据或敏感数据可以不出现在视图中。

(3) 视图提供了一个简单而有效的安全机制，可以定制不同用户对数据的访问权限。

(4) 提供向后兼容性。视图使用户能够在表的架构更改时为表创建向后兼容接口。

(5) 自定义数据。视图允许用户以不同方式查看数据。

(6) 导出和导入数据。可使用视图将数据导出到其他的应用程序中。

4.5.1 视图概述

1. 视图的概念

数据存储在表中，对数据的操纵主要是通过表进行的。但是，仅仅通过表操纵数据会带来一系列有关性能、安全、效率等问题。

从业务数据角度来看,由于进行数据库设计时考虑到数据异常等问题,同一种业务数据有可能被分散在不同的表中,但是对这种业务数据经常是同时使用的。前面讲过的连接、子查询、联合等技术就是解决这种问题的一种手段。但是,对于多个表来说,这些操作都是比较复杂的,如果只通过一个数据库对象就可以同时看到这些分散存储的数据,将会大大降低查询语句的复杂程度。从数据安全角度来看,由于工作性质和需求不同,不同的操作人员只需要查看表中的部分数据,不需要查看表中的所有数据。从数据的应用角度来看,在设计报表时,需要明确地指定数据的来源和使用方式。要提高报表的设计效率,可以采用的一种有效手段就是视图。

视图是基于 SQL 语句的结果集的可视化的表。简单地说,视图实际上就是一个存储查询。

一般地,视图主要包括如下内容。

(1) 基表的列的子集或行的子集:视图可以是基表的一部分。

(2) 两个或多个基表的联合:视图是对多个基表进行联合运算查询的 SELECT 语句。

(3) 两个或多个基表的连接:视图是通过对若干个基表的连接生成的。

(4) 基表的统计汇总:视图不仅是基表的投影,还可以是对基表进行各种复杂运算的结果。

(5) 另外一个视图的子集:视图既可以基于表,也可以基于另外一个视图。

(6) 来自于函数或同义词中的数据。

由视图的定义可以得出:视图和基表可以起到同样的作用。

2. 视图的类型

在 Microsoft SQL Server 2005 系统中,可以把视图分成 3 种类型,即标准视图、索引视图和分区视图。

一般的视图都是标准视图,它是一个虚拟表,并不占物理存储空间。如果希望提高聚合多行数据的视图性能,那么可以创建索引视图。

索引视图是被物理化的视图,它包含了经过计算的物理数据。

通过使用分区视图,可以连接一台或多台服务器中成员表中的分区数据,使得这些数据看起来就像来自同一个表一样。

4.5.2 视图的创建、修改与删除

1. 视图的创建

SQL Server 2005 提供了如下几种创建视图的方法。

(1) 用 SQL Server 管理平台创建视图。

(2) 用 SQL 语句中的 CREATE VIEW 命令创建视图。

(3) 利用 SQL Server 管理平台的视图模板创建视图。

创建视图时应该注意以下几点。

(1) 只能在当前数据库中创建视图,在视图中最多只能引用 1024 列,视图中记录的数目只由其基表中的记录数决定。

(2) 如果视图引用的基表或者视图被删除,则该视图不能再使用,直到创建新的基表或者视图。

(3) 如果视图中的某一列是函数、数学表达式、常量或者来自多个表的列名相同,则必须为列定义名称。

(4) 不能在视图上创建索引,不能在规则、默认、触发器的定义中引用视图。

(5) 当通过视图查询数据时,SQL Server 要进行检查,以确保语句中涉及的所有数据库对象存在,每个数据库对象在语句的上下文中有效,而且数据修改语句不能违反数据完整性规则。

(6) 视图的名称必须遵循标识符的命名规则,且对每个用户必须是唯一的。此外,该名称不得与该用户拥有的任何表的名称相同。

2. 使用 CREATE VIEW 语句创建视图

在 Microsoft SQL Server 2005 系统中使用 CREATE VIEW 语句创建视图。当创建视图时,Microsoft SQL Server 首先验证视图定义中所引用的对象是否存在。

语法格式:

```
CREATE VIEW view_name  AS
SELECT column_name(s)
FROM table_name
WHERE condition
```

视图的名称应该符合命名规则,视图的架构是可选的。视图的外观和表的外观一样,因此为了区别表和视图,建议采用一种命名机制,使用户容易分辨出视图和表,例如可以在视图名称之前使用 vw_作为前缀。

[**例 4-11**] 如图 4-12 所示,要通过"学生"表、"课程"表和"学生课程成绩表"创建出学生成绩视图,可采用以下语句:

```
CREATE VIEW  学生成绩视图
AS
SELECT  学生.学号,学生.姓名,课程.课程名称,学生课程成绩表.成绩
FROM
学生 JOIN 学生课程成绩表
ON
学生.学号=学生课程成绩表.学号
```

[**例 4-12**] 选择"学生信息"表和"学生成绩"表中的部分字段和记录来创建一个视图,并且限制"学生信息"表和"学生成绩"表中 std_id 相等的记录集合,视图名称定义为 vw_student1。创建过程及结果如图 4-13 所示。

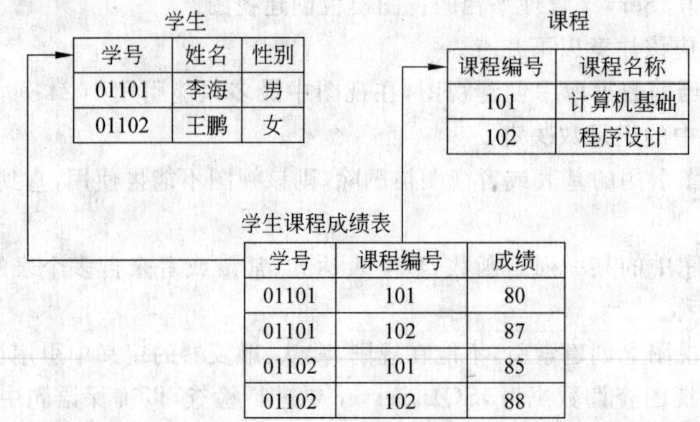

学生

学号	姓名	性别
01101	李海	男
01102	王鹏	女

课程

课程编号	课程名称
101	计算机基础
102	程序设计

学生课程成绩表

学号	课程编号	成绩
01101	101	80
01101	102	87
01102	101	85
01102	102	88

图 4-12　引用表创建视图

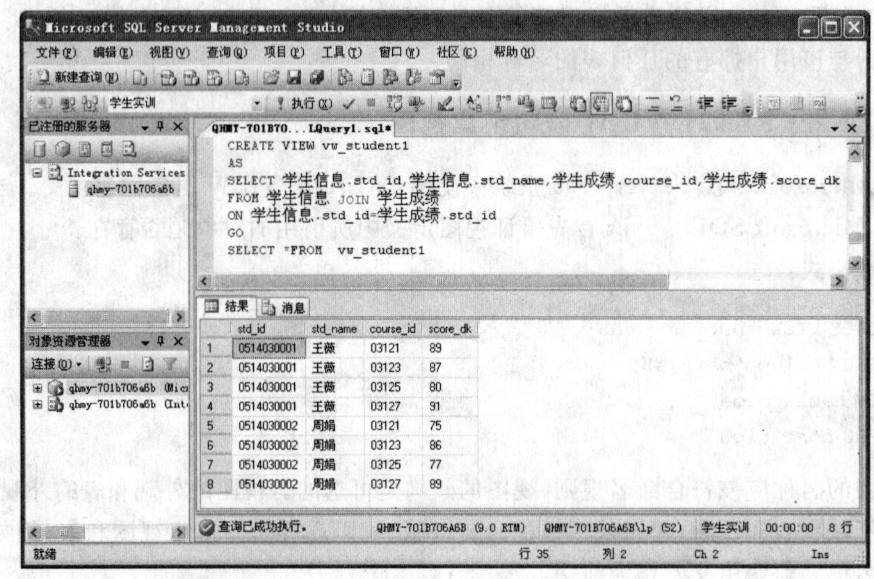

图 4-13　创建视图

3. 使用 SP_HELPTEXT 系统存储过程查看视图信息

通过系统存储过程 SP_HELPTEXT 来获得整个视图定义的语句。如果在创建视图时，未使用 WITH ENCRYPTION 选项，那么可以通过查询系统表，获得该视图的完整定义。

SP_HELPTEXT 的语法格式：

```
SP_HELPTEXT view_name
```

［**例 4-13**］　如图 4-14 所示，通过使用 SP_HELPTEXT，得到了 vw_student1 视图的完整定义。

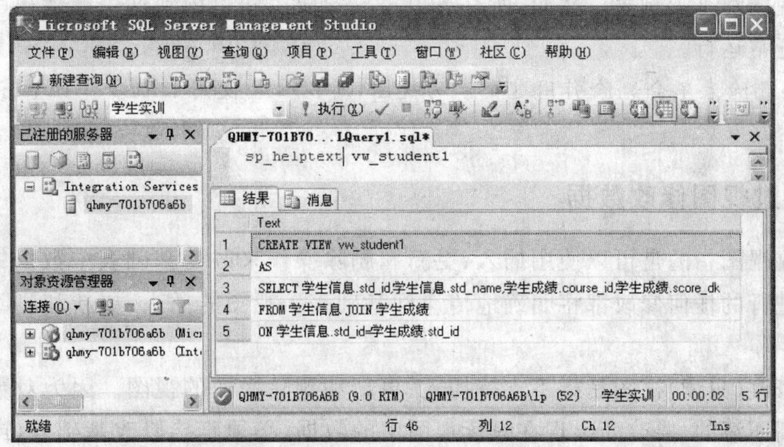

图 4-14　使用 SP_HELPTEXT 系统存储过程查看视图信息

4. 对视图定义进行加密

如果不想让用户查看视图定义的文本，则需要对存储在系统表 Syscomments 中的视图定义进行加密处理，这个任务可通过在 CREATE VIEW 语句中使用 WITH ENCRYPTION 子句来实现。

如果在企业管理器中展开“学生实训”数据库下面的表，然后在内容窗格中找到系统表 Syscomments，右击此表，并从弹出的快捷菜单中选择“打开”|“返回所有行”命令，则可看出经过加密与未加密的视图之间的差别：

在 Encrypted 列中，加密的视图显示 1，未加密的视图显示 0；

在 Text 列中，加密视图显示乱码，未加密视图显示定义文本。

5. 使用 WITH CHECK OPTION 选项

若在建立视图时使用 WHERE 子句定义一个选择条件，在使用视图进行插入或更新的过程中却提供了不符合这个条件的数据，那么该记录虽然存储在视图所引用的基表中，但在视图中无法看到该记录。

为了避免发生这种情况，可使用 WITH CHECK OPTION 选项，强制通过视图进行插入或修改操作时的数据满足 WHERE 子句所指定的选择条件。

如果在 INSERT/UPDATE 语句中提供的数据违反了这个选择条件，则这些语句将执行失败，并出现错误提示信息。

6. 使用 DROP VIEW 语句删除视图

语法格式：

```
DROP VIEW view_name
```

使用 DROP VIEW 语句可以删除视图。因为视图物理上独立于它引用的表，在任何时候删除视图都不影响表。然而,所有 SQL 程序、应用和引用到这个删除视图的其他视图将无法正常运行。

注意:删除表不会删除引用这个表的视图,所以必须使用 DROP VIEW 语句显式删除视图。

7. 通过视图修改数据

可修改视图指的是可以使用插入、更新和删除操作来改变基础表中数据的视图。对可修改表进行的任何修改都将明确地传递到基础表。视图的插入、更新和删除语法与表的相同。

不可修改(只读)视图是指不支持插入、更新和删除操作的视图。因为对数据的改动可能是含糊不清的,要改变出现在只读视图中的数据,必须直接修改基础表(或通过其他可修改视图进行修改)。

可修改视图的每一行都和基础表的一行相关联。如果视图的 SELECT 语句使用了 GROUP BY、HAVING、DISTINCT 或聚合函数等,视图就成为不可修改的视图。

无论在什么时候修改视图中的数据,实际上都是在修改视图的基表中的数据。在满足一定的限制条件后,可以通过视图自由地插入、删除和更新基表中的数据。

4.6 嵌入式 SQL

4.6.1 嵌入式 SQL 概述

1. SQL 语句的使用方式

SQL 语句有两种使用方式。

(1) 在终端交互方式下使用 SQL 语句,称为交互式 SQL。

(2) 在高级语言程序中嵌入 SQL 语句,称为嵌入式 SQL。高级语言可以是 C、Pascal、COBOL 等,也将其称为宿主语言。

2. 嵌入式 SQL 的概念

SQL 是一种双重式语言,它既是一种用于查询和更新的交互式数据库语言,又是一种应用程序进行数据库访问时所采取的编程式数据库语言。SQL 语言在这两种方式中的大部分语法是相同的。在编写访问数据库的程序时,必须从普通的编程语言开始(如 C 语言),再把 SQL 语句加入到程序中。所以,嵌入式 SQL 就是首先将 SQL 语句直接嵌入到程序的源代码中,与其他程序设计语言语句混合,然后用专用的 SQL 预编译程序将嵌入的 SQL 语句转换为能被程序设计语言(如 C 语言)的编译器识别的函数调用,最后,C 编译器编译源代码为可执行程序。

各个数据库厂商都采用嵌入式 SQL,并且都符合 ANSI/ISO 的标准。所以,如果采用合适的嵌入式 SQL 语句,那么可以使得程序能够在各个数据库平台上执行(即源程序不用进行修改,只需要用相应数据库产品的预编译器编译即可)。当然,每个数据库厂商又扩展了 ANSI/ISO 的标准,提供了一些附加的功能,这样也使得每个数据库产品在嵌入式 SQL 方面有一些区别。本节的目标是对所有的数据库产品的嵌入式 SQL 做一个简单、实用的介绍。

当然,嵌入式 SQL 语句完成的功能也可以通过应用程序接口(API)实现。通过调用 API,可以将 SQL 语句传递到 DBMS,并用 API 调用返回查询结果,这个方法不需要专用的预编译程序。

3. 使用嵌入式 SQL 的优点

有些操作使用交互式 SQL 是不可能完成的。SQL 的表达能力与其他高级语言相比有一定的限制,有些数据访问要求单纯地使用 SQL 无法完成。一方面,SQL 在逐渐增强自己的表达能力;另一方面,太多的扩展会导致优化能力及执行效率降低。

实际的应用系统是非常复杂的,数据库访问只是其中的一部分功能。有些功能,如与用户交互、图形化显示数据等只能用高级语言实现。

因此,将 SQL 访问数据库的能力与宿主语言的过程化处理能力进行综合,把 SQL 语句嵌入到宿主语言中,可完成更为复杂的功能。

4. 实现嵌入式 SQL 的方式

实现嵌入式 SQL 的方式有以下两种。

(1) 扩充宿主语言的编译程序,使之能处理 SQL 语句。

(2) 预处理方式。

常用的是预处理方式,是将具有前缀的语句转换成宿主语言的函数调用语句,由宿主语言的编译器生成目标程序,实现流程如图 4-15 所示。

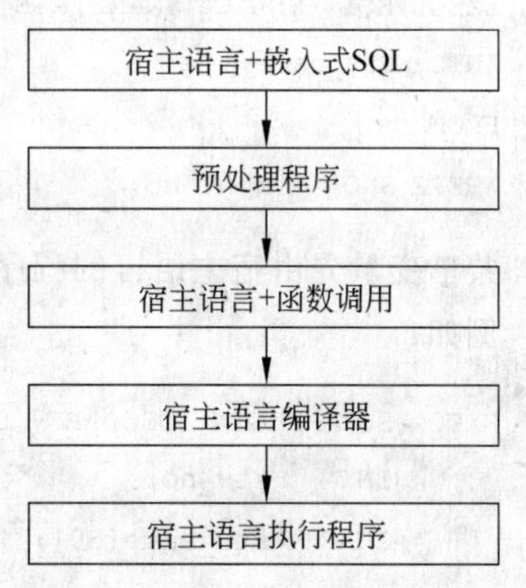

图 4-15　实现嵌入式 SQL 预处理方式

存储设备上的数据库是用 SQL 语句存取的,数据库和宿主语言程序间信息的传递是通过共享变量实现的。

共享变量先由宿主语言程序定义,再用 SQL 的 DECLARE 语句声明,之后 SQL 语句就可引用这些变量了。

共享变量是 SQL 和宿主语言的接口。

4.6.2　嵌入式 SQL 的使用规定

1. 在程序中要区分 SQL 语句与宿主语言语句

嵌入的 SQL 语句以 EXEC SQL 开始,以分号(;)或 END_EXEC 结束(根据具体语言而定)。

语法格式:

```
EXEC SQL  <语句>
END_EXEC
```

[例 4-14] 删除“学生信息”表中 std_id=0514030001 的学生记录。

```
EXEC SQL  DELETE FROM  学生信息
WHERE std_id= '0514030001;
```

2. 允许嵌入的SQL语句引用宿主语言程序的变量

允许嵌入的SQL语句引用宿主语言程序的变量,此变量称为共享变量,但有以下规定:

宿主变量出现在SQL语句中时,前面加冒号(:)以区别数据库变量(列名)。

宿主变量可出现的地方:SQL的数据操纵语句中可出现常数的任何地方和SELECT等语句的INTO子句中。

例如:

```
EXEC  SQL  SELECT SNAME,AGE
INTO :stu_name,age
FROM  s
WHERE SNO =:input_no;
```

共享变量先由宿主语言的程序定义,并用SQL的DECLARE语句说明。

例如:

```
EXEC  SQL  BEGIN  DECLARE  SECTION
      INT    stu_no;
      CHAR   stu_name[30];
      INT    age;
      CHAR   SQLSTATE[6]
EXEC  SQL  END  DECLARE  SECTION EXEC  SQL  SELECT  sname ,age
      INTO:stu_name ,:age  FROM  s
      WHERE  sno=:stu_no;
```

4.7 SQL提供的安全性与完整性

数据库的安全性是指保护数据库以防止不合法的使用所造成的数据泄露、更改或破坏。系统安全保护措施是否有效是评价数据库系统的主要指标之一。

4.7.1 SQL Server 2005 的安全管理

1. SQL Server 身份验证

SQL Server 2005 的身份验证模式有 Windows 验证模式和混合验证模式。

1) Windows 验证模式

在 Windows 验证模式下 SQL Server 2005 使用 Windows 操作系统中的信息验证账户名和密码，这是默认的身份验证模式，比混合模式安全。Windows 验证使用 Kerberos 安全协议，通过强密码的复杂性提供密码策略，提供账号锁定与密码过期功能。

2) 混合验证模式

在混合验证模式下用户可以使用 Windows 身份验证或 SQL Server 身份验证进行连接。通过 Windows 用户账号连接的用户可以使用 Windows 验证的受信任连接。

2. 配置 SQL Server 2005 的身份验证模式

(1) 选择"开始"|"程序"|Microsoft SQL Server 2005|SQL Server Management Studio 命令。

(2) 打开 SQL Server Management Studio 窗口后，输入用户名和密码，单击"连接"按钮连接服务器。

(3) 服务器连接完成后，右击"对象资源管理器"窗格中的服务器，选择弹出菜单中的"属性"命令，如图 4-16 所示。

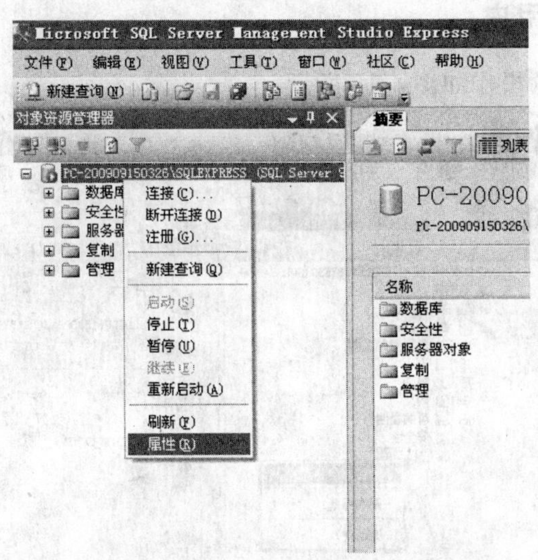

图 4-16 配置 SQL Server 2005 的身份验证模式

(4) 通过"属性"命令，打开"服务器"窗格。选择该窗格中的"安全性"选项。

(5) 在"安全性"界面中设置 SQL Server 的验证模式，单击"确定"按钮，即可更改验证模式。

3. 删除登录名

删除登录名的操作如图 4-17 所示。

4. 修改登录名

修改登录名的操作如图 4-18 所示。

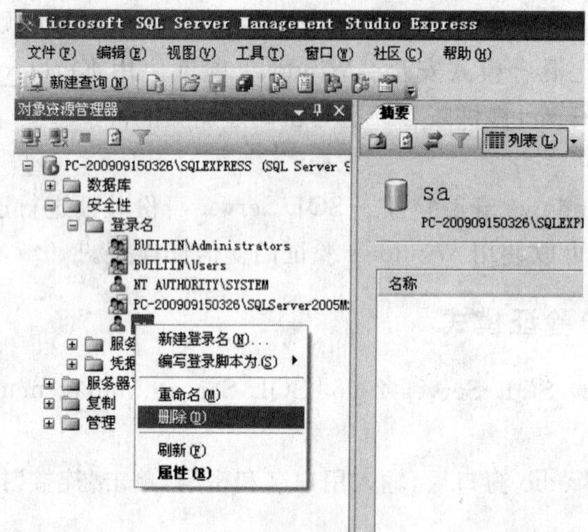

图 4-17 删除登录名

图 4-18 修改登录名

5. 创建数据库用户

创建数据库用户的操作如图 4-19 所示。

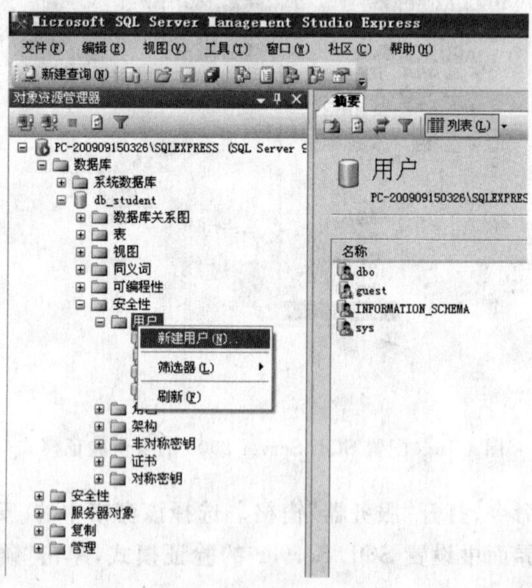

图 4-19 创建数据库用户

4.7.2 SQL Server 2005 的数据完整性

数据完整性是 SQL Server 用于保证数据库中数据一致性的一种机制，防止用户将非法数据存入数据库中。数据完整性主要体现在以下几方面。

(1) 数据类型准确无误。

(2) 数据取值范围符合规定的范围。

(3) 多个数据表之间的数据不存在冲突。

1. 实体完整性

实体完整性是指所有的记录都应该有一个标识，以确保数据表中数据的唯一性。可通过以下几项实现实体完整性：唯一索引(Unique Index)、主键(Primary Key)、唯一码(Unique Key)、标识列(Identity Column)。

2. 域完整性

域完整性是指数据表中的列(字段)的完整性。它要求数据表中指定列的数据具有正确的数据类型、格式和有效的数据范围。域完整性常见的实现机制包括默认值(Default)、检查(Check)、外键(Foreign Key)、数据类型(Data Type)、规则(Rule)。

3. 引用完整性

引用完整性又称为参照完整性，通过主键约束和外键约束来实现被参照表和参照表之间的数据一致性。引用完整性可以确保键值在所有表中保持一致，如果更改了键值，在整个数据库中要对该键值的所有引用进行一致的更改。

强制实施引用完整性时，SQL Server 禁止用户进行下列操作。

(1) 当主表中没有关联的记录时，将记录添加到相关表中。

(2) 更改主表中的值并导致相关表中的记录孤立。

(3) 从主表中删除记录，但仍存在与该记录匹配的相关记录。

4. 用户定义完整性

用户定义完整性是指用户希望定义的除实体完整性、域完整性和参照完整性之外的数据完整性。它反映某一具体应用所涉及的数据必须满足的语义要求。SQL Server 提供的定义和检验这类完整性的机制包括规则(Rule)、触发器(Trigger)、存储过程(Stored Procedure)、创建数据表时的所有约束(Constraint)。

4.7.3 触发器

1. 触发器的概念

触发器是一种特殊类型的存储过程，在用户插入、删除或修改特定表中的数据时被触发执行。触发器通常可以强制执行一定的业务规则,以保持数据完整性、检查数据有效性、完成数据库管理任务和实现一些附加的功能。

2. 触发器的功能

触发器可以使用 T-SQL 语句进行复杂的逻辑处理,它基于表创建,但是也可以对多个表进行操作,因此常常用于执行复杂的业务规则。一般可以使用触发器完成如下操作。

(1) 修改数据库中的相关表。

(2) 执行比 Check 约束更为复杂的约束操作。

(3) 拒绝引用完整性的操作。检查对数据表的操作是否违反引用完整性,并选择相应的操作。

(4) 比较表修改前后数据之间的差别,并根据差别采取相应的操作。

3. 触发器的类型

在 SQL Server 2005 中,触发器分为 DML 触发器和 DDL 触发器两种。

(1) DML 触发器是在执行数据操作语言事件时被调用的触发器,其中数据操作语言事件包括 INSERT、UPDATE 和 DELETE。触发器中可以包含复杂的 Transact-SQL 语句,触发器整体被看做一个事务,可以回滚。

DML 触发器可以分为如下 5 种类型。

UPDATE 触发器:在表上进行更新操作时触发。

INSERT 触发器:在表上进行更新操作时触发。

DELETE 触发器:在表上进行更新操作时触发。

INSTEAD OF 触发器:不执行插入、更新或删除操作时,将触发 INSTEAD OF 触发器。

AFTER 触发器:在一个触发动作发生之后激发,并提供一种机制以控制多个触发器的执行顺序。AFTER 要求只有执行某一操作(UPDATE、INSERT、DELETE)之后触发器才被触发,且只能在表上定义。AFTER 可以为针对表的同一操作定义多个触发器。对于 AFTER 触发器,可以定义哪一个触发器被优先触发,哪一个被最后触发,通常使用系统过程 SP_SETTRIGGERORDER 来完成任务。INSTEAD OF 触发器标识并不执行其所定义的操作(UPDATE、INSERT、DELETE),而仅是执行触发器本身。它既可在表上定义 INSTEAD OF 触发器,也可以在视图上定义 INSTEAD OF 触发器,但对同一操作只能定义一个 INSTEAD OF 触发器。

(2) DDL 与 DML 触发器类似,与 DML 不同的是,相应的触发事件是由数据定义语言引起的事件,包括 CREATE、ALTER 和 DROP,DDL 触发器用于执行数据库管理任务,如调节和审计数据库运转。DDL 触发器只能在触发事件发生后才会被调用执行,即它只能是 ALERT 触发器。

4. 使用企业管理器创建触发器

1) 创建 DML 触发器

(1) 打开 SQL Server Management Studio 管理器。在“对象资源管理器”窗格中展开

"数据库"|"表"节点,在子节点中展开要创建的表,然后右击"触发器"节点,如图 4-20 所示。

(2) 在弹出的快捷菜单中选择"新建触发器"命令,打开 SQL 查询分析器,在此窗口中编辑创建触发器的 SQL 代码。

2) 创建 DDL 触发器

使用 Microsoft SQL Server Management Studio 创建 DDL 触发器与使用 Microsoft SQL Server Management Studio 创建 DML 触发器的方法一样,只是在最后要输入创建 DDL 触发器的 SQL 语句。

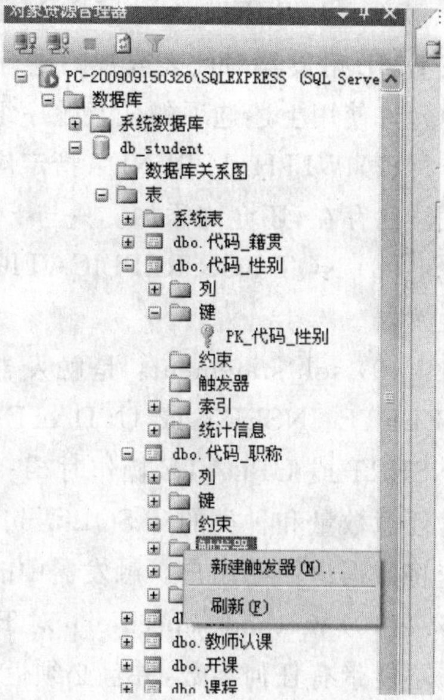

图 4-20 右击"触发器"节点

5. 使用 SQL 语言创建触发器

语法格式:

```
CREATE TRIGGER [scheme_name.]trigger_name
ON{ table|view }
[WITH <dml_trigger_option> [,…n]]
{FOR|AFTER|INSTEAD OF} {[INSERT] [,] [UPDATE] [,] [DELETE] [,]}
    [WITH APPEND]
    [NOT FOR REPLICATION]
    AS {sql_statement [;] [,…n]|EXTERNAL NAME <method specifier [;]>}
    <dml_trigger_option>::=
    [ENCRYPTION]
    [EXECUTE AS Clause]
<method _specifier>::=
Assembly_name.class_name.method_name
```

参数说明:

(1) scheme_name: DML 触发器所属架构的名称。DML 触发器的作用域是为其创建该触发器的表或视图的架构。对于 DML 触发器,无法指定 scheme_name。

(2) trigger_name: 触发器的名称。每个 trigger_name 必须遵循标识符规则,但 trigger_name 不能以#或##开头。

(3) table| view: 执行 DML 触发器的表或视图,有时称为触发器表或触发器视图。该参数可以根据需要指定表或视图的完全限定名称,视图只能被 INSTEAD OF 触发器引用。

(4) dml_trigger_option: DML 触发器的参数项。使用 WITH ENCRYPTION 可以防止将触发器作为 SQL Server 复制的一部分进行发布;EXECUTE AS 选项指定用于执行该触发器的安全上下文。允许用户控制 SQL Server 实例用于验证被触发器引用的任意数据库对象的权限的用户账户。

(5) FOR|AFTER|INSTEAD OF: 指定触发器类型,FOR 和 AFTER 是等价的。

(6) [INSERT] [,] [UPDATE] [,] [DELETE]：指定数据修改语句，这些语句可在 DML 触发器对此表或视图进行尝试时激活。必须至少指定一个选项。在触发器定义中允许使用上述选项的任意顺序组合。

(7) WITH APPEND：指定应该再添加一个现有类型的触发器。如果同一类型的触发器已存在，还允许添加。只与 FOR 关键字一起使用。

(8) NOT FOR REPLICATION：指示当复制代理修改涉及触发器的表时，不应执行触发器。

(9) sql_statement：是触发器的条件和操作。触发器条件指定其他准则，以确定 DELETE、INSERT 或 UPDATE 语句是否导致执行触发器操作。当尝试 DELETE、INSERT 或 UPDATE 操作时，T-SQL 语句中指定的触发器操作将生效。触发器可以包含任意数量和种类的 T-SQL 语句。触发器旨在根据数据修改语句检查或更改数据；它不应将数据返回给用户。触发器中的 T-SQL 语句常常包含控制流语句。

(10) method_specifier：对于 CRL 触发器，指定程序集与触发器绑定的方法。该方法不能带有任何参数，并且必须返回空值。

小 结

本章主要介绍了关系数据库标准语言 SQL 的功能和特点，以“学生实训”数据库和其中的“学生信息”表和“学生成绩”表为具体示例讲述了利用 SQL 语言创建、修改、删除数据库、表、视图等对象。可以利用 SQL 的 SELECT 语句完成数据的查询，SQL 的查询功能十分灵活，用 SELECT-FROM-WHERE 可以实现简单查询、连接查询、嵌套查询、库函数查询等；利用 SQL 的 UPDATE、INSERT、DELETE 完成数据的修改、插入和删除等操作。本章还介绍了嵌入式 SQL 的使用方式以及 SQL 提供的安全性与完整性。显然，SQL 是一种功能齐全的数据库语言。它提供了数据查询、定义、操纵和控制 4 种功能。因此，通过使用 SQL 语言可以对关系数据库系统有一个更加全面的认识和了解。

习 题 4

一、选择题

1. SQL 语言属于(　　)。

A. 过程化语言　B. 非过程化语言　C. 格式化语言　D. 导航式语言

2. SQL 语句具有两种使用方式，分别称为交互式 SQL 和(　　)。

A. 提示式 SQL　B. 多用户 SQL　C. 嵌入式 SQL　D. 解释式 SQL

3. 假定学生关系是 S(S＃，SNAME，SEX，AGE)，课程关系是 C(C＃，CNAME，TEACHER)，学生选课关系是 SC(S＃，C＃，GRADE)。要查找选修 COMPUTER 课程

的“女”学生姓名，将涉及关系(　　)。

A. S　　B. SC，C　　C. S，SC　　D. S，C，SC

4. 若用如下的SQL语句创建一个student表：

```
CREATE TABLE student(NO C(4) NOT NULL,
NAME C(8) NOT NULL,
SEX C(2),
AGE N(2))
```

可以插入到student表中的是(　　)。

A. ('1031','曾华',男,23)　　B. ('1031','曾华',NULL,NULL)

C. (NULL,'曾华',男,23)　　D. ('1031',NULL,'男',23)

5. 下列说法正确的是(　　)。

A. 视图是观察数据的一种方法，只能基于基本表建立

B. 视图是虚表，观察到的数据是实际基本表中的数据

C. 索引查找法一定比表扫描法查询速度快

D. 索引的创建只和数据的存储有关系

6. 下面语句中用于创建视图的是(　　)。

A. CREATE TABLE　　B. ALTER VIEW

C. DROP VIEW　　D. CREATE VIEW

二、简答题

1. 试述SQL语言的特点。
2. 什么是基本表？什么是视图？两者的区别和联系是什么？
3. 所有的视图是否都可以更新？为什么？
4. 如何通过SQL Server管理控制台和SQL语句对视图进行创建、修改和删除？
5. 使用哪些存储过程可以查看视图的信息？
6. 预处理方式对于嵌入式SQL的实现有什么重要意义？
7. 在宿主语言的程序中使用SQL语句有哪些规定？

三、操作题

设有一个SPJ数据库，包括S、P、J、SPJ共4个关系模式：

```
S(SNO,SNAME,STATUS,CITY);
P(PNO,PNAME,COLOR,WEIGHT);
J(JNO,JNAME,CITY);
SPJ(SNO,PNO,JNO,QTY);
```

供应商表S由供应商代码(SNO)、供应商姓名(SNAME)、供应商状态(STATUS)、供应商所在城市(CITY)组成；

零件表P由零件代码(PNO)、零件名(PNAME)、颜色(COLOR)、重量(WEIGHT)

组成；

工程项目表J由工程项目代码(JNO)、工程项目名(JNAME)、工程项目所在城市(CITY)组成；

供应情况表SPJ由供应商代码(SNO)、零件代码(PNO)、工程项目代码(JNO)、供应数量(QTY)组成，表示某供应商供应某种零件给某工程项目的数量为QTY。

现有若干数据如下：

S表：

SNO	SNAME	STATUS	CITY
S1	精益	20	天津
S2	盛锡	10	北京
S3	东方红	30	北京
S4	丰泰盛	20	天津
S5	为民	30	上海

P表：

PNO	PNAME	COLOR	WEIGHT
P1	螺母	红	12
P2	螺栓	绿	17
P3	螺丝刀	蓝	14
P4	螺丝刀	红	14
P5	凸轮	蓝	40
P6	齿轮	红	30

J表：

JNO	JNAME	CITY
J1	三建	北京
J2	一汽	长春
J3	弹簧厂	天津
J4	造船厂	天津
J5	机车厂	唐山
J6	无线电厂	常州
J7	半导体厂	南京

SPJ表：

SNO	PNO	JNO	QTY
S1	P1	J1	200
S1	P1	J3	100
S1	P1	J4	700
S1	P2	J2	100

续表

SNO	PNO	JNO	QTY
S2	P3	J1	400
S2	P3	J2	200
S2	P3	J4	500
S2	P3	J5	400
S2	P5	J1	400
S2	P5	J2	100
S3	P1	J1	200
S3	P3	J1	200
S4	P5	J1	100
S4	P6	J3	300
S4	P6	J4	200
S5	P2	J4	100
S5	P3	J1	200
S5	P6	J2	200
S5	P6	J4	500

试完成以下操作。

(1) 求供应工程 J1 零件的供应商代码 SNO。

(2) 求供应工程 J1 零件 P1 的供应商代码 SNO。

(3) 求供应工程 J1 零件为红色的供应商代码 SNO。

(4) 求没有使用天津供应商生产的红色零件的工程项目代码 JNO。

(5) 把全部红色零件的颜色改为蓝色。

(6) 将由 S5 供给 J4 的零件 P6 改为由 S3 供应。

(7) 从供应商关系中删除 S2 的记录，并从供应情况关系中删除相应的记录。

第5章 关系数据理论

关系数据库是在关系模型的基础上建立的，它是用关系来描述现实世界的。而关系模式是用来定义关系的，一个关系数据库包含一组关系，定义这组关系的模式的全体就构成了关系数据库模式。前面几章中已经介绍了3种数据模型以及数据库的一般知识，其中有一个重要的问题至今尚未提及，即如何构造一个合适的数据库模式，这是数据库设计中的一个极其重要而又基本的问题。它涉及一系列的理论。关系模型有较为严格的数学基础，故一般以关系模型作为讨论对象，从而形成了一整套的关系数据理论，这也是关系数据理论的奠基人E F Codd的重要贡献之一。由于这种合适的数据库模式要符合一定的规范化要求，因而又称为关系数据库的规范化理论。

本章主要讨论为什么要对关系数据模型进行规范化，首先介绍函数依赖的概念和有关理论，建立关系模式分解的理论基础，然后讨论关系模式的分解方法和范式级别，最后介绍多值函数依赖。

5.1 问题的提出

关系模式规范化其实不是一个新概念。前面曾经指出，一个关系模式的所有属性必须是不可再分的原子项，这实际上也是一种规范化，只是规范化满足的条件较低罢了。实际上，一个已经满足此特性的不可再分的原子项的关系模式还存在一些问题。

假如需要设计一个学生学习情况的信息数据库student，它有以下属性：S#(学号)、SN(姓名)、SD(所在系)、SA(年龄)、C#(课程号)、CN(课程名)、C(成绩)、PC#(先修课编号)。基于这8个属性，可以构造出几种不同的关系数据库模式，下面是其中两种。

第一种模式：

```
S-C-G(S#,SN,SD,SA,C#,CN,C,PC#)
```

第二种模式：

```
S(S#,SN,SD,SA)
    C(C#,CN,PC#)
S-C(S#,C#,G)
```

假定表5-1是关系模式S-C-G的一个实例，不难看出，第一种数据库模式存在下列问题。

表 5-1 关系数据库 S-C-G 的一个实例

S#	SN	SD	SA	C#	CN	PC#	G
0914030001	王立	CS	19	C001	数据库原理	C002	90
0914030001	王立	CS	19	C002	数据结构	C110	89
0914030001	王立	CS	19	C003	操作系统	C110	94
0914030002	周萍	MA	18	C001	数据库原理	C002	78
0914030002	周萍	MA	18	C002	数据结构	C110	69
0914030002	周萍	MA	18	C003	操作系统	C110	90
0916030003	王凯	CS	17	C001	数据库原理	C002	87
0916030003	王凯	CS	17	C002	数据结构	C110	94
0916030003	王凯	CS	17	C003	操作系统	C110	86
0916030004	李林	CS	19	C001	数据库原理	C002	78
0916030004	李林	CS	19	C004	微机原理	C110	87

(1) 冗余。

课程号为 C001 的课程，课程名是“数据库”，在关系 S-C-G 的 4 个元组中都有记载，同样其他几门课也一样，这显然是一种冗余。

(2) 插入异常。

如果有一门课，课程号为 C112，课程名为“编译原理”，计划要开设，但因为学号目前均没有确定值，构不成一个元组，所以无法插入到关系中去，也即存在有计划开设的课程因为暂时没有学生上，无法将相应的课程号和课程名等信息保存到数据库中，所以就产生了插入异常。

(3) 删除异常。

如果学号为 0916030004 的学生考 C004 课时违纪，分数作废，应在关系中删去对应的元组，但这个元组其实还包含课程号为 C004、课程名为微机原理这样的信息。要删除整个元组，则因学号为 0916030004 的学生的 C004 课分数作废，而把课程号为 C004、对应课程名为“微机原理”、先修课程号为 C110 的信息也给“冤枉”地删除掉了。事实上，不管目前有无学生学习“微机原理”这门课程，这门课程的相关信息均应保留在数据库中，上述这种关系模式则不能保证做到这一点，它可能产生删除异常。

从上面的例子可以看出，第一种设计存在许多异常现象，而第二种设计是比较合适的。在相同属性下，构造数据库模式的方法不同，所得到的数据库结构的性能是不一样的，有的结构既具有合理的冗余度，又没有异常现象，而其他结构则不然，这在关系数据库模式的设计中是需要引起足够重视的。

是什么原因引起大量数据冗余和异常现象的？关于这个问题要从语义方面进行分析。

众所周知，不仅客观事物彼此互相联系、互相制约，客观事物本身的各个属性之间也互相联系、互相制约。例如，一个人的身份证号依赖于他的姓名。属性之间的这种依赖关系表达了一定的语义信息。在设计数据库时，对于事物之间的联系和事物属性之间的联系都要考虑。数据模型表示的是事物之间的联系，但对于属性之间的联系没有给予充分的考虑。例如在上面的例子中,有关学生的 4 个属性都依赖于 S#(在无同名同姓的学生时也可以依赖于 SN),但与课程的 3 个属性没有什么联系。然而,在构造数据库模式时,并没有按照事物的这些特性去考虑,而是为了方便,把本来无关联的学生描述信息和课程相关信息拼凑在一起,因此必然会出现数据冗余和异常现象。因此,在设计关系数据库模式时,必须从语义上搞清这些数据联系,尽量将相互依赖密切的属性构成单独的模式,切忌把依赖关系不密切,特别是具有排它性的属性生拼硬凑在一起。正如在上面例子中看到的,第二种方案把原来的一个大关系分解成两个结构较简单的关系后,基本反映了事物的内在关系,从而得到了较为合理的设计方案。

上面提到的属性之间的内在语义联系,就目前研究所知有 3 种依赖,分别是函数依赖、多值依赖和连接依赖,本章只介绍前两种依赖。

最后对本节讨论的内容做一个小结。

(1) 关系数据库设计方案可能有多个,这些设计方案是有好坏之分的。

(2) 一个关系数据库模式的好或较好,是指它的每个关系中的属性满足某种内在语义联系。这种语义联系可按设计关系的不同要求分为若干等级,这叫做关系的规范化。也就是说设计关系数据库模式时,如果能够按规范化要求构造每一个关系,就可以得到一个好的或较好的数据库模式。

(3) 属性之间的内在语义联系主要有函数依赖、多值依赖和连接依赖,由这些依赖关系以及由此产生的一整套概念、公理和算法就形成了关系数据库设计理论。

5.2 规 范 化

本节首先讨论一个关系中属性之间存在的不同的依赖情况,讨论如何根据属性间的依赖情况来判定关系是否具有某些不合适的特性。通常按照属性间依赖情况来区分关系规范化的程度能满足第几范式,然后以比较直观的方式讲述如何将具有不合适特性的关系转换为更合适的形式。规范化理论正是用来改造关系模式的,通过分解关系模式来消除模式中不太合适的数据依赖,以解决插入异常、删除异常、更新异常和数据冗余问题。

5.2.1 数据依赖

为了便于讲述,下面先给出数据依赖的相关概念。

1. 完整性约束的表现形式

(1) 限定属性取值范围,例如学生性别必须为“男”或“女”。

(2) 定义属性值间的相互关联(主要体现在值是否相等上),这就是数据依赖,它是进行数据库模式设计的关键。

2. 数据依赖

(1) 在一个关系内部属性与属性之间的相互联系即约束关系。

(2) 现实世界属性间相互联系的抽象表现。

(3) 数据内在的性质或本质。

(4) 数据内部的语义的体现。

3. 数据依赖的类型

(1) 函数依赖(Functional Dependency,FD)。

(2) 多值依赖(Multivalued Dependency,MVD)。

(3) 连接依赖等。

在现实世界中存在最广泛的一种数据依赖是函数依赖。例如,关系模式 S(S#,SN,SD,SA)中存在的函数依赖有:SN 函数依赖于 S#,SD 函数依赖于 S#,SA 函数依赖于 S#。下面给出相关概念的定义。

5.2.2 函数依赖

1. 函数依赖

定义 5.1 设 $R(U)$是属性集 U 上的一个关系模式,$X,Y\subseteq U$。若对 $R(U)$中任意一个可能关系 r,r 中不可能有两个元组在 X 的属性分量值相等,而在 Y 的那些属性分量值不相等,则称"X 函数决定 Y",或"Y 函数依赖于 X",记作 $X\rightarrow Y$。X 称为决定因子,或称为函数依赖的左部,Y 称为函数依赖的右部。

另一种定义为:设 $R(U)$是属性集 U 上的一个关系模式,$X,Y\subseteq U$。对 $R(U)$中任意一个可能关系 r 中的任意两个元组 t 和 s,若有 $t[X]=s[X]$,则有 $t[Y]=s[Y]$,就称"X 函数决定 Y",或"Y 函数依赖于 X"。

对函数依赖,这里需要强调以下几点。

(1) 当确定关系模式 R 中的某个函数依赖时,是指 R 的所有可能关系 r 都必须满足这个函数依赖;反之,R 中只要有一个关系 r 不满足这个函数依赖,就认为 R 中不存在这个函数依赖。

(2) 当在确定一个关系模式中的函数依赖时,只能从属性含义上加以说明,而不能在数学上加以证明。

(3) 只有数据库设计者才能决定是否存在某种函数依赖,这就使得数据库系统可以根据设计者的意图来维护数据库的完整性。

例如,关系模式 S(S#,SN,SD,SA)中的函数依赖可表示为:S#→SN,S#→SD,S#→SA。

定义 5.2 设关系模式 $R(U)$,F 是关于 R 的函数依赖集合(即若 $X\rightarrow Y\in F$,则 $X,Y\subseteq U$),则称(R,F)为一个函数依赖模式。

2. 几种特定的函数依赖

1）非平凡函数依赖和平凡函数依赖

定义 5.3 设关系模式 $R(U)$，X、$Y \subseteq U$：如果 $X \rightarrow Y$，且 Y 不是 X 的子集，则称 $X \rightarrow Y$ 为非平凡的函数依赖；如果 $X \rightarrow Y$，且 $Y \subseteq X$，则称 $X \rightarrow Y$ 为平凡的函数依赖。

2）完全函数依赖和部分函数依赖

定义 5.4 设关系模式 $R(U)$，X，$Y \subseteq U$：如果 $X \rightarrow Y$，并且对于 X 的任何一个真子集 Z，$Z \rightarrow Y$ 都不成立，则称 Y 完全函数依赖于 X；若 $X \rightarrow Y$，但对于 X 的某一个真子集 Z，有 $Z \rightarrow Y$ 成立，则称 Y 部分函数依赖于 X。

例如，在关系模式 R12＝{S＃，C＃，CN，PC＃，G}中，C＃→PC＃说明 PC＃完全函数依赖于 C＃；又因为(S＃，C＃)→G，(S＃，C＃，CN)→G，则 G 部分依赖于(S＃，C＃，CN)。

3）传递函数依赖

定义 5.5 设关系模式 $R(U)$，$X \subseteq U$，$Y \subseteq U$，$Z \subseteq U$。如果 $X \rightarrow Y$，$Y \rightarrow Z$ 成立，但 $Y \rightarrow X$ 不成立，且 $Z-X$、$Z-Y$ 和 $Y-X$ 均不空，则称 $X \rightarrow Z$ 为传递函数依赖。

例如，关系模式 R＝{A，B，C，D}，其上的函数依赖集 F＝{A→B，B→C，A→C，A→D}，则 A→C 为传递函数依赖。

注：在函数依赖中还有两种特殊的函数依赖，分别是 $X \rightarrow \Phi$ 和 $\Phi \rightarrow Y$，它们对于任意关系都是成立的。在后面的介绍中不考虑这样的函数依赖。

3. 逻辑蕴涵

在讨论函数依赖时，有时需要从一些已知的函数依赖去判断另一些函数依赖是否成立，这个问题称为逻辑蕴涵问题。

1）F 逻辑蕴涵 $X \rightarrow Y$

定义 5.6 设关系模式 $R(U)$，X，$Y \subseteq U$，F 是关于 R 的函数依赖集合。又设 $X \rightarrow Y$ 为 R 中的一个函数依赖，若对于 R 的每一个关系 r，满足 F 中的每一个依赖，则 r 也必须满足 $X \rightarrow Y$，就说 F 逻辑蕴涵 $X \rightarrow Y$，或称 $X \rightarrow Y$ 从 F 推导出来的，或称 $X \rightarrow Y$ 逻辑蕴涵于 F。

2）函数依赖集合 F 的闭包

定义 5.7 所有被 F 逻辑蕴涵的函数依赖组成的集合称为 F 的闭包，记为 $F+$。设关系模式 $R(U)$，U＝{A，B，C}，F＝{AB→C，C→B}是 $R(U)$上的一组函数依赖，则 $F+$＝{A→A，AB→A，AC→A，ABC→A，B→B，AB→B，BC→B，ABC→B，C→C，AC→C，BC→C，ABC→C，AB→AB，ABC→AB，AC→AC，ABC→AC，BC→BC，ABC→BC，ABC→ABC，AB→C，AB→AC，AB→BC，AB→ABC，C→B，C→BC，AC→B}。

4. 关系模式的简化表示

关系模式 $R(U,D,\mathrm{DOM},F)$ 简化为一个三元组：$R(U,F)$ 当且仅当 U 上的一个关系 r 满足 F 时，r 称为关系模式 $R(U,F)$ 的一个关系。

5. 数据依赖对关系模式的影响

［**例 5-1**］ 建立一个描述学校教务的数据库：学生的学号(Sno)、所在系(Sdept)、系主任姓名(Mname)、课程名(Cname)、成绩(Grade)。

单一的关系模式：Student <U、F>

$$U=\{\text{Sno},\text{Sdept},\text{Mname},\text{Cname},\text{Grade}\}$$

属性组 U 上的一组函数依赖 F：

$$F=\{\text{Sno}\rightarrow\text{Sdept},\ \text{Sdept}\rightarrow\text{Mname},\ (\text{Sno},\text{Cname})\rightarrow\text{Grade}\}$$

关系模式 Student<U,F>中存在如下问题。

(1) 数据冗余太大。

(2) 更新异常(Update Anomalies)。

(3) 插入异常(Insertion Anomalies)。

(4) 删除异常(Deletion Anomalies)。

结论：(1) Student 关系模式不是一个好的模式。

(2)"好"的模式：不会发生插入异常、删除异常、更新异常，数据冗余应尽可能少。

原因：由该模式中存在的某些数据依赖引起。

解决方法：通过分解关系模式来消除其中不合适的数据依赖。

把这个单一模式分成 3 个关系模式：

```
S(Sno,Sdept,Sno→Sdept);
SC(Sno,Cno,Grade,(Sno,Cno)→Grade);
DEPT(Sdept,Mname,Sdept→Mname)
```

6. 码

定义 5.8 设 K 为 R<U,F>中的属性或属性组合。若 $K\rightarrow U$，则 K 称为 R 的候选码(Candidate Key)。

1) 主码

若候选码多于一个，则选定其中的一个作为主码(Primary Key)。

2) 主属性与非主属性

包含在任何一个候选码中的属性，称为主属性(Prime Attribute)；

不包含在任何码中的属性称为非主属性(Nonprime Attribute)或非码属性(Non-key Attribute)。

3) 全码

整个属性组是码，称为全码(All-key)。

［**例 5-2**］ 在关系模式 S(Sno,Sdept,Sage)中，单个属性 Sno 是码；

在 SC(Sno,Cno,Grade)中，(Sno,Cno)是码。

［**例 5-3**］ 在关系模式 R(P,W,A)中，P：演奏者，W：作品，A：听众。

说明：一个演奏者可以演奏多个作品；某一作品可被多个演奏者演奏；听众可以欣赏不同演奏者的不同作品。

码为(P,W,A),即全码。

4) 外部码

定义 5.9 关系模式 R 中属性或属性组 X 并非 R 的码,但 X 是另一个关系模式的码,则称 X 是 R 的外部码(Foreign Key),也称为外码。

例如,在 SC(Sno,Cno,Grade)中,Sno 不是码,但 Sno 是关系模式 S(Sno,Sdept,Sage)的码,则 Sno 是关系模式 SC 的外部码。

说明:主码与外部码一起提供了表示关系间联系的手段。

5.2.3 范式

前面介绍了设计的关系模式如果存在不好的依赖所带来的问题,本节将继续讨论一个好的关系模式应该具备的性质,即关系规范化问题。

关系数据库中的关系要满足一定的要求。满足不同要求的关系属于不同的范式。满足最低要求的关系属于第一范式,简称 1NF(First Normal Form)。在第一范式中进一步满足一些要求的关系属于第二范式,简称 2NF,以此类推,还有 3NF、BCNF、4NF、5NF 等。

"第几范式"表示关系模式满足的条件,所以经常称某一关系模式为第几范式的关系模式。也可以把这个概念模式理解为符合某种条件的关系模式的集合,因此属于第二范式的关系模式 R 也可以写成 $R\in$2NF。

对关系模式的属性间的函数依赖加上不同的条件制约就形成了不同的范式。这些范式是一种递进的关系,即如果一个表是 1NF 的,它比不是 1NF 的表要好;同样,2NF 的表要比 1NF 的表好。使用这种方法的目的是从一个表或表的集合开始,逐步产生一个和初始集合等价的集合。范式越高,规范化的程度越高,关系模式就越好。

规范化理论最早是由 E F Codd 于 1971 年提出的,其目的是设计出好的关系数据库模式,关系规范化实际上就是对有问题的关系进行分解从而消除异常问题。

范式的种类:第一范式(1NF)、第二范式(2NF)、第三范式(3NF)、BC 范式(BCNF)、第四范式(4NF)、第五范式(5NF),各种范式之间存在联系:

$$1NF \supset 2NF \supset 3NF \supset BCNF \supset 4NF \supset 5NF$$

某一关系模式 R 为第 n 范式,可简记为 $R\in n$NF。

一个低一级范式的关系模式,通过模式分解可以转换为若干个高一级范式的关系模式的集合,这个过程就称为规范化。

1. 第一范式

定义 5.10 不包含重复组的关系(即不包含非原子项的属性)是第一范式的关系。

注:模式的关系非常简单,只需要将所有数据项都分解为不可再分的最小数据项即可。如果一个关系模式 R 的所有属性都是不可分的基本数据项,则 $R\in$1NF。

第一范式是对关系模式的最低要求。不满足第一范式的数据库模式不能称为关系数据库;但是满足第一范式的关系模式并不一定是一个好的关系模式。

[例 5-4] 学校各院系高级职称的情况如表 5-2、表 5-3 所示。

表 5-2 学校各院系高级职称的情况表 1

院系名称	高级职称人数	
	教授	副教授
计算机学院	7	12
电子与信息工程学院	9	14
文学院	16	20

表 5-3 学校各院系高级职称的情况表 2

院系名称	教授	副教授
计算机学院	7	12
电子与信息工程学院	9	14
文学院	16	20

显然，表 5-2 不是 1NF，因为“高级职称人数”一列包含两个职称，不是原子值，而表 5-3 所示关系是 1NF。

2. 第二范式

[例 5-5] 在关系模式 S-L-C(Sno，Sdept，Sloc，Cno，Grade)中，Sloc 为学生住处，假设每个系的学生住在同一个地方。

函数依赖：

$$(Sno,Cno)\xrightarrow{F}Grade$$
$$Sno\rightarrow Sdept$$
$$(Sno,Cno)\xrightarrow{P}Sdept$$
$$Sno\rightarrow Sloc$$
$$(Sno,Cno)\xrightarrow{P}Sloc$$
$$Sdept\rightarrow Sloc$$

通过分析 S-L-C 关系模式可以得出：S-L-C 的码为(Sno，Cno)，S-L-C 满足第一范式。

非主属性 Sdept 和 Sloc 部分函数依赖于码(Sno，Cno)。

产生以下问题：(1)插入异常；(2)删除异常；(3)数据冗余度大；(4)修改复杂。

原因：Sdept、Sloc 部分函数依赖于码。

解决方法：将 S-L-C 分解为两个关系模式，以消除这些部分函数依赖。

S-C(Sno，Cno，Grade)

S-L(Sno，Sdept，Sloc)

关系模式 S-C 的码为(Sno，Cno)，关系模式 S-L 的码为 Sno。

这样非主属性对码都是完全函数依赖。

下面给出第二范式的定义。

定义 5.11 若 $R\in 1NF$，且每一个非主属性完全函数依赖于码，则 $R\in 2NF$。

将一个 1NF 关系分解为多个 2NF 的关系，并不能完全消除关系模式中的各种异常情况和数据冗余。

[例 5-6] 描述一个在校大学生的学习情况涉及以下一些属性：学号(S#)、姓名(SN)、性别(SS)、身份证号(ID)、系别(SD)、学籍类型(SL)、专业(SG)、班级(SC)、课程号

(CB)、课程名(CN)、学期数(T)、学分(CG)和成绩(G),其属性集合表示为 U={S#,SN,SS,ID,SD,SL,SG,SC,CB,CN,T,CG,G}。有人给出了以下两种数据库模式。

第一种：$\Omega1$={$R11$,$R12$}。

其中：关系模式 $R11$={S#,SN,SS,ID,SD,SL,SG,SC};

关系模式 $R12$={S#,CB,CN,T,CG,G}。

第二种：$\Omega2$={$R21$,$R22$,$R23$}。

其中：关系模式 $R21$={S#,SN,SS,ID,SD,SL,SG,SC};

关系模式 $R22$={S#,CB,G};

关系模式 $R23$={CB,CN,T,CG}。

对于关系模式 $R11$={S#,SN,SS,ID,SD,SL,SG,SC},$R11$ 上的函数依赖集合 $F11$={S#→SN,S#→SS,S#→ID,S#→SD,S#→SL,S#→SG,S#→SC}。显然,S#是关系模式 $R11$的候选键,而且容易验证函数依赖模式($R11$,$F11$)再没有其他关键字。

于是,对于函数依赖模式($R11$,$F11$)有：

候选键集合 KEY={(S#)};

主属性集合 PA={S#};

非主属性集合 NPA={SN,SS,ID,SD,SL,SG,SC}。

由于对于关系模式 $R11$,每个非主属性都完全函数依赖于候选键,所以,$R11$ 属于 2NF。

对于关系模式 $R12$={S#,CB,CN,T,CG,G},$R12$ 上的函数依赖集合 $F12$={CB→T,(S#,CB)→G,CB→CG,CB→CN}。对于函数依赖模式($R12$,$F12$),可以从 $F12$ 推出以下函数依赖：

(S#, CB)→CG

(S#, CB)→G

(S#, CB)→T

(S#, CB)→CB

(S#, CB)→CN

(S#, CB)→S#

并且,由 $F12$ 推不出 S#→G,CB→G,所以,(S#,CB)是关系模式 $R12$ 的一个候选键。容易验证函数依赖模式($R12$,$F12$)再没有其他候选键。

于是,对于函数依赖模式($R12$,$F12$)有：

候选键集合 KEY={(S#,CB)};

主属性集合 PA={S#,CB};

非主属性集合 NPA={T,CG,CN,G}。

因为 CB→T,非主属性 T 部分函数依赖于候选键(S#,CB),所以 $R12$ 不属于 2NF。

同理可得,关系模式 $R21$、$R22$、$R23$ 均属于 2NF。

从上面例子可以看出,属于 2NF 的关系模式仍存在以下几个问题：数据冗余太大、更新异常、插入异常、删除异常。

3. 第三范式

定义 5.12 如果关系模式 R 是 1NF，而且它的任何一个非主属性都不传递地依赖于任何候选键，则 R 称为第三范式，记作 $R \in 3NF$。

或：若在关系模式 $R<U,F>$ 中不存在这样的码 X、属性组 Y 及非主属性 $Z(Z \subseteq Y)$，使得当 $X \rightarrow Y, Y \rightarrow Z$ 时，$X \rightarrow Z$ 成立，则称 $R<U,F> \in 3NF$。

注：若 $R \in 3NF$，则每一个非主属性既不部分依赖于码也不传递依赖于码。

[例 5-7] 在 2NF 关系模式 S-L(Sno，Sdept，Sloc)中存在函数依赖：

$$\text{Sno} \rightarrow \text{Sdept}$$

$$\text{Sdept} \rightarrow \text{Sno}$$

$$\text{Sdept} \rightarrow \text{Sloc}$$

由此可得：Sno→Sloc，即 S-L 中存在非主属性对码的传递函数依赖，S-L 不属于 3NF。

解决方法：采用投影分解法，把 S-L 分解为两个关系模式，以消除传递函数依赖。

S-D(Sno，Sdept)

D-L(Sdept，Sloc)

S-D 的码为 Sno，D-L 的码为 Sdept。

分解后的关系模式 S-D 与 D-L 中不再存在传递依赖。S-D 的码为 Sno，D-L 的码为 Sdept，S-D(Sno，Sdept)∈3NF，D-L(Sdept，Sloc)∈3NF。

说明：采用投影分解法将一个 2NF 的关系分解为多个 3NF 的关系，可以在一定程度上解决原来 2NF 关系中存在的插入异常、删除异常、数据冗余度大、修改复杂等问题。

将一个 2NF 关系分解为多个 3NF 的关系后，仍然不能完全消除关系模式中的各种异常情况和数据冗余。

[例 5-8] 有一个关系模式 $R(U)$，$U=\{S,T,C\}$，设 S 表示学生，T 表示教师，C 表示课程，这些数据的语义描述如下：一名教师只能教一门课程；若干教师可以教同一门课程；一旦某一个学生选定了某门课程，就确定了一个固定的一个教师。R 上的函数依赖集合 $F=\{(S,C)\rightarrow T,(S,T)\rightarrow C,T\rightarrow C\}$。对于函数依赖模式$(R,F)$有：候选键集合 KEY=$\{(S,C),(S,T)\}$；主属性集合 PA=$\{S,C,T\}$；非主属性集合 NPA=$\Phi$。

该关系模式的非主属性没有任何对候选键的传递依赖和部分依赖，所以 $R \in 3NF$，但存在主属性 C 对候选键(S,T)的部分依赖，并由此使得关系模式 R 存在如下一些问题。

(1) 数据冗余较大。虽然一个教师只教一门课程，但每个选修该教师教授的这门课程的学生对应的元组都要记录这个教师的信息，从而产生一定的冗余。

(2) 插入异常。如果出现某个学生刚刚入校，还未选修课程或某个教师开设了某门课程，但暂时没有学生选修的情况，由于受主属性不能为空的限制，导致有关该学生或教师的信息无法存入数据库中，造成插入异常。

(3) 删除异常。如果选修了某门课程的学生全部毕业了，在删除与这些学生有关的元组的同时，可能将相应教师开设该门课程的信息也同时丢掉了，造成删除异常。

5.2.4 BCNF

BCNF也称为Boyce-codd范式，它是对3NF的关系模式的进一步规范化。其限制条件更严格。

下面首先分析一下3NF中存在的问题。在3NF的关系模式中可能存在能够决定其他属性取值的属性组，而该属性组不是码。

例如，假设有关系模式csz(city，street，zip)，其中各属性分别代表城市、街道和邮政编码。其语义为：城市和街道可以决定邮政编码，邮政编码可以决定城市，因此有了以下依赖关系：

$$(city, street) \rightarrow zip, \quad zip \rightarrow city$$

其候选码为(city，street)和(street，zip)，此关系模式中不存在非主属性，因此它属于3NF。

现在分析一下此模式存在的问题。假设取(city，street)为主码，则当插入数据时，如果没有街道信息，则一个邮政编码是哪个城市的邮政编码这样的信息就无法保存到数据库中，因为street不能为空。由此可见，即使是3NF的表，也有可能存在操作异常。

产生操作异常的原因是存在zip→city，zip是决定因子，但zip不是码。

在csz关系模式中之所以存在操作异常，主要是存在主属性对非码的函数依赖，在这种情况下，产生了BCNF。

定义5.13 关系模式$R<U,F>\in$1NF，若$X\rightarrow Y$且$Y\subseteq X$时X必含有码，则$R<U,F>\in$BCNF。等价于：每一个决定属性因素都包含码。若$R\in$BCNF，所有非主属性对每一个码都是完全函数依赖，所有的主属性对每一个不包含它的码也是完全函数依赖，必定存在$R\in$3NF。

例5-8中的关系模式没有任何属性完全函数依赖于非码的任何一组属性，所以$R\in$BCNF。

［**例5-9**］ 关系模式C(Cno，Cname，Pcno)只有一个码Cno，这里没有任何属性对Cno的部分依赖和传递依赖，所以C∈3NF，同时Cno是唯一的决定因素，所以C∈BCNF。

［**例5-10**］ 在关系模式S(Sno，Sname，Sdept，Sage)中，假设Sname没有重名，那么就有两个码Sno，Sname，这两个码都由单个属性组成，互不相交，所以不存在其他属性对码的传递及部分依赖，所以S∈3NF。同时，除这两个主码外没有其他决定因素，所以S∈BCNF。

［**例5-11**］ 在关系模式SJP(S，J，P)中存在如下函数依赖：

$$(S,J)\rightarrow P;\ (J,P)\rightarrow S$$

(S，J)与(J，P)都可以作为候选码，属性相交。

$$SJP\in 3NF, SJP\notin BCNF$$

［**例5-12**］ 在关系模式STJ(S，T，J)中，S表示学生，T表示教师，J表示课程。

函数依赖：

$$(S,J)\to T,(S,T)\to J,T\to J$$

(S,J)和(S,T)都是候选码。

STJ∈3NF，因为没有任何非主属性对码的传递依赖或部分依赖。

但 STJ∉BCNF，因为 T 是决定因素，T 不包含码。

解决方法：将 STJ 分解为两个关系模式：

$$ST(S,T)\in BCNF, TJ(T,J)\in BCNF$$

[**例 5-13**] 以描述一个在校大学生的学习情况的两种数据库模式的第二种数据库模式 $\Omega 2=\{R21,R22,R23\}$ 为例。

对于关系模式 $R21$={S＃，SN，SS，ID，SD，SL，SG，SC}，$R21$ 上的函数依赖集合 $F21$={S＃→SN，S＃→SS，S＃→ID，S＃→SD，S＃→SL，S＃→SG，S＃→SC}。已知对于函数依赖模式($R21$，$F21$)有：候选键集合 KEY={(S＃)}；主属性集合 PA={S＃}；非主属性集合 NPA={SN，SS，ID，SD，SL，SG，SC}，且 $R21$∈3NF。

根据 $R21$∈3NF，且不存在主属性对候选键的部分依赖和传递依赖，所以 $R21$∈BCNF。

对于关系模式 $R22$={S＃，CB，G}，$R22$ 上的函数依赖集合 $F22$={(S＃，CB)→G}。对于函数依赖模式($R22$，$F22$)有：候选键集合 KEY={(S＃，CB)}；主属性集合 PA={S＃，CB}；非主属性集合 NPA={G}。

显然不存在主属性及非主属性对候选键的部分依赖和传递依赖，所以 $R22$∈BCNF。

对于关系模式 $R23$={CB，CN，T，CG}，$R23$ 上的函数依赖集合 $F23$={CB→CN，CB→T，CB→CG}。对于函数依赖模式($R23$，$F23$)有：候选键集合 KEY={CB}；主属性集合 PA={CB}；非主属性集合 NPA={CN，T，CG}。

显然不存在主属性及非主属性对候选键的部分依赖和传递依赖，所以 $R23$∈BCNF。

显然，BCNF 的定义包含了 3NF 的定义。但是，反过来，如果 R 是 3NF，R 未必是 BCNF。

根据以上给出的定义，可以看出各种范式之间的联系为：BCNF∈3NF∈2NF∈1NF。它们之间的转换方法为：对于 1NF，通过消除其中任何非主属性对候选键的部分依赖，可以变成 2NF；对于 2NF，通过消除其中任何非主属性对候选键的部分依赖和传递依赖，可以变成 3NF；对于 3NF，通过消除其中任何主属性对候选键的部分依赖和传递依赖，可以变成 BCNF。

前面已经介绍过，不好的数据库模式中可能存在如下问题：冗余很大、插入异常、删除异常、修改异常等。产生这些问题主要是因为它们不属于 3NF 或 BCNF。一般说来，如果一个关系数据库中的所有关系模式都属于 BCNF，那么在函数依赖范畴内，它已实现了模式的彻底分解，达到了最高的规范化程度，消除了插入异常和删除异常。

对于不好的数据库模式，通过对存在问题的关系模式进行分解，可以使关系模式达到第三范式或更高级范式的要求。

5.2.5 多值依赖

［例 5-14］ 学校中某一门课程由多个教员讲授，他们使用相同的一套参考书。每个教员可以讲授多门课程，每种参考书可以供多门课程使用，如表 5-4 所示。

用二维表表示，如表 5-5 所示。

表 5-4 非规范化关系

课程 C	教员 T	参考书 B
物理	李林	普通物理学
	王平	光学原理
		物理习题集
数学	李林	数学分析
	张立	微分方程
		高等代数
计算数学	张立	数学分析
	周海涛	

表 5-5 二维表表示

课程 C	教员 T	参考书 B
物理	李林	普通物理学
物理	李林	光学原理
物理	李林	物理习题集
物理	王平	普通物理学
物理	王平	光学原理
物理	王平	物理习题集
数学	李林	数学分析
数学	李林	微分方程
数学	李勇	高等代数
数学	张立	数学分析
数学	张立	微分方程
数学	张立	高等代数
…	…	…

$$\text{Teaching} \in \text{BCNF}$$

Teaching 具有唯一候选码(C,T,B)，即全码。

Teaching 模式中存在如下问题：数据冗余度大、插入操作复杂、删除操作复杂、修改操作复杂。

1. 多值依赖

定义 5.14 设 $R(U)$是属性集 U 上的一个关系模式，X、Y 和 Z 是 U 的子集，并且 $Z=U-X-Y$。在关系模式 $R(U)$中多值依赖 $X\to\to Y$ 成立，当且仅当对于 $R(U)$的任一关系 r，给定一对(X,Z)值，有一组 Y 的值，这组值仅仅决定于 X 值而与 Z 值无关。

多值依赖的另一个等价的形式化的定义：在 $R(U)$的任一关系 r 中，如果存在元组 t，s 使得 $t[X]=s[X]$，那么就必然存在元组 $w,v\in r$(w、v 可以与 s、t 相同)，使得 $w[X]=v[X]=t[X]$，而 $w[Y]=t[Y]$，$w[Z]=s[Z]$，$v[Y]=s[Y]$，$v[Z]=t[Z]$(即交换 s、t 元组的 Y 值所得的两个新元组必在 r 中)，则 Y 多值依赖于 X，记为 $X\to\to Y$。这里，X,Y 是 U 的子集，$Z=U-X-Y$。

2. 平凡的多值依赖和非平凡的多值依赖

定义 5.15 若 $X\to\to Y$，而 $Z=\phi$，则称 $X\to\to Y$ 为平凡的多值依赖，否则称 $X\to\to Y$ 为非平凡的多值依赖。

［例 5-15］ 在关系模式 WSC(W,S,C)中，W 表示仓库，S 表示保管员，C 表示商品。

关系模式 WSC 对应的二维表如表 5-6 所示。假设每个仓库有若干个保管员，有若干种商品；每个保管员保管所在的仓库的所有商品；每种商品被所有保管员保管。

表 5-6　关系模式 WSC 对应的二维表

W	S	C	W	S	C
W1	S1	C1	W1	S2	C3
W1	S1	C2	W2	S3	C4
W1	S1	C3	W2	S3	C5
W1	S2	C1	W2	S4	C4
W1	S2	C2	W2	S4	C5

W→→C，而 S≠ϕ，所以关系模式存在非平凡的多值依赖。

3. 多值依赖的性质

(1) 多值依赖具有对称性：若 $X\rightarrow\rightarrow Y$，则 $X\rightarrow\rightarrow Z$，其中 $Z=U-X-Y$。

(2) 多值依赖具有传递性：若 $X\rightarrow\rightarrow Y, Y\rightarrow\rightarrow Z$，则 $X\rightarrow\rightarrow Z-Y$。

(3) 函数依赖是多值依赖的特殊情况：若 $X\rightarrow Y$，则 $X\rightarrow\rightarrow Y$。

(4) 若 $X\rightarrow\rightarrow Y, X\rightarrow\rightarrow Z$，则 $X\rightarrow\rightarrow Y\cup Z$。

(5) 若 $X\rightarrow\rightarrow Y, X\rightarrow\rightarrow Z$，则 $X\rightarrow\rightarrow Y\cap Z$。

(6) 若 $X\rightarrow\rightarrow Y, X\rightarrow\rightarrow Z$，则 $X\rightarrow\rightarrow Y-Z, X\rightarrow\rightarrow Z-Y$。

4. 多值依赖与函数依赖的区别

(1) 多值依赖的有效性与属性集的范围有关。

(2) 若函数依赖 $X\rightarrow Y$ 在 $R(U)$ 上成立，则对于任何 $Y'\subset Y$ 均有 $X\rightarrow Y'$ 成立；若多值依赖 $X\rightarrow\rightarrow Y$ 在 $R(U)$ 上成立，不能断言对于任何 $Y'\subset Y$ 有 $X\rightarrow\rightarrow Y'$ 成立。

5.2.6 第四范式

定义 5.16　关系模式 $R<U,F>\in 1NF$，如果对于 R 的每个非平凡多值依赖 $X\rightarrow\rightarrow Y(Y\subseteq X)$，$X$ 都含有码，则 $R\in 4NF$。

如果 $R\in 4NF$，则 $R\in BCNF$。

不允许有非平凡且非函数依赖的多值依赖。

允许的非平凡多值依赖是函数依赖。

[**例 5-16**]　Teaching(C,T,B)∉4NF，存在非平凡的多值依赖 C→→T，且 C 不是码。

用投影分解法把 Teaching 分解为如下两个关系模式：

CT(C,T)∈4NF

CB(C,B)∈4NF

C→→T，C→→B 是平凡多值依赖。

5.2.7 规范化小结

关系数据库的规范化理论是进行数据库逻辑设计的工具，其目的是：尽量消除插入、删除异常，修改复杂，数据冗余等问题。其基本思想是：逐步消除数据依赖中不合适的部分。实质是达到概念的单一化。

关系模式规范化的基本步骤：

```
                     1NF
                      ↓  消除非主属性对码的部分函数依赖
消除决定属性         2NF
集非码的非平          ↓  消除非主属性对码的传递函数依赖
凡函数依赖           3NF
                      ↓  消除主属性对码的部分和传递函数依赖
                     BCNF
                      ↓  消除非平凡且非函数依赖的多值依赖
                     4NF
```

并不是规范化程度越高，关系模式就越好，在设计数据库模式结构时，必须对现实世界的实际情况和用户应用需求进行进一步分析，确定一个合适的、能够反映现实世界的模式，上面的规范化步骤可以在其中任何一步终止。

5.3 数据依赖的公理系统

在规范化关系模式的过程中，单独给定一个函数依赖集合远远不够，还要由给出的这个依赖集合找出这个集合所蕴涵的所有函数依赖。如果从一个函数依赖集合出发，能推导出该函数依赖集合的所有函数依赖的集合，称之为公理系统。本节将给出这个公理系统。

先给出逻辑蕴涵的定义。

定义 5.17 对于满足一组函数依赖 F 的关系模式 $R<U,F>$，其任何一个关系 r，若函数依赖 $X\rightarrow Y$ 都成立(即对于 r 中的任意两元组 t,s，若 $t[X]=s[X]$，则 $t[Y]=s[Y]$)，则称 F逻辑蕴涵 $X\rightarrow Y$。

1. Armstrong 公理系统

关系模式 $R<U,F>$有以下的推理规则。

A1. 自反律(Reflexivity)：若 $Y\subseteq X\subseteq U$，则 $X\rightarrow Y$ 为 F 所蕴涵。

A2. 增广律(Augmentation)：若 $X\rightarrow Y$ 为 F 所蕴涵，且 $Z\subseteq U$，则 $XZ\rightarrow YZ$ 为 F 所蕴涵。

A3. 传递律(Transitivity)：若 $X\rightarrow Y$ 及 $Y\rightarrow Z$ 为 F 所蕴涵，则 $X\rightarrow Z$ 为 F 所蕴涵。

定理 5.1 Armstrong 推理规则是正确的。

(1) 自反律：若 $Y \subseteq X \subseteq U$，则 $X \to Y$ 为 F 所蕴涵。

证：设 $Y \subseteq X \subseteq U$。

对于 $R<U,F>$ 的任一关系 r 中的任意两个元组 t,s：

若 $t[X]=s[X]$，由于 $Y \subseteq X$，有 $t[y]=s[y]$，所以 $X \to Y$ 成立，自反律得证。

(2) 增广律：若 $X \to Y$ 为 F 所蕴涵，且 $Z \subseteq U$，则 $XZ \to YZ$ 为 F 所蕴涵。

证：设 $X \to Y$ 为 F 所蕴涵，且 $Z \subseteq U$。

对于 $R<U,F>$ 的任一关系 r 中的任意两个元组 t,s：

若 $t[XZ]=s[XZ]$，则有 $t[X]=s[X]$ 和 $t[Z]=s[Z]$；由于 $X \to Y$，于是有 $t[Y]=s[Y]$，所以 $t[YZ]=s[YZ]$，所以 $XZ \to YZ$ 为 F 所蕴涵，增广律得证。

(3) 传递律：若 $X \to Y$ 及 $Y \to Z$ 为 F 所蕴涵，则 $X \to Z$ 为 F 所蕴涵。

证：设 $X \to Y$ 及 $Y \to Z$ 为 F 所蕴涵。

对于 $R<U,F>$ 的任一关系 r 中的任意两个元组 t,s：

若 $t[X]=s[X]$，由于 $X \to Y$，有 $t[Y]=s[Y]$；由于 $Y \to Z$，有 $t[Z]=s[Z]$，所以 $X \to Z$ 为 F 所蕴涵，传递律得证。

2. 导出规则

(1) 根据 A1、A2、A3 这 3 条推理规则可以得到下面 3 条推理规则。

合并规则：由 $X \to Y, X \to Z$，有 $X \to YZ$。

伪传递规则：由 $X \to Y, WY \to Z$，有 $XW \to Z$。

分解规则：由 $X \to Y$ 及 $Z \subseteq Y$，有 $X \to Z$。

(2) 根据合并规则和分解规则，可得引理 5.1。

引理 5.1 $X \to A1\ A2 \cdots Ak$ 成立的充分必要条件是 $X \to Ai$ 成立 $(i=1,2,\cdots,k)$。

Armstrong 公理系统是有效的、完备的。

有效性：由 F 出发根据 Armstrong 公理推导出来的每一个函数依赖一定在 $F+$ 中。

完备性：$F+$ 中的每一个函数依赖，必定可以由 F 出发根据 Armstrong 公理推导出来。

3. 函数依赖闭包

定义 5.18 在关系模式 $R<U,F>$ 中为 F 所逻辑蕴涵的函数依赖的全体叫做 F 的闭包，记为 $F+$。

定义 5.19 设 F 为属性集 U 上的一组函数依赖，$X \subseteq U$，$XF+=\{A \mid X \to A$ 能由 F 根据 Armstrong 公理导出$\}$，$XF+$ 称为属性集 X 关于函数依赖集 F 的闭包。

[**例 5-17**] 求下列依赖集 F 的闭包 $F=\{X \to Y, Y \to Z\}$。

解：

$F=\{X \to Y, Y \to Z\}$

$F+=\{$

$X \to \phi,\ Y \to \phi,\ Z \to \phi,\ XY \to \phi,\ XZ \to \phi,\ YZ \to \phi,\ XYZ \to \phi,$

$X \to X, Y \to Y, Z \to Z, XY \to X, XZ \to X, YZ \to Y, XYZ \to X,$
$X \to Y, Y \to Z, XY \to Y, XZ \to Y, YZ \to Z, XYZ \to Y,$
$X \to Z, Y \to YZ, XY \to Z, XZ \to Z, YZ \to YZ, XYZ \to Z,$
$X \to XY, XY \to XY, XZ \to XY, XYZ \to XY,$
$X \to XZ, XY \to YZ, XZ \to XZ, XYZ \to YZ,$
$X \to YZ, XY \to XZ, XZ \to XY, XYZ \to XZ,$
$X \to ZYZ, XY \to XYZ, XZ \to XYZ, XYZ \to XYZ\}$

$F=\{X \to A1, \cdots, X \to An\}$的闭包$F+$的计算是一个NP完全问题。

关于闭包的引理如下。

引理5.2 设F为属性集U上的一组函数依赖，$X,Y \subseteq U$，$X \to Y$能由F根据Armstrong公理导出的充分必要条件是$Y \subseteq XF+$。

用途：将判定$X \to Y$是否能由F根据Armstrong公理导出的问题转化为求出$XF+$、判定Y是否为$XF+$的子集的问题。

下面给出求闭包的算法。

算法5.1 求属性集$X(X \subseteq U)$关于U上的函数依赖集F的闭包$XF+$。

输入：X,F 输出：$XF+$

步骤：

(1) 令$X(0)=X, i=0$。

(2) 求B，这里$B=\{A \mid (\exists V)(\exists W)(V \to W \in F \land V \subseteq X(i) \land A \in W)\}$。

(3) $X(i+1)=B \cup X(i)$。

(4) 判断$X(i+1)$是否等于$X(i)$。

(5) 若相等或$X(i)=U$，则$X(i)$就是$XF+$，算法终止。

(6) 若不相等，则$i=i+1$，返回第(2)步。

对于算法5.1，令$a_i=|X(i)|$，$\{a_i\}$形成一个步长大于1的严格递增的序列，序列的上界是$|U|$，因此该算法最多循环$|U|-|X|$次就会终止。

[**例5-18**] 已知关系模式$R<U,F>$，其中：

$$U=\{A,B,C,D,E\}$$
$$F=\{AB \to C, B \to D, C \to E, EC \to B, AC \to B\}$$

求$(AB)F+$。

解：设$X(0)=AB$。

(1) $X(1)=AB \cup CD=ABCD$。

(2) $X(0) \neq X(1)$，$X(2)=X(1) \cup BE=ABCDE$。

(3) $X(2)=U$，算法终止。

$X(2)$就是$(AB)F+$。

4. 函数依赖集等价

定义5.20 如果$G+=F+$，就说函数依赖集F覆盖G（F是G的覆盖，或G是F的覆盖），或F与G等价。

引理 5.3 $F+=G+$ 的充分必要条件是 $F\subseteq G+$ 和 $G\subseteq F+$。

证：必要性显然，只证充分性。

(1) 若 $F\subseteq G+$，则 $XF+\subseteq XG++$。

(2) 任取 $X\to Y\in F+$ 则有 $Y\subseteq XF+\subseteq XG++$，所以 $X\to Y\in(G+)+=G+$，即 $F+\subseteq G+$。

(3) 同理可证 $G+\subseteq F+$，所以 $F+=G+$。

5. 最小依赖集

定义 5.21 如果函数依赖集 F 满足下列条件，则称 F 为一个极小函数依赖集，也称为最小依赖集或最小覆盖。

(1) F 中任一函数依赖的右部仅含有一个属性。

(2) F 中不存在这样的函数依赖 $X\to A$，使得 F 与 $F-\{X\to A\}$ 等价。

(3) F 中不存在这样的函数依赖 $X\to A$，X 有真子集 Z 使得 $F-\{X\to A\}\cup\{Z\to A\}$ 与 F 等价。

［**例 5-19**］ 在关系模式 S<U,F>中：

$U=\{$Sno,Sdept,Mname,Cno,Grade$\}$

$F=\{$Sno→Sdept,Sdept→Mname,(Sno,Cno)→Grade$\}$

设 $F'=\{$Sno→Sdept, Sno→Mname, Sdept→Mname, (Sno, Cno)→Grade, (Sno, Sdept)→Sdept$\}$

F 是最小覆盖，而 F' 不是。

因为：$F'-\{$Sno→Mname$\}$ 与 F' 等价；

$F'-\{$(Sno,Sdept)→Sdept$\}$ 也与 F' 等价。

6. 极小化过程

定理 5.2 每一个函数依赖集 F 均等价于一个极小函数依赖集 Fm，此 Fm 称为 F 的最小依赖集。

证明：构造性证明，找出 F 的一个最小依赖集。

(1) 逐一检查 F 中各函数依赖 FD_i：$X\to Y$，若 $Y=A1A2\cdots Ak$，$k>2$，则用 $\{X\to Aj\mid j=1,2,\cdots,k\}$ 来取代 $X\to Y$。

(2) 逐一检查 F 中各函数依赖 FD_i：$X\to A$，令 $G=F-\{X\to A\}$，若 $A\in XG+$，则从 F 中去掉此函数依赖。

(3) 逐一取出 F 中各函数依赖 FD_i：$X\to A$，设 $X=B1B2\cdots Bm$，逐一考查 Bi $(i=1,2,\cdots,m)$，若 $A\in(X-Bi)F+$，则以 $X-Bi$ 取代 X。

5.4 关系模式的规范化

研究函数依赖理论以及 Armstrong 公理是为了规范关系模式，即通过将关系模式分解，使之达到某种规范化条件。有关关系模式分解的问题主要有以下几个。

(1) 什么是模式分解？

(2) 分解后原关系中的信息和语义是否受到破坏？

(3) 为了不丢失信息或语义，模式分解达到何种范式等级为好？

(4) 可以利用哪种算法实现这些不同要求的分解？

本节将围绕上述这些核心问题展开讨论。

将低一级的关系模式通过模式分解分解为若干个高一级的关系模式的方法不是单一的，但要保证分解后的关系模式与原关系模式完全等价，这样的分解方法才有意义。对关系模式进行分解的主要目的是解决关系模式中可能存在的插入、删除和修改时的异常问题。

注：一般此工作由数据库设计者来完成。

关系模式分解的原则：分解后产生的模式应与原模式等价。仅当满足下述3种要求之一时才能保证分解后产生的模式与原模式等价。

(1) 分解具有无损连接性或称连接不失真。

(2) 分解保持函数依赖。

(3) 分解既保持函数依赖，又具有无损连接性。

1. 关系模式分解的定义

定义 5.22 设关系模式 $R(U)$，$U=\{A1,A2,\cdots,An\}$，F 是 $R(U)$上的函数依赖的集合。$\rho=\{R1,R2,\cdots,Rn\}$是 R 的一个分解，使得 $R1\cup R2\cup\cdots\cup Rn=R$，其中 $Ri(Ui)$，且 $U=U1\cup U2\cup\cdots\cup Un$，$F$ 在 Ri 的属性集合 Ui 上的投影是 $Fi=\{X\rightarrow Y\mid X\rightarrow Y\in F+,X,Y\in Ui\}$。

定义 5.23 函数依赖集合$\{X\rightarrow Y\mid X\rightarrow Y\in F+\wedge XY\subseteq Ui\}$的一个覆盖 Fi 叫做 F 在属性 Ui 上的投影。

［**例 5-20**］ 在 S-S-L(Stuno，Studept，Stuloc)中，$F=\{$Stuno→Studept，Studept→Stuloc，Stuno→Stuloc$\}$，S-S-L∈2NF。

分解方法有以下几种。

(1) 将 S-S-L 分解为3个关系模式：

S-N(Stuno)

S-D(Studept)

S-O(Stuloc)

(2) 将 S-S-L 分解为下面两个关系模式：

N-L(Stuno，Stuloc)

D-L(Studept，Stuloc)

(3) 将 S-S-L 分解为下面两个关系模式：

N-D(Stuno，Studept)

N-L(Stuno，Stuloc)

(4) 将 S-S-L 分解为下面两个关系模式：

N-D(Sno，Sdept)

D-L(Sdept,Sloc)

2. 具有无损连接性的模式分解

定义 5.24 分解 ρ 具有无损连接性。

设关系模式 $R(U)$，F 是 R 上的函数依赖集合，$\rho=\{R1,R2,\cdots,R_n\}$ 是 R 的一个分解，如果对于 R 的任一满足 F 的关系 r 下式成立：

$$r=\prod_{R_1}(r)\bowtie\prod_{R_2}(r)\bowtie\cdots\bowtie\prod_{R_n}(r)$$

则称分解 ρ 具有无损连接性或分解 ρ 为无损连接分解。

一般把关系 r 在分解 ρ 上的投影连接记为 $m_\rho(r)$，即：

$$m_\rho(r)=\prod_{R_1}(r)\bowtie\prod_{R_2}(r)\bowtie\cdots\bowtie\prod_{R_n}(r)$$

满足无损连接的条件可表示为：$r=m_\rho(r)$。

无损连接分解的特性说明：将关系模式分解后所得到的信息与原模式完全等价，即分解后的多个关系再连接得到的新的关系不能出现信息“损失”。事实上，连接后的关系表格不会丢失元组，而是有可能会多出一些元组，因与原来的关系不等价，所以仍然是有损的。

关系模式 $R<U,F>$ 的一个分解 $\rho=\{R1<U1,F1>,R2<U2,F2>,\cdots,Rn<Un,Fn>\}$。

若 R 与 $R1$、$R2$、…、Rn 自然连接的结果相等，则称关系模式 R 的这个分解 ρ 具有无损连接性。

具有无损连接性的分解可保证不丢失信息，但是无损连接性不一定能解决插入异常、删除异常、修改复杂、数据冗余等问题。

例 5-20 中的第 3 种分解方法具有无损连接性，但是问题是这种分解方法没有保持原关系中的函数依赖。S-L 中的函数依赖 Studept→Stuloc 没有投影到关系模式 N-D、N-L 上。

引理 5.4 设关系模式 $R(U)$ 及 R 上的关系 r，$\rho=\{R1,R2,\cdots,Rn\}$ 是 R 的一个分解，则有：

(1) $r\subseteq m_\rho(r)$；

(2) $\prod_{R_i}(m_\rho(r))=\prod_{R_i}(r)$；

(3) $m_\rho(m_\rho(r))=m_\rho(r)$。

算法 5.2 判定一个分解的无损连接性。

输入：关系模式 $R(A1,A2,\cdots,An)$，R 上的分解 $\rho=\{R1,R2,\cdots,Rn\}$，R 上的函数依赖集为 F。

输出：分解 ρ 是否具有无损连接性。

步骤：

(1) 构造一个 k 行 n 列的初始表，第 i 行对应于关系模式 Ri，第 j 列对应于属性 Aj。如果 $Aj\in Ri$，则在第 i 行第 j 列上填入符号 ai；否则填入符号 bij。

(2) 逐个检查 F 中的每一个函数依赖，并修改表中的元素。具体办法如下：从函数依赖集 F 中取一个函数依赖 $X\rightarrow Y$，在 X 的分量中寻找相同的行，然后将这些行中 Y 的分量改为相同的符号。如果其中有 aj，则将 bij 改为 aj；否则，改为 bij（指用其中的一个 bij 替换另一个，通常是把下标改为较小的那个数）。

(3) 这样反复进行，如果发现某一行变成了 $a1,a2,\cdots,an$，即存在某一行全为 a 类符号，则分解 ρ 具有无损连接性；如果 F 中所有函数依赖都不能再修改表中的内容，且没有发现这样的行，则分解 ρ 不具有无损连接性。

［例 5-21］ 已知关系模式 $R(U,F)$，$U=\{A,B,C,D,E\}$，$F=\{AB\rightarrow C,C\rightarrow D,D\rightarrow E\}$，分解 $\rho=\{R1(\{A,B,C\}),R2(\{C,D\}),R3(\{D,E\})\}$，判定 ρ 是否具有无损连接性。

解：(1) 首先构造初始表（见表 5-7）。

表 5-7 初始表

	A	B	C	D	E
$R1$	$A1$	$A2$	$A3$	$B14$	$B15$
$R2$	$B21$	$B22$	$A3$	$A4$	$B25$
$R3$	$B31$	$B32$	$B33$	$A4$	$A5$

(2) 检查 AB→C，因为 $R1[C]=R2[A]=R2[C]$，修改 $B21$，$B22$，将其均用 $A1$、$A2$ 代替，修改结果如表 5-8 所示。

表 5-8 修改结果 1

	A	B	C	D	E
$R1$	$A1$	$A2$	$A3$	$B14$	$B15$
$R2$	$A1$	$A2$	$A3$	$A4$	$B25$
$R3$	$B31$	$B32$	$B33$	$A4$	$A5$

(3) 检查 C→D，因为 $R2[C]=R1[C]$，修改 $B14$，将其均用 $A4$ 代替，修改结果如表 5-9 所示。

表 5-9 修改结果 2

	A	B	C	D	E
$R1$	$A1$	$A2$	$A3$	$A4$	$B15$
$R2$	$A1$	$A2$	$A3$	$A4$	$B25$
$R3$	$B31$	$B32$	$B33$	$A4$	$A5$

(4) 检查 D→E，因为 $R1[D]=R2[D]=R3[D]$，修改 $B15$、$B25$、$B54$，将其均用 $A5$ 代替，修改结果如表 5-10 所示。

表 5-10 修改结果 3

	A	B	C	D	E
$R1$	$A1$	$A2$	$A3$	$A4$	$A5$
$R2$	$A1$	$A2$	$A3$	$A4$	$A5$
$R3$	$B31$	$B32$	$B33$	$A4$	$A5$

从表 5-10 中可以发现，某一行变成了 $A1, A2, \cdots, An$，即存在某一行全为 A 类符号，则分解 ρ 具有无损连接性，所以证明该分解是具有无损连接性的分解。

3. 保持函数依赖的关系模式分解

定义 5.25 设关系模式 $R\langle U, F\rangle$ 被分解为若干个关系模式 $R1\langle U1, F1\rangle$, $R2\langle U2, F2\rangle, \cdots, Rn\langle Un, Fn\rangle$（其中 $U = U1 \cup U2 \cup \cdots \cup Un$，且不存在 $Ui \subseteq Uj$，Fi 为 F 在 Ui 上的投影），若 F 所逻辑蕴涵的函数依赖一定也由分解得到的某个关系模式中的函数依赖 Fi 所逻辑蕴涵，则称关系模式 R 的这个分解是保持函数依赖（Preserve dependency）的。

例如，例 5-20 中的第 4 种分解（S-S-L 分解为下面两个关系模式）：

N-D(Stuno, Studept)

D-L(Studept, Stuloc)

这种分解方法就保持了函数依赖。

结论：

(1) 如果一个分解具有无损连接性，则它能够保证不丢失任何信息。

(2) 如果一个分解保持了函数依赖，则它可以减少或消除各种异常问题。

分解具有无损连接性和分解保持函数依赖是两个互相独立的标准。具有无损连接性的分解不一定能够保持函数依赖；同样，保持函数依赖的分解也不一定具有无损连接性。

在例 5-20 中第一种分解方法既不具有无损连接性，也未保持函数依赖，它不是原关系模式的一个等价分解；第 2 种分解方法保持了函数依赖，但不具有无损连接性；第 3 种分解方法具有无损连接性，但未持函数依赖；第 4 种分解方法既具有无损连接性，又保持了函数依赖。

算法 5.3 判断分解是否保持函数依赖。

输入：关系模式 R 上的函数依赖集 F，R 的一个分解 $\rho = \{R1, R2, \cdots, Rn\}$。

输出：确定 ρ 是否具有函数依赖保持性。

方法：

(1) 计算 F 到每一个 Ri 上的投影（$i = 1, 2, \cdots, k$）；

(2) WHILE 每个 $X \rightarrow Y \in F$ DO

```
Z1=X; Z0=Φ;
    DO WHILE Z1≠Z0
    Z0=Z1;
WHILE 每个 Ri DO
Z1=Z1∪((Z1∩Ri)+∩Ri)
    ENDWHILE
    ENDWHILE
  IF Y-Z1=Φ RETURN(true)
ENDWHILE
RETURN(false)
```

［例 5-22］ 给定关系模式 $R(U,F)$，$U=\{A,B,C,D\}$，$F=\{A\to B,B\to C,C\to D,D\to A\}$，关系模式 R 上的分解 $\rho=\{R1,R2,R3\}$，其中 $R1=\{A,B\}$，$R2=\{B,C\}$，$R3=\{C,D\}$。试判断：分解 ρ 是否具有保持函数依赖性。

解：(1) 先计算 F 到每一个 Ri 上的投影。

$$\Pi_{AB}(F)=\{A\to B,B\to A\}$$

$$\Pi_{BC}(F)=\{B\to C,C\to B\}$$

$$\Pi_{CD}(F)=\{C\to D,D\to C\}$$

(2) 显然，A→B，B→C，C→D 均得以保持。下面应用算法来判断 D→A 是否会保持。

初始：$Z1=\{D\}$，$Z0=\Phi$

第一遍：

对 $R1$：$Z0=\{D\}$

$$Z1=\{D\}\cup((\{D\}\cap\{A,B\})^+\cap\{A,B\})=\{D\}$$

$R2$：$Z0=\{D\}$

$$Z1=\{D\}\cup((\{D\}\cap\{B,C\})^+\cap\{B,C\})=\{D\}$$

$R3$：$Z0=\{D\}$

$$Z1=\{D\}\cup((\{D\}\cap\{C,D\})^+\cap\{C,D\})=\{D\}\cup(\{A,B,C,D\}\cap\{C,D\})=\{C,D\}$$

第二遍：

对 $R1$：$Z0=\{C,D\}$

$$Z1=\{C,D\}$$

对 $R2$：$Z0=\{C,D\}$

$$Z1=\{C,D\}\cup((\{C,D\}\cap\{B,C\})^+\cap\{B,C\})=\{B,C,D\}$$

对 $R3$：$Z0=\{B,C,D\}$

$$Z1=\{B,C,D\}\cup((\{B,C,D\}\cap\{C,D\})^+\cap\{C,D\})=\{B,C,D\}$$

第三遍：

对 $R1$：$Z0=\{B,C,D\}$

$$Z1=\{B,C,D\}\cup((\{B,C,D\}\cap\{A,B\})^+\cap\{A,B\})=\{A,B,C,D\}$$

对 $R2$：$Z0=\{A,B,C,D\}$，$Z1=\{A,B,C,D\}$

对 $R3$：$Z0=\{A,B,C,D\}$，$Z1=\{A,B,C,D\}$

第四遍：$Z0=Z1=\{A,B,C,D\}$

根据算法 5.3，下一步应该执行 IF 语句，因为 $A-Z1=\Phi$，返回 true。

因此，分解 ρ 具有保持函数依赖性。

综上所述，通过分解可将关系模式规范化。关系模式分解的两个重要目标是：无损连接性和函数依赖保持性。任一个不是 3NF 的关系模式通过分解总可以达到 3NF。只要关系模式在分解中保持函数依赖，或既保持函数依赖又具有无损连接性，就一定能达到 3NF，但不一定能达到 BCNF。

小 结

本章在讨论函数依赖、多值依赖的基础上讨论了关系模式的规范化，在讨论过程中，主要采用了两种关系运算(投影和自然连接)，从关系模式的“等价”出发进行分解。

最后，提出规范化理论为数据库设计提供了理论的指导和工具。

关系模式的规范化的基本思想如下。

(1) 若要求分解具有无损连接性，那么模式分解一定能够达到4NF。

(2) 若要求分解保持函数依赖，那么模式分解一定能够达到3NF，但不一定能够达到BCNF。

(3) 若要求分解既具有无损连接性，又保持函数依赖，则模式分解一定能够达到3NF，但不一定能够达到BCNF。

(4) 规范化理论为数据库设计提供了理论指南和工具，也仅仅是指南和工具。

(5) 并不是规范化程度越高，模式就越好，必须结合应用环境和现实世界的具体情况合理地选择数据库模式。

习 题 5

1. 什么是Armstrong公理系统？试证Armstrong公理系统是正确的和完备的。

2. 名词解释：函数依赖、完全函数依赖、传递依赖、部分函数依赖、候选码、主码、外码、全码、1NF、2NF、3NF、BCNF、4NF、多值依赖。

3. 指出下列关系模式的候选键是什么，它是第几范式，并解释其理由。

(1) R 的属性集合为{A,B,C}，其函数依赖集合为 F={AB→C}。

(2) R 的属性集合为{A,B,C,D}，其函数依赖集合为 F={B→D,AB→C}。

(3) R 的属性集合为{A,B,C,D,E,G}，其函数依赖集合为 F={C→G,E→A,CE→D,A→B}。

(4) R 的属性集合为{A,B,C}，其函数依赖集合为 F={B→A,C→B,A→B}。

(5) R 的属性集合为{A,B,C}，其函数依赖集合为 F={AC→B,B→C}。

(6) R 的属性集合为{A,B,C,D}，其函数依赖集合为 F={AB→C,CD→A,BC→D,AD→B}。

(7) R 的属性集合为{A,B,C,D,E}，其函数依赖集合为 F={AC→B,B→D,D→C,D→E}。

4. 已知关系模式 R 的属性集合为{A,B,C}，其函数依赖集合为 F={A→B, A→C,B→A,B→C,C→A,C→B,AB→C,AC→B, BC→A}，求 F 的极小函数依赖集合。

5. 已知关系模式 R 的属性集合为{A,B,C,D,E}，其函数依赖集合为 F={A→BC,CD→E,B→D,E→A}。

(1) 计算 B+、E+。

(2) 求 F 的极小函数依赖集合。

(3) 判断 R 是第几范式。

6. 若关系模式 S(S#,SN,SD,MN,C#,GR),关系模式 S 的函数依赖集 F={S#→SD,S#→SN,SD→MN,(S#,C#)→GR},将其分解为 $S1$(S#,SN,SD,MN)和 SC(S#,C#,GR),再将 $S1$ 分为 $S11$(S#,SN,MN)和 $S12$(SD,MN),求关系 R 的范式等级,关系 $S1$ 和 SC 的范式等级,关系 $S11$、$S12$ 的范式等级。

7. 设关系模式 R 的属性集合为{A,B,C,D,E},其函数依赖集合为 F={A→D,E→D,BC→D,DC→A,D→B},判断分解 ρ={$R1$(A,B),$R2$(A,E),$R3$(C,E),$R4$(B,C,D),$R5$(A,C)}是否为无损连接分解。

8. 设关系模式 R 的属性集合为{C,D,M,N},其函数依赖集合为 F={M→C,D→CM,N→CM,C→M}。

(1) 求关系模式 R 的候选键。

(2) 求 F 的极小函数依赖集合。

(3) 判断 R 是第几范式。

(4) 将 R 分解,使其满足 BCNF。

(5) 将 R 分解,使其满足 3NF。

9. 设关系模式 R 的属性集合为{A,B,C},其上的函数依赖集 F={B→C,A→C},判断分解 $\rho1$={$R1$(A,B),$R2$(A,C)},$\rho2$={$R1$(A,C),$R2$(B,C)}是否具有无损连接性和函数依赖保持性。

10. 有属性集 U={学号,姓名,出生日期,年龄,导师姓名,系别,学期号,课程号,课程名,成绩},U 上的函数依赖集 F 为:

{学号→姓名、出生日期、年龄、导师姓名、系别;
出生日期→年龄;
导师姓名→系别;
课程号→课程名;
年龄、姓名、系别→学号;
学号、课程号、学期号→成绩}

设计一个数据库模式,要求每一个关系模式是 3NF。

11. 试举两个多值依赖的实例。

第6章 数据库存储结构

6.1 数据库存储设备

计算机中有两级存储，分别是主存和辅存。数据库作为一类特殊资源，主要保存在磁盘等外存介质上。根据访问数据的速度、成本和可靠性，存储介质可分成以下6类。

1. 高速缓存

高速缓冲存储器是最快、最昂贵的存储介质。高速缓冲存储器一般很小，它的使用由操作系统来管理。在数据库系统中，我们将不考虑高速缓冲存储器的存储管理。

2. 主存

主存又称内存或主存储器，用于存放可被处理的数据，它是计算机机器指令执行操作的地方。由于其存储量小（一般以MB为单位）、成本高、存储时间短，而且发生电源故障或者系统崩溃时，里面的内容一般会丢失，因此它在数据库中仅作为数据存储的辅助实体，如作为工作区（work area）（数据加工区）、缓冲区（buffer area）（磁盘与主存的交换区）等。

3. 快闪存储器

快闪存储器也叫电可擦可编程只读存储器（E^2PROM）。快闪存储器不同于主存储器的地方是在电源故障发生时数据可被保存下来。从快闪存储器读数据的时间小于100ns，大致等于从主存储器中读数据的时间。然而，向快闪存储器写数据是非常复杂的——数据写入一次，需要4～10μs，而且数据不能被直接覆盖。要想覆盖已经被写过的快闪存储器，必须一次性擦除整个快闪存储器，然后它才可以再被写入一次。快闪存储器的另一个缺点是它只支持有限的擦除次数，其范围为10 000～1 000 000。在低成本计算机系统中，例如在嵌入至其他设备的计算机系统中，快闪存储器作为磁盘的替代物来存储少量数据（5～10MB）已经非常流行。

4. 磁盘

磁盘存储器又称二级存储器或次级存储器。由于它存储量大（一般以GB为单位），能长期保存又有一定的存取速度且价格合理，因此早已成为数据库真正存放数据的物理实体。通常整个数据库都存储在磁盘上。为了能够访问到数据,必须将数据从磁盘移到主存储器。完成操作后,被修改的数据必须写回磁盘。磁盘存储器为直接存取存储器,因为在磁盘上可以按任意顺序读取数据(与顺序存取的存储器不同)。在发生电源故障或者系统崩溃时,磁盘存储器不会丢失数据。

5. 光盘

光盘存储器最流行的形式是只读光盘(CD-ROM)。数据通过光学方法存储在光盘上,并且可以被激光器读取。用于CD-ROM存储器的光盘是不可写的,但是可以提供预先记录的数据,并且可以装入驱动器或从驱动器中移走。另一种光盘存储器是"一次写,多次读"(WORM)光盘,它允许写入数据一次,但是不允许擦除和重写这些数据。这种介质用于数据的归档存储。此外还有磁光结合的存储设备,可使用光学方法读取以磁方法编码的数据,并且允许对旧数据进行覆盖。

6. 磁带

磁带具有较大的容量(从GB到TB),价格便宜并可以脱机存放。因为磁带必须从头顺序存取,是一种顺序存取存储器,因此数据存取也比磁盘慢得多。磁带一般用于存储磁盘或主存中的复制数据,它是一种辅助存储设备,也称为三级存储器。

由于磁盘是数据库数据存储的主要物理存储体,因此本节主要介绍磁盘及其结构。

磁盘为现代计算机系统提供了大容量的辅助存储,其存储容量极大,在几个GB到几十个GB,甚至几百个GB之间。一个典型的大型商业数据库需要数百个磁盘。磁盘结构如图6-1所示。

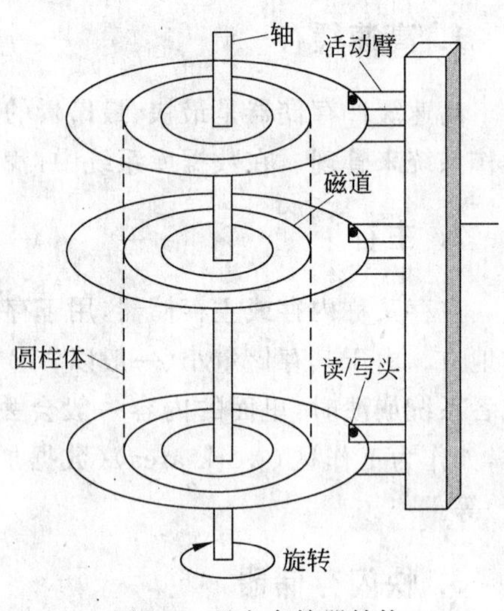

图6-1 磁盘存储器结构

6.2 文件组织

在数据组织中,数据项是基础,相互关联的多个数据项构成记录,同质的多个记录组成文件,数据库以文件形式组织。文件结构由操作系统的文件系统提供和管理。从文件的组织形式看,分为逻辑结构和物理结构两种。逻辑文件组织方式有两种,一种是把文件看成无结构的流式文件,另一种是把文件看成有结构的记录式文件。记录式结构分为定长记录和变长记录两种,下面分别讨论。

6.2.1 定长记录

例如，对于关系模式 SC(SN, C#, G)可以设计一个文件，其中各数据项定义如下：

```
SN: CHAR(8);
C#: CHAR(6);
G: SMALLINT;
```

假设一个短整数 4 个字节，那么每条记录占 18 个字节。可以像表 6-1 那样把记录依次组织起来。

表 6-1 定长记录的文件

SN	C#	G	SN	C#	G
WANG	C1	50	WANG	C2	80
MA	C2	70	LOU	C2	85
MI	C4	80	ZHAO	C2	60
NIU	C1	60	WANG	C3	40
ZHAO	C3	75			

在系统运行时，存在如下两个问题。

(1) 如果要删除一条记录，那么必须在被删位置上填补一条记录。

(2) 除非每块的大小恰好是 18 的倍数，否则可能有的记录横跨两个块，读/写这样的记录就要访问两个块。

1. 删除方法

在定长记录文件中删除一条记录可采用下面 3 种方法之一。

(1) 把被删记录后的记录依次移上来。这是一种传统方法，实现思想简单。根据概率，删除一条记录平均要移动文件中的一半记录。

(2) 把文件中的最后一条记录填补到被删记录位置。相对上一种方法，这种方式移动量较少。

(3) 把被删节点用指针链接起来。在每个记录中增加一个指针，在文件中增设一个文件首部。文件首部中包括文件的有关信息，其中有一个指针指向第一个被删记录位置，所有被删节点用指针链接，构成一个栈结构的空闲记录链表。例如在表 6-1 中删除记录 2、5、7 后，文件如图 6-2 所示。

2. 插入方法

删除方法会影响插入方法。删除时如果采用把被删记录链接起来的方法，那么插入操作可采用下列方法：在空闲记录链表的第一条空闲记录中填上插入记录的值，同时使首部指针指向下一条空闲记录；如果空闲记录链表为空，那么只能把新记录插到文件尾。删除时上面两种方式由于文件中不存在空闲，所以插入只能在文件尾进行。

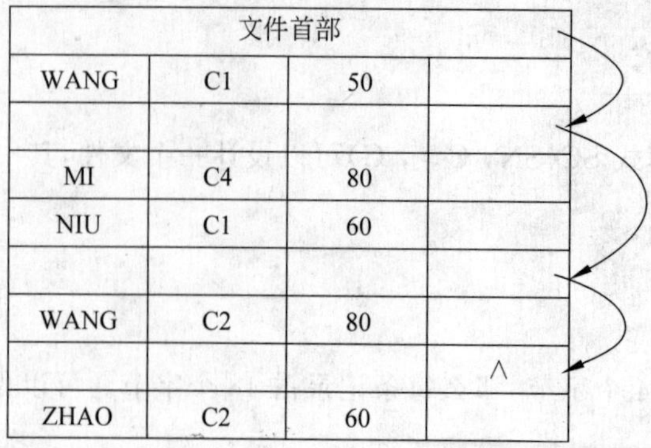

文件首部			
WANG	C1	50	
MI	C4	80	
NIU	C1	60	
WANG	C2	80	
			∧
ZHAO	C2	60	

图 6-2　删除记录 2、5、7 后的文件结构

定长记录文件的插入操作比较简单，因为插入记录的长度与被删记录的长度是相等的。在变长记录文件中插入操作就比较复杂了。

6.2.2　变长记录

实际应用中定长记录格式文件较多，但为了增强文件的灵活性，在数据库系统中，有时需要文件中的记录是变长的。例如，一个文件中有多种不同记录类型的记录；记录类型的字段是变长的；记录中某个字段出现重复组等。

变长记录的表示有字节串表示形式和定长表示形式两种。

1. 变长记录的字节串表示形式

1）尾标志法

这种形式是把每个记录看成连续的字节串，然后在每个记录的尾部附加"记录尾标志符"（∧），表明记录结束。表 6-1 所示的定长记录文件可以用图 6-3 所示的格式表示。

SN	C#	G	C#	G	C#	G	
WANG	C1	50	C2	80	C3	40	∧
MA	C2	70	∧				
MI	C4	80	∧				
NIU	C1	60	∧				
ZHAO	C3	75	C2	60	∧		
LOU	C2	85	∧				

图 6-3　变长记录的字节串表示形式

2）记录长度法

字节串表示形式的另一种方式是在记录的开始加一个记录长度的字段来实现，读取数据时以此作为记录结束与否的标志。

字节串表示形式实现算法简单，但有两个主要缺点：其一，由于各记录的长度不一，因此被删记录的位置难于重新使用；其二，如果文件中的记录要加长，必须把记录移到其他位置才能实现，移动的代价是很大的。

由于存在上述两个缺点，现在一般不使用字节串表示形式。在实际中，通常使用一种改进的字节串表示形式，称为“分槽式页”(Slotted Page)，如图 6-4 所示。

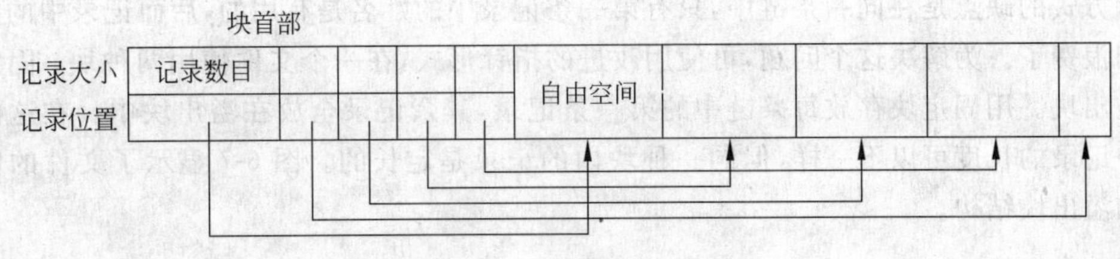

图 6-4　分槽式页结构

在每块的开始处设置一个“块首部”，块首部中包括下列信息。

(1) 块中记录的数目。

(2) 指向块中自由空间尾部的指针。

(3) 登记每个记录的开始位置和大小信息。

在块中实际记录紧连着，并靠近块尾部存放。块中自由空间也紧连着，在块的中间。插入总是从自由空间尾部开始，并在块首部登记其插入记录的开始位置和大小。

记录删除时只要在块首部将该记录的大小减 1 即可。同时，把被删记录左边的记录移过来填补，使实际记录仍然紧连着。当然，此时块首部记录的信息也要修改。记录的伸缩也可使用这样的方法。在块中移动记录的代价也不太高，这是因为一块的大小最多只有 4KB。

在分槽式页结构中，要求其他指针不能直接指向记录本身，而是指向块首部中的记录信息登记项，这样块中记录的移动就独立于外界因素了。

2. 变长记录的定长表示形式

在文件系统中往往用一个或多个定长记录来表示变长记录。具体实现时有两种技术：预留空间技术和指针技术。

1) 预留空间技术

取所有变长记录中最长的一条记录的长度作为存储空间的记录长度来存储变长记录。如果变长记录短于存储记录长度，那么在多余空间处填上某个特定的空值或记录尾标志符。例如图 6-3 所示的字节串表示形式可以用图 6-5 所示的预留空间方法实现。该方法一般在大多数记录的长度接近最大长度时才使用，否则使用时空间浪费很大。

SN	C#	G	C#	G	C#	G
WANG	C1	50	C2	80	C3	40
MA	C2	70	∧	∧	∧	∧
MI	C4	80	∧	∧	∧	∧
NIU	C1	60	∧	∧	∧	∧
ZHAO	C3	75	C2	60	∧	∧
LOU	C2	85	∧	∧	∧	∧

图 6-5　变长记录的预留空间表示形式

2）指针技术

记录长度相差太大时采用预留空间的方法空间浪费较大，此时最为有效的表示形式就是指针表示形式。例如在图 6-6 中把属于同一个职工的记录链接起来。图 6-6 所示的表示方式的缺点是在同一条链中，只有第一条记录中的姓名是有用的，后面记录中的姓名空间浪费了。为解决这个问题，可使用改进的指针形式，在一个文件使用两种块：固定块和溢出块。用固定块存放每条链中的第一条记录，其余记录全放在溢出块中。在这两种块中记录的长度可以不一样，但同一种块内的记录是定长的。图 6-7 显示了文件的固定块和溢出块结构。

WANG	C1	50	
MA	C2	70	∧
MI	C4	80	∧
NIU	C1	60	
ZHAO	C3	75	∧
	C2	80	
LOU	C2	85	∧
	C2	60	∧
	C3	40	∧

图 6-6　变长记录的指针表示形式

WANG	C1	50	
MA	C2	70	∧
MI	C4	80	∧
NIU	C1	60	
ZHAO	C3	75	∧
LOU	C2	85	∧

WANG	C1	50	
MA	C2	70	∧
MI	C4	80	∧

图 6-7　固定块和溢出块结构

6.3　记录的组织

一个数据库往往由多个相互关联的文件构成，一个文件往往包含成千上万条记录，也就是说，记录是组成数据库的基础。这些记录总是要存放在磁盘存储器上。建立数据库不是目的，目的主要是在建立好的数据库平台上进行各种查询检索，即数据库处于不停运行的状态，所以查询效率就是应用中较为敏感的问题。存取效率不但和存储介质有关，还和文件中记录的组织方式和存取方法关系较大。不同组织方式的文件的存取方法是不一样的，并且存取效率往往差别极大。

6.3.1　文件中记录的组织方式

文件中记录的组织方式有 4 种。

1. 无序文件

无序文件也称为堆文件，严格按记录输入顺序对数据进行组织。记录的存储顺序与关键码没有直接的联系，常用来存储那些将来使用，目前尚不清楚如何使用的记录。此类组织既可用于定长记录文件，也可用于变长记录文件；记录的存储可以采用跨块记录存储方法，也可以采用非跨块记录存储方法。

无序文件的操作比较简单，其文件头部存储它的最末一个磁盘块的地址。插入一条记录时，首先读文件头，找到最末磁盘块地址，把最末磁盘块读入主存缓冲区，然后在缓冲区内把新记录存储到最末磁盘块的末尾，最后把缓冲区中修改过的最末磁盘块写回原文件。

无序文件查找效率比较低。要查找特定记录，必须从文件的第一条记录开始检索，直到发现满足条件的记录为止。如果满足条件的记录不止一条，那么就需要检索整个文件。一般要查找特定的唯一记录，平均需检索该文件所占磁盘块的一半。

无序文件的删除操作比较复杂，常用的方法主要有以下 3 种。

第一种方法：首先找到被删记录所在的磁盘块，然后读到主存缓冲区，在缓冲区中删除记录，最后把缓冲区内容写回到磁盘文件。这种方法会使文件中出现空闲的存储空间，需要周期性地整理存储空间，以避免存储空间的浪费。

第二种方法：在每条记录的存储空间增加一个标志位，标识记录删除与否，一般该标志位常为空。删除一条记录时，将此记录的标志位置 1，以后查找记录时跳过有该标志的记录。这种方法也需要周期性地整理存储空间，以避免存储空间的浪费。

第三种方法：常用于定长记录文件，删除一条记录时，总是把文件末尾记录移到被删记录位置。对于无序定长记录文件，若要修改记录值，只要找到记录所在的磁盘块，读入主存缓冲区，在缓冲区中修改后写回磁盘即可；对于无序变长文件，一般采用先删除再插入的方法来实现。

2. 有序文件

有序文件是指记录按某个(或某些)域的值的大小顺序组织，一般最为常用的是按关键字的升序或降序排列，即每条记录增加一个指针字段，根据主键的大小用指针把记录链接起来。这样组织的文件由于按关键字先后有序，所以可实现分块查找、折半查找和插值查找，查询效率较高。起始建立文件时，应尽可能使记录的物理顺序和查找键值的顺序一致，这样在访问数据时可减少文件块访问的次数，提高查询效率。若文件记录个数为 N，则折半查找的时间复杂度为 $O(\mathrm{lb}N)$，插值查找的时间复杂度为 $O(\mathrm{blbN})$。

图 6-8 所示是顺序文件的例子，记录按 SN 值升序排列。在顺序文件中可以很方便地按查找键的值的大小顺序读出所有的记录。顺序文件上的插入和删除操作比较复杂，需要保持文件的顺序，耗费时间较多。删除操作可以通过修改指针实现；或建立删除标志位，周期性整理存储空间以便插入时使用。

在顺序文件中插入新记录必须首先找到这个记录的正确位置，然后移动文件的记录，为新记录准备存储空间，最后插入记录，此时移动量和新记录的插入位置密切相关，平均移动量为文件记录的一半，可见插入操作是相当费时的。为了减小插入操作的时间复杂度，可以在每个磁盘块为新记录保留一部分空闲空间，减少记录插入时的移动量。若采用指针方式组织记录，插入时需要进行两步操作：首先在指针链中找到插入的位置；然后在找到记录的块内，检查自由空间中是否有空闲记录，若有空闲记录，那么在该位置插入新记录,并加入到指针链中;若无空闲记录,那么将新记录插入到溢出块中。插入一条记录后的顺序文件如图 6-9 所示。

LOU	C2	85	∧
MA	C2	70	
MI	C4	80	
NIU	C1	60	
WANG	C1	50	
WANG	C2	80	
WANG	C3	40	
ZHAO	C2	60	

图 6-8 顺序文件

LOU	C2	85	
MA	C2	70	
MI	C4	80	
NIU	C1	60	
WANG	C1	50	
WANG	C2	80	
WANG	C3	40	
ZHAO	C2	60	
ZHAO	C3	75	∧

PANG	C2	55	

图 6-9 插入一条记录后的顺序文件

对于查询条件定义在非排序域的查找操作来说,顺序文件没有提供任何优越性,查询操作按无序文件从第一条记录开始顺序查找,查找时间与无序文件相同。

顺序文件的修改比较麻烦,若记录定长,修改的是非排序域,处理方法也是先找到记录读入内存缓冲区,修改后写回磁盘;修改排序域时,先删除要修改的记录,再插入修改后的记录。有序变长文件一般采用先删除再插入的方法来实现。

顺序文件在初始建立时,物理顺序与查找键值顺序一般是一致的,但是在经过多次插入或删除操作后,这种一致的状态就会遭到破坏,记录检索的速度会明显降低,此时应该对文件重新组织一次,使其物理顺序和查找键值的顺序一致,以提高查找速度。

3. 聚类文件

在关系系统中,相互关联的数据用基本表进行组织,一个基本表对应一个关系。在小型数据库系统中,数据量小,每个关系处理成一个文件,这种文件称为单记录类型文件,文件中的每条记录是定长的,文件之间是分离的,没有联系。数据联系要通过关键码和查询语句的操作实现。此时,一般的操作系统能管理这种文件。生活中使用的文件一般均属于此类。

随着数据量的增大,传统的单记录类型文件组织所实施的各类操作使系统的性能和查询速度明显下降。

例如,职工项目数据库中存在关系 E 和 EP,如果将每个关系组织成一个文件,那么查找职工的工时数据,就要进行连接操作:

```
SELECT E.E#, EN, P#, L
FROM E, EP
WHERE E.E#=EP.E#
```

在关系 E 和 EP 数据量很大时，上述查询操作由于 I/O 次数较多，其速度是很慢的。如果把 E 和 EP 的数据放在一个文件内，并且尽可能把每个职工的信息和其工时信息放在相邻位置上，那么在读职工信息时，能够把职工信息和工时信息一次读到内存里，可大大降低 I/O 操作次数，提高系统效率。这种新的文件组织形式即为聚类文件。聚类文件可由多个关系的记录组成，即多记录类型文件。聚类文件的管理由数据库系统负责。

在图 6-10 中，关系 E 和 EP 如图 6-10(a)、图 6-10(b)所示，E 和 EP 的元组混合放在一起，如图 6-10(c)所示。即使一个职工的工时信息很多，一块放不下，也是放在相邻的块内的。可见采用聚集技术可降低 I/O 操作次数，提高查询速度。通过在职工记录上建立链接，此后按职工查询其成绩数据时，查询速度较快是显而易见的。

E1	WANG	50	F
E2	FAN	40	M
E3	TANG	35	F

(a)

E1	P1	9
E1	P2	8
E2	P1	15
E3	P1	7
E3	P2	6
E3	P3	8

(b)

E1	WANG	50	F	
E1	P1	9		
E1	P2	8		
E2	FAN	40	M	
E2	P1	15		
E3	TANG	35	F	∧
E3	P1	7		
E3	P2	6		
E3	P3	8		

(c)

图 6-10　聚类文件示例

可见在这种组织中，逻辑上相互关联的多个关系中的记录可集中存储在一个文件中，不同关系中有联系的记录存储在同一块内，通过降低 I/O 次数可极大地提高查找速度。

形成聚类文件的基本文件是独立建立和管理的，物理结构也是独立的，只是在具体的应用中通过特定的 DBMS 来建立聚类组织。

4. 哈希文件

哈希(Hash)文件又称为散列文件，是一种支持快速存取的文件存储方法。如果用该方式存储一个文件，必须指定文件的一个(或一组)域作为查询的关键字，该域通常称为 HASH 域，然后定义一个 HASH 域上的函数，即 HASH 函数，以此函数的值作为记录查询的地址。

1) 散列的概念

根据记录的查找键值，将使用一个函数计算得到的函数值作为磁盘块的地址，对记录进行存储和访问，这种方法称为散列方法。查询时以该函数的值找到记录所在的磁盘块，读入主存缓冲区，然后在主存缓冲区中找到记录。存储时也是根据 HASH 域计算存储块号的，然后存入相应单元。在数据库技术中，一般使用“桶”作为基本的存储单位。一个桶可以存放多条记录。每个桶对应一个磁盘块，有唯一的编号。

散列技术中涉及一个 HASH 函数 H，函数 H 是从 K(所有查找键值的集合)到 B(所有桶地址的集合)的一个函数，它把每个查找键值映像到地址集合中的地址。

要插入查找键值为 K_i 的记录，首先应计算 $H(K_i)$，以此作为记录存储的桶地址，然后把记录插入到桶内的空闲空间。

在文件中检索查找键值为 K_i 的记录，首先也是计算 $H(K_i)$，求出该记录的桶地址，然后在桶内查找。在散列方法中，由于不同查找键值的记录可能对应于同一个桶号，因此一个桶内记录的查找键值可能是不相同的。因此，在桶内查找记录时必须检查查找键值是否为所需的值。在散列文件中进行删除操作时，一般先用前述方法找到要删除的记录，然后直接从桶内删除即可。

2) 散列函数

使用散列方法，首先要有一个好的散列函数。好的散列函数在把查找键值转换成存储地址(桶号)时，一般满足下面两个要求：第一，地址的分布是均匀的，即产生的桶号尽量不要聚堆；第二，地址的分布是随机的，即所有散列函数值不受查找键值各种顺序的影响。

在日常应用中，最常使用的 HASH 函数是"质数求余法"。其基本思想是：首先确定所需存储单元数 M，给出一个接近 M 的质数 P；再根据转换的键号 K，代入公式 $H(K)=K-\text{INT}(K/P)*P$ 中，以求得数据作为存储地址，一般 $0\leqslant H(K)\leqslant P-1$。

采用 HASH 方法时，总希望能通过计算将记录均匀分配到存储单元中去。实际上，无论采用哪一种方法，都不可避免会产生碰撞现象，即两个或多个键号经过计算所得到的结果相同而发生冲突。

例如，设 $M=10$，$P=7$，则：

$$H(1)=1$$
$$H(2)=2$$
$$H(3)=3$$
$$H(4)=4$$
$$H(5)=5$$
$$H(6)=6$$
$$H(7)=0$$
$$H(8)=1$$
$$H(9)=2$$
$$H(10)=3$$

可见 1 和 8、2 和 9、3 和 10 发生冲突。

桶溢出现象在所难免，一旦发生桶溢出现象时常采用如下方法进行处理：如果某个桶(称为主桶)已装满记录，还有新的记录等待插入该桶，那么可以由系统提供一个溢出桶，用指针链接在该桶的后面。如果溢出桶也装满了，那么用类似的方法在其后面再链接一个溢出桶。这种方法称为溢出链方法，也称为封闭散列法。例如，一个散列文件中共有 16 条记录，其关键字依次为 23,05,26,01,18,02,27,12,07,09,04,19,06,16,33,24。桶的容量 $m=3$，桶数 $b=7$，用除模取余法，令模数为 7，$H(K)=K$ MOD 7。当发生碰撞时采用链接溢出桶，图 6-11 是这个方法的示意图。记录不仅要在主桶中查找，也可能要到后面链接的溢出桶中去查找。

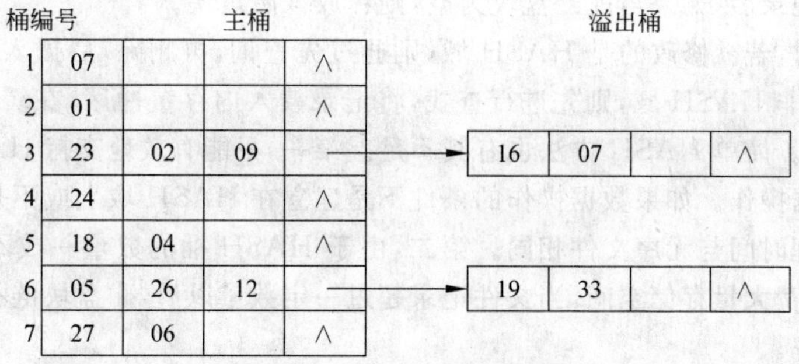

图 6-11 散列结构的溢出链

3）散列方法

下面介绍 3 种常用的 HASH 方法。

(1) 简单 HASH 方法。采用固定个数的 HASH 桶，即把文件划分为 N 个 HASH 桶，每个 HASH 桶对应一个磁盘块，每个 HASH 桶有一编号。为了实现 HASH 桶编号到磁盘块地址的映射，每个 HASH 文件具有一个 HASH 桶目录。第 i 号 HASH 桶的目录项存储该 HASH 桶对应的磁盘块地址。图 6-12 给出 HASH 桶目录示例。

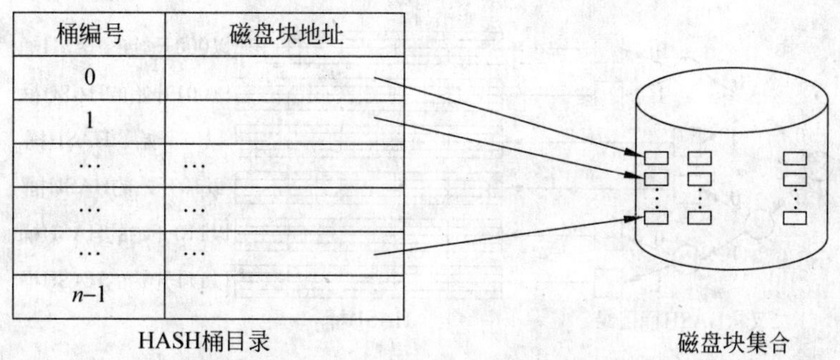

图 6-12 HASH 桶目录示例

显然，每个 HASH 桶对应的磁盘块存储具有相同 HASH 函数值的记录。如果文件的数据在 HASH 属性上分布不均匀，可能产生桶溢出问题，可采用上述的封闭散列法进行处理。查找记录时分两种情况处理。如果在 HASH 文件上进行形如 $A=a$ 的查询，其中 A 为 HASH 域，a 为常数，则先计算 $H(A)$，得到桶号 i，查阅桶目录找到该桶的磁盘块链上第一个磁盘块的地址，并顺着链扫描检查每一块，直到找到满足条件的记录或证明没有满足条件的记录；若上述 A 不是 HASH 域，则需要按无序文件的查找方法完成检索操作。

插入记录可以按如下方法处理：使用 HASH 函数计算插入记录的桶号 i，在 i 桶的磁盘块链上寻找空闲空间，将记录存入。若桶上所有块均无空闲空间，此时向系统申请一个磁盘块，将新记录插入，并将新块链入 i 桶的磁盘块链。

HASH 文件上的删除操作也分两种情况。如果已知欲删除记录的 HASH 域值，则执行 HASH 函数计算欲删除记录的桶号 i，在 i 桶的磁盘块链上找到欲删除记录，将其删除；如果不知道欲删除记录的 HASH 域值，则需要使用在无序文件上删除记录的方法处理记录。删除记录后，如果当前磁盘块为空，则释放该磁盘块。

修改记录时，若欲修改的是 HASH 域，则通过先查询，再删除，后插入的方法来完成修改；如果修改非 HASH 域，则先进行查找，将记录读入内存缓冲区，在缓冲区中完成修改，并写回磁盘。简单 HASH 方法也有其不足。第一，只能有效地支持 HASH 域上具有相等比较的数据操作。如果数据操作的条件不是建立在 HASH 域上或不是相等比较，则数据操作的处理时间与无序文件相同。第二，由于 HASH 桶的数量一成不变，当文件记录较少时，将浪费大量存储空间，当文件记录超过一定数量以后，磁盘块链将会很长，影响记录的存取效率。

下面介绍的动态 HASH 方法，在某些方面会比简单 HASH 好一些。

(2) 动态 HASH 方法。在动态 HASH 方法中，HASH 桶与磁盘块一一对应。此时 HASH 桶的数量不是固定的，而是随文件记录的变化而增加或减少。初始时，HASH 文件只有一个 HASH 桶，当记录增加，这个 HASH 桶溢出时，它被划分为两个 HASH 桶，原 HASH 桶中的记录也被分为两部分。HASH 值的第一位为 1 的记录被分配到一个 HASH 桶，HASH 值的第一位为 0 的记录被分配到另一个 HASH 桶，当 HASH 桶再次溢出时，每个 HASH 桶按上述规则被划分为两个 HASH 桶。动态 HASH 方法需要一个用二叉树表示的目录，图 6-13 所示的就是动态 HASH 方法的结构。

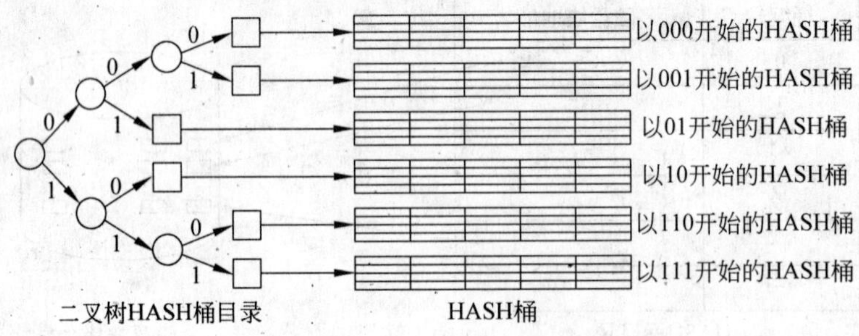

图 6-13 动态 HASH 方法结构

图 6-13 所示的 HASH 桶的划分过程如下：当插入一条以 01 开始的 HASH 值的记录时，这条记录便被插入第 3 个 HASH 桶，产生溢出，这时，第 3 个 HASH 桶被划分为两个 HASH 桶，HASH 值以 010 开始的记录被存储到划分出来的第一个 HASH 桶，HASH 值以 011 开始的记录存储到划分出来的第二个 HASH 桶。当两个相邻 HASH 桶中记录的总数不超过一个磁盘块容量时，可以将这两个 HASH 桶合并为一个 HASH 桶。

二叉树目录的级数随 HASH 桶的分裂与合并而增加或减少。如果选定的 HASH 函数能够把记录均匀地分布到各个 HASH 桶，二叉树目录将是一个平衡的二叉树。

(3) 可扩展的 HASH 方法。可扩展的 HASH 方法的 HASH 桶目录是一个包含 $2d$ 个磁盘块地址的一维数组，其中 d 称为 HASH 桶目录的全局深度。设 $H(r)$ 是记录 r 的 HASH 函数值，$H(r)$ 的前 d 位确定了 r 所在的 HASH 桶编号。每个 HASH 桶对应的磁盘块都有局部深度 d',d'是确定 HASH 桶依赖的 HASH 函数值的位数。图 6-14 给出了可扩展 HASH 方法的结构。

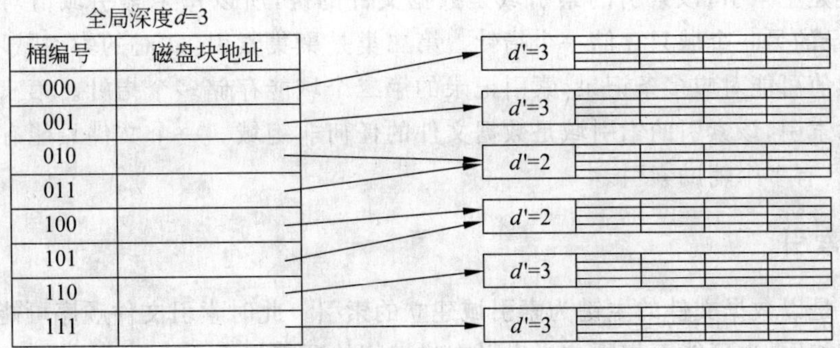

图 6-14 可扩展 HASH 方法结构

下面用一个例子来说明 HASH 桶的分裂过程。假设一条记录插入到第 01 号 HASH 桶对应的第 3 个磁盘块,这时该磁盘块溢出,划分为两块,对应的 HASH 桶也划分为两个 HASH 桶。HASH 值的前 3 位为 010 的记录被存储到划分出来的第一个 HASH 桶对应的磁盘块中,HASH 值的前 3 位为 011 的记录存储到划分出来的第二个 HASH 桶对应的磁盘块中。现在,HASH 桶 010 和 011 对应的磁盘块不再相同。这两个 HASH 桶的局部深度 d'由 2 变为 3。

如果一个局部深度与全局深度相同的 HASH 桶溢出,HASH 桶目录的大小需要增加两倍,因为需要增加一位数值才能识别 HASH 桶。例如,当 HASH 值的前 3 位为 111 的 HASH 桶溢出时,必然裂变出编号为 1110 和 1111 的两个新 HASH 桶,于是 HASH 桶目录的全局深度必须改为 4,即 HASH 桶目录的大小增加两倍。

6.3.2 索引技术

索引是建立记录间有规律排列的主要方式之一,可显著提高文件操作速度。当文件中记录的数目和数据量很大时,顺序查找速度会明显下降。为了提高随机查找速度,必须对文件建立索引。索引文件由两部分组成:索引和数据文件。由于数据文件记录多、数据量大,并且占据大量物理块,因此在数据文件中查找时速度很慢。如果对记录建立索引,那么相对数据文件而言,索引空间小,因而查找速度就快。一个文件的索引通常定义在该文件的一个或一组域上,这组域称为索引域。

索引也是一个文件,称为索引文件。与此对应,建立了索引的文件称为数据文件。建立索引后的记录包括两个域:第一个域用来存储数据文件索引域的值 K;第二个域用来存储一个或一组指针,每个指针指向一个索引域值为 K 的记录所在的磁盘块地址。索引文件通常按索引域值的大小排序。索引文件一般都远小于数据文件。

按照索引文件的结构,可以将索引分为两类。第一类是稀疏索引,该索引把所有数据记录按关键字的值分成许多组,每组设立一个索引项。这种索引的索引项少,管理方便,但插入和删除的代价高。第二类是稠密索引,该索引为每条记录建立一个索引项,记录存放是任意的，但索引是有序的，该类索引的查找、更新都比较方便，但索引项多，空间复杂性大。按照索引域的特点，可以将索引分为 3 类。

第一类是主索引，该索引的索引域是数据文件的键，所以每个索引域值对应一条记录，索引记录的另一个域只存储一个指针。第二类是聚集索引，此时的索引域不是键，则一个索引域值可能对应多条记录，索引记录的第二个域能存储多个指针。第三种类型的索引是辅助索引，该索引的索引域是数据文件的任何非键域。一个文件只能有一个主索引，但可以具有多个辅助索引。

1. 主索引

主索引是以数据文件的主键为索引域建立的索引。此时索引文件顺序可能与数据文件记录顺序相同，也可能不相同。当索引查找键值的顺序与主文件顺序一致时，这种索引文件称为“索引顺序文件”。该文件既适用于随机处理，也适用于顺序处理。下面以图 6-8 所示的顺序文件为例介绍主索引的稠密索引、稀疏索引和多级索引 3 种实现方法。

1）稠密索引和稀疏索引

对于主索引，可以采用下面两种实现方法。

（1）稠密索引：对数据文件中的每一个查找键值建立一个索引记录，索引记录包括查找键值和指向具有该值的记录链表中第一条记录的指针，这种索引称为稠密索引。

（2）稀疏索引：在数据文件中，对若干个查找键的值建立一个索引记录，此时索引记录的内容仍和稠密索引一样，这种索引称为稀疏索引。图 6-15 和图 6-16 分别是为图 6-8 所示的顺序文件建立的稠密索引和稀疏索引。

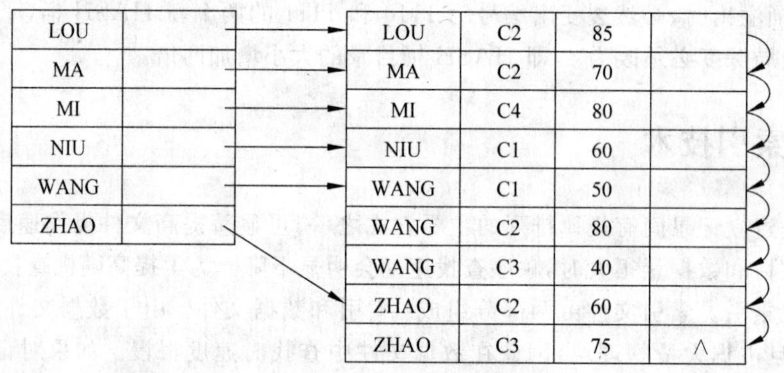

LOU
MA
MI
NIU
WANG
ZHAO
LOU C2 85
MA C2 70
MI C4 80
NIU C1 60
WANG C1 50
WANG C2 80
WANG C3 40
ZHAO C2 60
ZHAO C3 75 ∧

图 6-15 稠密索引

在稠密索引中，例如查找 WANG 记录，首先在索引中查找 WANG 的索引记录。如果找到，则沿着索引记录中的指针到达 WANG 的第一条记录，然后再沿着主文件的指针把具有该值的所有记录找到。在稀疏索引中，先要在索引中查找 WANG 记录所在的范围，由于 WANG 在 NIU 和 ZHAO 之间，因此沿着 NIU 索引记录中的指针到达主文件中的 NIU 记录，然后沿数据文件的指针链，把 WANG 记录找到（直到下一个索引记录指针指向的记录之前）。

相比之下，在带稠密索引的文件中查找较快，而在带稀疏索引的文件中查找较慢，但

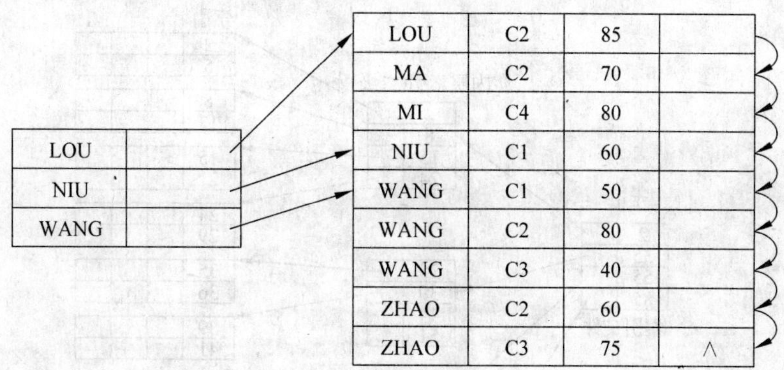

图 6-16　稀疏索引

稀疏索引所占的空间较小，因此在进行插入、删除操作时，指针的维护量相对要少些。系统设计者应在存取时间和空间开销两个方面加以权衡，进行选择。

2）多级索引

索引是提高存取效率的基本方法，当建成的索引文件很大时，即使采用稀疏索引，其查询效率也会很低。例如，一个文件有 100000 条记录，每块可存储 10 条记录，那么需要 10000 个数据块。若以块为基本单位建立索引，索引记录也有 10000 项。虽然索引记录要比数据记录小得多，例如每块可存储 100 条索引记录，但是索引块仍需 100 块。

如果索引较小，能在系统运行时常驻内存，查找速度还是较快的。如果索引很大，不能全部驻留内存，只能以顺序文件形式存储在磁盘上。在需要时，把指定索引块调入内存。假设索引占据 b 个物理块，如果采用顺序查找，则最多要读 b 块；如果采用二分查找法，读的块数是「log$b$」。例如上面提到的 100 个索引块，二分查找的次数是 7 次。设读 1 块的时间是 30ms，读 7 块的时间就要 210ms，还是太浪费时间。

解决这个问题的方法是主索引再建立一级稀疏索引，即对每个索引块建立一个索引记录（如图 6-17 所示）。为了查找记录，可以在外层索引使用二分法查找，找到一个索引记录，该索引记录的查找键值小于或等于给出查找键值的最大一个键值；然后沿着索引记录中的指针到达内层索引块，在内层索引块进行顺序查找或二分查找，也可找到相应的索引记录；然后沿着这个索引记录中的指针到达数据文件的某个数据块，在数据块中沿着指针链查找记录。

图 6-18 所示是一个二级索引示例。此时外层索引块可常驻内存，在查找记录时内层索引块只要读出就行。如果外层索引块的数目太多，不能全部进内存，那么可对最外层索引再往外建一层索引，这就形成了多级索引。

［**例 6-1**］　一个文件有 109 条记录，设每块可存储 10 条记录，需要 108 块，那么第一级索引就有 108 条索引记录。若每个索引块可存储 100 条索引记录，那么需要 106 个索引块。然后再建第二级索引，有 106 条索引记录，需要 104 个索引块；再建第三级索引，有 104 条索引记录，需要 100 个索引块；最后建第四级索引，有 100 条索引记录，只需 1 个索引块。

在系统运行时，可把第四级索引（只有 1 块）常驻内存，在查找一条记录时只需再读索

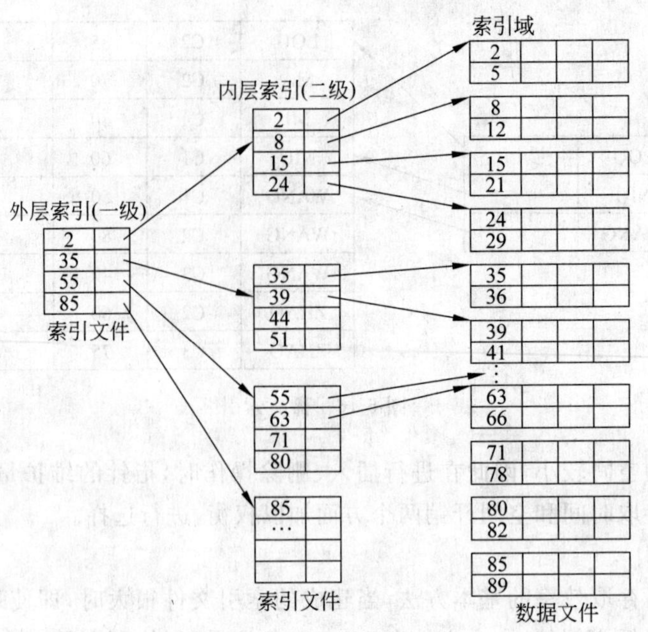

图 6-17　二级稀疏索引

引块 3 次(每级只需 1 次),最后读数据文件的块 1 次,也就是读 4 块就能找到记录。在数据量很大时,这个查询速度是很快的。多级索引文件的插入、删除和修改操作十分复杂,在此不再赘述,有兴趣的读者可参阅相关参考书。

2. 辅助索引

辅助索引是建立在数据文件非键域上的索引,适合于按主键之外的域实施记录查找的场合。在主索引中,人们可以方便、快速地根据某个查找键值查找记录。在主索引中,由于索引文件的特殊性,使得具有相同查找键值的记录在同一块中或相邻的块中,因而查找速度较快。而在辅助索引中,具有相同查找键值的记录可能有多个,并且会分散在文件的各处,因而查找速度较慢,并且查找时无法利用数据文件中按主索引键值建立的指针链。辅助索引可采用下面的方法实现:仍然为每个查找键值建立一个索引记录,内容包括查找键值和一个指针,但这个指针不指向数据文件中的记录,而是指向一个桶,桶内存放指向具有同一查找键值的主记录的指针。例如在图 6-8 所示的顺序文件中,可以对属性成绩 G 建立一个辅助索引,其结构如图 6-18 所示。

在主索引中可以采取顺序查找方式。在辅助索引中,由于同一个查找键值的记录分散在文件的各处,因此使用二分查找法或插值查找法搜索辅助索引,找到需要的索引记录,此时给出的是磁盘块指针而不是记录指针,要找到具体记录,需要将磁盘块读入内存缓冲区中,以分离出需要的记录。以辅助索引查找键值顺序扫描文件是行不通的,每读一条记录几乎都要执行读一块到内存的操作。辅助索引都是稠密索引,不可能是稀疏索引结构。在对主记录进行插入或删除操作时,都要修改辅助索引,修改的方法不再赘述,读者可参阅相关参考书。

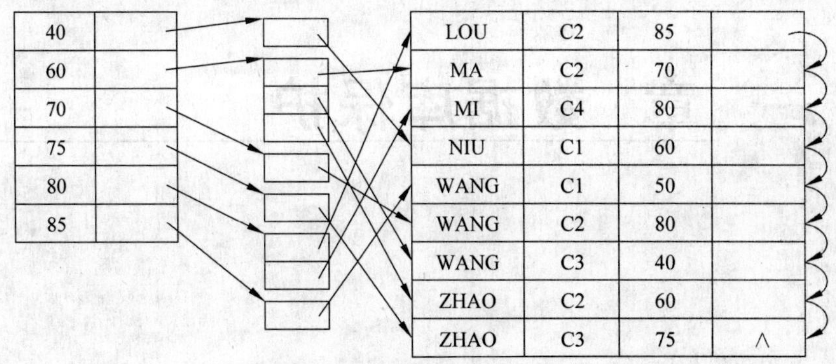

图 6-18　辅助索引示例

小　结

数据库是数据的有序集合，需保留在计算机外存介质上反复应用。由于实际应用系统数据规模很庞大，加之经常要从数据集合中检索需要的数据，所以数据组织的方式、数据的定位方式以及数据的维护策略的选取十分重要。

本章主要介绍了数据库的各类存储介质，阐述了无序、有序、聚集、索引、散列等文件组织的结构，重点讨论了索引和散列文件的各种形式及实现思想。

习　题　6

1. 名词解释。

(1) 文件，记录，定长记录文件，变长记录文件，跨块记录，非跨块记录。

(2) 索引文件，主文件，稀疏索引，稠密索引，主索引，辅助索引。

2. 比较有序文件和无序文件的优缺点，在什么情况下应该使用有序文件，在什么情况下应该使用无序文件？

3. 回答下列问题。

(1) HASH 文件的桶溢出问题是什么？如何解决？

(2) 简单 HASH 文件、动态 HASH 文件和可扩展 HASH 文件之间有什么异同？

4. 设文件 F 具有 1000000 条记录。每条记录 200 字节，其中 50 个字节用于表示文件的键值。每个磁盘块 1000 个字节，其中不包括块头信息所占的空间。指向磁盘块的指针占 5 个字节。求解下列问题。

(1) 使用具有 1000 个桶的简单 HASH 方法组织文件 F，桶目录需要多少磁盘块？

(2) 设每个桶存储同样多的记录，每个桶需要多少磁盘块？

(3) 设每个桶存储同样多的记录，使用动态 HASH 方法组织文件 F，桶目录需要多少磁盘块？

5. 为什么会产生桶溢出？好的 HASH 函数的一般要求是什么？能否彻底杜绝散列碰撞？

第7章 数据库保护

7.1 数据库安全性

数据库保存着重要的数据和信息，数据完整性和合法存取会受多方面的安全威胁，包括密码策略、系统后门、数据库操作以及本身的安全方案。保护这些重要数据，防止因不合法的操作而造成数据被泄密、更改或破坏称为数据的安全性。数据安全性的防范对象是非法用户和非法操作。系统安全保护措施是否有效，是评价数据库系统性能的主要指标之一。

7.1.1 安全性控制的一般方法

数据库安全性控制就是防止非法用户对未被授权的数据进行访问。计算机系统在安全性方面规定了保密性、完整性、可用性的要求。

1. 用户标识和验证

用户身份验证(Authentication)是系统提供的第一层安全保护措施。系统提供一定的方式让用户标识自己的名字或身份，系统进行核实和验证后才提供机器使用权。在一个系统中存在多种用户标识和验证的方法，这些方法可以并举，从而获得更强的安全性。

2. 存取控制

存取控制是杜绝数据库被非法访问的主要方法，也是数据库管理系统级的安全措施。

数据库安全性涉及的主要问题是 DBMS 的存取控制机制。数据库安全最重要的一点就是确保授权给有资格的用户访问数据库的权限，同时令所有未授权的人员无法存取数据，这主要通过数据库系统的存取控制机制实现。

3. 视图安全机制

通过定义用户的子模式也可以对机密数据提供一定的安全保护功能。通常采用的方法是为不同的用户定义不同的视图，将视图作为安全机制的一部分，把需要保密的数据对普通用户隐藏起来。对 SQL Server 2005 来说，无论在基础表上的权限集合有多大，都必须授予、拒绝或废除访问视图中数据子集的权限。

由于视图机制的主要功能是提供数据独立性，提供的安全保护功能并不十分强大，时常满足不了应用系统的要求。在实际应用中经常和其他安全性保护方法共同使用。

4. 加密方法

数据加密是防止数据库中的数据在存储和传输中被泄密的有效手段。加密的基本思想是根据一定的算法将原数据(术语为明文，Plain Text)变换为不可直接识别的格式(术语为密文，Cipher Text)，从而使不知道解密算法的人无法知道数据的内容。

加密算法主要有两种：一种是替换方法，该方法使用密钥将明文中的每个字符转换成密文中的一个字符。另一种是置换方法，该方法仅将明文中的字符按不同顺序重新排列。单独使用任一种方法都是不够安全的，将这两种方法结合起来就能提供比较高的安全性。一个好的加密技术应具有以下特性。

(1) 对授权用户来说，数据的加密和解密过程都很简单。

(2) 加密模式不应依赖于算法的保密性，而应依赖于密钥算法的参数。

(3) 对于恶意入侵者来说，确定密钥极其困难。

SQL Server 2005 支持加密或可以加密的内容如下。

(1) SQL Server 中存储的登录和应用程序角色密码。

(2) 作为网络数据包而在客户端和服务器端之间发送的数据。

(3) SQL Server 2005 中如下对象的定义内容：存储过程、用户定义函数、视图、触发器、默认值、规则等。

由于数据加密与解密都是比较复杂的操作，而且数据加密与解密程序会占用大量的系统资源，因此，数据加密功能通常是可选的，允许用户自由选择。

5. 审核活动

审计功能把用户对数据库的所用操作自动记录下来放入审计日志中。数据库管理员(DBA)可以利用审核功能跟踪和记录每个 SQL Server 实例上已发生的活动信息(如成功和失败的记录)。SQL Server 2005 还提供管理审核记录的接口，即 SQL 事件探查器，重现导致数据库现行状况的一系列事件，找出非法存取数据的人、时间和内容等。

审计通常是很费时间和空间的，所以 DBMS 往往都将它作为可选特征，允许 DBA 根据应用对安全性的要求，灵活地启用或关闭审计功能。审计功能一般应用于安全性要求比较高的部门。同时，审计功能所探测的违规操作类型是有限的，因为它是基于违规操作的，可以通过分析异常行为进行，通过审计记录探测可以达到对异常行为假设的判断。

7.1.2 SQL Server 数据库的安全保密方式

在计算机系统中，安全措施往往是一级一级设置的，每个安全等级都好像一道门，只有门没上锁或是拥有钥匙的用户才可以到达下一个安全等级，通过所有的门，用户就可以实现对数据的访问。SQL Server 安全等级如图 7-1 所示。

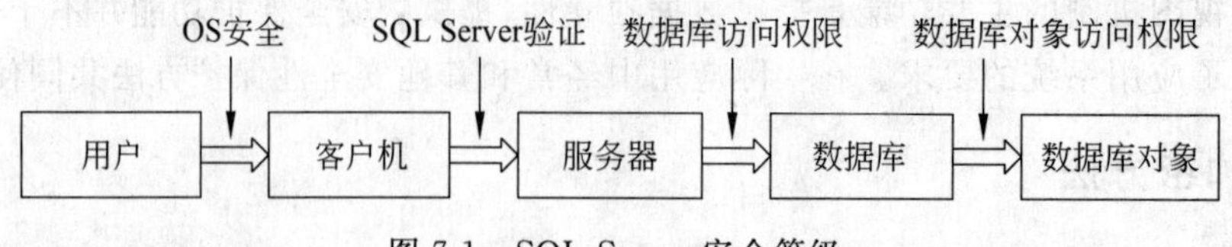

图 7-1　SQL Server 安全等级

(1) OS 的安全性：在这个安全模型中，用户要求进入计算机时，系统首先根据其输入的用户标识进行用户身份验证，验证通过后才提供机器使用权，只有合法用户才准许进入计算机系统。

(2) SQL Server 的安全性：对已进入系统的用户，当用户要访问 SQL Server 中的数据时，首先要进行 SQL Server 服务器安全性登录验证，查看该用户是否为 SQL Server 合法用户，验证通过后才允许访问 SQL Server 服务器。

SQL Server 支持两种登录验证模式：Windows 身份验证模式和混合身份验证模式(也称为 SQL Server 身份验证模式)，无论采用哪种验证模式，都需要用户在登录时提供匹配的登录账号和密码。

SQL Server 事先设定了许多固定服务器角色，用来为具有服务器管理员资格的用户分配使用权。拥有固定服务器角色的用户可以拥有服务器级的管理权限。

(3) 数据库的安全性：用户通过 SQL Server 服务器的安全性验证后，面对不同的数据库入口，这是用户接受的第 3 次安全性检查。

在建立用户的登录账号时，SQL Server 会提示用户选择默认的数据库。由于 master 数据库中存储了大量的系统信息，对系统的安全性和稳定性起着至关重要的作用，因此用户建立新的登录账号时应该根据用户实际需要选择默认数据库。每次连接上服务器后，都会自动转到默认数据库上。

在默认情况下，数据库拥有者可以访问数据库对象，也可以分配访问权限给别的用户。

(4) SQL Server 数据库对象的安全性：这是 SQL Server 安全体系的最后一道防线。在创建数据库对象时，SQL Server 自动把该数据库对象的拥有权限赋予该对象的创建者。根据用户账号的权限决定是否允许用户执行他所请求的操作，即访问服务器上数据的权限。对象的拥有者可以实现对该对象的完全控制。

7.1.3　SQL Server 2005 验证模式

SQL Server 和操作系统是结合在一起的，因此 SQL Server 2005 支持两种登录验证模式：Windows 身份验证模式和混合身份验证模式。

1. Windows 身份验证模式

Windows 身份验证模式是在 SQL Server 中建立了与 Windows 账号或组对应的登录账号或组，在登录了 Windows 后再登录 SQL Server，就不用再一次输入登录账号和口令了。

SQL Server 认为 Windows 已经对该用户做了身份验证，数据库管理员主要是使用该账号，具体由 Windows 管理，而 Windows 提供了功能很强的工具与技术去管理用户的登录账号。

这种验证模式比混合身份验证模式安全得多，提供账户锁定支持，并且支持密码过期，既可实现高效管理，也加快了登录速度。

2. 混合身份验证模式

混合身份验证模式是在 SQL Server 中为每个用户建立专门的账号和口令，这些账号和口令与 Windows 登录无关，登录 SQL Server 时必须提供 SQL Server 登录账号和口令进行非信任连接，用户只有提供正确的登录账号和口令才可通过 SQL Server 身份验证，否则身份验证失败。

混合身份验证模式允许非 Windows 客户、Internet 客户及混合客户连接到 SQL Server，增加了安全性方面的选择。注意，在不支持 Windows 身份验证模式时，就必须使用混合模式，例如 Windows 98/Windows 2000 Professional。

3. 设置身份验证模式

在首次安装 SQL Server 2005 或者使用 SQL Server 2005 连接其他服务器时，需要指定身份验证模式。可以使用系统管理员账号设置身份验证模式；对于已指定的身份验证模式，在 SQL Server 2005 服务器中还可进行修改。重新启动 SQL Server 2005 服务器，新的设置才会生效。

4. SQL Server 系统登录验证过程

SQL Server 系统登录验证过程如图 7-2 所示，只有合法用户才可以成功连接 SQL Server 客户应用程序。

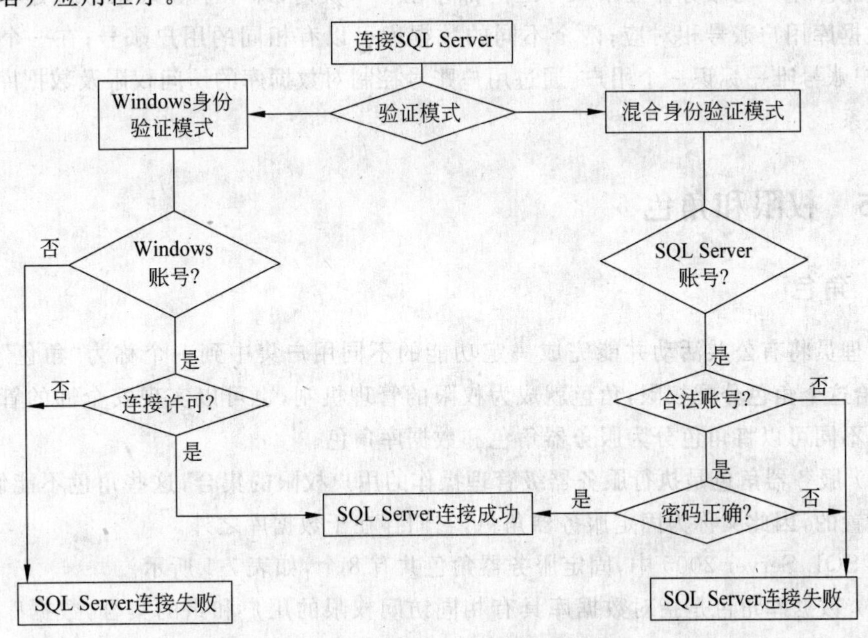

图 7-2　SQL Server 系统登录验证过程

7.1.4 SQL Server 账号权限

在 SQL Server 中有两种类型的登录：一种是登录服务器账号，另一种是使用数据库的用户账号。它们是 SQL Server 进行权限管理的两种不同对象。

1. SQL Server 服务器登录账号

在 Microsoft SQL Server Management Studio 的树状目录中，展开服务器下的“安全性”节点，选择“登录名”选项可查看该服务器上所有的登录账号。每个服务器登录账号会列出账号名称、账号类型、服务器访问权限、默认数据库、默认语言等信息。服务器所有的登录账号都保存在 master 的表 syslogins 中。

创建新的登录账号时，在 Windows 身份验证模式下登录的账号必须已经存在于 Windows 操作系统中；在 SQL Server 身份验证模式下，在“登录名”文本框中输入所要创建的登录名，并在“密码”和“确认密码”中输入登录时采用的口令。

登录账号用来确定是否允许访问 SQL Server 服务器，登录账号本身并不能让用户访问服务器中的数据库；通过登录账号连接到服务器以后，必须有用户账号才能对数据库进行操作。

2. SQL Server 数据库用户账号管理

在创建新的登录账号以后，在特定的数据库内创建合法用户，该用户与新的登录账号相关联，并授予该用户特定权限。大多数情况下，用户账号和登录账号使用相同的名称。每个数据库用户与服务器登录账号之间都存在一个映射，即一个登录账号总是与一个或多个数据库用户账号相对应；两个不同的数据库可以有相同的用户账号；在一个数据库中，用户账号唯一标识一个用户，通过用户账号控制对数据库的访问权限及数据库对象的所有关系。

7.1.5 权限和角色

1. 角色

管理员将有公共活动并能完成一定功能的不同用户集中到一个称为“角色”的单元中，并给这个角色分配权限，角色就成为权限的管理机制，也可以实现安全性的管理。根据权限不同可以将角色分为服务器角色和数据库角色。

(1) 服务器角色是执行服务器级管理操作的用户权限的集合，这些角色不能创建，是系统内置的，因此又称为固定服务器角色，它们存在于数据库之外。

在 SQL Server 2005 中，固定服务器角色共有 8 个，如表 7-1 所示。

(2) 数据库角色是指对数据库具有相同访问权限的用户和组的集合，数据库角色除固定系统内置角色外，也有用户自定义角色。

表 7-1　固定服务器角色及权限

服务器角色名称	服务器角色权限
sysadmin	系统管理员,可以在服务器中执行任何活动
setupadmin	安装管理员,可以添加和删除链接服务器,也可以执行某些系统存储过程
serveradmin	服务器管理员,可以更改服务器范围的配置选项和关闭服务器
securityadmin	安全管理员,管理登录名及其属性,管理数据库创建权限,可以读取错误日志,也可以修改密码
processadmin	进程管理员,可以终止 SQL Server 实例中运行的进程
diskadmin	磁盘管理员,管理磁盘文件
dbcreator	数据库创建者,创建、更改、删除、还原任何数据库
bulkadmin	批量管理员,可以运行 BULK INSERT 语句,执行批量数据插入操作

固定数据库角色在每个数据库中都存在,在 Microsoft SQL Server 2005 中显示了 10 个固定数据库角色,如表 7-2 所示。

表 7-2　固定数据库角色及权限

数据库角色名称	数据库角色权限
db_accessadmin	可以为 Windows 登录账户、Windows 组和 SQL Server 登录账号添加或删除访问权限
db_backupoperator	可以备份该数据库
db_datareader	可以读取所有用户表中的所有数据
db_datawriter	可以在所有用户表中添加、删除或更改数据
db_ddladmin	可以在数据库中执行任何 DDL 命令
db_denydatareader	不能读取数据库内用户表中的任何数据
db_denydatawriter	不能添加、修改、删除数据库内用户表中的任何数据
db_owner	可以执行数据库的所有配置和维护活动
db_securityadmin	可以修改角色成员身份和管理权限
public	在每个数据库中都存在,提供数据库中用户的默认权限,不能删除,尚未对某个用户授予或拒绝对安全对象的特定权限时,该用户继承该安全对象在 public 角色中对应的权限

2. 权限

权限用来控制登录账号对服务器的操作以及用户对数据库对象的访问。用户可以作为角色分配到权限,也可以直接分配到权限。

在 SQL Server 2005 中,用户和角色的权限以记录的形式存储在各个数据库的 sysprotects 系统表中,权限有授予、拒绝、撤销 3 种状态,并且可以修改,如表 7-3 所示。

表 7-3 修改权限状态

权限状态	说明
GRANT	授予权限以执行相关的操作,如果是角色,则所有该角色的成员继承此权限
REVOKE	撤销授予的权限,但不会显示阻止用户或角色执行的操作,用户或角色仍能继承其他角色的 GRANT 权限
DENY	显示拒绝执行操作的权限,并阻止用户或角色继承权限,该语句优先于授予的其他权限

7.2 数据库完整性

保证数据库完整性是为了防止数据库中存在不符合语义的数据,防止输入和输出错误信息,造成无效操作和错误结果,防范对象是不合语义的数据,以保证数据库中数据的一致性和准确性。一致性是指数据的存在必须确保同一个表中的数据之间及不同表中的数据之间的一致性;准确性是指数据类型必须正确,数据的值必须在规定范围内。

保证数据库完整性非常重要,它涉及数据库系统能否真实地反映现实世界。据分析,数据库完整性方面的破坏主要来自以下方面。

(1) 操作员或者终端用户输入错误。

(2) 数据库应用程序出错。

(3) 数据库中的并发操作控制不正确。

(4) 数据冗余引发的数据正、副本间的不一致性。

(5) DBMS 或操作系统程序出错,系统硬件出错等。

数据的完整性和数据的安全性是两个不同的概念,但是数据的完整性和安全性是密切相关的。完整性是指防止合法用户使用数据库时向数据库中加入不符合语义的数据,防止输入和输出错误信息,即所谓的垃圾进垃圾出(Garbage In Garbage Out)所造成的无效操作和错误结果。安全性是指保护数据库以防止非法用户的恶意破坏和非法存取。

7.2.1 完整性

在 SQL Server 2005 中有 4 种类型的数据库完整性,而且为了维护数据库的完整性,SQL Server 2005 提供了相应的机制检查数据库中的数据是否满足语义规定的条件,这些加在数据库中数据上的语义约束条件称为数据库完整性约束条件。下面分别简单介绍这 4 种完整性。

1. 实体完整性

实体完整性要求表中所有行具有唯一标识符,表中所有记录在某一字段上取值唯一。例如考生的考号必须是唯一的,这个字段就是主键,也可以通过索引 UNIQUE 约束、PRIMARY KEY 约束或指定 IDENTITY 属性来实现。

2. 域完整性

域完整性是指数据库表中对指定列有效的输入值，通过 FOREIGN KEY 约束、CHECK 约束、DEFAULT 定义、NOT NULL 定义及规则可以强制域完整性。

3. 参照完整性

参照完整性保证了表与表之间数据的一致性，通过 FOREIGN KEY 约束、CHECK 约束和触发器等来实现；强制实施参照完整性时，SQL Server 将防止用户执行下列操作。

(1) 在主表中无关联记录时，将记录添加或更改到相关表中。

(2) 更改主表中的键值，导致相关表中生成孤立记录。

(3) 从主表中删除记录，但仍存在与该记录匹配的相关记录(要先删除参照表中的记录，后删除被参照表中的记录)。

4. 用户定义完整性

用户定义完整性使用户可以定义不属于其他任何完整性分类的特定业务规则，所有完整性都支持用户定义完整性，包括存储过程和触发器。

7.2.2 完整性约束条件

约束是一种强制实施数据完整性的标准机制，约束定义了可输入表中或表的单个列中的数据的限制条件，约束是用来维护关系数据中数据的正确性和一致性、保证数据库完整性的必要条件。把对数据库中的数据上强加的语义约束条件称为数据库完整性约束条件，完整性约束条件是完整性控制机制的核心。完整性约束条件作用的对象可以是关系、元组、列 3 种。其中，对列的约束指的是对列的类型、取值范围、精度、排序等的约束条件；对元组的约束指的是对元组中各个字段间的联系的约束；对关系的约束则是指对若干元组间、关系集合上以及关系之间的联系的约束。

涉及完整性约束条件的这 3 类对象，其状态可以是静态的，也可以是动态的。所谓静态约束是指数据库的每一个确定状态是数据对象所应满足的约束条件，它是反映数据库状态合理性的约束，这是最重要的一类完整性约束。动态约束是指数据库从一种状态转变为另一种状态时，新、旧值之间所应满足的约束条件，它是反映数据库状态变迁的约束。根据完整性约束条件的 3 类对象均可以有静态和动态之分，可以将完整性约束条件划分成 6 类。

(1) 静态列级约束：是对列的取值域的说明，常用，易实现。包括对数据类型的约束、数据格式的约束、取值范围的约束、空值的约束等。

(2) 静态元组约束：规定一个元组各个列值之间应满足的条件的约束。

(3) 静态关系约束：在一个关系的各个元组之间或若干关系间存在的各种联系或约束。

(4) 动态列级约束：修改列定义或列值时应满足的约束条件。

(5) 动态元组约束：修改某个元组时，元组新旧值应满足的约束。

(6) 动态关系约束：是对某个关系的新旧状态之间应满足的约束。

7.2.3 完整性约束类型

SQL Server 2005 提供了如下强制实施数据完整性的机制。

1. PRIMARY KEY 约束(主键约束)

在指定 PRIMARY KEY 约束的列或列集上不允许有相同的值，也不允许有空值 NULL，该列或列集可以唯一标识表中的每一行，且每个表只能有一个 PRIMARY KEY 约束。

如果在创建表时利用 CREATE TABLE 命令作为定义表的一部分创建 PRIMARY KEY 约束，SQL Server 会自动创建一个名为 PK_tablename 的主键索引，默认为聚集索引。在使用 T-SQL 语句修改 PRIMARY KEY 时要注意，必须删除现有的然后重新创建。

可以为 PRIMARY KEY 约束列或列集创建唯一索引强制数据的唯一性。可以在查询时使用这个索引加快数据的访问速度。

2. FOREIGN KEY 约束(外键约束)

FOREIGN KEY 约束用来强制实施参照完整性。将一个表的主键值的列或列集添加到另外一个表时，使两个表相关联，原来表的主键就是另外一个表的外键。每个表可以有多个外键约束。如果 FOREIGN KEY 约束和另一个表的主键约束或唯一约束相关联，则可以向现有表添加 FOREIGN KEY 约束。

使用 FOREIGN KEY 约束时应注意以下问题。

(1) 在临时表中不能有外键约束。

(2) 外键约束不能自动创建索引。

(3) 外键约束的参照表只能来自同一个数据库。

(4) 每个表最多有 253 个外键约束。

(5) 外键约束中的列或列集必须与参照列或列集相同。

3. UNIQUE 约束(唯一约束)

UNIQUE 约束强制非主键列值的唯一。UNIQUE 约束与 PRIMARY KEY 约束都强制执行列的唯一性，但是两者是有区别的。每个表中的主键只能有一个，而 UNIQUE 约束可以有多个；主键值不能重复，也不能为空值 NULL，但是 UNIQUE 约束不能重复，却可以有一个空值 NULL。

4. CHECK 约束(检查约束)

CHECK 约束通过对输入到列中的值进行限制来强制实施域完整性。每列允许有多个 CHECK 约束,当用户向数据库表中插入或更新数据时,由 SQL Server 检查新行中带有 CHECK 约束的列值是不是满足约束条件。

5. DEFAULT 约束(默认约束)

DEFAULT 约束强制了数据的域完整性。使用 DEFAULT 约束后,当向数据库表中插入记录时,在含有 DEFAULT 约束的列上如果未指定列值,SQL Server 将自动为该列输入默认值。

7.3 事务及并发控制

7.3.1 事务的概念

事务是 SQL Server 中具备原子性、一致性、隔离性、持久性这 4 个属性的单个工作单元,是用户对数据库一系列操作的集合。事务处理可以通过一段 SQL 程序来完成,整个事务的完整体现确保了数据库的一致性和恢复性,即在一个事务内,所有 SQL 语句作为一个整体,要么都执行,要么都不执行。

(1) 原子性(Atomicity):事务内的操作是一个整体,要么都执行,要么都不执行。

(2) 一致性(Consistency):事务完成时,数据库中的数据必须是一致的。

(3) 隔离性(Isolation):由并发事务所做的修改必须和其他并发事务所做的修改隔离,事务不识别中间状态的数据。

(4) 持久性(Durability):完成并提交的事务得到永久保存,即便硬件和应用程序发生错误,这些数据也会保持可靠性和一致性。

7.3.2 事务处理

事务处理语句包含在下面两行语句当中:

```
BEGIN TRANSACTION[transaction_name]          --开始一个新事务,也可设置事务属性
...
ROLLBACK TRAN[tran_name/savepoint_name]      --取消事务
...
COMMIT TRANSACTION[transaction_name]         --提交事务的操作结果
```

其中 BEGIN TRANSACTION 命令用于开始一个新事务,也可以用来设置事务的属性;transaction_name 是事务的名称;COMMIT TRANSACTION 用来提交事务的操作

结果，只有事务正确完成后才可以使用 COMMIT TRANSACTION 对数据库做永久修改；如果在事务操作结果提交之前执行 ROLLBACK TRAN 命令，将取消当前事务及对数据的修改操作，savepoint_name 是事务回滚的保存点，没有保存点就会回滚到 BEGIN TRANSACTION 处。

7.3.3 事务分类

在 SQL Server 中，存在 3 种事务运行模式。

1. 显式事务

显式事务是指需要显式地启动和结束的事务，并且用户不需要权限就可以控制事务管理和定义事务，事务以 BEGIN TRANSACTION 开始，以 COMMIT TRANSACTION、COMMIT WORK、ROLLBACK TRANSACTION、ROLLBACK WORK 结束。

如果遇到错误，可将 BEGIN TRANSACTION 之后的所有数据改动都进行回滚，用 ROLLBACK TRANSACTION 语句擦除所有改动，将数据返回到已知的一致状态；如果没有错误，每个事务一直执行到它无误地完成并且用 COMMIT TRANSACTION 对数据库做永久改动，并成功地结束事务。

2. 隐式事务

当连接隐式事务时，当前事务提交或回滚时新事务自动启动，不需要描述事务的开始，但仍然要显式结束。隐式事务会生成连续的事务链。

将隐式事务模式设置为打开后，当 SQL Server 首次执行 ALTER TABLE、INSTER、OPEN、CREATE、DELETE、REVOKE、DROP、SELECT、FETCH、TRUNCATE TABLE、GRANT、UPDATE 这些 T-SQL 语句时，都会自动启动一个事务。

在提交或回滚之前，该事务一直保持有效；提交或回滚事务之后，执行上面的 T-SQL 语句，SQL Server 会自动启动一个新事务进行下次连接。在隐式事务模式关闭之前，SQL Server 不断生成一个隐式事务链。隐式事务模式可以使用 SET 语句打开或者关闭，也可以通过数据库 API 函数和方法进行设置。

3. 自动提交事务

自动提交事务是默认事务管理模式，每条单独的语句都是一个事务，完成时都被提交或回滚。一个语句如果成功地完成，那么提交该语句；如果遇到错误，那么回滚该语句。只要显式事务和隐式事务没有替代自动提交模式，SQL Server 连接就以此默认模式操作。自动提交模式也是 ADO、OLE DB、ODBC、DB-Library 的默认模式。

注意，在事务处理中，有一些操作即使 SQL Server 取消事务执行或回滚，这些操作也已经对数据库造成了不能恢复的影响，所以这些操作是不能用于事务处理的，如表 7-4 所示。

表 7-4 不能用于事务处理的操作

T-SQL 语句	操 作
CREATE DATABASE	创建数据库
ALTER DATABASE	修改数据库
DROP DATABASE	删除数据库
RESTORE DATABASE	恢复数据库
LOAD DATABASE	加载数据库
BACKUP LOG	备份日志文件
RESTORE LOG	恢复日志文件
UPDATE STATISTICS	更新统计数据
GRANT	授权操作
DUMP TRANSACTION	复制事务日志
DISK INIT	磁盘初始化
RECONFIGURE	更新使用 sp_configure 系统存储过程更改的配置选项的当前配置值

7.3.4 并发控制

如果在同一时刻存在多个用户同时访问数据库中的同一对象，他们的活动会相互干扰，可能会发生并发问题，使数据不一致。例如丢失更新、脏读、不一致的分析和幻读。为了防止他们的活动互相干扰，可以使用一个机制控制冲突，在 SQL Server 中使用锁防止用户访问其他用户正在修改的数据。在一个事务中，锁保存在被读取或修改的表上，以防止多个事务并发使用资源导致错误，不同事务对所依赖的资源（如行、页、表）请求不同的锁，事务不再依赖锁定资源时，将释放锁。将锁最小化可以提高并发性和数据库性能。在 SQL Server 中主要有以下几种锁。

(1) 共享锁：常用于只读不写操作，例如 SELECT。

(2) 排他锁：确保某一时刻对同一资源只进行一个更新，此操作既可读也可写，常用于对数据的修改，例如 INSTER、UPDATE、DELETE。

(3) 更新锁：用于可更新的资源中。防止当多个会话在读取、锁定以及随后可能进行的资源更新时发生常见形式的死锁。

(4) 意向锁：用于建立锁的层次结构。意向锁的类型有三种：意向共享 (IS)、意向排他(IX) 以及与意向排他共享(SIX)。

为了避免并发问题，应该小心管理隐式事务。由于隐式事务在提交或回滚事务后，下一个 T-SQL 语句会自动启动新事务，这可能会在应用程序浏览数据时（甚至在需要用户输入时）打开一个新事务。在完成保护数据修改所需的最后一个事务之后，应该关闭隐式事务，直到再次需要使用事务来保护数据修改时。

7.4 数据库恢复

随着计算机技术的发展，计算机软、硬件的可靠性都有极大提高，但是还不能保证不出任何问题。由于系统故障、人为因素或是自然灾害等，会造成数据库中数据的不完整和不一致。在一些对数据可靠性要求很高的行业，如银行、证券、电信等，如果数据丢失其损失会十分惨重。备份数据库是数据库管理员（DBA）最重要的任务之一，为防止这种情况的发生，数据库管理员应针对具体的业务要求制定详细的数据库备份与灾难恢复策略，并通过模拟故障对每种可能的情况进行严格测试；在数据库遭到严重破坏时，在最大程度上减少损失，以保障数据库中数据的正确性、完整性和高可用性。

7.4.1 备份和恢复概述

备份是指将数据库中的数据存储在某种介质上。恢复是指当数据库遭到破坏时，利用数据的备份恢复数据库中的数据。

SQL Server 2005 提供了高性能的备份和还原功能。SQL Server 备份和还原组件提供了重要的保护手段，以保护存储在数据库中的关键数据。“备份”是数据的卷影副本，用户可以在备份工具运行时继续访问系统而不会损坏数据，备份的数据用于系统发生故障时还原和恢复数据。

备份很麻烦，是一个长期的过程，但是备份是恢复数据库最快捷方便，也是最能防止意外的有效方法。而恢复只在发生事故后进行，恢复可以看做是备份的逆过程，恢复程度的好坏在很大程度上依赖于备份的情况。数据库可以恢复到最近一次的备份，备份点和故障点之间的所有更新会全部丢失，但是可以添加日志备份将数据库还原到故障点，不会丢失数据。此外，数据库管理员在恢复时采取的步骤正确与否也直接影响到最终的恢复结果。

7.4.2 数据库备份类型

在 SQL Server 中，按照数据库大小有 4 种数据库备份方式。

1. 完全数据库备份

这是大多数人常用的方式，它可以备份整个数据库，包含用户表、系统表、索引、视图和存储过程等所有数据库对象。如果没有执行完整备份就无法执行差异备份和事务日志备份，因此完整备份是其他备份的前提，但它需要花费更多的时间和空间，所以，一般推荐一周做一次完全备份。数据库恢复时，只恢复到最后一次备份时的状态，如图 7-3 所示。

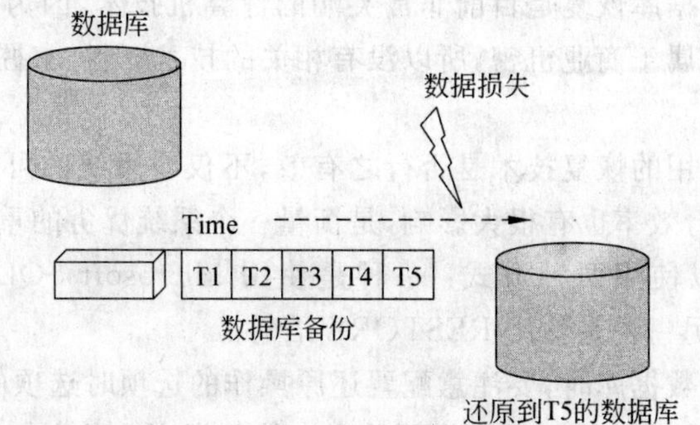

图 7-3 完全备份还原数据库

2. 事务日志备份

事务日志是一个单独的文件,它记录数据库的改变,备份的时候只需要复制自上次备份以来对数据库所做的改变,使用资源比数据库备份少,也只需要很少的时间。推荐每小时甚至更频繁地备份事务日志。如果使用完全备份,那么进行数据恢复时只能恢复到最后一次完全备份时的状态,该状态之后的所有改变都会丢失,此时结合事务日志备份,只会丢失一小时的数据,甚至更少,还可以指定恢复到某一事务,例如恢复到某个破坏性操作执行前的一个事务,这是其他备份做不到的。当然,选择事务日志备份恢复要花较其他备份恢复更长的时间。

3. 差异备份

差异备份也称为增量备份。它是只备份数据库一部分的另外一种方法,它不使用事务日志,相反,它使用整个数据库的一种新映像。它比最初的完全备份小,因为它只包含自上次完全备份以来所改变的数据,差异备份每做一次就会变得更大一些,但它仍然比完整备份小。它的优点是存储和恢复速度快,推荐每天做一次差异备份。

4. 文件备份

数据库可以由硬盘上的许多文件构成。如果这个数据库非常大,需要长时间备份才能将它备份完,那么可以使用文件备份每次备份数据库的一部分。由于在一般情况下数据库不会大到必须使用多个文件存储,所以这种备份不是很常用。

7.4.3 数据库恢复及策略

创建备份是为了可以恢复已损坏的数据库。随着数据库技术在各个行业和领域被广泛地应用,在应用数据库的过程中,人为误操作、人为恶意破坏、系统不稳定、存储介质损坏等原因,都有可能造成重要数据丢失。一旦数据丢失或者被损坏,将给企业和个人带来巨大的损失,因此需要进行数据库恢复。

数据库恢复是指通过技术手段,利用备份的数据将数据库中丢失的电子数据进行抢救和恢复的技术。数据库恢复是目前非常尖端的计算机技术，因为各个数据库厂商数据库产品内部的东西都属于商业机密，所以没有相关的技术资料，掌握和精通恢复技术的人员极少。

数据库系统所采用的恢复技术是否行之有效，不仅对系统的可靠程度起着决定性作用，而且对系统的运行效率也有很大影响，是衡量一个系统优劣的重要指标。

恢复数据库可以使用两种方式：一种是使用 Microsoft SQL Server Management Studio 图形化工具，另一种是使用 RESTORE 语句。

在使用工具恢复数据库时，要注意配置还原操作的选项时选项的具体内容。

(1) 覆盖现有数据库：还原操作将覆盖现有的数据库以及它们的相关文件。

(2) 保留复制设置：必须选择"回滚未提交的事务，使数据库处于可用的状态"选项，当正在还原一个发布的数据库到一个服务器的时候，确保保留所有复制的设置。

(3) 还原每个备份之前提示：在成功完成一个还原并且进行下一个还原之前自动提示。

可以根据选项的不同设置数据库的恢复状态。

(1) 使数据库处于可用状态：应用所有选择的备份完成整个还原过程。所有完成的事务日志被应用，未完成的事务日志被回滚，完成还原过程后数据库返回到可以使用的状态，并且可以进行常规操作。

(2) 使数据库处于非操作状态：应用所有选择的备份完成整个还原过程。完成还原过程后数据库没有返回到可以使用的状态，并且不能进行常规操作。

(3) 使数据库处于只读模式：应用所有选择的备份完成整个还原过程。完成还原过程后数据库返回到只读模式，能检查数据和测试数据库，如有必要，可以应用额外的事务日志。对最后的事务日志，设置"使数据库处于可操作状态"，所有完成的事务日志被应用，未完成的事务日志被回滚。

使用 RESTORE 语句恢复数据库，可以恢复整个数据库，也可以恢复数据库的日志或恢复数据库中指定的某个文件、文件组。

当然，不同的故障恢复策略和方法也是不一样的。

1) 事务故障的恢复

事务故障是指事务未完成就被终止，此时恢复子系统使用日志文件来撤销此事务对数据库所做的未完成的修改，事故的恢复由系统自动完成，此操作对用户是透明的，具体的步骤如下。

(1) 反向扫描文件日志，查找该事务的更新操作。

(2) 对该事务的更新操作进行逆向操作，也就是将日志记录中"更新前的值"写入数据库中。

(3) 继续前面的操作，查找其他更新操作，并进行相同处理。

(4) 一直继续到此事务的开始标记，事务故障的恢复就完成了。

2) 系统故障的恢复

系统故障造成数据库不一致状态有两个原因：一是未完成的事务对数据库的更新可能已经写入数据库中；二是已经提交的事务对数据库的更新可能还留在缓冲区没来得及写入数

据库中，这时就需要通过恢复故障操作撤销故障发生时未完成的事务，重做已完成的事务。

系统故障的恢复是由系统在重启时自动完成的，不需要用户干预，具体的步骤如下。

(1) 正向扫描日志文件，找出故障发生前已经提交及未完成的事务，分别记入重做队列和撤销队列。

(2) 对撤销队列中的各事务进行撤销处理。

(3) 对重做队列中的事务进行重做处理。

3) 介质故障的恢复

介质故障是指磁盘上的数据和日志文件被破坏，这是最严重的故障，恢复的方法就是重新安装数据库，然后重做已经完成的事务，具体的步骤如下。

(1) 装入最近一次备份的数据库副本，使数据库恢复到最近一次存储时的一致状态。

(2) 装入相应的日志文件副本，重做已完成的事务。

(3) 将数据库恢复到故障发生前某时刻的一致状态。

小 结

本章主要从数据库安全性、完整性、事务及并发控制、数据库恢复 4 个方面讲述了如何保护数据库。

数据库的安全性是指保护数据库以防止恶意的破坏和非法存取，防范对象是非法用户和非法操作。在 SQL Server 2005 中，当用户要访问数据时，首先要进行登录验证，其次要有访问服务器上数据的权限。SQL Server 2005 提供了 Windows 身份验证和混合身份验证两种验证模式，每一种身份验证都有不同的登录账号。登录账号用来确定是否允许访问 SQL Server 服务器，登录账号本身并不能让用户访问服务器中的数据库；通过登录账号连接到服务器以后，必须有用户账号才能对数据库进行操作。

数据库完整性保证了数据库中数据的一致性和准确性。在 SQL Server 2005 中有 4 种类型的数据库完整性：实体完整性、域完整性、参照完整性、用户定义完整性，而且 SQL Server 2005 提供了相应的组件用来实现数据库的完整性。约束就是一种强制数据完整性的标准机制。

事务处理可以通过一段 SQL 程序来完成，整个事务的完整体现确保了数据库的一致性和恢复性。

备份是指将数据库中的数据存储在某种介质上。恢复是指当数据库遭到破坏时，利用数据库的备份恢复数据库中的数据。

习 题 7

一、填空题

1. 防止因不合法的操作而造成数据的泄密、更改或破坏称为数据的________。

2. SQL Server 支持两种登录验证模式：________模式和________模式。

3. ________是指防止合法用户使用数据库时向数据库中加入不符合语义的数据，防止输入和输出错误信息，即所谓的垃圾进垃圾出(Garbage In Garbage Out)所造成的无效操作和错误结果。________是指保护数据库以防止非法用户的恶意破坏和非法存取。

4. 管理员将有公共活动并能完成一定功能的不同用户集中到一个称为“角色”的单元中，并给角色分配权限，角色成为权限的管理机制，也可以实现安全性的管理。根据权限不同可以将角色分为________和________。

5. 事务是 SQL Server 中具备________、一致性、________、________这 4 个属性的单个工作单元，是用户对数据库一系列操作的集合。

6. 事务故障是指事务未完成就被终止，此时恢复子系统使用________来撤销此事务对数据库所做的未完成的修改，事故的恢复由系统自动完成，此操作对用户是透明的。

7. 在 SQL Server 2005 中，用户和角色的权限以记录的形式存储在各个数据库的 sysprotects 系统表中，权限有授予、________、________ 3 种状态，并且可以修改。

8. ________是指数据库从一种状态转变为另一种状态时，新、旧值之间所应满足的约束条件，它是反映数据库状态变迁的约束。

二、简答题

1. 安全性控制的一般方法有哪些？
2. 简述 SQL Server 2005 中 4 种类型的数据库完整性。
3. 根据完整性约束条件的 3 类对象均可以有静态和动态之分，可以将完整性约束条件划分成哪几类？
4. 主键约束和唯一约束有何区别？
5. 在 SQL Server 中有哪 3 种事务运行模式？
6. 简述 SQL Server 中的数据库备份方式。
7. 故障发生时，如何将数据库恢复到损失最小状态？

三、操作题

进行 SQL Server 的安全模式设置。

1. 设置 SQL Server 的安全认证模式。
2. 添加 SQL Server 账号。

第8章 数据库系统设计

8.1 数据库设计过程

8.1.1 数据库设计的任务与内容

数据库系统设计包括数据库设计和数据库应用系统设计。数据库设计是指对于一个给定的应用环境，根据用户的需求、处理需求和数据库的支撑环境，利用数据模型和应用程序模拟现实世界中该单位的数据结构和处理活动的过程。数据库设计是建立数据库及其应用系统的技术，是进行信息开发和建设的核心技术。

数据库设计的任务主要就是设计数据库模式。这一数据库模式要能够概括具体数据库应用系统的数据库全局的数据结构，能够反映使用本系统的所有用户的数据视图。一个良好的数据库模式应具有最小的数据冗余，在一定范围内实现数据共享特性。数据库设计的任务如图 8-1 所示。

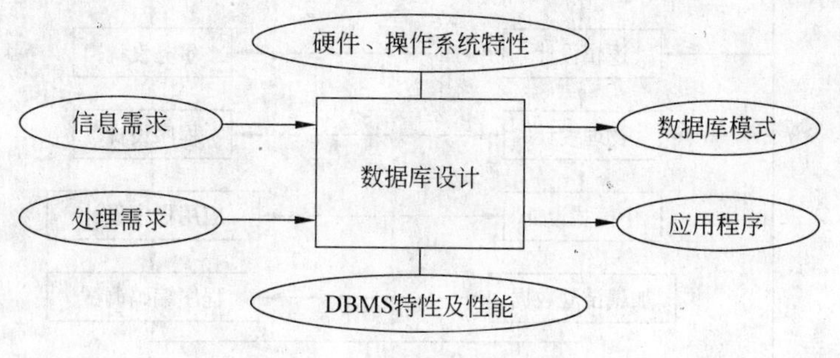

图 8-1 数据库设计的任务

数据库设计主要包括数据库的结构设计和数据库的行为设计两方面的内容。

1. 数据库的结构特性设计

数据库的结构特性设计是指根据给定的应用环境，进行数据库的模式或子模式的设计，包括数据库的概念结构模型设计和逻辑结构模型设计。数据库结构特性是静态的，数据库结构设计完成后，一般不再变动，但由于用户需求变更的必然性，在设计时应考虑数据库变更的扩充余地，以确保系统成功。

2. 数据库的行为特性设计

数据库的行为特性设计是指确定数据库用户的行为和动作，数据库行为特性设计将现实世界中的数据及应用情况用数据流程图和数据字典表示出来，并详细描述其中的数据操作要求，进而得出系统的功能模块结构和数据库的子模式，用户的行为总是使数据库的内容发生变化，所以行为设计是动态的，行为设计又称为动态模型设计。用户通过应用程序访问和操作数据库，用户的行为和数据库结构紧密相关。

数据库系统设计强调结构设计与行为设计相结合，是一种“反复探寻，逐步求精”的过程。首先从数据模型开始设计，以数据模型为核心进行展开，数据库设计和应用系统设计相结合，建立一个完整、独立、共享、冗余小、安全有效的数据库系统。数据库建设是硬件、软件和子件的结合。

数据库设计首先是设计数据库结构，它针对一个具体应用环境，对数据进行合理的组织、归纳和抽象，创建一个性能优良、满足用户需求、符合数据处理规律、适应硬件和操作系统环境、数据库管理系统软件支持的数据库模式。然后，根据此模式创建数据库及其应用系统，达到有效地存储数据、满足处理需求的目的。数据库设计的全过程如图 8-2 所示。

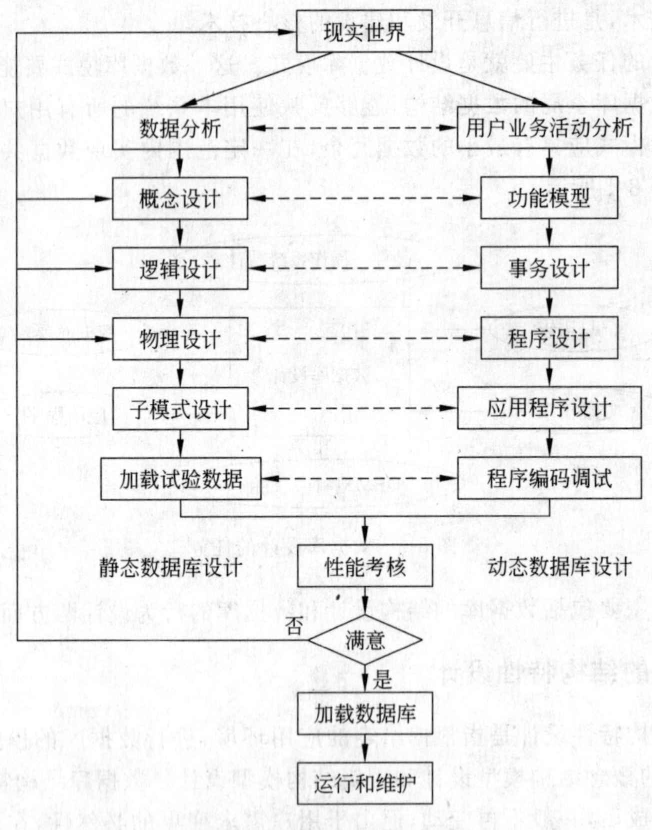

图 8-2　数据库设计的全过程

数据库设计应能最大限度地满足用户的应用功能需求，能够保持良好的数据特性以及对数据的高效率存取和资源的合理使用，并使建成的数据库具有良好的数据共享性、独立性、完整性及安全性等。数据库设计应能充分利用和发挥现有 DBMS 的功能和性能，对现实世界模拟的精确度要高，并且符合软件工程设计要求。

8.1.2 数据库设计方法

数据库设计质量的优劣，不仅直接影响到当前的应用，还影响到数据库应用过程中的维护，从而也影响到数据库的生命周期。数据库设计是综合运用计算机软、硬件技术，结合应用系统领域的知识和管理技术的系统工程。这不是凭借个人经验和技巧就能够设计完成的，而是必须遵守一定的规则。因此，人们一直在探索有效的数据库设计方法，这种方法应能在合理的时间内以合理的设计成本，产生具有实用价值的数据库结构。该方法应具有足够的通用性和灵活性，适用于不同的应用领域，适合于多种不同特征的数据库管理系统和不同熟练程度的数据库设计人员。

由于信息结构负载，应用环境多样，人们在不断的努力和探索中，提出各种数据库的设计方法、设计准则和设计规范，从而使数据库设计过程逐步走向规范化并有章可循。数据库设计方法通常分为以下 4 类。

1. 直观设计法

直观设计法也称为手工试凑法，它是最早使用的数据库设计方法。这种方法主要凭借设计者对整个系统的了解和认识，以及平时所积累的经验和设计技巧，完成对某一数据库系统的设计任务。显然，这种依赖于设计者的经验和技巧的方法，缺乏科学理论和工程原则的支持，设计的质量很难保证，常常是数据库运行一段时间后又发现各种问题，再重新进行修改，这样增加了系统维护的代价。因此这种带有主观性和非规范性的方法越来越不适应信息管理发展的需要。

2. 规范化设计法

规范化设计法将数据库设计分为若干阶段，明确规定各阶段的任务，采用自顶向下、过程迭代、逐步求精的基本思想，结合数据库理论和软件工程的设计方法，实现设计过程的每一细节，最终完成整个设计任务。规范化设计法从本质上看仍然是手工设计法。

规范化设计法中比较著名的有新奥尔良(New Orleans)方法。它将数据库设计分为 4 个阶段：需求分析阶段(分析用户要求)、概念设计阶段(信息分析和定义)、逻辑设计阶段(设计实现)、物理设计阶段(物理数据库设计)。此后，S. B. Yao 等人提出了数据库设计的 5 个步骤，增加了数据库实现阶段，从而逐渐形成了数据库规范化设计方法。常用的规范化设计方法主要有如下几种。

1) 基于 3NF 的数据库设计方法

基于 3NF 的数据库设计方法是由 S. Atre 提出的结构化设计方法，基本思想是在需求分析的基础上，识别并确认数据库模式中的全部属性和属性间的依赖，将它们组织在关系模式中，然后再分析模式中不符合 3NF 的约束条件，用投影等方法将其分解，使其达到 3NF 的条件。

2）基于 E-R 模型的数据库设计方法

基于 E-R 模型的数据库设计方法是由 P. P. S. chen 于 1976 年提出的，其基本思想是在需求分析的基础上，用 E-R（实体-联系）图构造一个反映现实世界实体之间联系的企业模式，然后再将此企业模式转换成基于某一特定的 DBMS 的概念模式。

3）基于视图的数据库设计方法

此方法先从分析各个应用的数据着手，其基本思想是为每个应用建立自己的视图，然后再把这些视图汇总起来合并成整个数据库的概念模式。在合并过程中需要消除命名冲突、消除冗余的实体和联系、进行模式重构，在消除了命名冲突和冗余后，需要对整个汇总模式进行调整，使其满足全部完整性约束条件。

3. 计算机辅助设计法

计算机辅助设计法是指在数据库设计的某些过程中模拟某一规范化设计的方法，并以人的知识或经验为主导，通过人机交互方式实现设计中的某些部分。例如 Design 2000 和 PowerDesigner 分别是 Oracle 公司和 Sybase 公司推出的数据库设计工具。

4. 自动化设计法

自动化设计法是缩短数据库设计周期、加快数据库设计速度的一种方法。往往是直接用户，特别是非专业人员在对数据库设计专业知识不太熟悉的情况下，较好地完成数据库设计任务的一种捷径。

8.1.3 数据库设计的基本步骤

数据库设计过程具有一定的规律和准则。在设计过程中，通常采用“分阶段法”。将数据库设计过程分解为若干相互联系的阶段，称为步骤。每一个阶段解决不同的问题，采用的技术、工具不同，从而将一个大的问题局部化，减少局部问题对整体设计的影响及依赖，并利于多人合作。按照规范设计方法，考虑数据库及其应用系统开发全过程，将数据库设计分为需求分析、概念结构设计、逻辑结构设计、物理结构设计、数据库实施、数据库运行和维护 6 个阶段。

数据库设计开始之前，首先必须选定参加设计的人员，包括系统分析人员、数据库设计人员和程序员、用户和数据库管理人员。其中系统分析人员和数据库设计人员是数据库设计的核心人员，他们将自始至终参与数据库设计。用户和数据库管理人员在数据库设计中主要参加需求分析和数据库的运行维护。程序员在系统实施阶段负责编制程序和准备软硬件环境。

1. 需求分析阶段

需求分析阶段是整个设计过程的基础，是数据库设计的第一步，也是其他设计阶段的依据，是最困难、最耗时间的阶段。需求分析是对用户提出的各种要求加以分析，对各种原始数据加以综合、整理，是形成最终设计目标的首要阶段。

需求分析阶段的主要任务是对数据库应用系统所要处理的对象进行全面了解，大量收集支持系统目标实现的各类基础数据以及用户对数据库信息的需求，并加以分析、归类和初步规划，确定设计思路。因此，需求分析是否做得充分与准确，决定了整个数据库设计的成败。

2. 概念结构设计阶段

概念结构设计是把用户的信息要求统一到一个整体逻辑结构中，此结构能够表达用户的要求，是一个独立于任何 DBMS 软件和硬件的概念模型。概念结构设计是整个数据库设计的关键，是对现实世界中具体数据的首次抽象，实现了从现实世界到信息世界的转化过程。数据库的逻辑结构设计和物理结构设计都是以概念结构设计阶段所形成的抽象结构为基础进行的。

设计概念模型的常用方法是 E-R 方法，也就是说，描述概念模型的有力工具是实体—联系模型，因此，数据库概念结构的设计也就是 E-R 模型的设计。

3. 逻辑结构设计阶段

逻辑结构设计是将上一步所得到的概念模型转换为某个 DBMS 所支持的数据模型，并对其进行优化。由于逻辑结构设计是一个基于具体 DBMS 的实现过程，所以选择何种数据模型尤为重要，其次是数据模型的优化。逻辑结构设计阶段后期的优化工作已成为影响数据库设计质量的一项重要工作。

4. 数据库物理设计阶段

物理设计是为逻辑数据模型建立一个完整的能实现的数据库结构，包括存储结构和存取方法。数据库物理结构设计包括确定数据库的物理结构和对物理结构进行评价两个方面。

5. 数据库实施阶段

数据库实施阶段，即数据库调试、运行阶段。数据库实施阶段根据物理设计的结果把原始数据装入数据库，建立一个具体的数据库并编写和调试相应的应用程序。应用程序的开发目标是开发一个可依赖的有效的数据库存取程序，以满足用户的处理要求。

6. 数据库运行和维护阶段

数据库实施阶段结束，标志着数据库系统投入正常运行。这一阶段主要是收集和记录实际系统运行的数据，数据库运行的记录用来提供用户要求的有效信息，用来评价数据库系统的性能，进一步调整和修改数据库。在运行中，必须保持数据库的完整性，并能有效地处理数据库故障和进行数据库恢复。在运行和维护阶段，可能要对数据库结构进行修改或扩充。

设计一个完善的数据库应用系统不可能一蹴而就，它往往是以上 6 个阶段的不断反复，如图 8-3 所示。

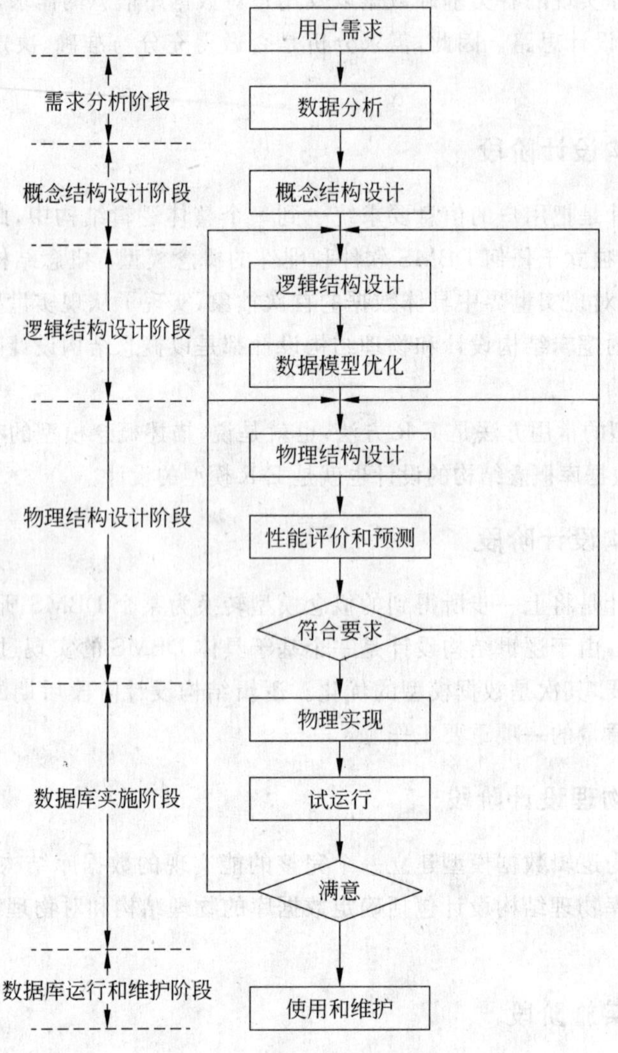

图 8-3　数据库设计步骤

在数据库设计过程中，把数据库的设计和对数据库中的数据处理的设计紧密结合起来，在各个阶段同时对其进行需求分析、抽象、设计、实现，相互参照，相互补充，以完善两方面的设计。按照这个原则对设计过程中各个阶段的设计进行描述，如表 8-1 所示。

表 8-1 数据库结构设计阶段

设计阶段	设计描述	
	数　据	处　理
需求分析	数据字典、全系统中的数据项、数据流、数据存储的描述	数据流图和判定表(判定树)、数据字典中处理过程的描述
概念结构设计	概念模式(E-R 图) 数据字典	系统说明书包括：①新系统要求、方案和概要设计图②反映新系统信息流的数据流图
逻辑结构设计	某种关系模型 关系模型、非关系模型	系统结构图(模块结构)
物理结构设计	存储安排 存储方法选择、存取路径建立	模块设计 IPO 表
数据库实施	编写模式 装入数据、数据库试运行	程序编码 编译、连接、测试
数据库运行和维护	性能监测、转储/恢复 数据库重组和重构	新旧系统转换、运行、维护(修正性、适应性、改善性维护)

8.2 需求分析

需求分析就是分析用户的要求,它是设计数据库的起点,并为之后的数据库设计做准备。需求分析的结果是否准确地反映了用户的实际要求,将直接影响到后面各个阶段的设计,并影响到设计结构是否合理和实用。经验表明,由于对设计要求的误解,直到系统测试阶段才发现的错误,纠正起来要付出很大代价。因此,必须高度重视系统的需求分析。

8.2.1 需求分析的任务

从数据库设计的角度来看,需求分析的任务是：对现实世界要处理的对象(组织、部门、企业)等进行详细的调查,通过对原系统的了解,收集支持新系统的基础数据并对其进行处理,在此基础上确定新系统的功能。

系统需求分析的主要任务有以下几个。

1. 调查分析用户的活动

详细调查了解现实世界的有关情况,是能够全面掌握用户需求,制定切实可行的设计方案,完成需求分析任务的第一步。在这个过程中,通过对新系统运行目标的研究,对现行系统所存在的主要问题的分析以及制约因素的分析,明确用户总的需求目标,确定这个目标的功能域和数据域,具体做法如下。

(1) 调查组织机构情况,包括该组织的部门组成情况,各部门的职责和任务等。

(2) 调查各部门的业务活动情况,包括各部门输入和输出的数据与格式、所需的表格与卡片、加工处理这些数据的步骤、输入输出的部门等。

除了需深入具体应用单位进行细致的调查，要了解具体工作的全过程及各有关环节，邀请用户单位的设计人员共同参与，制定设计方案。需求分析的结果应该以数据库设计人员和用户取得共识为最终目标，同时还必须得到应用单位有关管理人员的最终确认。

2. 收集和分析需求数据，确定系统边界

在熟悉业务活动的基础上，应着重调查、收集用户对数据管理信息的要求、处理要求、安全性及完整性要求等。信息要求是指用户需要保存和处理哪些数据；处理要求是指用户要求系统完成什么样的处理，即系统应具备的功能；安全性要求是指保护数据库以防止不合法的使用所造成的数据泄露、更改和破坏；完整性要求是指对数据确定的约束范围和验证准则，以及一致性的保护要求。系统需求分析调查的主要方法有跟班作业、开调查会、请专人介绍、询问、设计调查表请用户填写、查阅现实世界的数据记录。

3. 编写需求分析说明书

系统分析阶段的最后是编写系统分析报告，通常称为需求规格说明书。需求规格说明书是对需求分析阶段的一个总结。编写系统分析报告是一个不断反复、逐步深入和逐步完善的过程，系统分析报告应包括如下内容。

(1) 系统概况，系统的目标、范围、背景、历史和现状。

(2) 系统的原理和技术，对原系统的改善。

(3) 系统总体结构与子系统结构说明。

(4) 系统功能说明。

(5) 数据处理概要、工程体制和设计阶段划分。

(6) 系统方案及技术、经济、功能和操作上的可行性。

完成系统的分析报告后，在项目单位的领导下要组织有关技术专家评审系统分析报告，这是对需求分析结构的再审查。审查通过后由项目方和开发方领导签字认可。

8.2.2 需求分析的方法

系统需求分析的方法也就是数据分析的具体过程。进行需求分析首先是调查清楚用户的实际需求，与用户达成共识，然后分析与表达这些需求。用户参加数据库设计是数据应用系统设计的特点，是数据库设计理论不可分割的一部分。

在数据需求分析阶段，任何调查研究没有用户的积极参加是寸步难行的，设计人员应和用户使用共同的语言，帮助不熟悉计算机的用户建立数据库环境下的共同概念，所以在这个过程中不同背景的人员之间互相了解与沟通是至关重要的，同时方法也很重要。

用于需求分析的方法有多种，主要方法有自顶向下和自底向上两种。其中自顶向下的分析方法(Structured Analysis，SA)是最简单实用的方法。SA方法从最上层的系统组织机构入手，采用逐层分解的方式分析系统，用数据流图(Data Flow Diagram，DFD)和数据字典(Data Dictionary，DD)描述系统。

8.2.3 数据流图和数据字典

1. 数据流图

使用SA方法，任何一个系统都可抽象为图8-4所示的数据流图。在数据流图中，用命名的箭头表示数据流，用圆圈表示处理，用矩形或其他形状表示存储。一个简单的系统可用一张数据流图来表示。当系统比较复杂时，为了便于理解，控制其复杂性，可以采用分层描述的方法。一般用第一层描述系统的全貌，第二层分别描述各子系统的结构。如果系统结构还比较复杂，那么可以继续细化，直到表达清楚为止。在处理功能逐步分解的同时，它们所用的数据也逐级分解，形成若干层次的数据流图。数据流图表达了数据和处理过程的关系。在SA方法中，处理过程的处理逻辑常常借助判定表或判定树来描述，而系统中的数据则借助数据字典来描述。

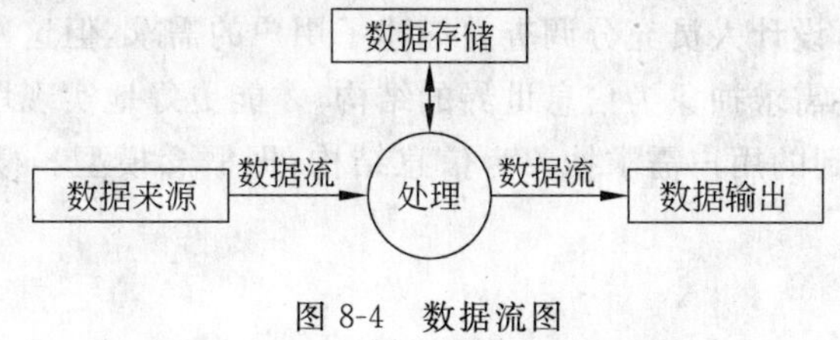

图8-4 数据流图

2. 数据字典

数据字典是对系统中数据的详细描述，是各类数据结构和属性的清单。它与数据流图互为注释。数据字典贯穿于数据库需求分析直到数据库运行的全过程，在不同的阶段其内容和用途各有区别。数据字典是关于数据库中数据的描述，是元数据，而不是数据本身。

在需求分析阶段，它通常包含以下5部分内容。

(1) 数据项：数据项是数据的最小单位，其具体内容包括数据项名、含义说明、别名、类型、长度、取值范围、与其他数据项的关系。其中，取值范围、与其他数据项的关系这两项内容定义了完整性约束条件，是设计数据检验功能的依据。

(2) 数据结构：数据结构是数据项有意义的集合，内容包括数据结构名、含义说明，这些内容组成数据项名。

(3) 数据流：数据流可以是数据项，也可以是数据结构，它表示某一处理过程中数据在系统内传输的路径。内容包括数据流名、说明、流出过程、流入过程，这些内容组成数据项或数据结构。其中，流入过程说明该数据流由什么过程而来；流出过程说明该数据流到什么过程。

(4) 数据存储：处理过程中数据的存放场所，也是数据流的来源和去向之一。可以是手工凭证、手工文档或计算机文件。包括数据存储名、说明、输入数据流、输出数据流、数据量、存取频度、存取方式。其中，存取频度是指每天(或每小时/每周)存取几次，每次存取多少数据等。存取方法指的是批处理还是联机处理;是检索还是更新;是顺序检索还是随机检索等。

(5) 处理过程:处理过程的处理逻辑通常用判定表或判定树来描述,数据字典只用来描述处理过程的说明性信息。处理过程包括处理过程名、说明、输入数据流、输出数据流、简要说明。其中,简要说明主要说明处理过程的功能及处理要求。功能是指该处理过程用来做什么(不是怎么做),处理要求指处理频度要求,如单位时间里处理多少事务、多少数据量、响应时间要求等,这些处理要求是后面物理设计的输入及性能评价的标准。

最终形成的数据流图和数据字典为"需求分析说明书"的主要内容,这是下一步进行概念结构设计的基础。

8.3 概念结构设计

在需求分析阶段,设计人员充分调查并描述了用户的需求,但这些需求只是现实世界的具体要求,应把这些需求抽象为信息世界的结构,才能更好地实现用户的需求。概念设计就是将需求分析得到的用户需求抽象为信息结构,即概念模型。概念结构设计是整个数据库设计的关键。

8.3.1 概念结构

概念结构是各种数据模型的共同基础,它比数据模型更独立于机器,更抽象,从而更加稳定。概念结构设计的主要任务是在需求已确定的基础上,采用某种特定的结构将数据组及相互间的关系,以形象、直观、易于理解的形式精确地表达出来。对概念结构设计的具体要求如下。

(1) 首先选择一种设计模型,该模型能充分反映用户对数据处理的各种需求,是现实世界数据的抽象、概括,同时所形成的模型仍然是现实世界的一个真实模型。

(2) 用概念模型描述数据,其表达方式应自然、直观、易于理解,从而能方便地与用户交流,便于用户直接参与概念结构设计过程。

(3) 所产生的概念模型易于修改、扩充。

(4) 表达方式能考虑到与数据库逻辑结构的先后联系,便于进一步向关系、层次、网状、面向对象等数据模型的转换。

概念模型作为概念设计的表达工具,为数据库提供一个说明性结构,是设计数据库逻辑结构即逻辑模型的基础。因此,概念模型必须具备以下特点。

(1) 语义表达能力丰富。概念模型能表达用户的各种需求,充分反映现实世界,包括事物和事物之间的联系、用户对数据的处理要求,它是现实世界的一个真实模型。

(2) 易于交流和理解。概念模型是 DBA、应用开发人员和用户之间的主要界面,因此,概念模型要表达自然、直观和容易理解,以便和不熟悉计算机的用户交换意见,用户的积极参与是保证数据库设计成功的关键。

(3) 易于修改和扩充。概念模型要能灵活地加以改变,以反映用户需求和现实环境的变化。

(4) 易于向各种数据模型转换。概念模型独立于特定的 DBMS,因而更加稳定,能方便地向关系模型、网状模型或层次模型等各种数据模型转换。

人们提出了许多概念模型,其中最著名、最实用的一种是 E-R 模型,它将现实世界的信息结构统一用属性、实体以及它们之间的联系来描述。

8.3.2 概念结构设计的方法与步骤

1. 概念结构设计的方法

选用何种模型完成概念结构设计任务是进行概念结构设计前应考虑的首要问题。E-R 模型为人们提供了既标准规范又直观具体的数据模型构造方法,从而使得 E-R 模型成为应用最为广泛的数据库概念结构设计工具。

设计概念结构的 E-R 模型可采用以下 4 种方法。

(1) 自顶向下的设计方法:根据用户需求,先定义全局概念结构的框架,然后分层展开,逐步细化,如图 8-5 所示。

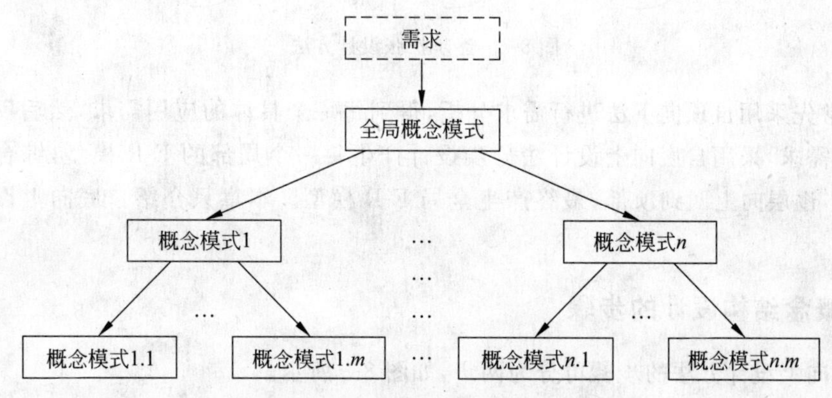

图 8-5 自顶向下设计方法

(2) 自底向上的设计方法:根据用户的每一个具体需求,先定义各局部应用的概念结构,然后将它们进行集成,逐步抽象化,最终产生全局概念结构,如图 8-6 所示。

(3) 逐步扩张的设计方法:先定义最重要的核心概念结构,然后向外扩充,以滚雪球的方式逐步生成其他概念结构,直至全局概念结构,如图 8-7 所示。

(4) 混合策略的设计方法:将自顶向下和自底向上相结合,先用自顶向下方式设计一个全局概念结构框架,再以它为基础,采用自底向上方式集成各局部概念结构。

图 8-5 和图 8-6 中分别给出"自顶向下"和"自底向上"两种结构设计方法,图 8-7 中给出了"逐步扩张"设计方法的数据流图。其中最常用的方法是自底向上的设计方法,即自顶向下地进行需求分析,然后再自底向上地设计概念结构。因此,在数据库的具体设计过

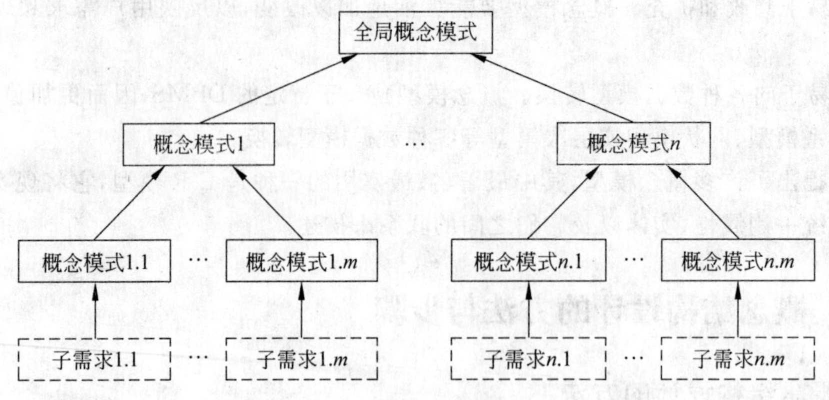

图 8-6　自底向上设计方法

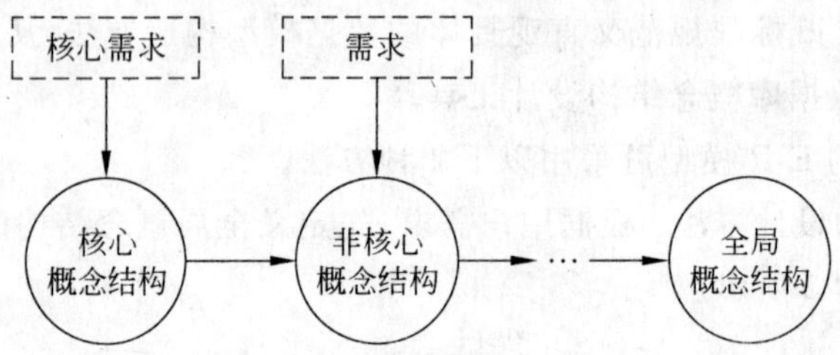

图 8-7　逐步扩张设计方法

程中，通常先采用自顶向下法进行需求分析，得到每一个具体的应用需求，然后反过来根据每个子需求，采用自底向上设计法分步设计产生每一个局部的 E-R 模型，综合各局部 E-R 模型，逐层向上回到顶部，最终产生全局 E-R 模型。本章只介绍自底向上设计方法的步骤。

2. 概念结构设计的步骤

自底向上设计方法的步骤可分为两步，如图 8-8 所示。

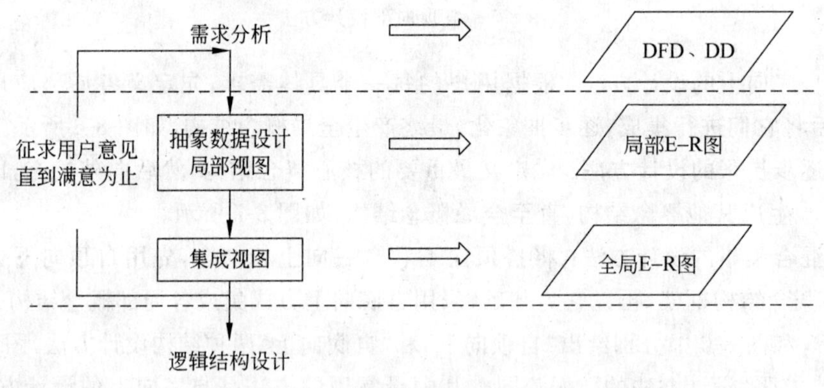

图 8-8　自底向上设计方法的步骤

（1）进行数据抽象，设计局部 E-R 模型，即设计用户视图。

（2）集成各局部 E-R 模型，形成全局 E-R 模型，即视图的集成。

8.3.3 数据抽象与局部概念结构设计

设计局部 E-R 模型的关键是正确划分实体和属性。实体和属性之间在形式上并无可以明显区分的界限，通常按照现实世界中事物的自然划分来定义实体和属性，将现实世界中的事物进行数据抽象，得到实体和属性。概念结构是对现实世界的一种抽象。

一般有以下 3 种数据抽象方法。

1）分类

定义某一类概念作为现实世界中一组对象的类型，这些对象具有某些共同的特性和行为。它将一组具有某些共同特性和行为的对象抽象为一个实体。在 E-R 模型中，实体型就是这种抽象。对象和实体之间是 is member of 的关系。例如，在教学管理中，"赵华"是一名学生，表示"赵华"是学生中的一员，他具有学生共同的特性和行为：在某个班的某种专业学习某些课程，如图 8-9 所示。

2）聚集

定义某一类型的组成部分，将对象类型的组成成分抽象为实体的属性。在 E-R 模型中若干属性的聚集组成了实体型，这种组成成分与对象类型之间是 is part of 的关系。例如，学号、姓名、性别、年龄、系别可以抽象为学生实体的属性，其中学号是标识学生实体的主键，如图 8-10 所示。

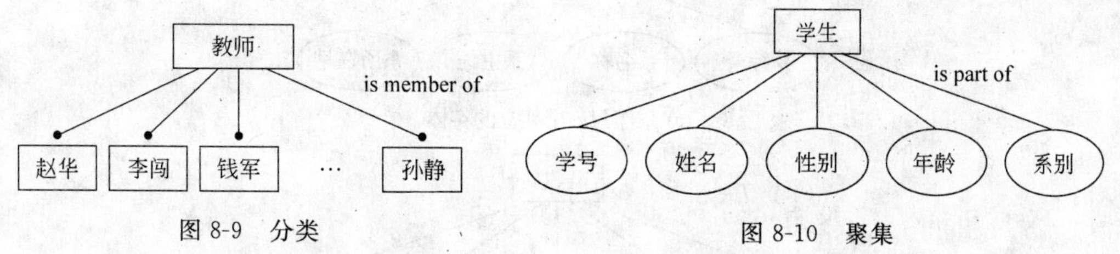

图 8-9　分类　　　　图 8-10　聚集

3）概括

定义类型之间的一种子集联系，它抽象了类型之间的 is subset of 的语义。例如教师是一个实体型，专业课教师、基础课教师也是实体型。专业课和基础课教师均是教师的子集。把教师称为超类，专业课教师、基础课教师称为教师的子类。继承性是概括的重要性质。

局部概念结构设计是形成整体概念结构模型的第一步。设计局部概念结构（局部 E-R 模型）就是根据系统的具体情况，在多层的数据流图中选择一个适当层次的数据流图作为设计分 E-R 图的出发点，让这组图中的每一部分对应一个局部应用。在前面选好的某一层次的数据流图中，每个局部应用都对应了一组数据流图，局部应用所涉及的数据存储在数据字典中。现在就是要将这些数据从数据字典中抽取出来，参照数据流图，确定每个局部应用包含哪些实体，这些实体又包含哪些属性，以及实体之间的联系和类型。

局部概念结构设计的过程通常包括以下几个步骤。

1）确定局部概念结构的范围

局部概念结构的范围可以参考下述几点确定。

（1）将联系密切的若干功能域所涉及的数据包含在一个局部概念结构视图中。

（2）一个局部概念结构视图所包含的实体数目要适中。

2）确定实体

每个局部应用都应对应一组数据流图，局部应用所涉及的数据已经收集在数据字典中。确定实体(集)的任务就是在局部应用范围内选择一些数据，并将这些数据从数据字典中抽取出来，作为该局部结构的实体。这里的实体(集)是指对一组具有某些共同特性和行为的对象的抽象。例如，李华是学生，具有学生所共有的特性，如图 8-10 所示，学号、姓名、性别、年龄、系别等都是学生共同的特征，因此，学生可以抽象为一个实体。

3）确定实体的属性

在现实世界中实体与属性的确定是相对而言的，没有明确划分的界限。同一个事物，在一种应用环境中作为属性，而在另一种环境中可能就是实体。例如，关于系的描述，在图 8-11 中可以看出，从学生这个实体集考虑，学生所在系是其中的一个属性，是属于学生这个实体集的，但是在另一种应用环境中，当将系作为实体集时，系包括系编号、系名称、系主任、系所在地等信息，系就成为一个独立的实体了，如图 8-11(a)所示。

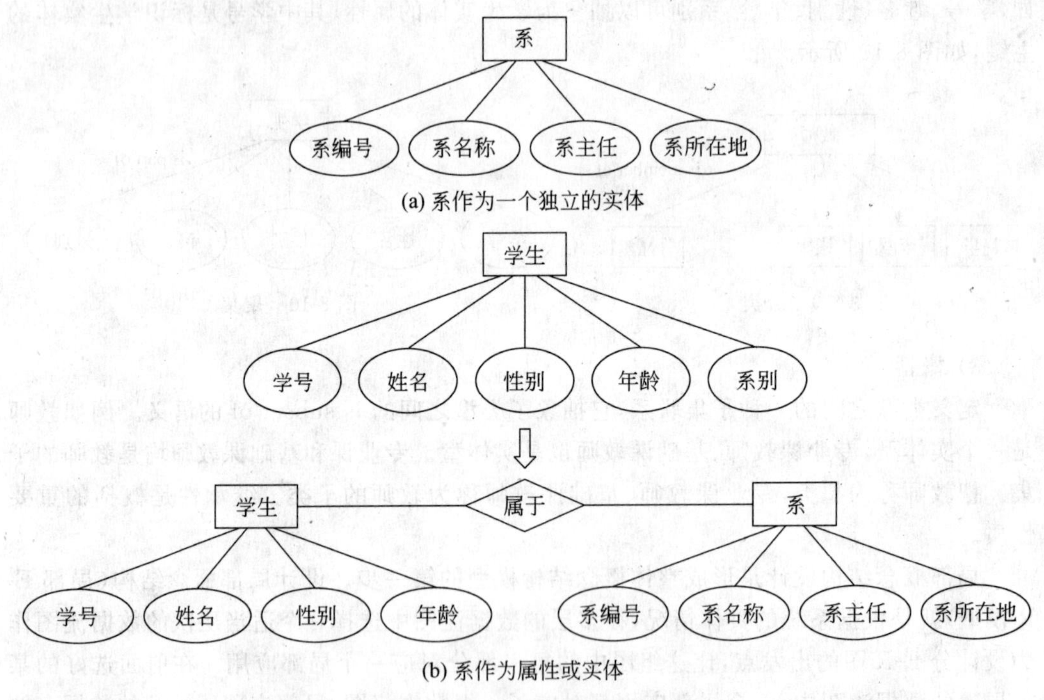

图 8-11　实体和属性的区别示例

实体与属性之间并没有形式上可以明确划分的界限，但可以依据下列两个基本准则来区分实体和属性。

(1) 属性本身不再具有需要描述的信息，属性不能再具有需要进一步描述的性质。属性是不可分的数据项。

(2) 属性本身不再与其他事物具有联系，实体与属性之间的联系只能是 1∶n 的。

凡符合上述两个准则的事物，一般均作为实体对待，现实世界中的事物能作为属性对待的，应尽量作为属性处理，以简化 E-R 模型。

例如，学生是一个实体，学号、姓名、性别、年龄、系别是学生的属性，系别如果没有与系名称、系所在地、系主任发生联系，根据准则(1)可以作为学生实体的属性。但是如果不同的学生有不同的系、系主任、系所在地，则将系别作为一个实体看待更加妥当，如图 8-11(b)所示。

4) 定义实体(集)间的联系

现实世界中的各种联系可以归纳为以下 3 种。

(1) 存在性联系：如学校有学生，教师有职称等。

(2) 功能性联系：如教师与学生之间有教学联系等。

(3) 事件联系：如教师授课，学生借书等。

联系也可有描述性属性，通常可分为一对一、一对多、多对多 3 种类型。

8.3.4 全局概念结构设计

局部概念结构设计完成之后，下一步就是集成各概念结构模型，形成全局概念结构模型，即视图的集成。全局概念结构设计是将多个局部 E-R 模型合并，消去冗余的实体、实体属性和联系，解决各种冲突，最终产生全局 E-R 模型的过程。视图的集成有如下两种方法。

(1) 多元集成法：多元集成法是指将多个局部 E-R 模型一次性合并、集成，产生全局 E-R 模型，如图 8-12(a)所示。

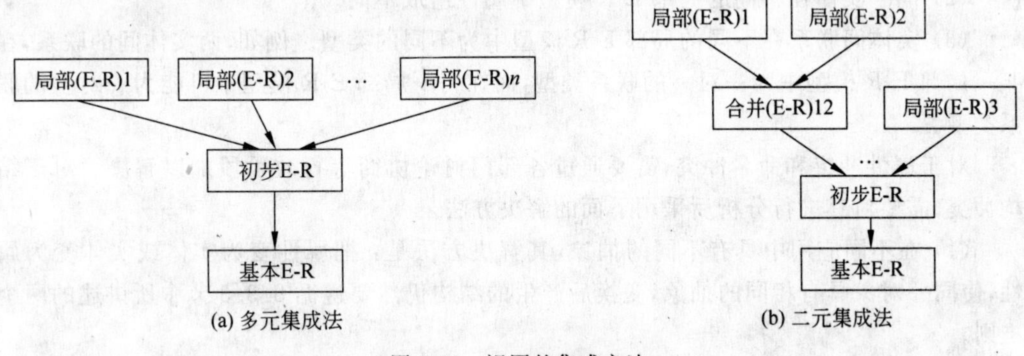

图 8-12 视图的集成方法

（2）二元集成法：二元集成法是用累加的方式一次集成两个分 E-R 模型。二元集成法也称为逐步集成法，如图 8-12(b)所示。

在实际应用中，可以根据系统复杂性选择这两种方案。一般采用二元（逐步）集成法，如果局部视图比较简单，可以采用多元集成法。在一般情况下，采用二元集成法，即每次综合两个视图，这样可降低难度。无论使用哪一种方法，视图集成均分成两个步骤。

1. 解决冲突，合并局部 E-R 图，生成初步 E-R 图

这个步骤将所有的局部 E-R 图综合成全局概念结构。全局概念结构不仅支持所有的局部 E-R 模型，而且必须合理地表示一个完整、一致的数据库概念结构。由于各个局部应用不同，通常由不同的设计人员进行局部 E-R 图设计，因此，各局部 E-R 图不可避免地会有许多不一致的地方，称为冲突。合并局部 E-R 图时并不能简单地将各个 E-R 图画到一起，而必须消除各个局部 E-R 图中的不一致，使合并后的全局概念结构不仅支持所有的局部 E-R 模型，而且必须是一个能为全系统中所有用户共同理解和接受的完整的概念模型。合并局部 E-R 图的关键就是合理消除各局部 E-R 图中的冲突。各个分 E-R 图之间的冲突主要有 3 种类型。

1）属性冲突

（1）属性域冲突，即属性值的类型、取值范围或取值集合不同。例如对于学生学号，有的部门把它定义为整数，有的部门把它定义为字符型。

（2）属性取值单位冲突。例如长度的表示，有的用 cm，有的用 m。

2）命名冲突

即属性名、实体名、实体联系名相互冲突。

（1）同名异义，即不同意义的对象具有相同的名字。

（2）异名同义，即一义多名，同一意义的对象具有不同的名字。

3）结构冲突

（1）同一对象在不同的局部 E-R 模型中产生不同的抽象，即在不同应用中具有不同的抽象。例如在教学管理中，系的描述在某一局部应用中被当做实体，而在另一局部应用中则被当做属性。

（2）同一实体在不同的局部 E-R 模型中属性组成不同。

（3）实体间联系在不同的局部 E-R 模型中为不同的类型。例如，两实体间的联系，在某一局部 E-R 模型中为一对一的联系类型，而在另一局部 E-R 模型中可能为一对多的联系类型。

对于属性冲突和命名冲突，需要通过各部门讨论协商等行政手段加以解决。对于结构冲突，需要对其进行分析后采用下面的解决方法。

（1）在不同应用中具有不同的抽象，其解决方法是：把属性变为实体或实体变为属性，使同一对象具有相同的抽象，变换后产生的结构仍然要遵循 8.3.3 节中所讲述的两个准则。

（2）同一实体在不同的局部 E-R 模型中属性组成不同，其解决方法是：取两个分 E-R 模型属性的并集，再适当调整属性的先后次序。

(3) 实体间联系在不同的局部 E-R 模型中为不同的类型，其解决方法是：根据具体应用的语义，对实体间的联系做适当的综合或调整。

进行全局概念设计的目的不仅仅是把若干分 E-R 模型在形式上合并成一个全局 E-R 模型，更为重要的是必须消除冲突，使之成为能够被全系统中所有用户所共同理解和接受的统一形式的模型，这是形成初步 E-R 模型的第一步。消除冗余是形成 E-R 模型的第二步。

2. 消除冗余，优化，生成基本 E-R 图

在合并后产生的初步 E-R 图中，可能存在冗余的数据和实体间冗余的联系。冗余数据是指可由基本数据导出的数据，冗余的联系是指可由其他联系导出的联系。冗余的存在容易破坏数据库的完整性，给数据库的维护增加困难，应该消除。把消除了冗余的初步 E-R 图称为基本 E-R 图。消除冗余的方法通常有如下两种。

1) 用分析法消除冗余

分析法是指通过对数据以及它们相互间存在的内在联系的分析，找出和发现它们的冗余，并对初步 E-R 模型加以修改、重构，从而消除冗余。消除冗余主要采用分析法，数据字典是分析冗余数据的依据，还可以通过数据流图分析出冗余的联系。

在实际工作中并不是所有的冗余数据与冗余联系都必须加以消除，有时为了提高效率，不得不以冗余信息作为代价。因此在设计数据库时，哪些冗余信息必须消除，哪些冗余信息允许存在，需要根据用户的整体需求来确定。冗余数据存在时，应特别注意那些导致数据不一致性的相关因素，以保证整个数据库中的数据完整性。数据字典中数据关联的说明可作为相应的完整性约束条件。

2) 用规范化理论消除冗余

在规范化理论中，函数依赖的概念提供了消除冗余联系的形式化工具。其具体使用方法如下。

(1) 按需求分析阶段得到的语义，分别写出每个关系模式内部各属性间的数据依赖和不同关系模式属性间的数据依赖。

(2) 对各个关系模式之间的数据依赖进行极小化处理，消除冗余联系。

(3) 保持数据的关系范式。对关系模式进行分析，确定关系模式达到哪一级范式。

(4) 使结构更加规范化，并尽可能消除不必要的数据冗余。

(5) 对关系模式进行必要的分解，使描述关系模式的语义单一化，但这种分解要保持实体之间的完整性。

3. 全局概念结构设计应满足的要求

(1) 完整性和正确性。集成的全局 E-R 图应包含各局部 E-R 图表达的所有语义，正确地表示与所有局部 E-R 图相关的应用领域统一的数据观点。

(2) 最小化。现实世界中的同一个概念一般只出现在全局 E-R 图中的一个地方。

(3) 可理解性。集成的全局 E-R 图对用户和设计者都是可以理解的。

(4) 全局 E-R 图内部必须具有一致性，即不能存在互相矛盾的表达。

(5) 全局 E-R 图应能满足需求分析阶段所确定的所有需求。

概念结构设计示例参见本章 8.6 节。

8.4 逻辑结构设计

8.4.1 逻辑结构设计的任务和步骤

在概念结构设计阶段得到的 E-R 模型是用户模型，它独立于任何一种数据模型，独立于任何一个特定的 DBMS。为了建立用户所要求的数据库，需要把上述概念模型转换为某个特定的 DBMS 所支持的数据模型。数据库逻辑设计的任务是将概念结构转换成特定 DBMS 所支持的数据模型，接下来便进入了"实现设计"阶段，需要考虑特定的 DBMS 的性能、特定的数据模型的特点。

在理想状态下，数据库逻辑设计结构应该选择最适合描述与表达相应概念结构的数据模型，然后对支持这种数据模型的各种 DBMS 进行比较；综合考虑性能、价格等各种因素，从中选择最佳的 DBMS。目前 DBMS 产品一般只支持关系、网状、层次 3 种模型中的一种，即使是同一种数据模型，由于存在许多不同的限制，因而要求提供不同的环境与工具，所以逻辑结构设计一般分 3 步进行(如图 8-13 所示)。

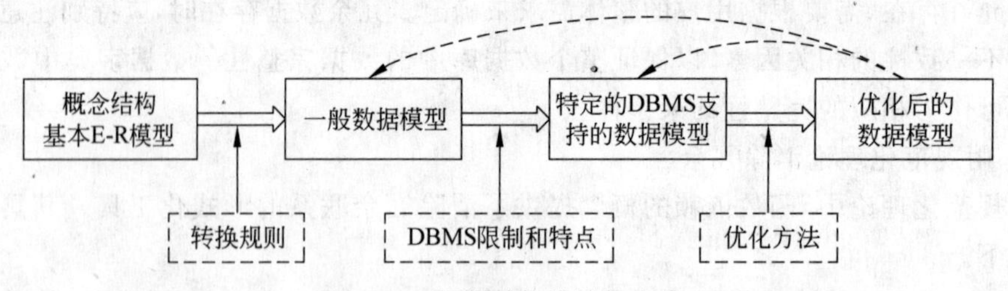

图 8-13 逻辑结构设计的步骤

(1) 将概念结构转换为一般的数据模型(关系或层次或网状模型)。

(2) 将转换来的一般数据模型向特定的 DBMS 所支持的数据模型转换。

(3) 对数据模型进行优化，产生全局逻辑结构，由此设计出外部模式。

可以将用 E-R 图所表示的概念模型转换成任何一种特定的 DBMS 所支持的数据模型，如网状模型、层次模型和关系模型。本节只讨论关系数据库的逻辑设计问题，所以只介绍如何将 E-R 图转换成关系模型。

8.4.2 概念模型向关系模型的转换

在概念结构设计阶段得到的 E-R 图是由实体、属性和联系组成的，而关系数据库逻辑设计的结果是一组关系模式的集合，所以将 E-R 图转换为关系模型实际上就是将实体、实体的属性和实体之间的联系转换成关系模式，在转换中要遵循以下原则。

(1) 一个实体型转换为一个关系模式。实体的属性就是关系的属性,实体的关键字就是关系的码。

(2) 一个 1∶1 联系可以转换为一个独立的模式,也可以与任意一端对应的关系模式合并。若转换为一个独立的关系模式,则与该联系相关联实体的关键字以及该联系本身的所有属性均为该关系的属性,可选择其中任一实体关键字作为该独立关系模式的关键字;若与某一端实体对应的关系模式合并,则需要在该关系模式的属性中包含另一端实体的关键字及联系本身的所有属性,可选择其中任一实体关键字作为该合并关系模式的关键字,即如果联系为 1∶1,则每个实体的键都是关系的候选键。

(3) 一个 1∶n 的联系可以转换为一个独立的关系模式,也可以与 n 端对应的关系模式合并,若为一个独立的关系模式,则两个相关联实体的关键字以及该联系本身的所有属性均为该关系模式的属性,其关键字为 n 端实体的关键字,即如果联系 1∶n,则 n 端实体的键是关系的键。

(4) 一个 m∶n 联系转换为一个关系模式,两个相关实体的关键字以及该联系本身所有属性均为该关系模式的属性,其关键字为两个相关联实体关键字的组合,即如果联系为 m∶n,则各实体键的组合是关系的键。

(5) 3 个以上实体间的多元联系构成的关系模式。和两个实体间的 m∶n 联系一样,与该多元联系相关联各实体的关键字以及该联系本身的所有属性合并组成该关系模式的属性,其关键字为各相关联实体关键字的组合。

(6) 具有相同关键字的关系模式可以合并为一个关系模式。

一般数据模型形成后,下一步可根据该模式产生特定 DBMS 支持的关系数据模型。目前对于关系模型来说,一般关系模型与特定 DBMS 所支持的模型之间差别不大,因而这种转换通常都比较简单。

8.4.3 关系模式的规范化

数据库逻辑设计的结果不是唯一的。为了进一步提高数据库应用系统的性能,还应该适当地修改、调整数据模型结构,以减少冗余与更新异常现象,这就是关系模型的规范化。应用规范化理论对关系的逻辑模式进行初步优化,以减少乃至消除关系模式中存在的各种异常,改善完整性、一致性和存储效率。规范化理论是数据库逻辑设计的指南和工具。以关系规范化理论为指导进行关系数据模型优化的具体方法如下。

(1) 确定数据依赖。

确定数据依赖关系是进行规范化设计的首要工作。确定数据依赖即按需求分析阶段所得到的语义,分别写出每个关系模式内部各属性之间的数据依赖以及不同关系模式属性间的数据依赖的过程。

(2) 对于各关系模式间的数据依赖进行极小化处理,消除冗余联系。具体方法为:若有函数依赖集 F_L,求 F_L 的最小覆盖集 G_L,差集为 $D=F_L-G_L$。考察 D 中的函数依赖,确定是否是冗余的联系,若是,则去除。

(3) 按照规范化理论对关系模式逐一进行分析，首先明确关系模式中的每个属性是否为不可再分解的初等属性，然后找出属性间是否存在部分函数依赖、传递函数依赖、多值依赖等因素，从而确定每一个关系模式是否符合范式要求，属于第几范式。

(4) 优化每一个关系模式使其至少满足第一范式要求，然后将优化后的关系数据库模式与需求分析阶段产生的数据处理要求进行对比、分析，判断其是否与应用环境适合，以确定是否需要对它们进行进一步合成或分解。

(5) 对关系模式进行必要的分解，提高数据操作的效率和存储空间的利用率。常用的方法为水平分解和垂直分解。具体分解方法将在 8.4.4 节中详细介绍。

规范化本身是一种理论，它为数据库设计人员判断关系模式的优劣提供了理论标准，可用来预测模式可能出现的问题。规范化理论的存在使数据库设计工作有了严格的理论基础，由于规范化可以较好地解决冗余与更新异常问题，因此它已成为数据库设计阶段的重要环节之一。

综合以上的数据库设计过程，规范化理论在数据库设计中有如下几方面的应用。

(1) 在需求分析阶段，用数据依赖概念分析和表示各个数据项之间的联系。

(2) 在概念结构设计阶段，以规范化理论为指导，确定关系键，消除初步 E-R 图中冗余的联系。

(3) 在逻辑结构设计阶段，在将 E-R 图转换成数据模型的过程中，用模式合并与分解方法达到规范化级别。

8.4.4 模式的评价与改进

1. 模式评价

关系模式的规范化不是目的而是手段，数据库设计的目的是最终满足应用需求。因此，为了进一步提高数据库应用系统的性能，还应该对规范化后产生的关系模式进行评价、改进，经过反复多次的尝试和比较，最后得到优化的关系模式。

模式评价的目的是检查所设计的数据库模式是否满足用户的功能要求、效率，确定加以改进的部分。模式评价包括功能评价和性能评价。

1) 功能评价

功能评价指对照需求分析的结果，检查规范化后的关系模式集合是否支持用户所有的应用要求。关系模式必须包括用户可能访问的所有属性。在涉及多个关系模式的应用中，应确保连接后不丢失信息。如果发现有的应用不被支持，或不被完全支持，则应该改进关系模式。这种问题可能发生在逻辑设计阶段，也可能发生在需求分析或概念设计阶段。是哪个阶段的问题就返回到哪个阶段去，因此有可能对前两个阶段再进行评审，解决存在的问题。

在进行功能评价的过程中，可能会发现冗余的关系模式或属性，这时应对它们加以区分，搞清楚它们是为未来发展预留的，还是某种错误造成的，比如名称混淆。如果属于错误处置，进行改正即可，而如果这种冗余来源于前两个设计阶段，则要返回重新进行评审。

2）性能评价

对于目前得到的数据库模式，由于缺乏物理设计所提供的数量测量标准和相应的评价手段，所以进行性能评价是比较困难的，只能对实际性能进行估计，包括逻辑记录的存取数、传送量以及物理设计算法的模型等。

美国密执安大学的 T. Teorey 和 J. Fry 于 1980 年提出的逻辑记录访问（Logical Record Access，LRA）方法是一种常用的模式性能评价方法。LRA 方法对网状模型和层次模型较为实用，对于关系模型的查询也能起一定的估算作用。有关 LRA 方法本书不详细介绍，读者可以参考有关书籍。

2. 模式改进

根据模式评价的结果，对已生成的模式进行改进。如果因为需求分析、概念设计的疏漏导致某些应用不能得到支持，则应该增加新的关系模式或属性。如果出于性能考虑而要求改进，则可采用合并或分解的方法。

1）合并

如果有若干个关系模式具有相同的主键，并且对这些关系模式进行处理主要是通过查询操作，而且经常是多关系的查询，那么可对这些关系模式按照组合使用频率进行合并，这样便可以减少连接操作而提高查询效率。

2）分解

为了提高数据操作的效率和存储空间的利用率，最常用和最重要的模式优化方法就是分解，根据应用的不同要求，可以对关系模式进行垂直分解和水平分解。

水平分解是把关系的元组分为若干子集合，定义每个子集合为一个子关系。对于经常进行大量数据分类查询的关系，可进行水平分解，这样可以减少应用系统每次查询需要访问的记录数，从而提高查询性能。例如，有教师关系（职工号，姓名，职称，…），其中职称包括助教、讲师、教授。如果多数查询一次只涉及其中的一类教师，就应该把整个教师关系水平分割为助教、讲师和教授 3 个关系。

垂直分解是把关系模式的属性分解为若干子集合，形成若干子关系模式。垂直分解的原则是把经常一起使用的属性分解出来，形成一个子关系模式。

例如，有教师关系（职工号，姓名，性别，年龄，职称，工资，岗位津贴，住址，电话），如果经常查询的仅是前 6 项，而后 3 项很少使用，则可以将教师关系进行垂直分割，得到两个教师关系：

教师关系 1（职工号，姓名，性别，年龄，职称，工资）
教师关系 2（职工号，岗位津贴，住址，电话）

这样，便减少了查询的数据传递量，提高了查询速度。垂直分解可以提高某些事务的效率，但也有可能使另一些事务不得不执行连接操作，从而降低了效率，因此是否要进行垂直分解要看分解后的所有事务的整体效率是否得到了提高。垂直分解要保证分解后的关系具有无损连接性和函数依赖保持性。经过多次的模式评价和模式改进之后，就得到了最终的数据库模式。逻辑设计阶段的结果是全局逻辑数据库结构。对于关系数据库系统来说，就是一组符合一定规范的关系模式组成的关系数据库模型。

逻辑结构设计示例参见本章 8.6 节。

8.5 物理结构设计

8.5.1 数据库物理设计的任务和主要内容

数据库最终要存储在物理设备上。对于给定的逻辑数据模型，选取一个最适合应用环境的物理结构的过程，称为数据库物理设计。物理设计的任务是为了有效地实现逻辑模式，确定所采取的存储策略。数据库物理设计阶段的主要内容是以逻辑设计的结果作为输入，结合特定 DBMS 的特点与存储设备特性进行设计，选定数据库在物理设备上的存储结构和存取方法。

数据库的物理设计可分为如下两步。

(1) 确定物理结构，在关系数据库中主要指存取方法和存储结构。

(2) 评价物理结构，评价的重点是时间和空间效率。

8.5.2 确定关系模式的物理结构

设计人员必须深入了解给定的 DBMS 的功能，DBMS 提供的环境和工具，硬件环境，特别是存储设备的特征。另一方面也要了解应用环境的具体要求，如各种应用的数据量、处理频率和响应时间等。只有“知己知彼”才能设计出较好的物理结构。

1. 存储记录结构的设计

在物理结构中，数据的基本存取单位是存储记录。有了逻辑记录结构以后，就可以设计存储记录结构，一个存储记录可以和一个或多个逻辑记录相对应。存储记录结构包括记录的组成、数据项的类型和长度，以及逻辑记录到存储记录的映射。某一类型的所有存储记录的集合称为“文件”，文件的存储记录可以是定长的，也可以是变长的。文件组织或文件结构是组成文件的存储记录的表示形式。文件结构应该表示文件格式、逻辑次序、物理次序、访问路径、物理设备的分配。物理数据库就是指数据库中实际存储记录的格式、逻辑次序和物理次序、访问路径、物理设备的分配。

决定存储结构的主要因素包括存取时间、存储空间和维护代价。设计时应当根据实际情况对这 3 个方面进行综合权衡。一般 DBMS 还提供聚簇和索引，可根据需要选择使用。

1) 索引

存储记录是属性值的集合，主关系键可以唯一确定一条记录，而其他属性的一个具体值不能唯一确定是哪条记录。在主关系键上应该建立唯一索引，这样不但可以提高查询速度，还能避免关系键重复值的录入，确保数据的完整性。在数据库中，用户访问的最小单位是属性。如果对某些非主属性的检索很频繁，可以考虑建立这些属性的索引文件。索引文件对存储记录重新进行内部链接，从逻辑上改变记录的存储位置，从而改变了访问数据的入口点。关系数据库中的数据越多，索引的优越性也就越明显。一般来说：

(1) 如果一个(或一组)作为主关键字或外关键字的属性经常在查询条件中出现，则考虑在这个(或这组)属性上建立索引(或组合索引)。

(2) 如果一个属性经常作为最大值和最小值等聚集函数的参数，则考虑在这个属性上建立索引。

(3) 如果一个(或一组)属性经常在连接操作的连接条件中出现，则考虑在这个(或这组)属性上建立索引。

建立多个索引文件可以缩短存取时间，但是增加了索引文件所占用的存储空间以及维护的开销。因此，应该根据实际需要综合考虑。索引是在节省空间的情况下用以提高查询速度的一种普遍的方法，建立索引通常是通过 DBMS 提供的有关命令来实现的。

2) 聚簇

聚簇就是为了提高查询速度，把在一个(或一组)属性上具有相同值的元组集中地存放在一个物理块中。如果存放不下，可以存放在相邻的物理块中。其中，这个(或这组)属性称为聚簇码。

聚簇具有如下两个作用。

(1) 使用聚簇以后，聚簇码相同的元组集中在一起了，因而聚簇值不必在每个元组中重复存储，只要在一组中存储一次即可，因此可以节省存储空间。

(2) 聚簇功能可以大大提高按聚簇码进行查询的效率。例如，假设要查询学生关系中计算机系的学生名单，设计算机系有 300 名学生。在极端情况下，这些学生的记录会分布在 300 个不同的物理块中，这时如果要查询计算机系的学生，就需要做 300 次的 I/O 操作，这将影响系统查询的性能。如果按照系别建立聚簇，使同一个系的学生记录集中存放，则每做一次 I/O 操作，就可以获得多个满足查询条件的记录，从而显著地减少了访问磁盘的次数。

聚簇只能提高某些应用的性能，而且建立与维护聚簇的开销是相当大的。对已有关系建立聚簇，将移动关系中元组的物理存储位置，并使此关系上原有的索引失效，必须重建。当一个元组的聚簇码值改变时，该元组的存储位置也要做相应移动，聚簇码值要相对稳定，以减少修改聚簇码值所引起的维护开销。通过聚簇码进行访问或连接是该关系的主要应用。

2. 数据库访问方法、数据存储位置、系统配置的设计

1) 数据库访问方法的设计

访问方法是为存储在物理设备(通常指辅存)上的数据提供存储和检索功能的方法。一个访问方法包括存储结构和检索机构两个部分。存储结构限定了可能访问的路径和存储记录；检索机构定义了每个应用的访问路径，但不涉及存储结构的设计和设备分配。

存储记录是属性的集合，属性是数据项类型，可用做主键或辅助键。主键唯一地确定了一条记录。辅助键是用做记录索引的属性，可能并不能唯一地确定某一条记录。

访问路径分为主访问路径和辅访问路径。主访问路径与初始记录的装入有关，通常是用主键来检索的。首先利用这种方法设计各个文件，使其能最有效地处理主要的应用。一个物理数据库很可能有几个主访问路径。辅访问路径是通过辅助键的索引对存储记录重新进行内部链接，从而改变访问数据的入口点的。用辅助索引可以缩短访问时间，但增加了辅存空间和索引维护的开销。设计者应根据具体情况做出权衡。

2）数据存放位置的设计

为了提高系统性能，应该根据应用情况将数据的易变部分、稳定部分、经常存取部分和存取频率较低部分分开存放。

例如，目前许多计算机都有多个磁盘，因此可以将表和索引分别存放在不同的磁盘上，在查询时，由于两个磁盘驱动器并行工作，可以提高物理读写的速度。在多用户环境下，可以将日志文件和数据库对象（表、索引等）放在不同的磁盘上，以加快存取速度。另外，数据库的数据备份、日志文件备份等，只在数据库发生故障进行恢复时才使用，而且数据量很大，可以刻在光盘中，以改进整个系统的性能。

3）系统配置的设计

DBMS产品一般都提供了一些系统配置变量、存储分配参数，供设计人员和DBA对数据库进行物理优化。系统为这些变量设定了初始值，但是这些值不一定适合每一种应用环境，在物理设计阶段，要根据实际情况重新对这些变量赋值，以满足新的要求。

系统配置变量和参数很多，例如，同时使用数据库的用户数、同时打开的数据库对象数、内存分配参数、缓冲区分配参数（使用的缓冲区长度、个数）、存储分配参数、数据库的大小、时间片的大小、锁的数目等，这些参数值将影响存取时间和存储空间的分配，在进行物理设计时要根据应用环境确定这些参数值，以使系统的性能达到最优。

8.5.3 评价物理结构

确定了数据库的物理结构之后，要进行评价，重点是时间效率和空间效率。评价物理数据库的方法完全取决于所选用的DBMS，主要是从定量估算各种方案的存储空间、存取时间和维护代价入手，在权衡、比较估算结果后，选择出一个较为合理的物理结构。如果评价结果满足设计要求，则可进行数据库实施。实际上，往往需要经过反复测试才能优化物理结构设计。

8.6 设计示例

8.6.1 概念结构设计示例

示例1：在一个教学管理系统中，有如下语义约束。

（1）一个学生可选修多门课程，一门课程可被多个学生选修。

（2）一个教师可讲授多门课程，一门课程可由多个教师讲授。

(3) 一个系可有多个教师,一个教师只能属于一个系。

(4) 一个系只有一个系主任。

对上述语义进行分析后可以得出,该教学管理系统有"系"、"教师"、"课程"、"学生"4个实体。"学生"和"课程"的联系为多对多,"教师"和"课程"的联系为多对多,"系"和"教师"的联系为一对多,"系"和"学生"的联系也为一对多。假设"学生"实体有"学号"、"姓名"、"性别"、"年龄"、"身份证号"、"总成绩"、"平均成绩"属性,"教师"实体有"职工号"、"姓名"、"性别"、"职称"、"年龄"属性,"系"有"系名称"、"系主任"、"学生人数"、"教师人数"、"系所在地"属性,"课程"实体有"课程号"、"课程名称"属性,于是可以分别得出"学生"、"教师"、"系"、"课程"4 个实体及属性图(图 8-14(a)、(b)、(c)、(d))。

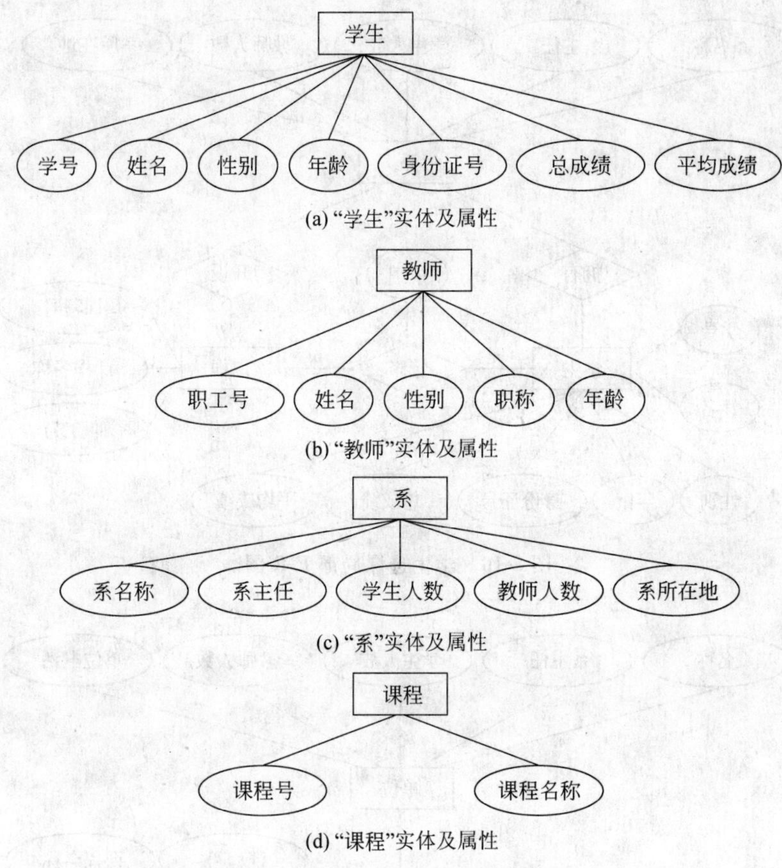

图 8-14 教学管理系统的实体及属性

由示例 1 的语义可以得出实体间的联系图(图 8-15(a)、(b)、(c)、(d)、(e)、(f))。

由示例 1 的语义并根据局部概念设计结构步骤,可以得出学生选课局部 E-R 图(图 8-16)和教师授课局部 E-R 图(图 8-17)。

生成局部 E-R 图后,应该返回去征求用户意见,以求改进和完善,使之如实地反映现实世界。下面以教学管理系统中的两个局部 E-R 图为例,来说明如何消除各局部 E-R 图之间的冲突,进行局部 E-R 图的合并,从而生成初步 E-R 图。

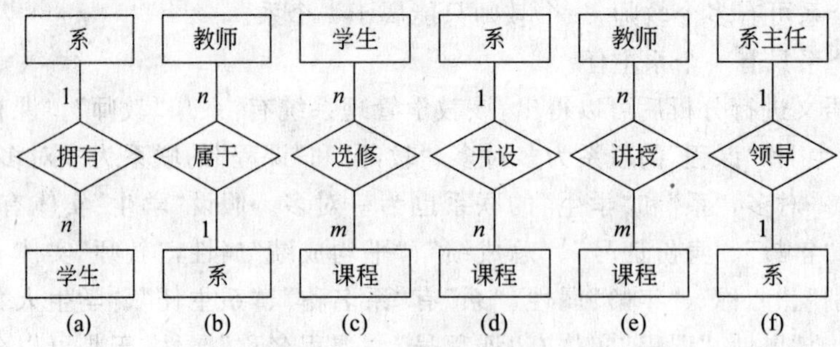

图 8-15　实体间的联系图

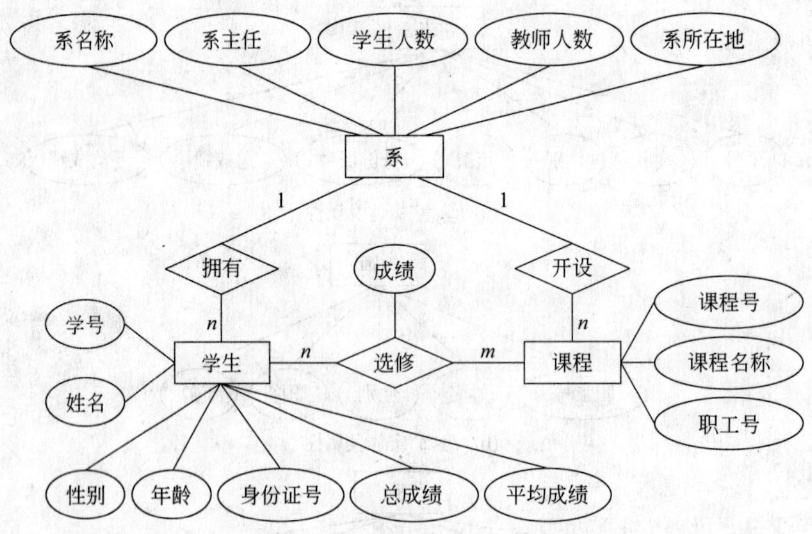

图 8-16　学生选课局部 E-R 图

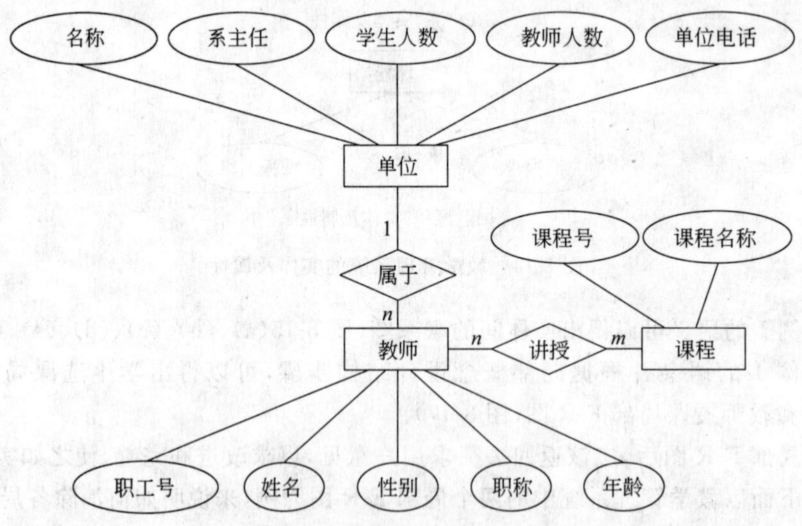

图 8-17　教师授课局部 E-R 图

首先，这两个局部 E-R 图中存在着命名冲突，学生选课局部 E-R 图中的实体“系”与教师任课局部 E-R 图中的实体“单位”，都是指“系”，即所谓的异名同义，合并后统一改为“系”，这样属性“名称”和“系名称”即可统一为“系名称”。

其次，还存在着结构冲突，实体“系”和实体“课程”以及实体“系”和实体“单位”在两个不同应用中的属性组成不同，合并后这两个实体的属性组成为原来局部 E-R 图中的同名实体属性的并集。解决上述冲突后，合并两个局部 E-R 图，生成如图 8-18 所示的初步全局 E-R 图。

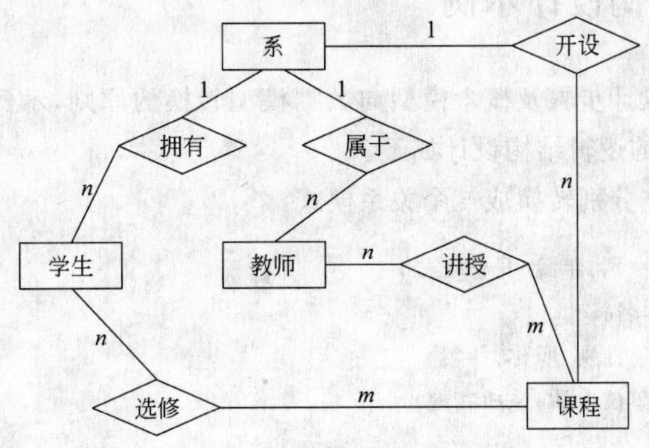

图 8-18　教学管理系统初步全局 E-R 图

其中，“系”的属性添加了“单位电话”，“课程”的属性添加了“职工号”。在图 8-18 所示的初步 E-R 图中，“课程”实体中的属性“教师号”可由“讲授”这个教师与课程之间的联系导出，而学生的“平均成绩”、“总成绩”可由“选修”联系中的属性“成绩”计算出来，所以“课程”实体中的“教师号”与“学生”实体中的“平均成绩”、“总成绩”均属于冗余数据。和“平均成绩”、“总成绩”一样，“学生人数”和“教师人数”也属于冗余数据。另外，“系”和“课程”之间的联系“开设”可以由“系”和“教师”之间的“属于”联系与“教师”和“课程”之间的“讲授”联系推导出来，所以“开设”属于冗余联系。这样，消除图 8-18 所示的初步 E-R 图中的冗余数据和冗余联系后，便可得到基本的 E-R 图，如图 8-19 所示。

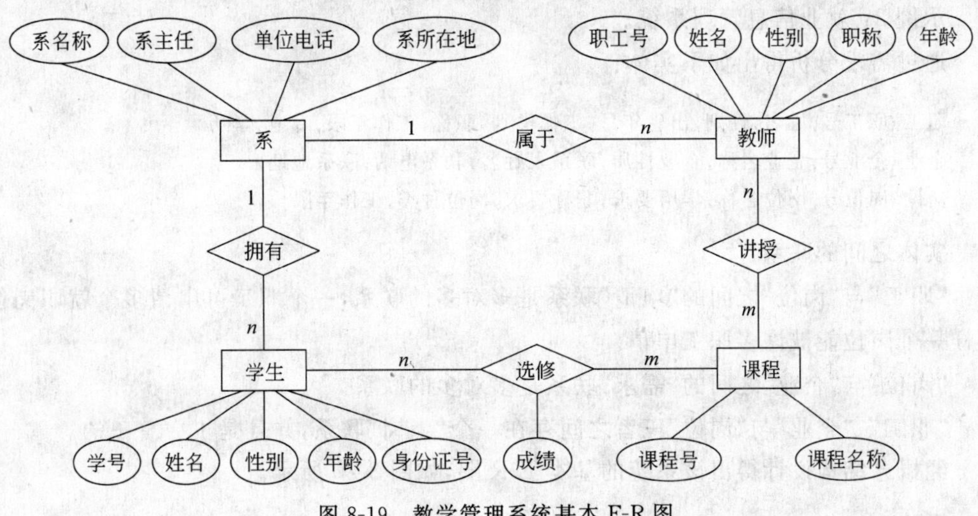

图 8-19　教学管理系统基本 E-R 图

最终得到的基本 E-R 图是企业的概念模型，它代表了用户的数据需求，是沟通“需求”和“设计”的桥梁。它决定了数据库的总体逻辑结构，是成功建立数据库的关键。如果设计不好，就不能充分发挥数据库的作用，无法满足用户的处理要求。因此，用户和数据库人员必须对这一模型反复讨论，在用户确认这一模型正确无误地反映了他们的需求后，才能进入下一阶段的设计工作。

8.6.2 逻辑结构设计示例

根据逻辑结构设计步骤及概念模型向数据模型转换的原则，示例 1 产生的基本 E-R 图(如图 8-19 所示)的逻辑结构设计如下。

首先将 4 个实体分别转换成 4 个关系模式。

学生 (学号,姓名,性别,年龄,身份证号)
课程 (课程号,课程名)
教师 (职工号,姓名,性别,职称,年龄)
系 (系名,系主任,单位电话,系所在地)

其中，有下划线的属性表示是主键。

其次，将 4 个联系也分别转换成 4 个关系模式。

属于 (教师号,系名称)
讲授 (教师号,课程号)
选修 (学号,课程号,成绩)
拥有 (系名称,学号)

8.6.3 综合示例

示例 2：就业信息管理系统。

通过需求分析得出如下实体：

职工 (职工号,姓名,性别,出生年月,工作类别,职称,工作年限,专业,学历)
企业 (企业号,企业名称,企业性质,联系人姓名,联系电话,联系地址)
岗位 (岗位号,岗位名称,学历要求,职称要求,岗位种类,工作年限)

实体之间的联系：

“职工”与“岗位”之间的“申请”联系是多对多的联系，一个职工可申请多个就职岗位，同样一个岗位能被许多职工申请。

“岗位”与“企业”之间的“需求”联系是多对多的联系。

“职工”、“企业”与“岗位”三者之间存在一个“上岗”联系，并且是 1∶1∶1 的。

经概念结构设计得出该系统的基本 E-R 图，如图 8-20 所示。

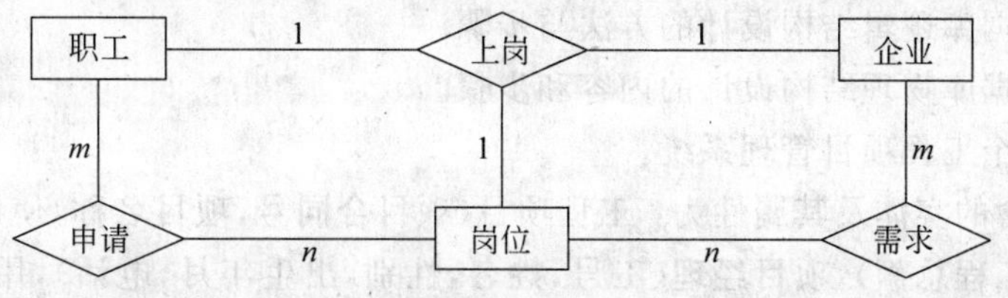

图 8-20　就业管理系统基本 E-R 图

经逻辑结构设计得出该系统的关系模式：

职工 (编号,姓名,性别,出生年月,工作类别,职称,工作年限,专业,学历)
企业 (企业编号,企业名称,企业性质,联系人姓名,联系电话)
岗位 (岗位编号,岗位名称,学历要求,职称要求,工种,工作年限)
申请 (申请序号,职工号,岗位号,申请日期,特别要求)
需求 (岗位号,企业号,提出日期,需求人数,最低薪金)
上岗 (职工号,岗位号,企业号,上岗日期)

小　结

本章讲述了数据库设计的过程,包括需求分析、概念结构设计、逻辑结构设计、物理结构设计、数据库实施、数据库运行和维护,详细介绍了前 4 个阶段相应的任务、方法和步骤。

需求分析是整个设计过程的基础,需求分析做得不好,可能会导致整个数据库设计返工重做。

将需求分析所得到的用户需求抽象为信息结构即概念模型的过程就是概念结构设计,概念结构设计是整个数据库设计的关键所在,这一过程包括设计局部 E-R 图、综合成初步 E-R 图、E-R 图的优化。

将独立于 DBMS 的概念模型转化为相应的数据模型,这是逻辑结构设计所要完成的任务。一般的逻辑设计分为 3 步：概念模型向数据模型的转换,关系模式的规范化,模式的评价与改进。

物理结构设计就是为给定的逻辑模型选取一个适合应用环境的物理结构,物理设计包括确定关系模式的物理结构和评价物理结构两步。

习　题　8

1. 简述数据库设计过程。
2. 简述数据库设计的特点。
3. 简述系统需求分析的主要任务和方法。
4. 简述数据库概念结构设计的方法与步骤。

5. 简述数据库逻辑结构设计的方法与步骤。

6. 简述数据库物理结构设计的内容和步骤。

7. 设计一个工程项目管理系统。

该系统包含的实体及其属性为：工程项目(项目合同号，项目名称，使用工时，报交日期，付款规定，工程总额)，项目经理(工号，姓名，性别，出生年月，电话)，用户(用户编号，用户单位，地址，电话，联系人)，项目文档(文档编号，文档形式，归档时间，内容概述)，项目材料(材料编号，材料名，材料报价，数量)。要求：给出 E-R 图，再将其转换为关系模式。

应　用　篇

第9章 SQL Server 2005 基础

9.1 SQL Server 2005 的新特性

9.1.1 SQL Server 的发展

SQL Server 数据库经历了长期的发展过程,现已成为商业应用中最重要的组成部分。1988 年,SQL Server 由微软公司与 Sysbase 公司共同开发,运行于 OS/2 平台上;1993 年,SQL Server 4.2 版发布,定位为桌面数据库系统,包含的功能较少。该版本与 Windows 操作系统进行了集成,并提供了易于使用的操作界面;1995 年,微软公司发布了 SQL Server 6.0 版本,为小型商业应用提供了低价的数据库方案;1996 年,微软公司对数据库进行了升级,发布了 SQL Server 6.5 版本;1998 年,发布了 SQL Server 7.0 数据库系统,提供了中小型商业应用数据库方案,该版本增强了对 Web 等功能的支持,得到了广泛的应用;2000 年,微软公司发布了 SQL Server 2000 企业级数据库系统,包含了关系型数据、分析服务和 English Query 工具 3 个主要组件,提供了丰富的使用工具和完善的开发工具,对 XML 提供了支持,在互联网等领域广泛使用;2005 年,微软公司发布了 SQL Server 2005 最新版本,重新进行了结构设计,在性能和功能上都进行了改进,使之更适应各种规模的数据处理。

9.1.2 SQL Server 2005 的新特性

从编程到管理能力,SQL Server 2005 都优于其他版本的产品,并且它还对 SQL Server 2000 中已经存在的特性进行了加强,下面列出了 SQL Server 2005 最重要的新特性。

1. 企业数据管理

在当今的互联世界中,数据和管理数据的系统必须始终对用户可用且能够确保安全。有了 SQL Server 2005,组织内的用户和信息技术(Information Technology,IT)专家将从减少的应用程序停机时间、提高的可伸缩性及性能、更紧密而灵活的安全控制中获益。SQL Server 2005 也包括了许多新的和改进的功能来帮助 IT 工作人员更有效率地完成工作。SQL Server 2005 在企业数据管理方面增强的性能如下。

1）易管理性

SQL Server 2005 使部署、管理和优化企业数据以及分析应用程序变得更简单、更容易。作为一个企业数据管理平台，它提供单一管理控制台，使数据管理员能够在任何地方监视、管理和使用企业中所有的数据库和相关的服务。它还提供了一个可以使用 SQL 管理对象轻松编程的可扩展的管理基础结构，使得用户可以定制和扩展他们的管理环境，同时使独立软件供应商(Independent Seftware Vendor，ISV)也能够创建附加的工具和功能来更好地扩展打开即得的能力。

2）可用性

在高可用性技术、额外的备份和恢复功能，以及复制增强上的投资使企业能够构建和部署高可用的应用程序。在高可用性上的创新有：数据库镜像、故障转移群集、数据库快照和增强的联机操作，这有助于最小化停机时间，并确保可以访问关键的企业系统。

3）可伸缩性

可伸缩性的改进(如表分区、快照隔离和 64 位支持)使得用户能够使用 SQL Server 2005 构建和部署最关键的应用程序。对大型表和索引的分区功能显著地增强了大型数据库的查询性能。

4）安全性

SQL Server 2005 在数据库平台的安全模型上有了显著的增强，由于提供了更为精确和灵活的控制，数据安全控制更为严格。在许多性能改进上进行了大量投入，可以为企业数据提供更高级别的安全性。

2. 开发人员的生产效率

SQL Server 2005 包含许多可以显著提高开发人员生产效率的新技术。从对.NET Framework 的支持到与 Visual Studio 的紧密集成，这些功能使开发人员能够以较低的成本更轻松地创建安全、强大的数据库应用程序。SQL Server 2005 使开发人员可以利用现有的跨多种开发语言的技巧并且为数据库提供端对端的开发环境。本机 XML 功能也使开发人员能够创建运行在不同平台或设备上的新型应用程序。

1）扩展的语言支持

由于公共语言运行时(Common Language Runtime，CLR)承载于数据库引擎之中，开发人员可以选择他们熟悉的语言来开发数据库应用程序，包括 Transact-SQL、Microsoft Visual Basic .NET 和 Microsoft Visual C# .NET。此外，通过用户自定义的类型和函数，CLR 宿主为开发人员提供了更高的灵活性。CLR 还提供使用非 Microsoft 代码快速开发数据库应用程序的机会。

2）改进的开发工具

开发人员可将一种开发工具用于 Transact-SQL、XML、多维表达式和 XML for Analysis(XMLA)。与 Visual Studio 开发环境的集成将使行业和商业智能(Business Intelligence，BI)应用程序的开发和调试更有效。

3）扩展性

SQL Server 2005 中的用户自定义类型不是与对象相关的扩展性机制。它们是一种扩展数据库标量类型系统的方式。标量类型系统包括 SQL Server 附带的纵栏式类型(如 int、nvarchar、uniqueidentifier 等类型)。可使用用户自定义类型定义自己的类型,例如,用于列定义的类型。如果类型的确是适合被建模为列的原子类型,那么可创建一个用户自定义类型。如果需要定义自己的标量类型,那么可使用用户自定义类型。这种类型的示例包括各种日历中的自定义日期/时间数据类型以及货币数据类型。使用用户自定义类型,可创建单一的对象,显示该类型所有可用的行为并将类型存储的基础数据封装(或隐藏)起来。任何需要访问这些数据的用户都必须使用此用户自定义类型的编程界面。利用.NET Framework 中现有的功能是考虑将类型实现为用户自定义类型的另一个重要原因。在许多情况下,可能需要进行数据的聚合,包括执行统计计算(如 avg、stddev 等)。

4) 改进的数据访问和 Web Services

在 SQL Server 2005 中,可以开发数据库层中的 XML Web Services,把 SQL Server 作为 HTTP 侦听器,这为那些以 Web Services 为中心的应用程序提供了新型的数据访问功能。在 SQL Server 2005 中,可使用 HTTP 直接访问 SQL Server,无须使用 Microsoft Internet 信息服务(IIS)这样的中间层侦听器。SQL Server 开放了一个 Web Services 接口,可以执行 SQL 语句和调用函数和过程。查询结果可用 XML 格式返回,并且可以利用 Visual Studio Web Services 基础架构。SQL Server 2005 可通过数据库镜像来支持"热备"功能。如果一个 SQL Server 实例失效,工作可被自动转移到备份服务器上,这要求一个实例来见证此故障转移,这就是所谓的见证实例。热备方案要求现有客户端连接必须"知道"故障转移(和新的服务器实例建立连接)。如果客户端连接在尝试下一次访问时发生错误,必须对客户端编程手动进行"故障转移",这并不是好的方案。ADO.NET 2.0 中的 SqlClient 无须对应用程序进行特殊编程即可支持客户端故障转移。

5) XML 支持

像本机 XML 数据类型和 XQuery 之类的先进功能使组织能够无缝地连接内部和外部系统。SQL Server 2005 完全支持关系型和 XML 数据,这样企业可以以最适合其需求的格式来存储、管理和分析数据。对于那些已存在的和新兴的开放标准,如超文本传输协议(HTTP)、XML、简单对象访问协议(Simple Object Access Protocol,SOAP)、XQuery 和 XML 方案定义(XML Scheme Definition,XSD)语言的支持也有助于让整个企业系统相互通信。

6) 应用程序框架

SQL Server 2005 引入了新的 SQL Server 应用程序框架,包括 Service Broker、Notification Services、SQL Server Mobile 和 SQL Server Express。Service Broker 是一个分布式应用程序框架,它可在数据库到数据库级上提供可靠的异步消息传递。

3. 商业智能

通过在可伸缩性、数据集成、开发工具和丰富的分析方法等方面的革新,SQL Server 2005 巩固了 Microsoft 在商业智能领域的领导地位。SQL Server 2005 能够把关键的信息及时地传递到组织内雇员的手中,从而实现了可伸缩的 BI。从 CEO 到信息工作者,雇员们能够快速而轻松地管理数据,做出更快、更好的决策。SQL Server 2005 全面的集成、分析和报表功能使企业能够扩展他们现有应用程序的价值,而无须考虑应用程序的基础平台。BI 功能的增强包括以下几个方面。

1) 端到端的集成商业智能平台

Microsoft SQL Server 2005 是一个完整的 BI 平台,它提供了可用于创建典型和创新的分析应用程序所需的特性、工具和功能。下面给出了在创建分析应用程序时将要使用的一些工具,并着重介绍了一些新增功能。借助这些新增功能,可以比以往更加轻松地创建和管理复杂 BI 系统。

2) Integration Services

SQL Server 2005 包含一个重新设计的企业数据抽取、转换和加载 (ETL) 平台,称为 SQL Server Integration Services(SSIS)。SSIS 使得组织能更容易地集成和分析来自多个异类信息源的数据。通过分析跨多个操作系统的数据,组织能从整体上了解他们的业务情况,从而取得竞争优势。

3) Analysis Services

借助 SQL Server 2005,Analysis Services 第一次为所有商业数据提供了统一和集成的视图,可用于传统报表、联机分析处理(Online Analysis Processing,OLAP)和数据挖掘。

4) Reporting Services

Reporting Services 将 Microsoft BI 平台延伸至那些需要访问商业数据的信息工作者。Reporting Services 是一个基于服务器的企业级报表环境,可通过 Web services 进行管理。

5) 与 Microsoft Office System 的集成

Reporting Services 中的报表服务器提供的报表可运行在 Microsoft SharePoint Portal Server 和 Microsoft Office System 应用程序(如 Microsoft Word 和 Microsoft Excel)的上下文中。可以使用 SharePoint 中的功能来订阅报表,创建新版报表和分发报表,也可以在 Word 或 Excel 中查看 HTML 版的报表。

9.2 SQL Server 2005 的安装和配置

正确安装 SQL Server 2005 数据库,对于初学者来说是至关重要的,因为在这一过程中不仅要根据实际的业务需要选择正确的数据库版本,还要检测计算机软硬件配置是否满足该版本的最低配置要求,以确保安装的有效性和可用性。本节将介绍 SQL Server 2005 的安装和配置。

9.2.1 选择正确的 SQL Server 2005 数据库版本

SQL Server 2005 数据库包含多个版本,每种版本都针对不同的用户群体。因此,在安装 SQL Server 2005 数据库软件时，选择正确的安装版本是非常重要的，这是因为选择的版本不仅决定了可安装的内容和组件，而且决定了安装 SQL Server 2005 所需要的软硬件环境要求。

微软为用户提供了 5 种版本的 SQL Server 2005，它们共同组成了 SQL Server 2005 的产品家族，分别为不同类型和需求的用户提供不同的服务。

1. 企业版

企业版是为核心企业级应用定制的全面集成的数据管理与分析平台。它包括全套企业数据管理和商务智能特性，提供了 SQL Server 2005 所有版本中最高级别的可伸缩性和可用性。企业版达到了支持超大型企业进行联机事务处理、高度复杂的数据分析、数据仓库系统和网站所需的性能水平，是最全面的 SQL Server 版本，是超大企业的理想选择，能够满足最复杂的要求。

2. 标准版

标准版是为中型企业或大型部门定制的完整的数据管理与分析平台。它包括电子商务、数据仓库和业务流解决方案所需的基本功能。标准版的集成商业智能和高可用性功能可以为企业提供支持其运营所需的基本功能，是需要全面的数据管理和分析平台的中小型企业的理想选择。

3. 工作组版

工作组版是为正在发展的小型企业所定制的简单易用、价格适中的数据库解决方案。它包含数据管理所需的全部核心数据库特性，可以用做前端 Web 服务器，也可以用于部门或分支机构的运营，包括 SQL Server 产品系列的核心数据库功能，并且可以轻松地升级至标准版或企业版。

4. 开发版

开发版是帮助开发者在 SQL Server 2005 的基础上建立任何类型的应用程序的平台。它包括 SQL Server 2005 企业版的所有功能，用于开发和测试系统，但不能用做生产服务器。开发版是独立软件供应商、咨询人员、系统集成商、解决方案供应商以及生成和测试应用程序的企业开发人员的理想选择，也可以根据生产需要升级至企业版。

5. 学习版

学习版是为开发人员提供的学习、构建、部署简单数据应用的快捷方式。它与 Visual Studio 2005 集成在一起，可以轻松开发功能丰富、存储安全、可快速部署的数据驱动应用程序。学习版是免费的，可以再分发，还可以起到客户端数据库以及基本服务器数据库的作用。它是独立软件供应商、服务器用户、非专业开发人员、Web 应用程序开发人员、网站主机和创建客户端应用程序的编程爱好者的理想选择。

9.2.2 安装的硬件要求

计划安装 SQL Server 2005 数据库时，不仅要选择正确的 SQL Server 2005 数据库版本，而且要确保安装数据库的计算机满足 SQL Server 2005 对硬件的最小需求，并能够适应当前和未来数据库的发展需求。下面介绍安装 SQL Server 2005 数据库时要求的硬件环境。

1. 处理器要求

所有 32 位的 SQL Server 2005 数据库，要求计算机的处理器必须是 Intel Pentium Ⅲ兼容或者更高级的处理器；运行的主频要求在 600MHz 以上；推荐使用 1GHz 以上的处理器。

2. 内存要求

不同版本的 SQL Server 2005 数据库对内存的最小要求是不一样的。大部分的 SQL Server 2005 数据库版本运行的最小物理内存为 512MB。微软公司推荐最小使用 1GB 的内存。每个版本的内存要求如表 9-1 所示。

表 9-1 SQL Server 2005 各版本数据库对内存的要求

SQL Server 2005 数据库版本	最小内存要求	推荐使用的内存数量
SQL Server 2005 企业版	512MB	1GB 或者大于 1GB
SQL Server 2005 开发版	512MB	1GB 或者大于 1GB
SQL Server 2005 标准版	512MB	1GB 或者大于 1GB
SQL Server 2005 工作组版	512MB	1GB 或者大于 1GB，最大 4GB
SQL Server 2005 学习版	192MB	512MB 或者大于 512MB，最大 1GB

3. 磁盘空间要求

在安装 SQL Server 2005 的过程中，Windows 安装程序会在系统驱动器中创建临时文件，大约需要 1.6GB 的可用磁盘空间来存储这些文件。即使把 SQL Server 组件安装到非默认驱动器中，也需要占用这些磁盘空间。

在一般情况下，在安装 SQL Server 2005 数据库时，还需要屏幕分辨率至少为 1024×768 的显示器、网络适配器和 CD/DVD 驱动器。

9.2.3 操作系统支持及软件要求

在安装 SQL Server 2005 数据库前，要求对操作系统及相关软件进行检测。只有满足其最低要求后，才能进行安装；否则，可能造成组件安装不全或者系统安装失败。

1. 对操作系统的要求

SQL Server 2005 数据库,根据其版本的不同,对操作系统的要求也不一样。SQL Server 2005 标准版对操作系统的要求如下：Windows 2000 专业版和 SP4；Windows XP 专业版和 SP2 或者更高版本；Windows Server 2000 和 SP4；Windows Advanced Server 2000 和 SP4；Windows Datacenter Server 2000 和 SP4；Windows Server 2003 标准版和 SP1 或者更高；Windows Server 2003 企业版和 SP1 或者更高；Windows Server 2003 数据中心版和 SP1 或者更高；Windows Small Business Server 2003 标准版和 SP1 或者更高；Windows Small Business Server 2003 Premium 版和 SP1 或者更高。

2. 对环境的要求

SQL Server 2005 数据库要求预先安装浏览器(主要包括 Internet Explorer 6.0 及 SP1 或者更高版本)、Internet Information Server(IIS)软件、操作系统内建的网络组件、Microsoft .NET Framework 2.0 运行库和 Microsoft Windows Installer 3.1 软件。

9.2.4 SQL Server 2005 安装过程

微软提供使用安装向导安装 SQL Server 2005,或从命令提示符安装的方式。安装向导提供图形用户界面,引导用户对每个安装选项做相应的选择。具体操作过程如下所示。

(1) 在 CD-ROM 驱动器中放入 SQL Server 2005 安装盘,选择"安装 SQL Server 2005"选项,如果没有自动运行,可在安装盘所在的驱动器中双击安装程序 Autorun.exe 运行;阅读许可协议,并选中"我接受许可条款和条件"复选框,如图 9-1 所示。

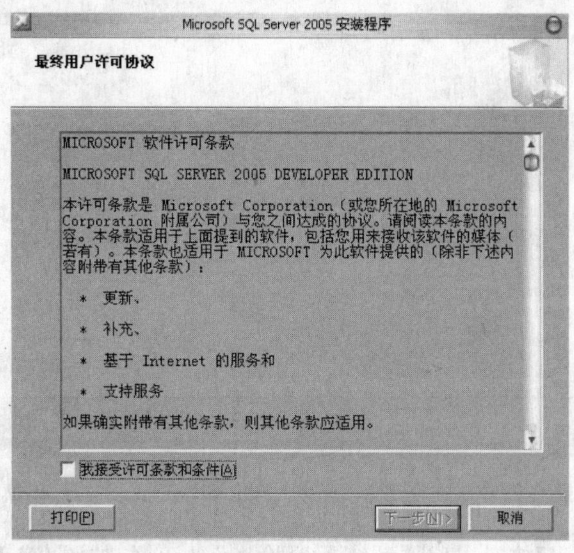

图 9-1 "最终用户许可协议"对话框

(2) 单击“下一步”按钮，打开“安装必备组件”对话框，提示安装组件，如图 9-2 所示，单击“安装”按钮，开始安装。

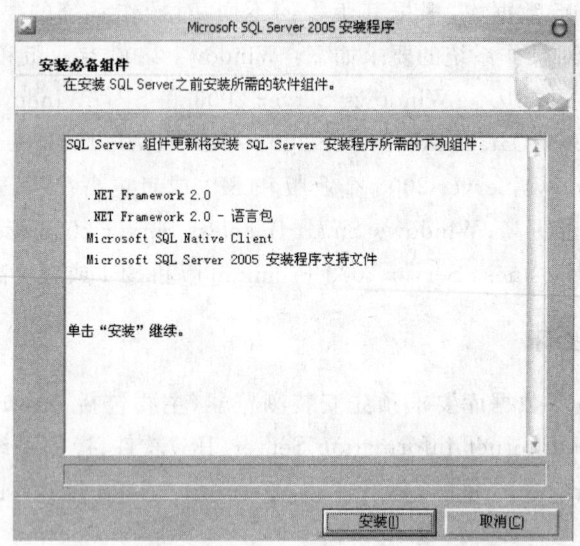

图 9-2 “安装必备组件”对话框

(3) 组件安装完成后打开“欢迎使用 Microsoft SQL Server 安装向导”界面，如图 9-3 所示。

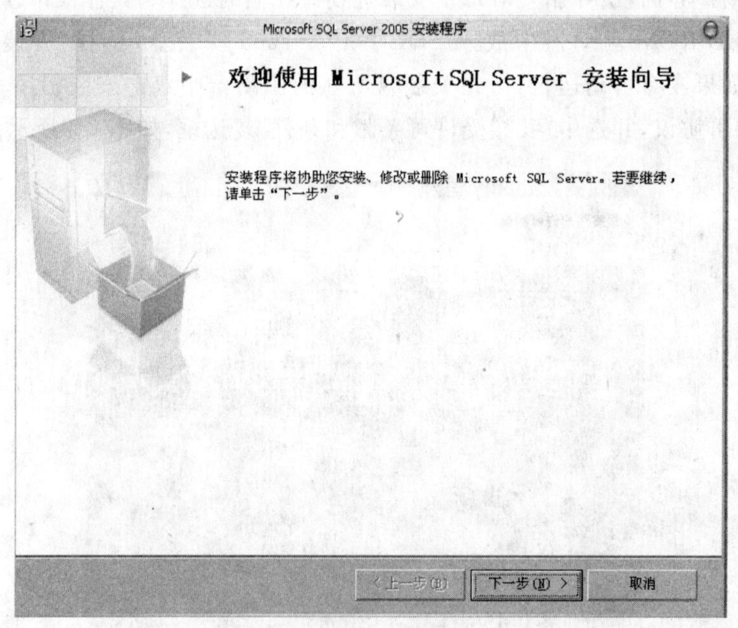

图 9-3 “欢迎使用 Microsoft SQL Server 安装向导”界面

(4) 单击“下一步”按钮，打开“系统配置检查”对话框，如图 9-4 所示，检查适合安装的项目，安装程序将扫描安装计算机，查看是否存在可能阻止安装程序运行的情况。

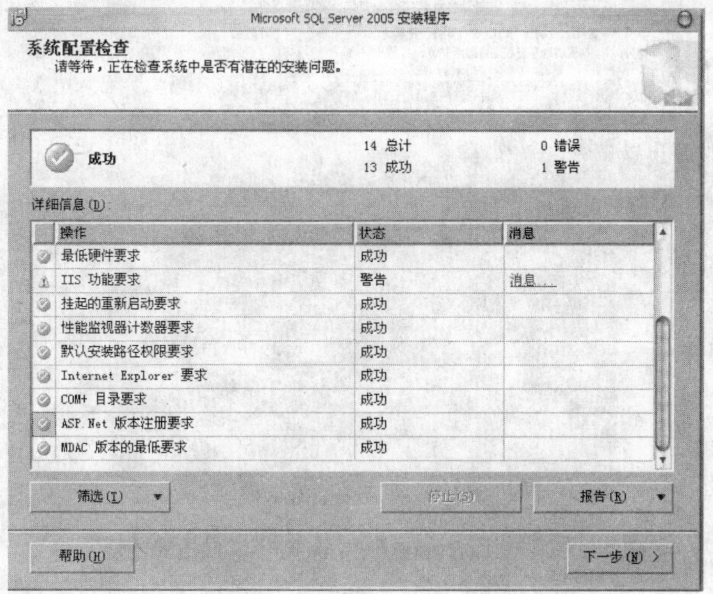

图 9-4 “系统配置检查”对话框 1

(5) 在“筛选”下拉列表中选择“显示成功的操作”选项，如图 9-5 所示。

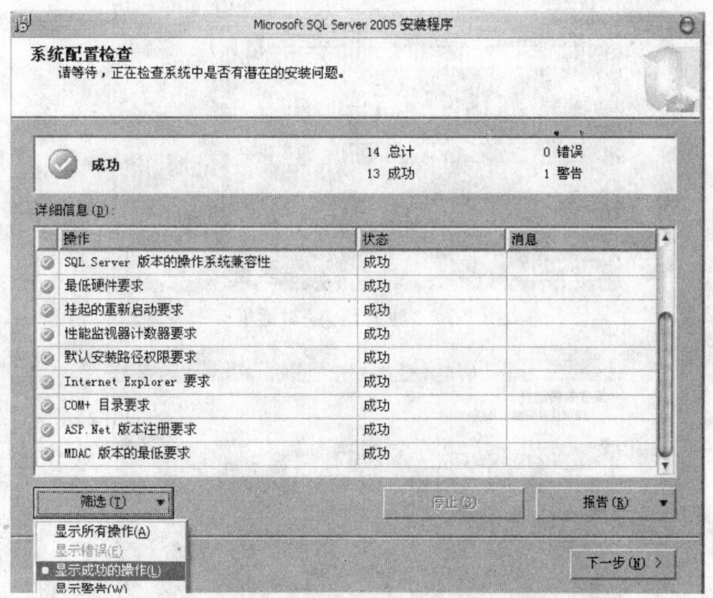

图 9-5 “系统配置检查”对话框 2

(6) 单击“下一步”按钮进行安装，进入安装界面，如图 9-6 所示。

(7) 闪过几个界面后，打开“注册信息”对话框，如图 9-7 所示。

(8) 输入产品注册信息并输入序列号后，单击“下一步”按钮，打开“要安装的组件”对话框，如图 9-8 所示。

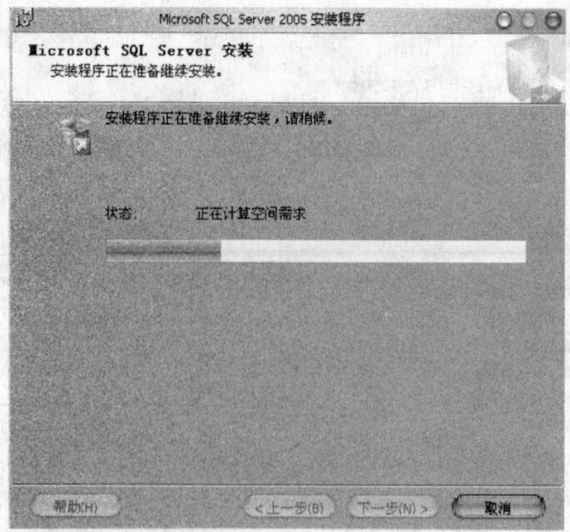

图 9-6　正在安装对话框

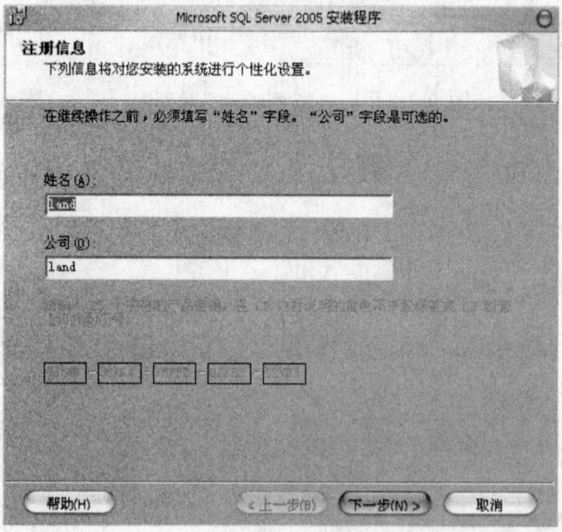

图 9-7　“注册信息”对话框

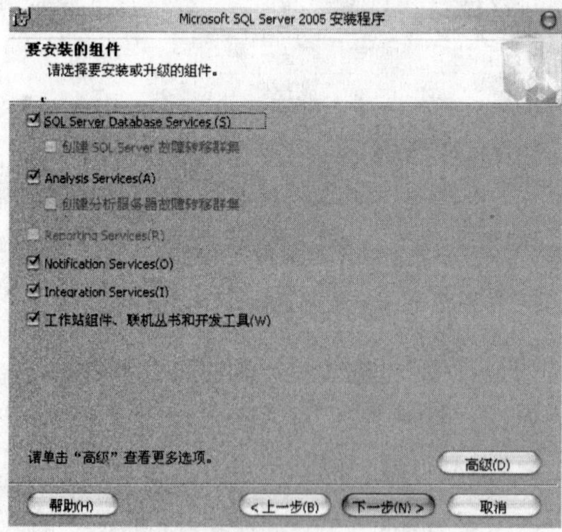

图 9-8　“要安装的组件”对话框

(9) 若要安装单个组件，单击“高级”按钮，打开“功能选择”对话框，选中要安装的组件复选框后，单击“下一步”按钮，打开“实例名”对话框，如图 9-9 所示。在其中更改功能的“安装方式”、“安装路径”和查看“磁盘开销”信息后，单击“下一步”按钮，同样打开“实例名”对话框。

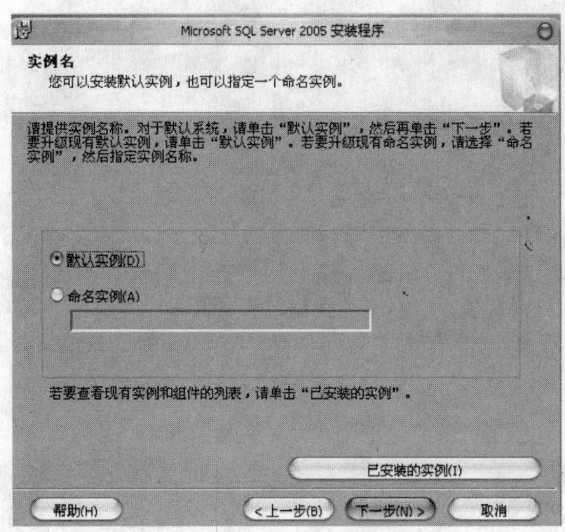

图 9-9 “实例名”对话框

(10) 选中“默认实例”单选按钮，单击“下一步”按钮，打开“服务账户”对话框，如图 9-10 所示。

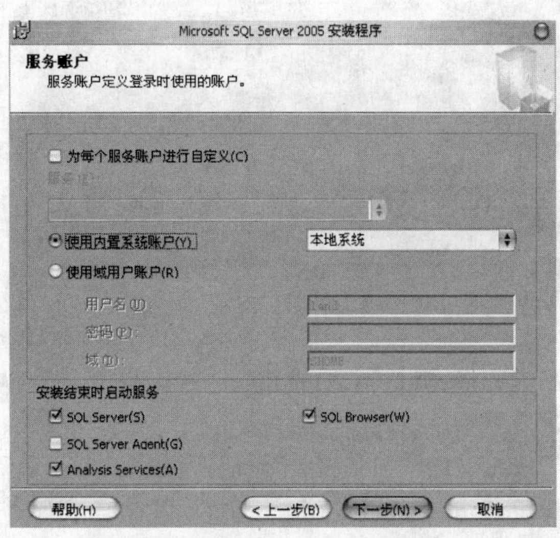

图 9-10 “服务账户”对话框

(11) 在“使用内置系统账户”单选按钮旁边的下拉列表框中选择“本地系统”选项后，单击“下一步”按钮，打开“身份验证模式”对话框，如图 9-11 所示。

(12) 保留默认设置即可，单击“下一步”按钮，打开“排序规则设置”对话框，如图 9-12 所示。

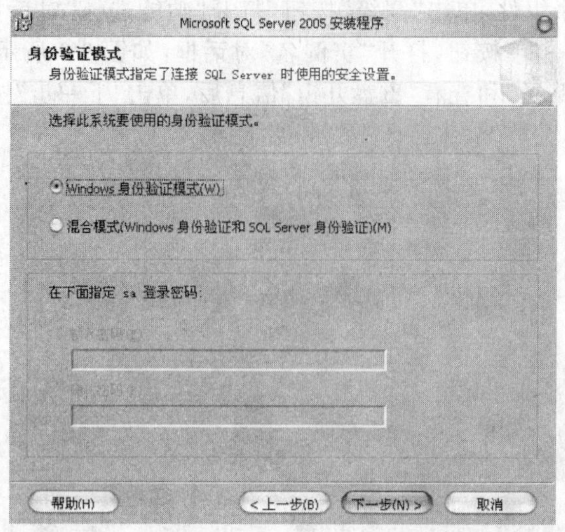

图 9-11 “身份验证模式”对话框

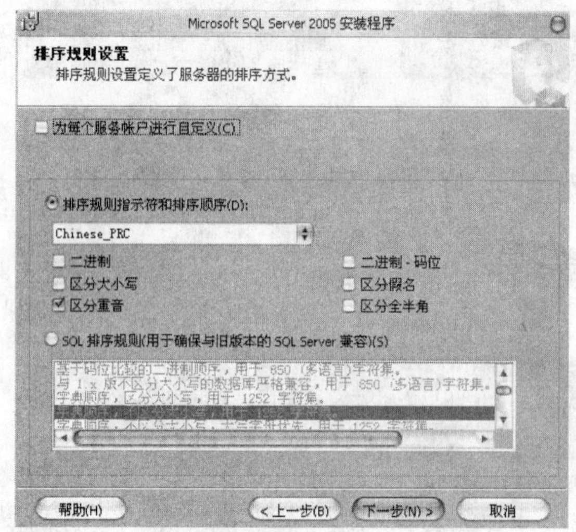

图 9-12 “排序规则设置”对话框

(13) 根据自己的需求选择，默认不选，单击“下一步”按钮，打开“错误和使用情况报告设置”对话框，如图 9-13 所示。

(14) 单击“下一步”按钮，打开“准备安装”对话框，如图 9-14 所示。

(15) 单击“安装”按钮，打开“安装进度”对话框，如图 9-15 所示。

(16) 第一张光盘安装完成后，更换第二张光盘，如图 9-16 所示。

(17) 安装完成，打开“完成 Microsoft SQL Server 2005 安装”对话框，如图 9-17 所示。

(18) 单击“完成”按钮，完成 SQL Server 2005 数据库一个实例的安装。如果提示重新启动计算机，如图 9-18 所示，则立即重新启动计算机，以便配置和启动相关服务项目。

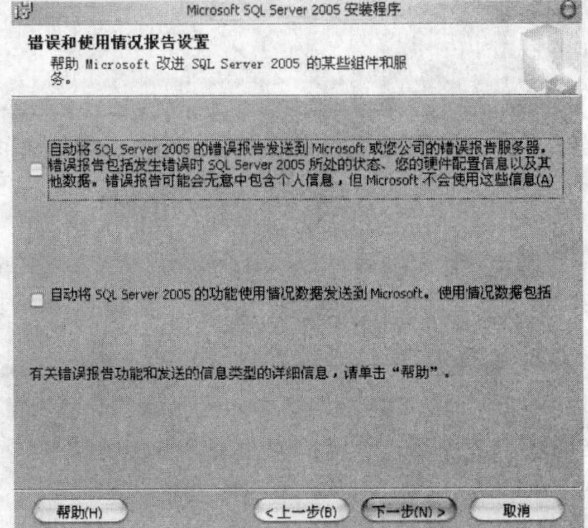

图 9-13 "错误和使用情况报告设置"对话框

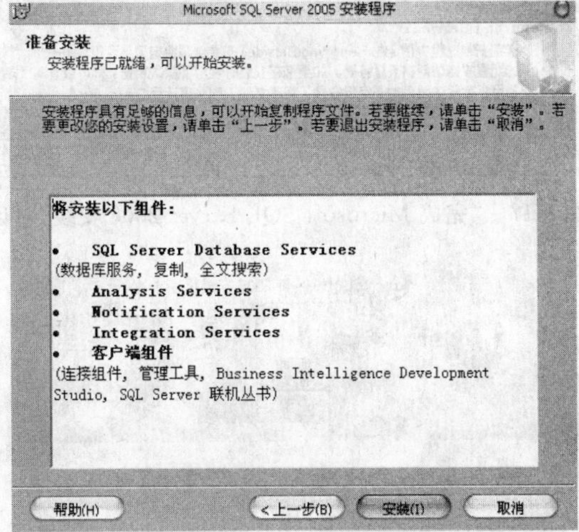

图 9-14 "准备安装"对话框

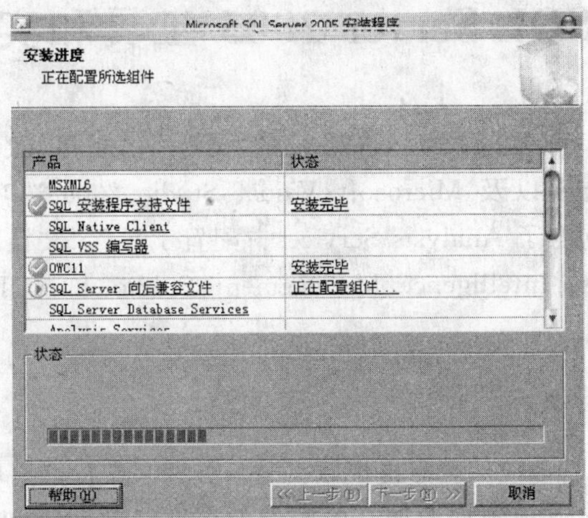

图 9-15 "安装进度"对话框

图 9-16 “请放入光盘 2”提示框

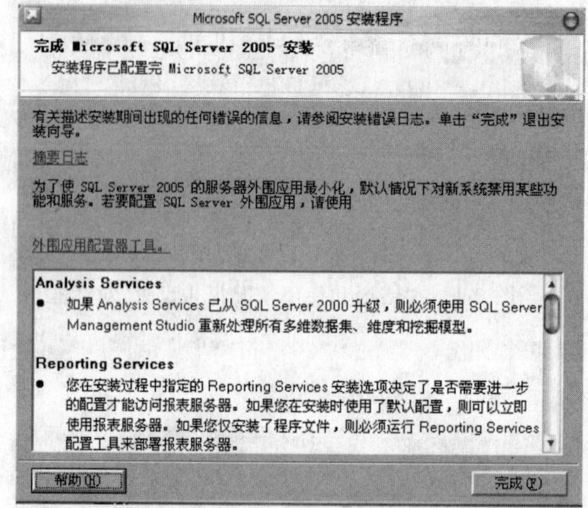

图 9-17 “完成 Microsoft SQL Server 2005 安装”对话框

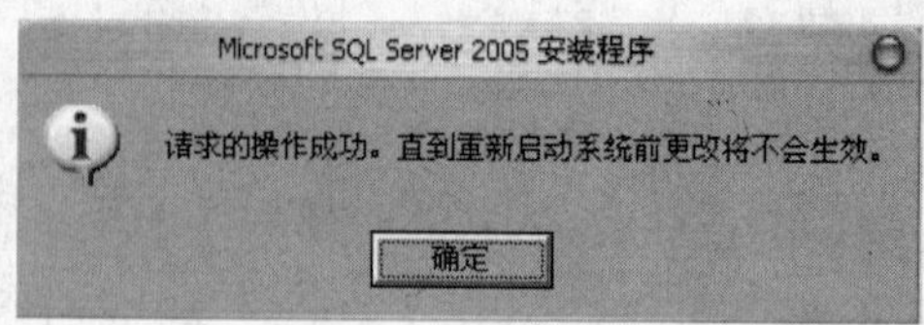

图 9-18 操作成功并重新启动计算机提示框

9.3 SQL Server 2005 工具和实用程序

在安装 SQL Server 2005 之后，在系统的“开始”|“程序”菜单中增加了 Microsoft SQL Server 2005 选项以及 Microsoft Visual Studio 2005 选项。在 Microsoft SQL Server 2005 选项中包含了 Analysis Services、“配置工具”、“文档和教程”、“性能工具”、SQL Server Business Intelligence Management Studio 和 SQL Server Management Studio 共 6 个选项。

1. Analysis Services

分析服务为商业智能应用程序提供联机分析处理和数据挖掘功能。分析服务允许设计、创建和管理包含从其他数据源聚合的数据的多维结构，以实现对联机分析处理的支持。对于数据挖掘应用程序，分析服务允许设计、创建和可视化处理那些通过使用各种行业标准数据挖掘算法，并根据其他数据源构造出来的数据挖掘模型。

2. 配置工具

在“配置工具”子菜单中提供了“Notification Services 命令提示”、“Reporting Services 配置”、SQL Server Configuration Manager、“SQL Server 错误和使用情况报告”以及“SQL Server 外围应用配置器”选项。

Notification Services 是一种新平台，用于开发、发送并接收通知的高伸缩性应用程序。通知服务可以生成并向大量的订阅方及时发送个性化的信息，还可以向各种各样的设备传送消息。

Reporting Services 是一种基于服务器的新型报表平台，可以用于创建和管理包含来自关系数据源和多维数据源数据的表报表、矩阵报表、图形报表和自由格式报表。用户可以通过基于 Web 的链接来查看和管理用户的报表。

3. 文档和教程

在“文档和教程”子菜单中提供了“SQL Server 教程”、“SQL Server Mobile Edition 教程”、“示例数据库的安装程序和概要文档”以及“SQL Server 联机丛书”选项。用户可以打开示例概述文档来查看安装和升级示例数据库的一些概要信息。

4. 性能工具

在“性能工具”子菜单中提供了 SQL Server Profiler 和“数据库引擎优化顾问”两个工具的菜单命令，这两个工具都是微软提供的用户数据库性能的调试和优化工具。

5. SQL Server Business Intelligence Management Studio

SQL Server Business Intelligence Management Studio 是微软提供的一款专门为商业智能系统开发人员设计的集成开发环境。它构建于 Visual Studio 2005 技术之上，用于商业智能调试、源代码控制以及脚本和代码的开发。实际上 SQL Server Business Intelligence Management Studio 提供了专门用于 SQL Server 数据库系统开发的基于 Visual Studio 2005 的集成开发环境，即 BI 集成开发环境。

6. SQL Server Management Studio

SQL Server Management Studio 是一个为 SQL Server 数据库的管理员和开发者准备的全新工具，它基于 Visual Studio 2005，为用户提供了图形化的界面，集成了丰富开发环境的管理工具。SQL Server Management Studio 在一个工具中提供了 SQL Server 2000 企业管理器、分析管理器和查询分析器的所有功能，并可在其中编写 MDX、XMLA 和 XML 语句。

小　结

本章介绍了 SQL Server 2005 的新特性、版本、安装和配置及其工具和实用程序。

SQL Server 2005 的新特性主要表现在企业数据管理、开发人员的生产效率和商业智能 3 个方面。

SQL Server 2005 数据库包含多个版本，每种版本都针对不同的用户群体，包括企业版、标准版、工作组版、开发版和学习版。安装 SQL Server 2005 前不仅要选择合适的版本，而且要满足所选择的版本对硬件和操作系统的需求。

在 SQL Server 2005 中包含 Analysis Services、配置工具、文档和教程、性能工具、SQL Server Business Intelligence Management Studio 和 SQL Server Management Studio 工具和实用程序。

习　题　9

1. 简述 SQL Server 2005 的新特性。

2. SQL Server 2005 有哪些版本？它们的应用环境有何区别？

3. SQL Server 2005 中有哪些组件？它们的功能是什么？

4. 选择一个合适的 Windows 操作系统和 SQL Server 2005 的一种版本，在此 Windows 系统中完成一个 SQL Server 2005 数据库实例的安装操作。

第10章 数据库的创建与管理

10.1 SQL Server 2005 数据库概述

10.1.1 数据库基础

SQL Server 的一个实例可以包含多个数据库。每个数据库中可以保存相关或不相关的数据。在 SQL Server 2005 中,主要包括两种类型的数据库:联机事务处理(Online Transaction Processing,OLTP)数据库和联机分析处理(Online Analysis Processing,OLAP)数据库,另外还新增了一种数据库快照,以下是对这 3 种类型的数据库的简要介绍。

1. 联机事务处理数据库

联机事务处理是指利用计算机网络,将分布于不同地理位置的业务处理计算机设备或网络与业务管理中心网络连接起来,以便于在任何一个网络节点上都可以进行统一、实时的业务处理活动或客户服务,是以海量数据为基础的复杂分析技术。通常在数据库系统中,事务是工作的离散单位。例如,一个数据库事务可以是修改一个用户的账户平衡或库存项的写操作。联机事务处理系统实时地采集处理与事务相关的数据以及共享数据库和其他文件的位置的变化。在联机事务处理中,事务是被立即执行的,这与批处理相反,一批事务被存储一段时间,然后再被执行。OLTP 的结果可以在这个数据库中立即获得,这里假设这些事务可以完成。民航订票系统和银行 ATM 机是联机事务处理系统的例子。

在单一用户、单一数据库环境下执行事务是简单的,这是因为没有冲突问题或对数据库间同步的需求。在分布式环境下,维护多个数据库的完整性是另外一种问题。传统上,大多数联机事务处理系统都在大型计算机系统上实现,这是由于它的操作复杂,以及需要快速输入/输出、禁止和管理的原因。如果一个事务必须在多个场地进行修改,那么就需要管理机制来防止数据被重写并提供同步功能。其他的需求包括具有回滚失效事务的能力、提供安全性,以及如果需要,提供数据恢复的能力,这是通过一个事务处理监督器来处理的。这个监督器保证了事务是完全完成的或是进行回滚的,因而就可以保证数据库状态的正确性。

联机事务处理在金融、证券、期货以及信息服务等系统中得到广泛的应用。例如金融系统的银行业务网，通过拨号线、专线、分组交换网和卫星通信网覆盖整个国家甚至于全球，可以实现大范围的储蓄业务通存通兑，在任何一个分行、支行进行全国范围内的资金清算与划拨。在自动提款机网络上，用户可以持信用卡在任何一台自动提款机上获得提款、存款及转账等服务。在期货、证券交易网上，遍布全国的所有会员公司都可以在当地通过计算机进行报价、交易、交割、结算及信息查询。此外，民航订售票系统也是典型的联机事务处理，在全国甚至全球范围内提供民航机票的预订和售票服务。

2. 联机分析处理数据库

联机分析处理是共享多维信息的、针对特定问题的联机数据访问和分析的快速软件技术。它通过对信息的多种可能的观察形式进行快速、稳定一致和交互性的存取，允许管理决策人员对数据进行深入观察。决策数据是多维数据，多维数据就是决策的主要内容。OLAP专门设计用于支持复杂的分析操作，侧重对决策人员和高层管理人员的决策支持，可以根据分析人员的要求快速、灵活地进行大数据量的复杂查询处理，并且以一种直观而易懂的形式将查询结果提供给决策人员，以便他们准确掌握企业（公司）的经营状况，了解对象的需求，制定正确的方案。

联机分析处理具有灵活的分析功能、直观的数据操作和可视化的分析结果等突出优点，从而使用户对基于大量复杂数据的分析变得轻松而高效，有利于迅速做出正确判断。它可用于证实人们提出的复杂的假设，其结果是以图形或者表格的形式表示的对信息的总结。它并不将异常信息标记出来，是一种知识证实的方法。

3. 数据库快照

数据库快照（Database Snapshot）是一个只读的、静态的数据库视图。一个数据库可以有多个数据库快照，每个数据库快照在被显性地删除之前将一直存在。数据库快照将保持和源数据库被创建时一致，所以可被用来做一些报表。数据库快照提供了一个把数据库恢复到一个特定时间点的有效途径。每个数据库的快照都与创建该快照时存在的源数据库在事务上是一致的。这种数据库对于一些特定的应用场合是非常有用的。

10.1.2 系统数据库

SQL Server 2005包含一些系统数据库，这些数据库记录了SQL Server必需的一些信息。用户不能直接修改这些系统数据库，也不能在系统数据库表上定义触发器。SQL Server 2005包含以下几个系统数据库：master、model、msdb、tempdb和Resource。

1. master数据库

该数据库记录了SQL Server实例的所有系统级信息，包括实例范围的元数据、端点、连接服务器、系统配置设置、SQL Server的初始化信息和所有其他数据库是否存在以及这些数据库文件的位置。若master数据库不可用，则SQL Server不能启动。需要注意的是，SQL Server 2005的系统对象并未存储在master数据库中，而是存储在Resource

数据库中，因此，要及时备份 master 系统数据库。

2. model 数据库

该数据库用做 SQL Server 实例上创建的所有数据库的模板。对 model 数据库进行的操作将应用于在此之后创建的所有数据库。

3. msdb 数据库

该数据库供 SQL Server 代理程序调度警报和作业以及记录操作员时使用。

4. tempdb 数据库

该数据库是连接到 SQL Server 实例的所有用户都可用的一个全局资源。它保存所有的临时表和临时存储过程，用来满足所有其他临时存储要求。tempdb 数据库在 SQL Server 每次启动时都重新创建，因此该数据库在系统启动时总是空的。临时表和存储过程在连接断开时自动除去，而且当系统关闭后将没有任何连接处于活动状态，因此该数据库中没有任何内容会从 SQL Server 的一个会话保存到另一个会话。

5. Resource 数据库

该数据库是一个只读数据库，包含 SQL Server 包括的系统对象。

10.1.3 文件和文件组

SQL Server 2005 使用文件和文件组来管理物理数据库，每个数据库至少具有两个系统文件：一个数据文件和一个日志文件。为了便于组织和管理，可以将数据文件集合起来，放到相关的文件组中。

1. 数据库文件

数据库文件里包含数据和对象，如表、索引、存储过程、触发器、数据类型、角色和视图等。SQL Server 2005 数据库具有主要数据文件、次要数据文件和日志文件 3 种类型的文件。

(1) 主要数据文件包含数据库的启动信息，并指向数据库中的其他文件。用户数据和对象可存储在此文件中，也可以存储在次要数据文件中。每个数据库有且只能有一个主要数据文件，建议文件扩展名是.mdf。

(2) 次要数据文件是可选择的，由用户定义并存储用户数据。次要数据文件可用于将数据分散到多个磁盘上，建议扩展名是.ndf。

(3) 日志文件保存用于恢复数据库的日志信息。每个数据库必须至少有一个日志文件，建议扩展名是.ldf。

2. 文件组

为了便于分配和管理,可以将数据对象和文件一起分成文件组。在 SQL Server 2005 中,主要有两种类型的文件组:主文件组和用户自定义文件组。

(1) 主文件组包含主数据库文件和任何没有明确分配给其他文件组的其他文件。系统表的所有数据页均被分配在主文件组中。

(2) 用户自定义文件组是用户在 CREATE DATABASE 或 ALTER DATABASE 语句中使用 FILEGROUP 关键字指定的任何文件组。

如果在数据库中创建对象时没有指定对象所属的文件组,则对象被分配给默认文件组 PRIMARY。另外,日志文件不包括在文件组内,因为日志空间和数据空间是分开管理的。

3. 文件和文件组的设计规则

在创建数据库、设计存储数据库的文件和文件组策略的时候,要遵循以下的设计规则。

(1) 一个文件或文件组不能由多个数据库使用。

(2) 一个文件只能从属于一个文件组。

(3) 数据和事务日志信息不能属于同一个文件或文件组。

(4) 事务日志文件不能属于任何文件组。

10.1.4 数据库对象

一个数据库往往由多种数据对象构成,SQL Server 2005 数据库的数据元素包括表、视图、索引、主键、外键、存储过程、触发器、数据类型、约束、默认值、角色、用户和架构等。

10.2 创建数据库

创建 SQL Server 2005 数据库有两种方式:使用工具向导创建和使用 Transact-SQL 语句创建,下面通过实例分别介绍这两种方式。

10.2.1 使用工具向导创建数据库

在 SQL Server Management Studio 中,使用工具向导创建一个"高考招生"数据库。该数据库包含一个初始大小为 20MB 的数据库文件和一个初始大小为 10MB 的日志文件。数据文件的增长方式为"增量为 10MB,不限制增长",日志文件的增长方式为"增量为 20%,不限制增长",其他参数均采用默认值,并将数据文件和日志文件存储到 D:\gkzs 目录中。具体操作步骤如下:

(1) 打开 SQL Server Management Studio 并连接到数据库引擎服务器。

(2) 在"对象资源管理器"窗格中，右击"数据库"节点，在弹出的快捷菜单中选择"新建数据库"命令，打开"新建数据库"对话框，如图 10-1 所示。

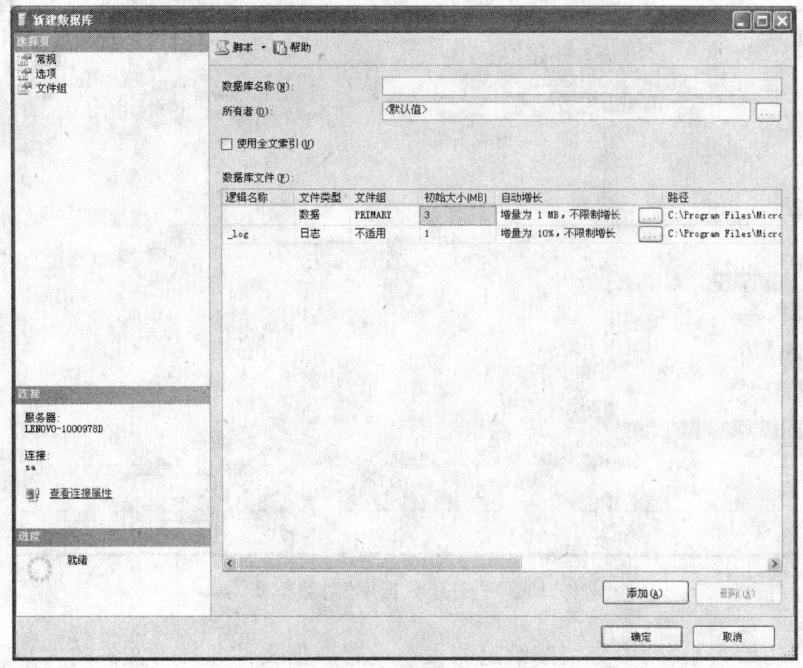

图 10-1 "新建数据库"对话框 1

(3) 在"数据库名称"文本框中输入"高考招生"，系统自动为数据库设定"逻辑名称"等信息。在"所有者"文本框中采用默认值，也可通过单击…按钮，在打开的对话框中选择数据库所有者，如图 10-2 所示。

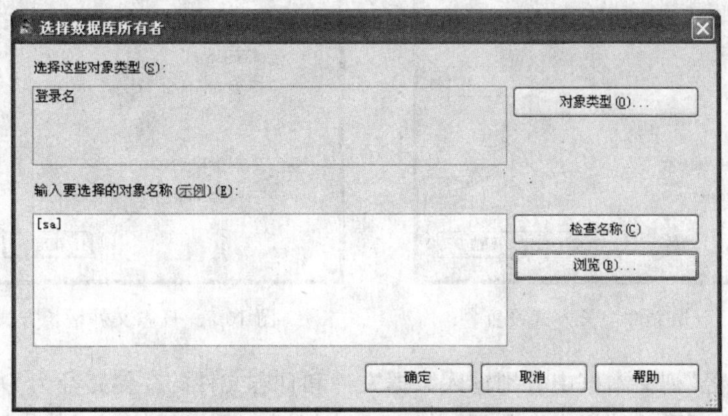

图 10-2 "选择数据库所有者"对话框

(4) 在"数据库文件"编辑框内的"逻辑名称"列，可以更改数据文件和日志文件的名称，在此例中采用系统默认值，如图 10-3 所示。

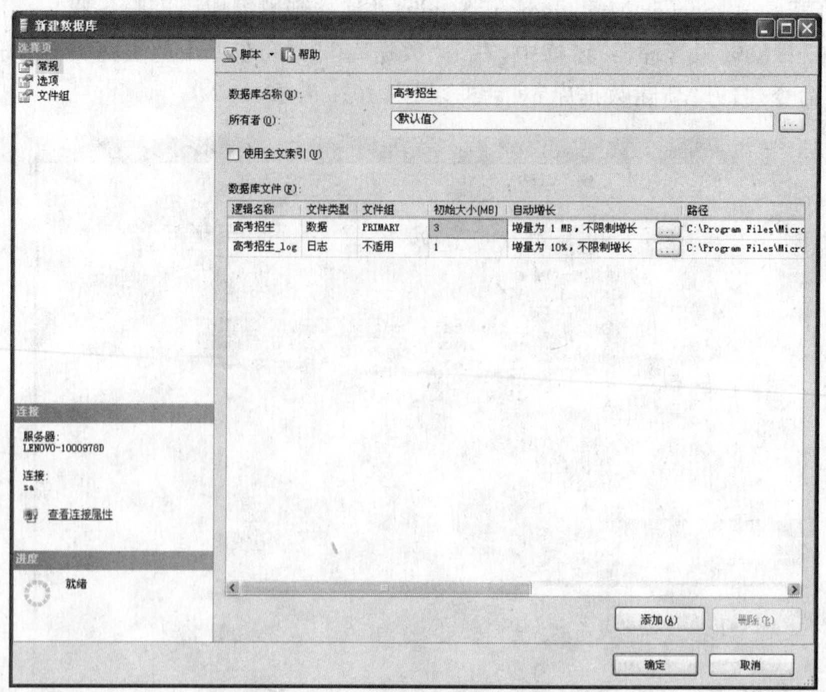

图 10-3　“新建数据库”对话框 2

(5) 在“初始大小”列中分别按给定的大小设置数据文件和日志文件的大小。

(6) 单击“自动增长”文本框旁边的按钮，分别设置数据文件和日志文件的增长方式，如图 10-4 和图 10-5 所示。

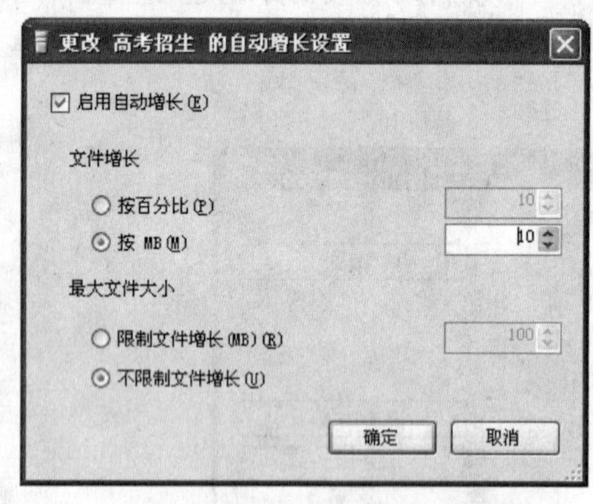

图 10-4　数据文件增长方式设置

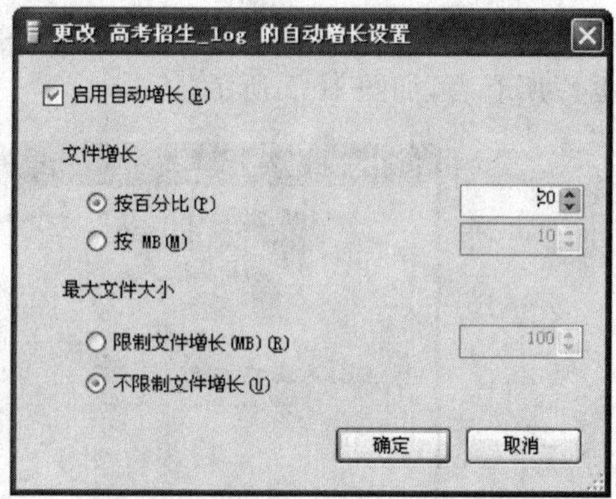

图 10-5　日志文件增长方式设置

(7) 在“路径”列文本框中分别输入数据文件和日志文件的存储路径为 D:\gkzs。

(8) 设置好所有的数据库参数后，单击“确定”按钮，系统开始创建数据库，创建成功后，在 SQL Server Management Studio 的“对象资源管理器”窗格中的“数据库”节点下，就会显示新创建的“高考招生”数据库，如图 10-6 所示。

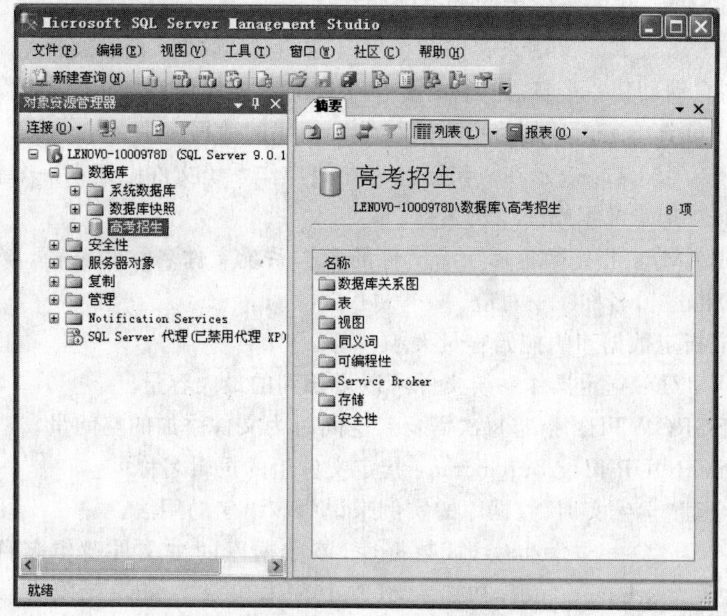

图 10-6　新创建的"高考招生"数据库

10.2.2　使用 CREATE DATABASE 语句创建数据库

在 SQL Server 2005 中创建数据库的语句为 CREATE DATABASE，其语法格式如下：

```
CREATE DATABASE database_name
              [ON[PRIMARY]
[<filespec>[,…n]
[,<filegroupspec>[,…n] ] ]
[LOG ON{<filespec>[, …n]}]
[FOR LOAD|FOR ATTACH]
<filespec>::=([name=logical_file_name,]
              FILENAME='os_file_name'
              [,SIZE=size]
              [,MAXSIZE={max_size|UNLIMITED}]
              [,FILEGROWTH=growth_increment])[,…n]
<filegroupspec>::=FILEGROUP filegroup_name<filespec>[,…n]
```

各个参数说明如下。

(1) database_name：指定数据库名称，要符合标识符的命名规则，在一个数据库实例中，该名称必须是唯一的。

(2) ON：显式定义用来存储数据库中数据的磁盘文件(数据文件)。<filespec>用于定义主文件组的数据文件；<filegroupspec>用于定义用户文件组及其中的文件。

(3) PRIMARY：用于指定主文件组中的文件。

(4) LOG ON：显式定义用来存储数据库日志的磁盘文件(日志文件)。如果没有指定该参数值，则自动创建一个日志文件；另外，不能对数据库快照指定该参数。

(5) FOR LOAD：表示计划将备份直接装入新建的数据库中。

(6) FOR ATTACH：表示在一组已经存在的操作系统文件中建立一个新的数据库。

(7) NAME：指定数据库的逻辑名称。

(8) FILENAME：指定数据库所有文件的操作系统文件名称和路径，该操作系统文件名和 NAME 的逻辑名称一一对应。

(9) SIZE：指定数据库的初始容量大小。

(10) MAXSIZE：指定操作系统文件可以增长到的最大容量。

(11) FILEGROWTH：指定每次需要新空间时为文件添加的空间量。

(12) FILEGROUP filegroup_name：指定文件组的逻辑名称。

下面通过创建"学生实训"数据库的实例来说明该语句的用法。

[**例 10-1**] 创建一个"学生实训"数据库，该数据库的主文件逻辑名称为"学生实训"，物理文件名为 student.mdf，初始大小为 10MB，最大容量为无限大，增长速度为 10%，数据库的日志文件逻辑名称为 student_log，物理文件名为 student.ldf，初始大小为 1MB，最大容量为 5MB，增长速度为 1MB。具体操作步骤如下所示。

(1) 打开 SQL Server Management Studio 并连接到数据库引擎服务器。

(2) 单击工具栏上的"新建查询"按钮，打开"新建查询"窗口，如图 10-7 所示。

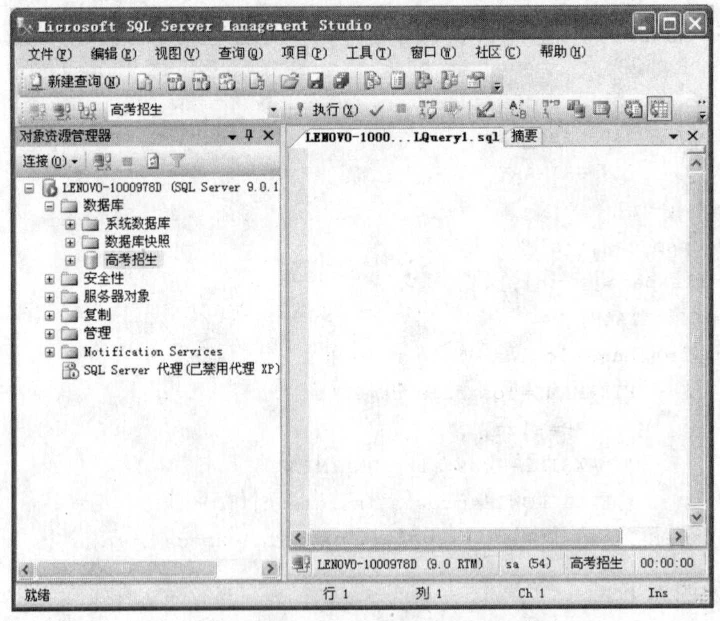

图 10-7 "新建查询"窗口

(3) 在该窗口中，输入以下代码，并单击工具栏上的"执行"按钮，即可完成"学生实训"数据库的创建。

```
CREATE DATABASE 学生实训
 ON PRIMARY
  (NAME='SXXS',
   FILENAME='C:\Program Files\Microsoft SQL Server\MSSQL.1\MSSQL\DATA\student.mdf',
   SIZE=10240KB,
   MAXSIZE=UNLIMITED,
   FILEGROWTH=10%)
   LOG ON
   (NAME='student_log',
   FILENAME='C:\Program Files\Microsoft SQL Server\MSSQL.1\MSSQL\DATA\student.
   ldf',
   SIZE=1024KB,
   MAXSIZE=5120KB,
   FILEGROWTH=1024KB)
   GO
```

10.3 修改数据库

在对 SQL Server 2005 数据库操作的过程中，有时由于数据量的增长而不能完全满足用户的需求，就需要适时地对数据库进行调整，如扩大或缩小数据库、添加或删除数据文件和日志文件、更改默认文件组和数据库所有者以及更改数据库状态等，下面详细介绍这些操作。

10.3.1 扩大数据库

当在数据库中指定的文件空间用完时，就需要分配更多的空间存储数据文件和日志文件，可以根据在创建数据库时设定的增长参数自动地扩大空间，也可以通过"数据库属性"对话框分配空间。当未指定"自动增长"参数时，需要手动增加数据库的存储空间，具体操作步骤如下。

(1) 打开 SQL Server Management Studio 并连接到数据库引擎服务器。

(2) 在"对象资源管理器"窗格中展开"数据库"节点。

(3) 右击要修改的数据库，在弹出的快捷菜单中选择"属性"命令，打开"数据库属性"对话框，选择"文件"选项，如图 10-8 所示。

(4) 增加"数据库文件"列表框中的"初始大小"列中的值(至少增加 1MB)。

(5) 单击"确定"按钮，完成数据库空间的扩大操作。

10.3.2 收缩数据库

当数据库文件不需要最初所分配的空间时，用户可以通过收缩文件来回收这些空间，

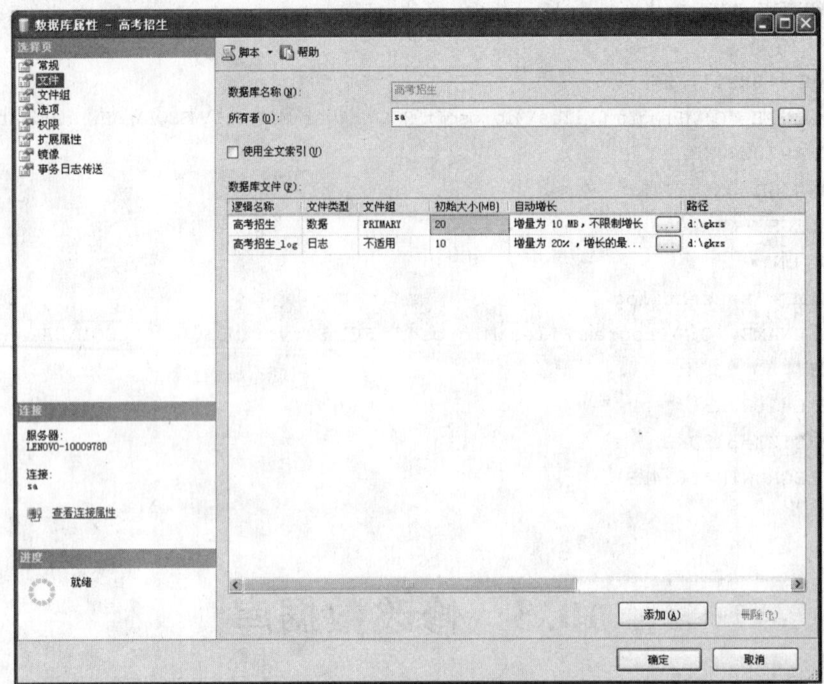

图 10-8 “数据库属性”对话框

具体操作步骤如下。

(1) 打开 SQL Server Management Studio 并连接到数据库引擎服务器。

(2) 在“对象资源管理器”窗格中展开“数据库”节点。

(3) 右击要修改的数据库，在弹出的快捷菜单中选择“任务”|“收缩”|“数据库”命令，打开“收缩数据库”对话框。

(4) 选中“收缩操作”区域的复选框，用微调按钮调节“收缩后文件中的最大可用空间”到合适的大小，如图 10-9 所示。

(5) 单击“确定”按钮，完成数据库的收缩操作。

10.3.3 添加和删除数据文件和日志文件

在 SQL Server 2005 数据库的使用过程中，用户可以通过添加数据文件和日志文件扩展数据库，相应地，也可以通过删除数据文件和日志文件缩小数据库，具体操作步骤如下。

(1) 打开 SQL Server Management Studio 并连接到数据库引擎服务器。

(2) 在“对象资源管理器”窗格中展开“数据库”节点。

(3) 右击要修改的数据库，在弹出的快捷菜单中选择“属性”命令，打开“数据库属性”对话框，选择“文件”选项，显示文件设置界面。

(4) 若要添加文件，单击“添加”按钮，在“数据库文件”列表框中将出现一个新的文件，设置该文件的各个参数即可，如图 10-10 所示。

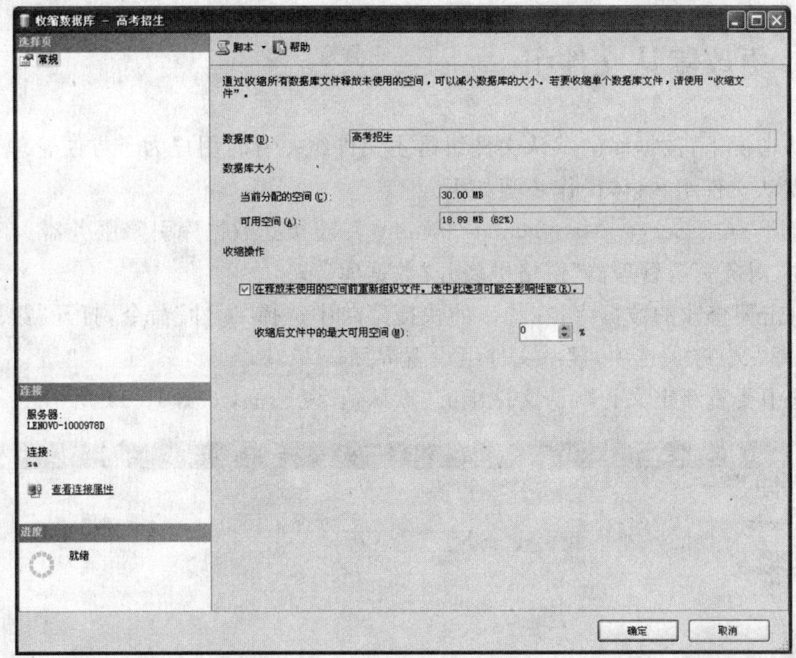

图 10-9 “收缩数据库”对话框

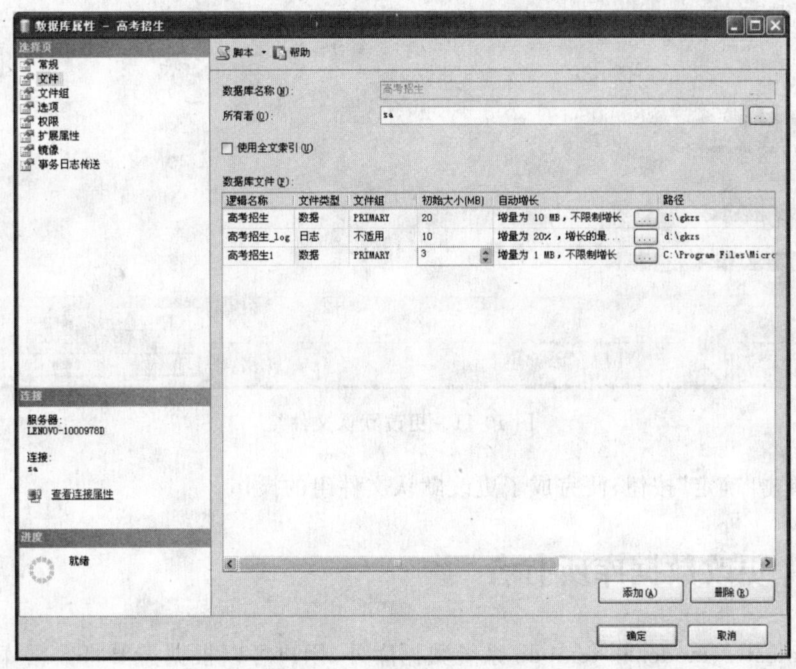

图 10-10 添加数据库文件

(5) 若要删除文件，选中要删除的文件后单击“删除”按钮即可。需要注意的是，删除数据文件和日志文件时，必须确保文件里面不能包含数据或日志，即是空文件。

(6) 完成相应的操作后，单击“确定”按钮。

10.3.4 更改默认文件组

在默认情况下,数据库的默认文件组是主文件组。有时用户为了方便管理文件,可能需要更改默认文件组,具体操作步骤如下。

(1) 打开 SQL Server Management Studio 并连接到数据库引擎服务器。

(2) 在"对象资源管理器"窗格中展开"数据库"节点。

(3) 右击要修改的数据库,在弹出的快捷菜单中选择"属性"命令,打开"数据库属性"对话框,选择"文件组"选项,显示文件组设置界面。

(4) 选中要重新定义为默认文件组的"默认值"复选框,如图 10-11 所示。

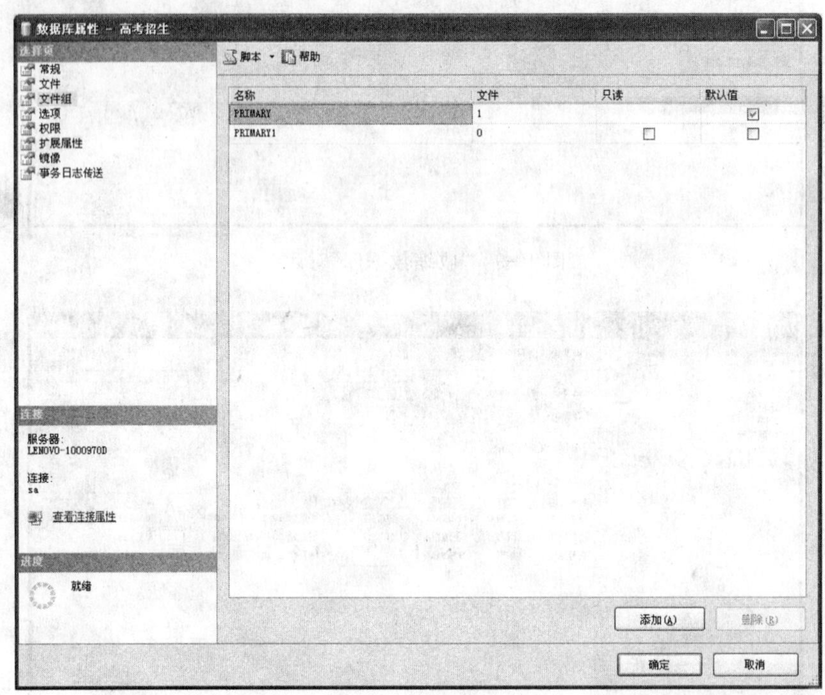

图 10-11　更改默认文件组

(5) 单击"确定"按钮,便完成了更改默认文件组的操作。

10.3.5 更改数据库所有者

除了 master、model 和 tempdb 系统数据库外,用户可以根据需要将数据库的当前所有者更改为连接到数据库中的任何用户,具体操作步骤如下。

(1) 打开 SQL Server Management Studio 并连接到数据库引擎服务器。

(2) 在"对象资源管理器"窗格中展开"数据库"节点。

(3) 右击要修改的数据库,在弹出的快捷菜单中选择"属性"命令,打开"数据库属性"

对话框，选择“文件”选项，显示文件设置界面。

(4) 单击“所有者”文本框右边的按钮，打开“选择数据库所有者”对话框，如图 10-2 所示。

(5) 单击“浏览”按钮，打开“查找对象”对话框，选择数据库新的所有者对应的登录名，如图 10-12 所示。

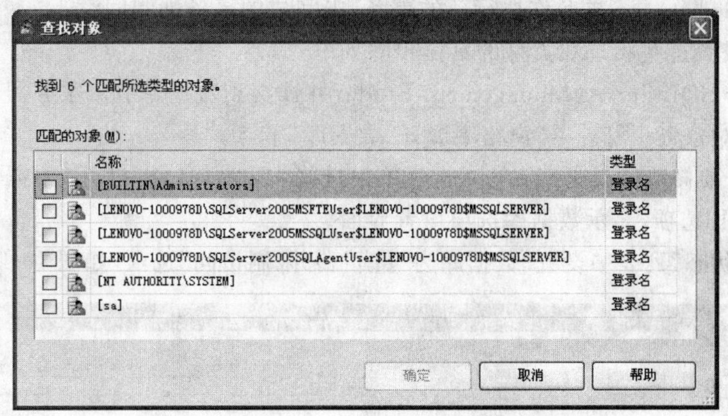

图 10-12 “查找对象”对话框

(6) 单击“确定”按钮，返回到“数据库属性”对话框的“文件”选项设置界面。

(7) 单击“确定”按钮，即完成了数据库的所有者的更改操作。

10.3.6 更改数据库状态

为了实现在对数据库进行某些操作的同时又保持数据库的运行，SQL Server 对数据库进行了状态和模式区分；在设置数据库状态的过程中，可能需要终止一些不满足新状态要求的会话和事务，因而也区分了对事务的终止操作类型。

1. SQL Server 2005 数据库状态

(1) 离线状态：数据库关闭。

(2) 在线状态：数据库打开且可用状态。

(3) 紧急状态：数据库为只读状态，即只有系统管理员可以访问数据库。

2. SQL Server 2005 数据库模式

(1) 单用户模式：只能由一个用户使用。

(2) 多用户模式：可以被多个用户使用。

(3) 受限用户模式：只能被数据库创建者、所有者和系统管理员使用。

(4) 只读模式：数据库不允许修改操作。

(5) 读写模式：数据库可以任意读写。

3. 事务的终止操作类型

(1) Normal：不再允许执行新事务，未完成的事务强制提交或回滚。

(2) Normal with time-out：不再允许执行新的事务，未完成的事务可以提交，但是超过时间限制后，事务就会回滚。

(3) Immediate：不再允许执行新的事务，未完成的事务强制回滚。

更改或设置这些状态和类型的具体步骤如下。

(1) 打开 SQL Server Management Studio 并连接到数据库引擎服务器。

(2) 在“对象资源管理器”窗格中展开“数据库”节点。

(3) 右击要修改的数据库，在快捷菜单中选择“属性”命令，打开“数据库属性”对话框，选择“选项”选项，显示数据库选项设置界面。

(4) 在“状态”列表中设置“数据库为只读”和“限制访问”选项，如图 10-13 所示。

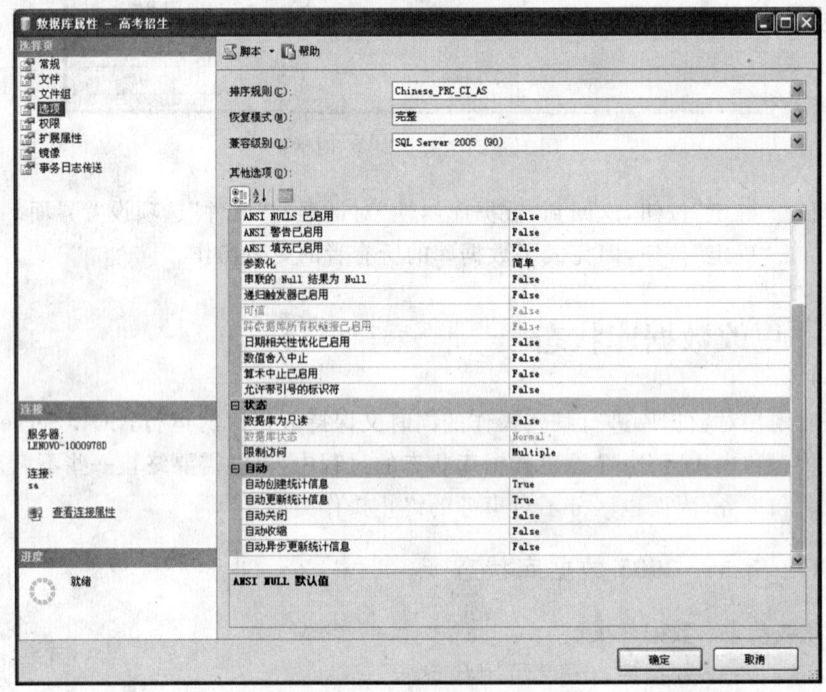

图 10-13 “数据库属性”对话框

(5) 单击“确定”按钮，完成数据库状态的更改操作。

10.4 删除数据库

当数据库不再需要或者被移到另外一个服务器时，即可删除该数据库。数据库被删除之后，文件及其数据都从服务器上的磁盘中删除，不能再使用。需要注意的是，不能删除系统数据库 master、model、msdb 和 tempdb。下面介绍两种删除数据库的方法。

10.4.1 使用 SQL Server Management Studio 删除数据库

使用 SQL Server Management Studio 管理工具删除数据库的具体步骤如下。

(1) 打开 SQL Server Management Studio 并连接到数据库引擎服务器。

(2) 在“对象资源管理器”窗格中展开“数据库”节点。

(3) 右击要删除的数据库,在弹出的快捷菜单中选择“删除”命令。

(4) 在打开的“删除对象”对话框中,确认是否为目标数据库,并通过设置复选框决定是否要删除备份以及关闭已经存在的数据库连接,如图 10-14 所示。

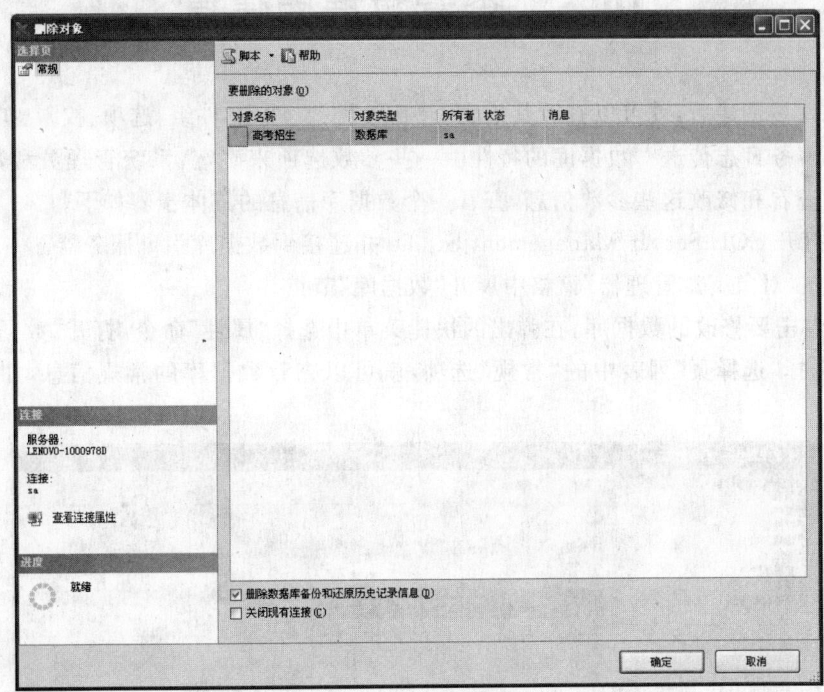

图 10-14 “删除对象”对话框

(5) 单击“确定”按钮,即可完成数据库的删除操作。

10.4.2 使用 Transact-SQL 语句删除数据库

使用 Transact-SQL 语句也可以删除一个或多个数据库及其数据库快照,其语法格式如下:

```
DROP DATABASE database_name|database_snapshot_name[,…n]
```

其中,database_name 表示需要删除的数据库的名称;database_snapshot_name 表示需要删除的数据库快照的名称。

使用 Transact-SQL 语句将已经存在的学生实训数据库删除，具体操作步骤如下所示。

(1) 打开 SQL Server Management Studio 并连接到数据库引擎服务器。

(2) 单击工具栏上的“新建查询”按钮，打开“新建”窗口。

(3) 在该窗口中输入以下代码，并单击工具栏上的“执行”按钮，即可完成“学生实训”数据库的删除操作。

```
DROP DATABASE 学生实训
GO
```

10.5 查看数据库信息

数据库被创建后，就可以查看其信息，包括常规、文件、文件组、选项、权限、扩展属性、镜像以及事务日志传送。数据库的特性由一些参数选项来确定，系统管理员和数据所有者都可以查看和修改这些参数信息，查看一个数据库信息的具体步骤如下。

(1) 打开 SQL Server Management Studio 并连接到数据库引擎服务器。

(2) 在“对象资源管理器”窗格中展开“数据库”节点。

(3) 右击要修改的数据库，在弹出的快捷菜单中选择“属性”命令，打开“数据库属性”对话框，选择“选择页”列表中的“常规”选项，就可以查看数据库的常规信息，如图 10-15 所示。

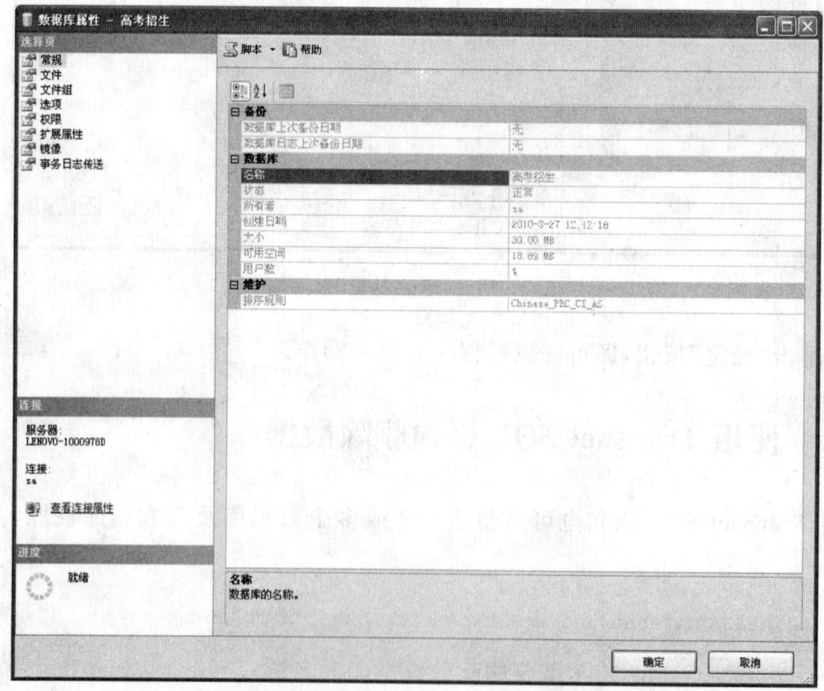

图 10-15　数据库的常规信息

10.6 备份与还原数据库

SQL Server 2005 提供了高性能的备份和还原功能，可以很好地保护存储在数据库中的数据。本节介绍如何在 SQL Server 2005 中备份与还原数据库。

10.6.1 备份数据库

1. 备份

SQL Server 2005 数据库备份的功能十分强大，备份是保存数据库中的数据和日志，以备将来使用。SQL Server 2005 数据库中存放的是企业最为重要的内容，这些数据都存放在计算机上，由于会出现系统故障或者产品故障，如硬件故障、用户的错误操作、服务器的彻底崩溃和自然灾害等，所以可能会对数据库造成不可避免的破坏，因此，及时备份数据库显得尤为重要。

2. 备份类型

SQL Server 2005 数据库提供了如下所介绍的多种备份类型。

1）完整备份

完整备份是在某一时间点做数据库备份，作为数据库恢复的基线，包括数据文件和部分事务日志的备份。当执行数据库的完整备份时，SQL Server 2005 将备份期间所发生的任何活动和所有事务日志中未提交的事务，当数据库恢复时，未提交的事务被回滚。

当数据库数据量较小，而且数据仅有很少的变化或数据库是只读时，可以定期执行数据库的完整备份。

2）事务日志备份

事务日志备份记录所有数据库的变化，当进行完整数据库备份时一般也要备份事务日志。当执行数据库的事务日志备份时，SQL Server 2005 将备份事务日志从上次成功备份事务日志到当前的事务日志结束，如果没有执行一次完整数据库备份，不能进行事务日志备份。

当数据库要求较严格的可恢复性，而由于时间和效率的原因，仅通过使用数据库的完整备份实现可恢复性并不可行时，可以考虑使用数据库加事务日志备份策略，以记录全部数据库的活动。

3）尾日志备份

尾日志是事务日志的备份，它包括以前未进行过备份的日志部分，即事务日志的活动部分，该备份不截断日志。

4）差异备份

用户在备份频繁修改的数据库时，当最小化备份时间时，应使用差异备份。当执行数据库的差异备份时，SQL Server 2005 将备份从上次执行完整备份以来的数据库变化、基础备份创建以来的变化内容和差异备份执行期间发生的任何活动和事务日志中所有未提交的事务。

当数据库变化比较频繁、备份数据库的时间尽可能短时建议使用差异备份策略。

5）文件和文件组备份

文件和文件组备份通常在数据库非常庞大、完整备份耗时太长的情况下使用。当执行文件和文件组备份时，SQL Server 2005 允许用户备份指定的多个数据库文件，当使用 FILE 或者 FILEGROUP，可以备份指定的数据库文件。

6）部分备份

部分备份包括备份所有的主文件组、每一个读写文件组、任意指定的只读文件组，即并不包括所有的文件组。

7）仅复制备份

该备份不影响整个备份序列，用户可以为全部的备份类型创建仅复制备份。

3. 备份过程

可以使用 SQL Server Management Studio 工具完成数据库的备份操作，具体操作步骤如下。

(1) 打开 SQL Server Management Studio 并连接到数据库引擎服务器。

(2) 在"对象资源管理器"窗格中展开"数据库"节点。

(3) 右击要备份的数据库，在弹出的快捷菜单中选择"任务"|"备份"命令，打开"备份数据库"对话框，默认选择"常规"选项，如图 10-16 所示。

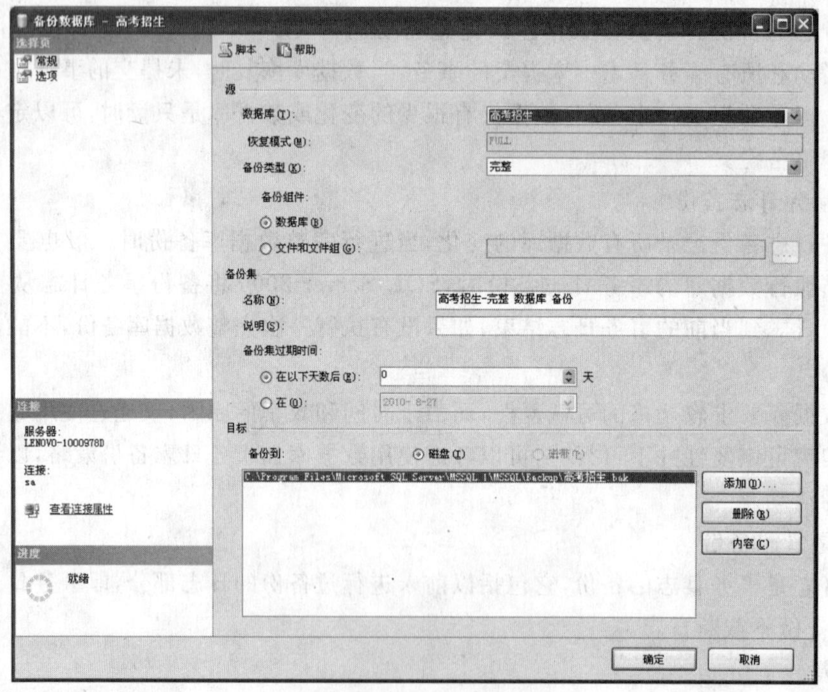

图 10-16 "备份数据库"对话框

(4) 在“源”、“备份集”和“目标”列表框中设置相应的备份类型、备份组件、备份集过期时间及备份设备。

(5) 单击“确定”按钮,完成数据库的备份操作。

10.6.2 还原数据库

在数据库的正常运行过程中,要及时地进行数据库的备份操作,当数据库系统遇到了不可避免的灾难时,应当及时进行数据库的恢复与还原操作。与数据库备份类型相对应,数据库的还原操作也分为完整的数据库还原、差异的数据库还原、事务日志还原、文件和文件组还原、页面还原和段落还原几种类型。

1. 完整的数据库还原

完整的数据库还原是完整数据库备份的逆过程,是数据库还原中最常见的一种方式。利用 SQL Server Management Studio 工具完整还原数据库的操作步骤如下。

(1) 打开 SQL Server Management Studio 并连接到数据库引擎服务器。

(2) 在“对象资源管理器”窗格中展开“数据库”节点。

(3) 右击要还原的数据库,在弹出的快捷菜单中选择“任务”|“还原”|“数据库”命令,打开“还原数据库”对话框,默认选择“常规”选项,如图 10-17 所示。

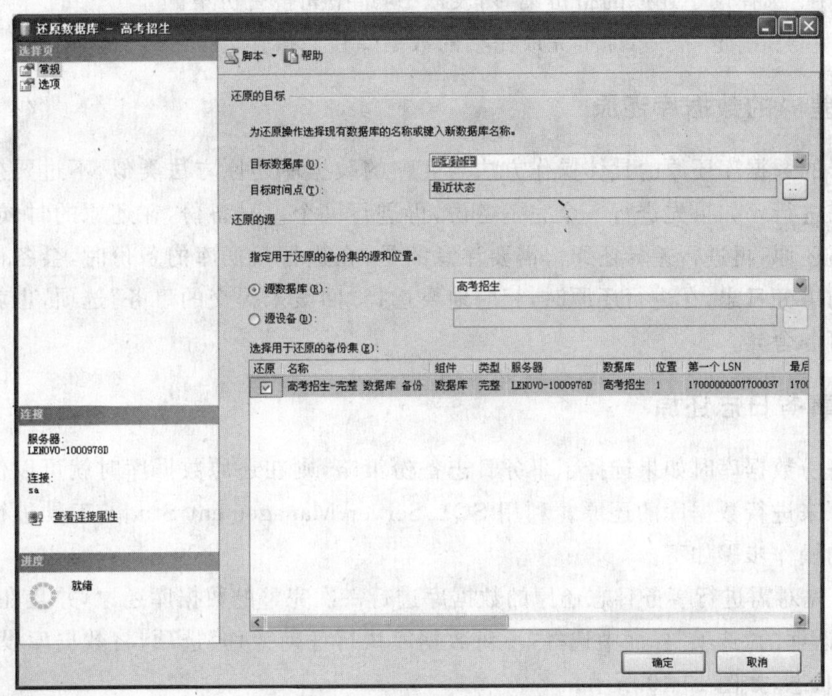

图 10-17 “还原数据库”对话框

(4) 在“还原的目标”区域的“目标数据库”下拉列表框中选择数据库的名称。

(5) 在“还原的源”区域,选中“源设备”单选按钮,单击右侧的…按钮,打开“指定备份”对话框,如图 10-18 所示。

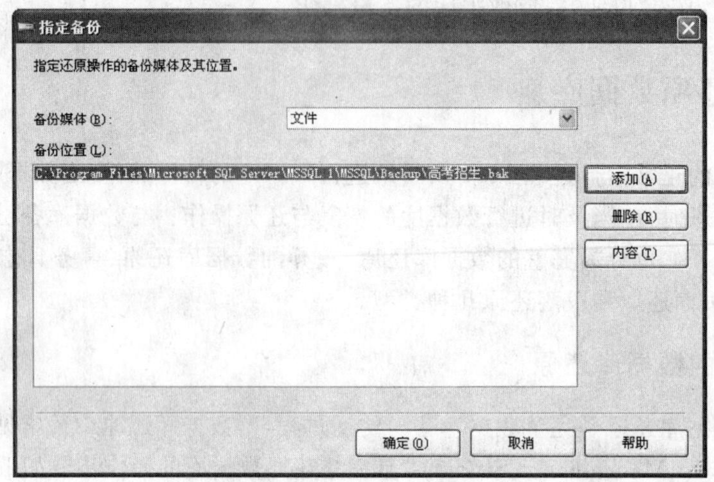

图 10-18 “指定备份”对话框

(6) 指定还原操作的备份媒体及其位置,单击“确定”按钮,返回到“还原数据库”对话框。

(7) 在“选择用于还原的备份集”列表框中,选中完整备份集。

(8) 单击“确定”按钮,即可完成完整的数据库还原操作。

2. 差异的数据库还原

差异的数据库还原的具体操作方法与完整的数据库还原方法类似,不过要按照备份的顺序来进行。如果先进行一个完整备份,再进行一个差异备份,在还原的时候,也要先进行完整还原,再进行差异还原。需要注意的是,在进行数据库的备份时,会备份一些没有提交的事务日志,在进行还原时,相应地要选择“回滚未提交的事务”选项,也就是将未提交的事务舍弃。

3. 事务日志还原

在备份数据库时如果选择了事务日志备份策略,则在还原数据库时就可以使用事务日志还原来进行数据库的还原。利用 SQL Server Management Studio 工具进行事务日志还原的操作步骤如下。

(1) 先对需进行事务日志还原的数据库进行一次完整的数据库还原,并且在“数据库还原”对话框的“选项”界面中选择“不对数据库执行任何操作”选项,将数据库设置为“正在还原”状态,如图 10-19 所示。

(2) 在“对象资源管理器”窗格中展开“数据库”节点,右击正在还原的数据库,在弹出的快捷菜单中选择“任务”|“还原”|“事务日志”命令,打开“还原事务日志”对话框,如图 10-20 所示。

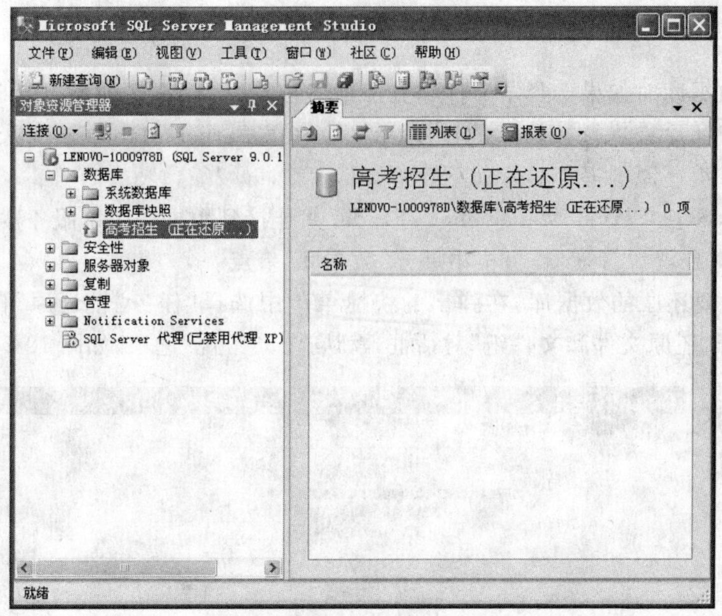

图 10-19 数据库正在还原

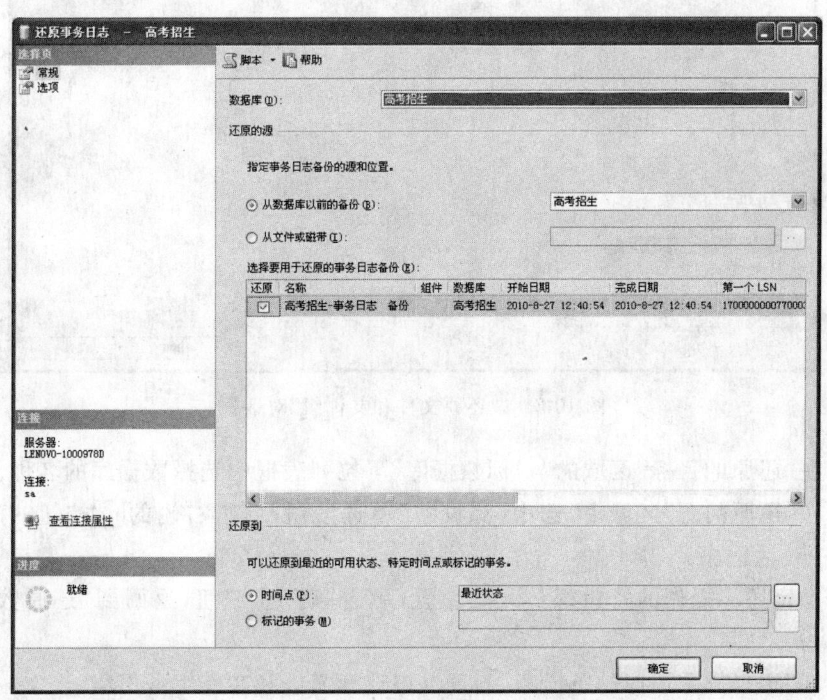

图 10-20 “还原事务日志”对话框

(3) 指定事务日志备份的源和位置，指定备份设备，选择要用于还原的事务日志备份，指定可以还原到最近的可用状态、特定时间点或标记的事务。

(4) 单击“确定”按钮，即可完成数据库的事务日志还原操作。

4. 文件和文件组还原

在备份数据库时如果选择了文件和文件组备份策略，则在还原数据库时就可以使用文件和文件组还原来进行数据库的还原。利用 SQL Server Management Studio 工具进行文件和文件组还原的操作步骤如下。

(1) 打开 SQL Server Management Studio 并连接到数据库引擎服务器。

(2) 在“对象资源管理器”窗格中展开“数据库”节点。

(3) 右击要还原的数据库，在弹出的快捷菜单中选择“任务”|“还原”|“文件和文件组”命令，打开“还原文件和文件组”对话框，默认选择“常规”选项，如图 10-21 所示。

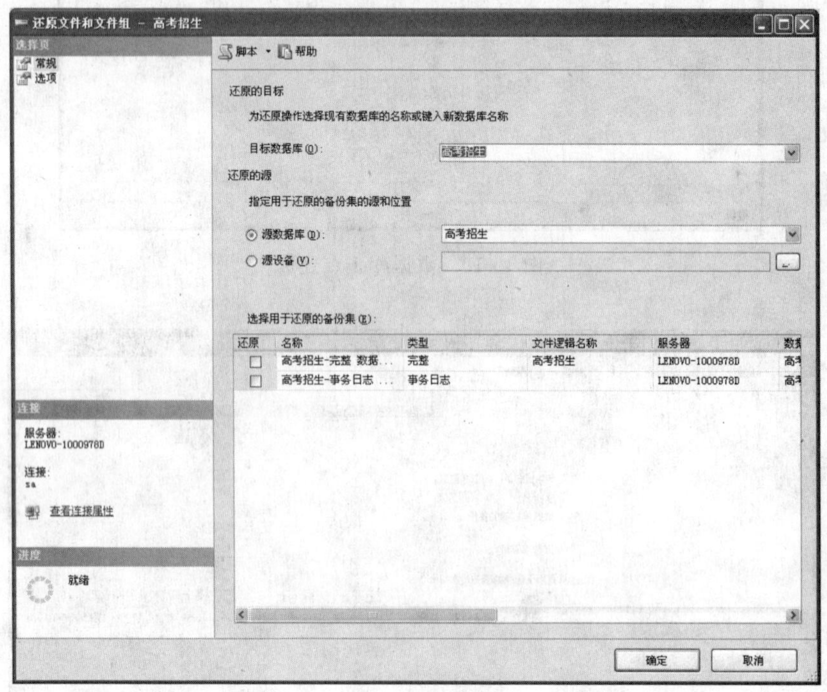

图 10-21 “还原文件和文件组”对话框

(4) 在“还原的目标”区域的“目标数据库”下拉列表框中选择数据库的名称。

(5) 在“还原的源”区域中，选中“源设备”单选按钮，单击右侧的[...]按钮，打开“指定备份设备”对话框。

(6) 指定还原操作的备份媒体及其位置，单击“确定”按钮，返回到“还原数据库”对话框。

(7) 在“选择用于还原的备份集”列表框中选择文件和文件组备份集。

(8) 单击“确定”按钮，即可完成数据库文件和文件组的还原操作。

除了以上几种常用的数据库还原类型外，还有页面还原和段落还原两种类型。页面还原只适用于数据库中某些页面损坏而造成数据库无法正常使用的情况，可以通过校验来检测已损坏的页，并进行页面级别的还原。段落还原可以在对主文件组和某些辅助文件组进行初始的部分还原后，对文件组进行还原，可以通过标记离线文件组来保证数据库的最终一致性。

小　结

本章介绍了 SQL Server 2005 数据库的创建和管理操作。首先概括介绍了 3 种基本的数据库、系统数据库、文件和文件组以及数据库对象等基本理论和概念；然后通过实例和实际操作过程详细介绍了利用 SQL Server Management Studio 工具和 Transact-SQL 语句实现数据库的创建、修改、删除、备份和还原操作的具体步骤以及数据库信息的查看方法。

在 SQL Server 2005 中主要包括两种类型的数据库：联机事务处理数据库和联机分析处理数据库，另外还新增了一种数据库快照。SQL Server 2005 包含以下几个系统数据库：master、model、msdb、tempdb 和 Resource。

创建和删除 SQL Server 2005 数据库有两种方式：使用工具向导和使用 Transact-SQL 语句。

修改数据库包括扩大或缩小数据库空间、添加或删除数据文件和日志文件、更改默认文件组和数据库所有者以及更改数据库状态等。

数据库被创建后，可以查看其信息，包括常规、文件、文件组、选项、权限、扩展属性、镜像以及事务日志传送。

数据库备份包括完整备份、差异备份、事务日志备份、尾日志备份以及文件和文件组备份 5 种类型。

数据库还原包括完整的数据库还原、差异的数据库还原、事务日志还原、文件和文件组还原、页面还原以及段落还原。

习　题　10

1. 在 SQL Server 2005 中，主要包括哪两种类型的数据库？各有什么特点？
2. 在 SQL Server 2005 的一个数据库实例中包含哪些系统数据库？
3. 什么是数据库快照？它有什么功能？
4. 在 SQL Server 2005 数据库中有哪 3 种类型的文件？它们的扩展名分别是什么？
5. 简述数据库对象的概念。
6. 什么是数据库备份？其作用是什么？
7. 在 SQL Server 2005 中，数据库的备份类型有哪几种？
8. 在 SQL Server 2005 中，数据库的还原方式有哪几种？
9. 创建一个名为 student 的数据库，逻辑文件名为 student_database，物理文件名为 student_database.mdf，最大容量为 10MB，增长速度为 1MB，按自己的需求修改数据库，并对其进行完整备份与完整还原，最后删除该数据库。

第11章 数据表的创建与管理

11.1 SQL Server 2005 表概述

11.1.1 表的基本概念

表是关系模式中表示实体的方式，是数据库存储数据的主要对象。SQL Server 数据库的表由行和列组成，行有时也称为记录，列有时也称为字段或域。

在表中，行的顺序可以是任意的，一般按照数据插入的先后顺序存储。在使用过程中，可以使用排序语句或按照索引对表中的行进行排序。

列的顺序也可以是任意的，对于每一个表，最多允许用户定义 1024 列。在同一个表中，列名必须是唯一的，即不能有名称相同的两个或两个以上的列同时存在于一个表中，并且在定义时为每一个列指定一种数据类型。但是，在同一个数据库的不同表中，可以使用相同的列名。

例如，"高考招生"数据库中的学校表 School 中的数据如表 11-1 所示。

表 11-1 School 表中的数据

校代码 Sccode	校名 Scname	校类型 Sctype	计招人数 Plnum	实录人数 Renum	平均分 Average
10712	西北农林科技大学	重点	2440	2500	580
10730	兰州大学	重点	2330	2400	575
10701	西安电子科技大学	重点	2220	2300	560
10459	郑州大学	重点	2110	2200	555
11406	甘肃政法学院	本科	2000	2060	430
10743	青海大学	本科	2000	2030	420
10746	青海师范大学	本科	1950	2000	400
10748	青海民族大学	本科	1900	1940	385

11.1.2 表的类型

SQL Server 2005 除了提供用户定义的标准表外，还提供了一些特殊用途的表，包括分区表、临时表和系统表。

1. 分区表

当表很大时，可以水平地把数据分割成一些单元，放在同一个数据库的多个文件组中。用户可以通过分区快速地访问和管理数据表中的某部分子集而不是整个数据表，从而便于管理整个大表和索引。

2. 临时表

临时表又分为局部临时表和全局临时表。局部临时表只对一个数据库实例的一次连接中的创建者是可见的。在用户断开数据库的连接时，局部临时表就被删除。

全局临时表对所有的用户和连接都是可见的，并且只有所有的用户都断开临时表相关的表时，全局临时表才会被删除。

3. 系统表

系统表用来保存一些服务器配置信息，用户不能直接查看和修改系统表，只有通过专门的管理员连接才能查看和修改。

不同版本的数据库系统的系统表一般不同，在升级数据库系统时，一些应用系统表的应用可能需要重写。

11.1.3 数据类型

所谓数据类型就是按数据的表现方式和存储方式划分的数据的种类。在 SQL Server 中每个变量、参数、表达式等都有数据类型。数据类型决定了数据在计算机中的存储格式，代表不同的信息类型。SQL Server 2005 定义了多种系统数据类型，也允许用户自定义数据类型。指定对象的数据类型相当于定义了该对象的 4 个特性，即：

(1) 对象所含的数据类型，如字符、整数或二进制数。

(2) 所存储值的长度或它的大小。

(3) 数字精度(仅用于数字数据类型)。

(4) 小数位数(仅用于数字数据类型)。

SQL Server 提供系统数据类型集，定义了可与 SQL Server 一起使用的所有数据类型，表 11-2 列出了 SQL Server 2005 中常用的数据类型。

11.1.4 表的数据约束

数据约束是为了保证数据的完整性而实现的一套机制，其实是约束数据表中的数据记录，使它们有一定的模式，只有符合约束的记录才能存在。约束可用来定义数据格式的规则，比如约束记录的唯一性、非空、主键、外键等。一般有以下类型的约束方式。

表 11-2　SQL Server 2005 中常用的数据类型

数据类型		系统数据类型	数据类型	系统数据类型
二进制		IMAGE	字符	CHAR[(n)]
		BINARY[(n)]		VARCHAR[(n)]
		VARBINARY[(n)]		TEXT
精确数字	精确整数	BIGINT	Unicode	NCHAR[(n)]
		INT		NVARCHAR[(n)]
		SMALLINT		NTEXT
		TINYINT	日期和时间	DATETIME
	精确小数	DECIMAL[(p[,s])]		SMALLDATETIME
		NUMERIC[(p[,s])]		MONEY
	近似数字	FLOAT[(n)]		SMALLMONEY
		REAL	用户自定义	用户自行命名
特殊		BIT		
		TIMESTAMP		
		UNIQUEIDENTIFIER		

1. 主键约束

主键约束(PRIMARY KEY)用来建立一列或多列的组合供 SQL Server 在表中识别每行。主键约束体现实体完整性,也就意味着主键的列必须具有唯一性。每张表中只能有一个主键,并且构成主键的每一列不允许为空值。如果主键由几列定义,一定要记住这些列的组合值必须是唯一的。

2. 外键约束

外键约束(FOREIGN KEY)用来在两张表中建立一种链接,当在一个表中作为主键的一列被添加到另一个表中时,链接就建立了。外键约束体现参照完整性,不同的外键约束可以将两张表紧密地结合起来,特别是修改或删除级联操作时,使维护变得更加轻松,可阻止用户在另一个表中输入没有相关行的数据。

3. 唯一性约束

唯一性约束(UNIQUE)用来强制用户的应用程序向列中输入一个唯一的值,如果用户试图输入一个该列中已经存在的值,此行将被拒绝并产生错误。如果该列有允许空值的约束,唯一性约束也允许空值。

4. 检查约束

检查约束(CHECK)用来指定一个布尔操作,使 SQL Server 限制可输入到表中的值。如果布尔表达式值为假,则该行被拒绝并产生错误。例如,检查约束可以用来告诉 SQL Server 奖金列的值必须限制在基本工资的 2%～15%之间。这样,不管什么时候,只要有值输入到该列中,都会用该约束来检查以保证数据有效。在每个表中和表中的每个列中用户都可以建立多个检查约束。

5. 非空约束

非空约束(NOT NULL)用来强制用户在表中指定的列中输入一个值。每个表中的用户可以有多个非空约束。例如,在一个电子电话号码簿应用程序中,想要保证每增加一个新名字时,都要有一个名字和一个电话号码对应,就可以注明这些列的约束条件是数据为非空值。这样,如果用户试图向表中插入这些列中包含空值(NULL)的行时,都将失败。

11.1.5 表的设计内容

设计表时需要确定如下内容。

(1) 表中需要的列以及每一列的类型(必要时还要有长度)。

(2) 列是否可以为空。

(3) 是否需要在列上使用约束、默认值和规则。

(4) 需要使用什么样的索引。

(5) 哪些列作为主键。

11.2 创建数据表和表约束

11.2.1 使用 SSMS 创建表

例如,在"高考招生"数据库中创建学校表 School、考生表 Examine 和考生志愿表 Ewill。学校表 School 中的数据如表 11-1 所示。考生表 Examine 中的数据如表 11-3 所示。

表 11-3 Examine 表中的数据

考号 Exno	考分 Exgrade	姓名 Exname	性别 Sex	所在地 City	民族 Nation
05140300240318	669	李明	男	青海西宁	汉
05140300250695	651	王萍	女	青海海东	汉
05140300230302	647	桑杰扎西	男	青海海西	藏
05140300271233	598	赵军	男	青海西宁	汉
05140300293212	576	王菲	女	青海格尔木	汉

考生志愿表 Ewill 中的数据如表 11-4 所示。

表 11-4　Ewill 表中的数据

考号 Exno	一本志愿校代码 Scode1	二本志愿校代码 Scode2	志愿序号 Order
05140300240318	10459	10743	1
05140300250695	10730	10746	1
05140300230302	10712	10748	1
05140300271233	10701	10746	1
05140300293212	10712	11406	1
05140300293212	10730	10743	2

创建表的步骤如下。

(1) 在“对象资源管理器”窗口中，展开“数据库”节点下的“高考招生”节点。

(2) 右击“表”节点，在弹出的快捷菜单中选择“新建表”命令，打开表设计器。

(3) 在表设计器的第一列中输入列名，在第二列中选择数据类型，在第三列中设置是否允许空。

[**例 11-1**]　在“高考招生”数据库中创建 School 表，结果如图 11-1 所示。

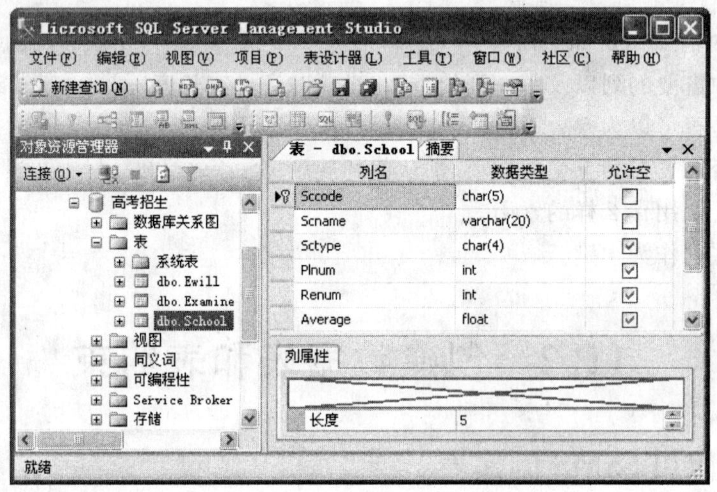

图 11-1　创建 School 表

[**例 11-2**]　在“高考招生”数据库中创建 Examine 表，如图 11-2 所示。

[**例 11-3**]　在“高考招生”数据库中创建 Ewill 表，如图 11-3 所示。

11.2.2　创建表约束

1. 创建主键约束

操作步骤：

(1) 单击选择一个列名，按住 Shift 键单击选择连续的列名，按住 Ctrl 键单击选择不

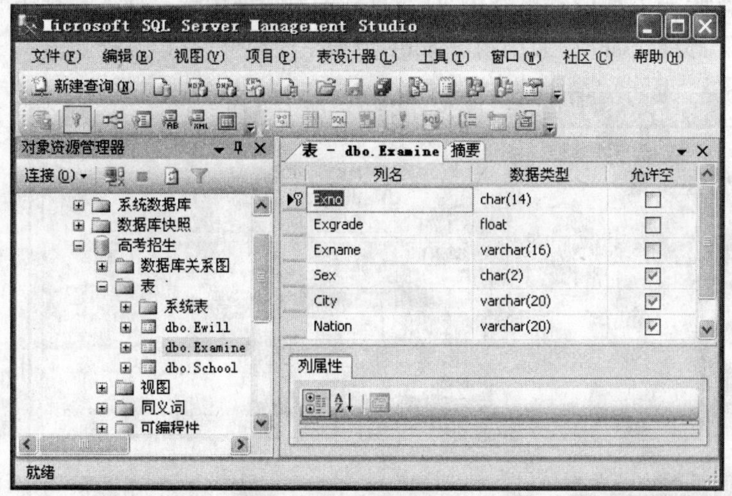

图 11-2　创建 Examine 表

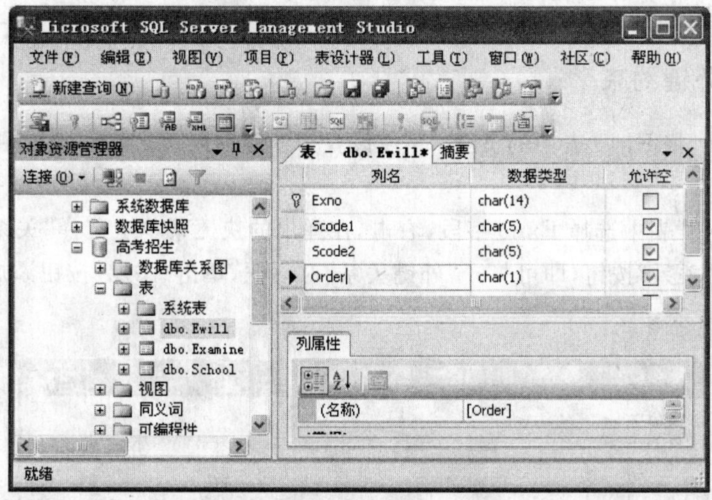

图 11-3　创建 Ewill 表

相邻的列名。

(2) 右击弹出快捷菜单或使用工具栏按钮，选择“设置主键”命令。

［**例 11-4**］　如图 11-1～图 11-3 所示，将 School 表中的 Sccode、Examine 表中的 Exno、Ewill 表中的 Exno 均设为主键。

2. 创建唯一性约束

操作步骤：

(1) 右击弹出快捷菜单或使用工具栏按钮，选择“索引/键”命令。

(2) 在打开的“索引/键”对话框中，单击“添加”按钮，添加新的主/唯一键或索引。

(3) 在“常规”列表中的“类型”列右侧选择“唯一键”选项。

(4) 单击“列”行右侧的省略号按钮，在打开的对话框中选择列名和排序顺序。

[**例 11-5**] 设置 School 表中的 Sccode 为唯一性约束，操作过程如图 11-4 所示。

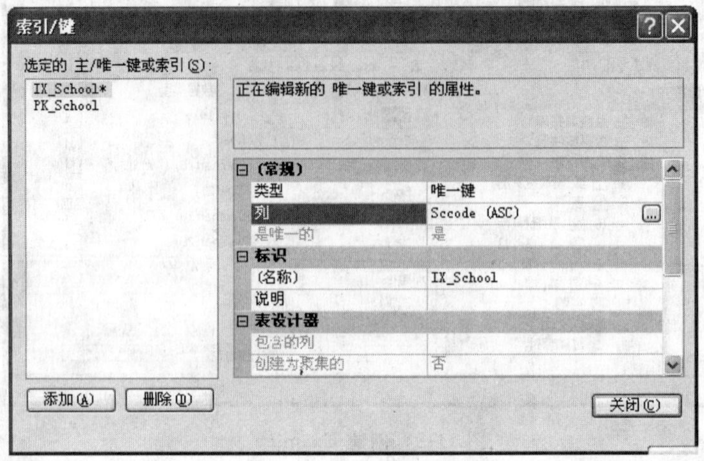

图 11-4 “索引/键”对话框中添加唯一键

3. 创建外键约束

[**例 11-6**] 将 Ewill 表中的 Exno 字段设置为外键约束。

操作步骤:

(1) 在 Ewill 表中选择 Exno 字段，右击，在弹出的快捷菜单中选择“关系”命令，或单击工具栏上的“关系”按钮，即可打开“外键关系”对话框，单击“添加”按钮添加新的约束关系，如图 11-5 所示。

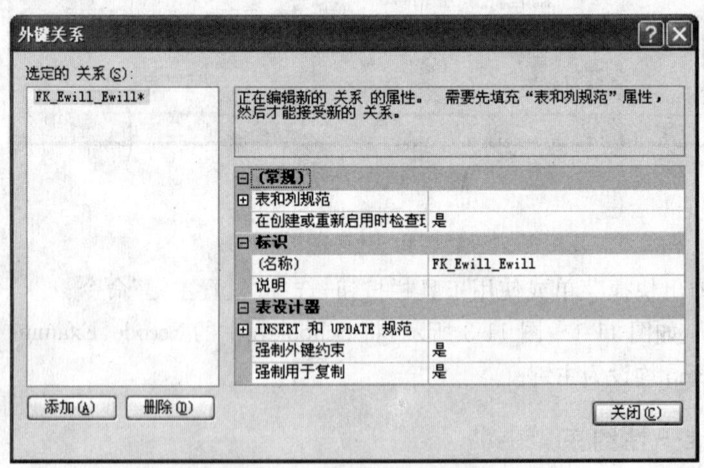

图 11-5 “外键关系”对话框

(2) 单击“表和列规范”左边的“+”号，再单击“表和列规范”内容框中右侧的省略号按钮，从打开的“表和列”对话框中进行外键约束的表和列的选择，如图 11-6 所示，然后单击“确定”按钮。

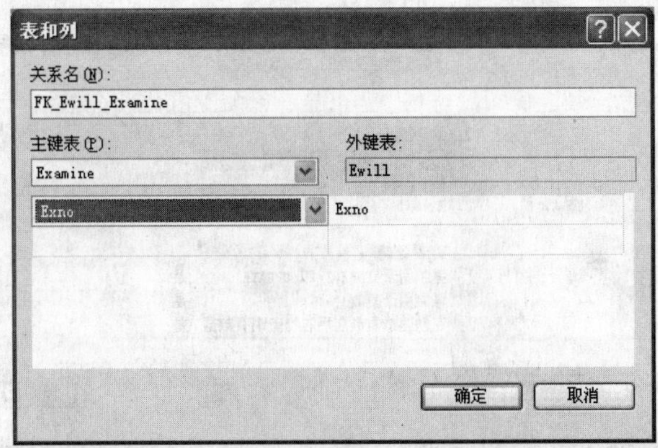

图 11-6 “表和列”对话框

(3) 返回到“外键关系”对话框,设置“强制外键约束”选项为“是”,再设置“更新规则”和“删除规则”的值,如图 11-7 所示。

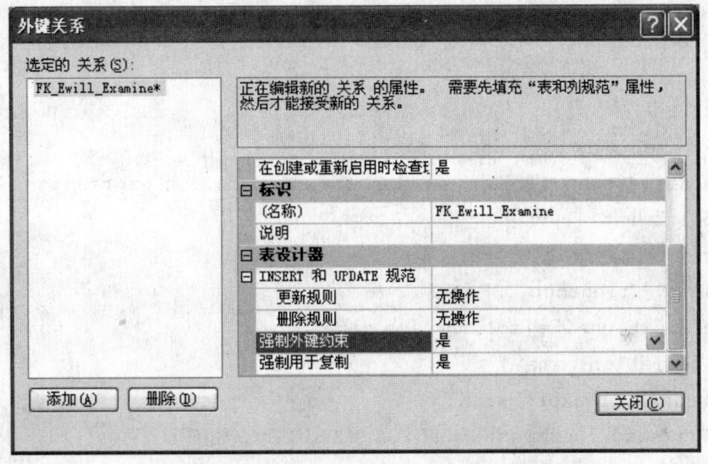

图 11-7 设置“强制外键约束”及更新规则和删除规则

4. 创建检查约束

[**例 11-7**] 创建 Examine 表中的 Sex 字段的值只能等于“男”或“女”的检查约束。

操作步骤:

(1) 选择 Examine 表中的 Sex 字段,右击,在弹出的快捷菜单中选择“CHECK 约束”命令,或单击工具栏上的“CHECK 约束”按钮。

(2) 在打开的“CHECK 约束”对话框中单击“添加”按钮,在“表达式”文本框中输入检查表达式: Sex='男'or Sex='女'。

(3) 将“表设计器”中相应选项设置为“是”,如图 11-8 所示。

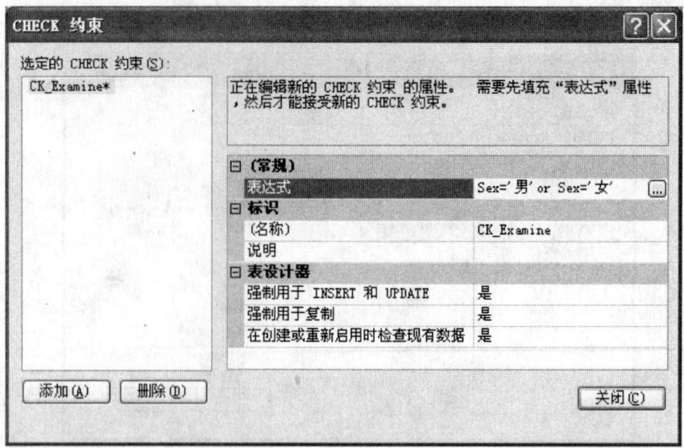

图 11-8 创建检查约束

11.2.3 使用 SQL 语句创建表

语法格式：

```
CREATE TABLE
[database_name.[owner].|owner.]table_name
({<column_definition>|column_name AS computed_column_expression|
<table_constraint>}[,…n])
[ON{filegroup|DEFAULT}]
[TEXTIMAGE_ON{filegroup|DEFAULT}]
<column_definition>::={column_name data_type}
[COLLATE<collation_name>]
[[DEFAULT constant_expression]
|[ IDENTITY[(seed,increment)[NOT FOR REPLICATION]]]]
[ROWGUIDCOL]
[<column_constraint>][…n]
```

其中，有关约束的参数说明：

NULL/NOT NULL：空值/非空值约束。

DEFAULT 常量表达式：默认值约束。

UNIQUE：唯一性约束。

PRIMARY KEY：主键约束，等价非空、唯一。

REFERENCES 父表名（主键）：外键约束。

CHECK(逻辑表达式)：检查约束。

［**例 11-8**］ 在“高考招生”数据库中，创建学校表 School、考生表 Examine 和考生志愿表 Ewill。

“高考招生”数据库的数据模型：

```
School(Sccode,Scname,Sctype,Plnum,Renum,Average)
  PK: Sccode
Examine(Exno,Exgrade,Exname,Sex,City,Nation)
  PK: Exno
Ewill(Exno,Scode1,Scode2,Order)
  PK: Exno FK: Exno
```

创建学校表 School:

```
CREATE TABLE School
(Sccode CHAR(5)NOT NULL PRIMARY KEY, --校代码,主键
Scname VARCHAR(20) NOT NULL, --校名
Sctype CHAR(4) NULL,--校类型
Plnum INT NULL,--计招人数
Renum INT NULL,--实录人数
Average FLOAT NULL,--平均分)
```

创建考生表 Examine:

```
USE 高考招生
GO
CREATE TABLE Examine(
Exno CHAR(14)NOT NULL PRIMARY KEY,--考号,主键
Exname VARCHAR(8)NULL,--姓名
Exgrade FLOAT NULL,--考分
Sex CHAR(2)NULL CHECK (Sex='男'or Sex='女')--性别,检查约束
Nation VARCHAR(2)NULL,--民族
City VARCHAR(20)NULL,--所在地)
```

创建考生志愿表 Ewill:

```
USE 高考招生
GO
CREATE TABLE Ewill(
Exno CHAR(14)NULL,-- 考号
Scode1 CHAR(5)NULL,--一本志愿校代码
Scode2 CHAR(5)NULL,--二本志愿校代码
Order CHAR(1) NULL,--志愿序号
FOREIGN KEY(Exno)REFERENCES Examine (Exno) ON DELETE NO ACTION, --考号,外键,不级
联删除)
```

11.3 修改数据表和表约束

11.3.1 使用 SSMS 修改表

操作步骤:

(1) 在“对象资源管理器”窗口中,展开“数据库”节点。

(2) 展开所选择的具体数据库节点,进一步展开"表"节点。

(3) 选择要修改的表并右击,在弹出的快捷菜单中选择"修改"命令。

(4) 打开表设计器进行表的定义的修改。

11.3.2 使用SQL语句修改表

语法格式:

```
ALTER table 表名
(ALTER COLUMN 列名 列定义,
ADD 列名 1 类型 约束,
DROP 列名
…
)
```

说明:列定义包括列的数据类型和完整性约束。

1. 修改属性

[**例 11-9**] 将考生表 Examine 中字段 Nation 的类型 VARCHAR(2)改为 VARCHAR(4)。

```
USE 高考招生
GO
ALTER TABLE Examine
ALTER COLUMN Nation VARCHAR(4)NULL
GO
```

2. 添加或删除列

[**例 11-10**] 为考生表 Examine 添加邮件地址 E-mail 字段。

```
USE 高考招生
GO
ALTER TABLE Examine
ADD E-mail VARCHAR(20)NULL CHECK(E-mail like '%@%')
GO
```

[**例 11-11**] 删除 Examine 表中的邮件地址 E-mail 字段。

```
USE 高考招生
GO
ALTER TABLE Examine
DROP COLUMN E-mail
GO
```

说明:必须先删除其上的约束。

3. 添加或删除约束

[例 11-12] 为考生志愿表 Ewill 添加主键约束(假设还没有创建)。

```
USE 高考招生
GO
ALTER TABLE Ewill
ADD PRIMARY KEY(Exno)
GO
```

[例 11-13] 删除考生志愿表 Ewill 中的主键约束。

```
USE 高考招生
GO
ALTER TABLE Ewill
DROP PRIMARY KEY (Exno)
GO
```

11.4 管理表中的数据

11.4.1 插入记录

1. 使用 SSMS 插入记录

在"对象资源管理器"窗口中,展开"数据库"节点,展开并选择具体使用的数据库节点,展开"表"节点,右击准备插入记录的表,在弹出的快捷菜单中选择"打开表"命令,即可输入记录值。

[例 11-14] 向"高考招生"数据库中的学校表 School 中插入记录,如图 11-9 所示。

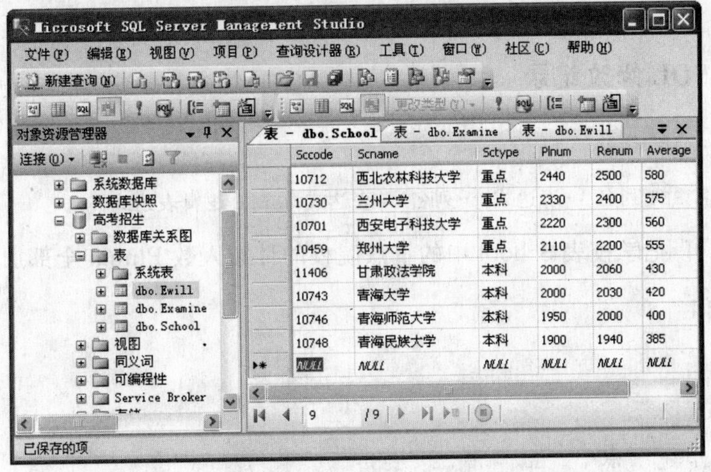

图 11-9 表中插入记录

2. 使用 SQL 语句插入记录

语法格式：

```
INSERT [INTO](表名|视图名)[列名表] VALUES(常量表)
```

［例 11-15］ 插入一行所有列的值。

```
USE 高考招生
GO
INSERT into School
VALUES('10816','青海警官学院', '专科',326,300,295)
GO
```

［例 11-16］ 插入一行的部分列值。

```
USE 高考招生
GO
INSERT School (Sccode, Scname, Sctype)
VALUES('10817','青海第一职业技术学校', '专科')
GO
```

11.4.2 修改记录

1. 使用 SSMS 修改记录

操作步骤：

(1) 在“对象资源管理器”窗口中,展开“数据库”节点。

(2) 展开所选择的具体数据库节点,展开“表”节点。

(3) 右击要修改记录的表,在弹出的快捷菜单中选择“打开表”命令,即可修改记录值。

2. 使用 SQL 修改记录

语法格式：

```
UPDATE 表名 SET 列名 1=表达式,…列名 n=表达式 WHERE 逻辑表达式
```

［例 11-17］ 把学校表 School 中的重点院校的计招人数 Plnum 全部加 2。

```
USE 高考招生
GO
UPDATE School
SET Plnum=Plnum+2
WHERE Sctype='重点'
GO
```

11.4.3 删除记录

1. 使用 SSMS 删除记录

操作步骤：

(1) 在“对象资源管理器”窗口中，展开“数据库”节点。

(2) 展开所选择的具体数据库节点，展开“表”节点。

(3) 右击要删除记录的表，在弹出的快捷菜单中选择“打开表”命令，右击要删除的行，在弹出的快捷菜单中选择“删除”命令即可。

2. 使用 SQL 语句删除记录

语法格式：

```
DELETE 表名 WHERE 逻辑表达式
```

［**例 11-18**］ 删除 School 表中 Scname 为'青海警官学院'的记录。

```
USE 高考招生
GO
DELETE School
WHERE Scname='青海警官学院'
GO
```

［**例 11-19**］ 删除 Examine 表中的所有记录。

```
USE 高考招生
GO
DELETE Examine
```

11.5 删除数据表

11.5.1 使用 SSMS 删除表

操作步骤：

(1) 在“对象资源管理器”窗口中，展开“数据库”节点。

(2) 展开所选择的具体数据库节点，展开“表”节点。

(3) 右击要删除的表，在弹出的快捷菜单中选择“删除”命令或按 Delete 键。

11.5.2 使用 SQL 语句删除表

语法格式：

```
DROP TABLE table_name
```

[**例 11-20**]　在“高考招生”数据库中任意建一个表 Test，然后删除。

```
USE 高考招生
GO
DROP TABLE Test
```

说明：

(1) 要删除表 table_name，必须先判断该表是否正被数据库中的其他表引用。

(2) 如果未被引用，可直接使用 DROP TABLE table_name，否则必须先删除引用表的约束，再使用 DROP TABLE table_name。

(3) table_name 是否正引用其他表的情况无须考虑。

11.6　查看表信息

当在数据库中创建了表之后，有时需要查看表的相关信息，例如需要查看表的属性、定义、数据、字段属性和索引等，尤其是要查看表内存放的数据，有时也需要查看表与其他数据库对象之间的依赖关系。

1. 查看表的定义

1) 通过 SQL Server 查询分析器查看表的定义

操作步骤：

启动 SQL Server 查询分析器，输入如下语句：

```
USE高考招生
GO
sp_help school
```

单击工具栏上的执行图标或按功能键 F5，窗口中即可显示出 school 表的定义信息，如图 11-10 所示。

2) 通过企业管理器查看表的定义

在企业管理器中，选择“高考招生”数据库中的“表”节点，在右侧窗口中的 School 表上右击，在弹出的快捷菜单中选择“属性”命令。或单击工具栏上的属性图标，打开表的属性对话框。在表属性对话框中，可以看到各个列的定义。在列名前面有图标的表明该列是表的主键。

2. 查看数据库中存储的数据表

可以从数据库中的系统表 sysobjects 中查看包含的所有用户数据表信息。

语法格式：

```
USE 数据库名
SELECT * FROM sysobjects WHERE type='U'
```

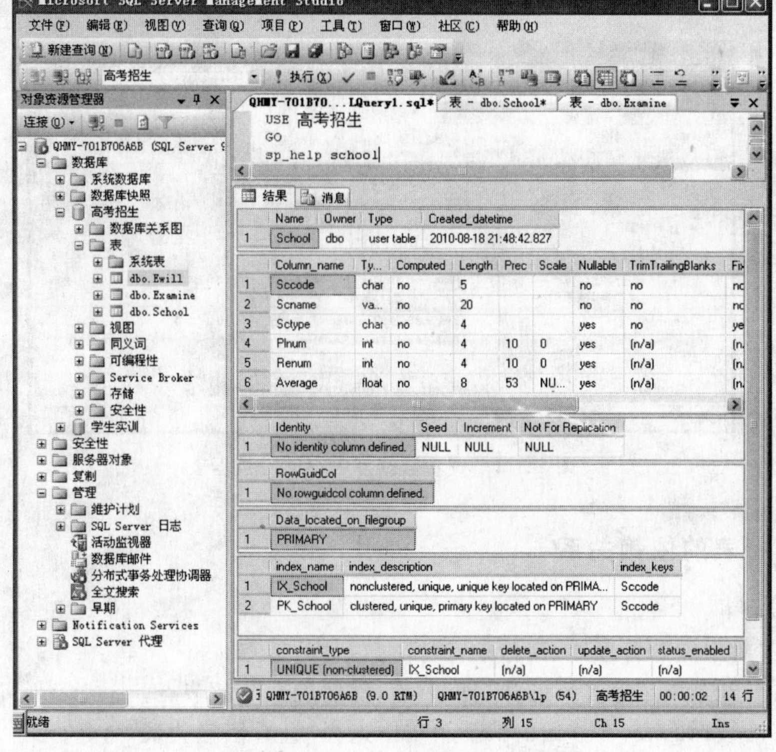

图 11-10　查看表的定义

由于系统表 sysobjects 中保存的都是数据库对象，其中 type 表示各种对象的类型，具体有以下几种。

U＝用户表

S＝系统表

C＝CHECK 约束

D＝默认值或 DEFAULT 约束

F＝FOREIGN KEY 约束

L＝日志

FN＝标量函数

IF＝内嵌表函数

P＝存储过程

PK＝PRIMARY KEY 约束(类型是 K)

RF＝复制筛选存储过程

TF＝表函数

TR＝触发器

UQ＝UNIQUE 约束(类型是 K)

V＝视图

X＝扩展存储过程及相关的对象信息

［**例 11-21**］ 查看“高考招生”数据库中的用户数据表，如图 11-11 所示。

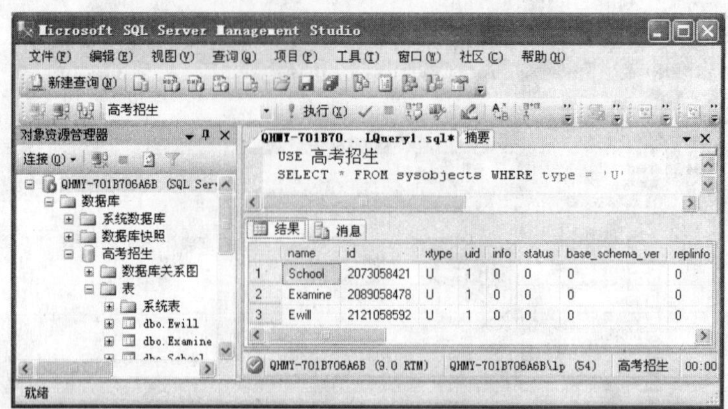

图 11-11 查看数据库中存储的数据表

3. 查看表的依赖关系

操作步骤：

（1）在“对象资源管理器”窗口中，展开“数据库”节点。

（2）再展开其中某个具体的数据库节点，然后展开“表”节点。

（3）右击选择的表，在弹出的快捷菜单中选择“查看依赖关系”命令。

（4）在打开的“对象依赖关系”对话框中，选择“依赖*对象名*的对象”或“*对象名*依赖的对象”选项。“依赖关系”网格将显示对象列表。

［**例 11-22**］ 查看“高考招生”数据库中表的依赖关系，如图 11-12 所示。

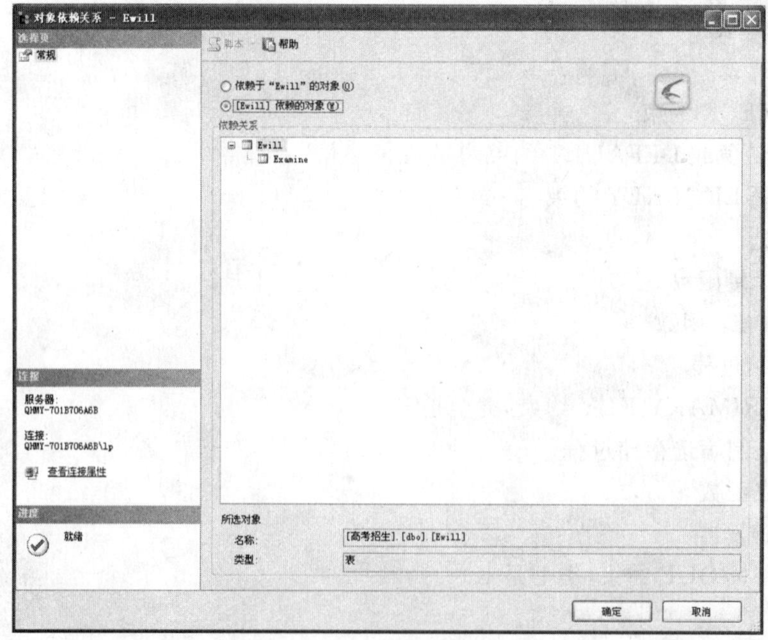

图 11-12 查看表的依赖关系

小 结

表是数据库中最核心、最重要的一个内容，它负责存储数据库中的数据。本章介绍了有关表的基本概念和 SQL Server 2005 中常见的数据表类型，然后在此基础上重点介绍了数据表的管理技术，详细讲解了如何在图形方式下和 SQL 命令方式下进行表的创建、修改、删除操作，以及表中数据的添加、更新和删除操作。

创建、更改、删除表的 SQL 命令分别为：CREATE TABLE、ALTER TABLE、DROP TABLE。向表中插入数据的命令为 INSERT INTO，修改表中数据的命令为 UPDATE，删除表中数据的命令为 DELETE。各命令的语法格式都在本章和第 4 章中进行了详细的介绍。本章涉及的 SQL 命令需要学生在学习过程中多上机练习，以便能熟练使用。

习 题 11

一、选择题

1. 在下列关于关系的陈述中，错误的是(　　)。

A. 表中任意两行的值不能相同　　B. 表中任意两列的值不能相同

C. 行在表中的顺序无关紧要　　D. 列在表中的顺序无关紧要

2. 在 SQL 语言中，删除一个表的命令是(　　)。

A. DELETE　　B. DROP　　C. CLEAR　　D. REMORE

3. 在建立一个数据库表时，如果规定某一列的默认值为 0，则说明(　　)。

A. 该列的数据不可更改

B. 当插入数据行时，必须指定该列值为 0

C. 当插入数据行时，如果没有指定该列值，那么该列值为 0

D. 当插入数据行时，无须显式指定该列值

4. 有一个关系：学生(学号，姓名，系别)，规定学号的值域是 8 个数字组成的字符串，这一规则属于(　　)。

A. 域完整性约束　　B. 参照完整性约束

C. 用户自定义完整性约束　　D. 关键字完整性约束

5. 下列数据类型不能作为标量的返回类型的是(　　)。

A. varchar　　B. decimal　　C. datetime　　D. text

6. 如果要把某一个数据库建表权限授给所有合法用户，使该数据库的每一个合法用户都拥有建表权限，则可以把这个权限授给(　　)。

A. guest　　B. dbo　　C. sa　　D. public

7. 在向数据表中插入记录时，INSERT 语句不能为(　　)类型的列指定值。

A. 主键　　　　B. 计算列

C. 有约束的列　　　　D. 类型为 nvarchar 的列

8. 为数据表创建索引的目的是(　　)。

A. 提高查询的检索性能　　　　B. 创建唯一索引

C. 创建主键　　　　D. 归类

9. 插入数据属于数据库管理系统(　　)的功能。

A. 数据定义　　　　B. 数据操纵

C. 数据库运行管理　　　　D. 数据库建立和维护

10. 保持数据的完整性属于数据库管理系统的(　　)功能。

A. 数据定义　　　　B. 数据操纵

C. 数据库运行管理　　　　D. 数据库建立和维护

二、操作题

设有工资表 GZ(部门号，职工编号，姓名，工资，补贴，其他，扣税)，使用 SQL 语言定义该表的结构，其中，“部门号”为主键，“工资”添加“小于 10000”的约束。

答案：

```
CREATE TABLE GZ
 (
  部门号    char(20)NOT NULL PRIMARY KEY,
  职工编号  char(8)NOT NULL,
  姓名      char(8)NOT NULL,
  工资      numeric(10,3)CONSTRAINT salary CHECK(工资<10000),
  补贴      numeric(10,3),
  其他      numeric(10,3),
  扣税      numeric(10,3)
  )
```

实验 1　表的操作

一、实验目的

1. 掌握使用企业管理器和 SQL 语句创建表。
2. 掌握使用企业管理器和 SQL 语句修改表的结构。
3. 掌握使用企业管理器和 SQL 语句实现对数据的操作。

二、实验内容

1. 使用企业管理器按下表结构创建表

表名：Course

属性名称	属性描述	数据类型	字节数	是否允许为空	备注
CourseID	课程号	int	4	否	主键,标识列
CourseName	课程名称	varchar	20	否	
Category	课程类别	char	8		
Period	学时数	smallint	2		
Credit	学分	tinyint	1		

2. 使用 SQL 语句按下表结构创建表

表名：Student

属性名称	属性描述	数据类型	字节数	是否允许为空	备注
StudentNum	学号	char	9	否	主键
StudentName	姓名	varchar	8	否	
Sex	性别	bit	1		
Birthday	出生日期	smalldatetime	4		
ClassID	班级号	int	4		

3. 使用企业管理器修改表的结构

使用企业管理器将 Course 表中的 Category 字段修改为 varchar(20),Period 和 Credit 字段默认值为 0。

4. 使用 SQL 语句修改表的结构

使用 SQL 语句为 Student 表添加 Nation(民族)字段和 Stature(身高)字段,字段数据类型自定。

5. 使用企业管理器实现对数据的操作

使用企业管理器按下表向 Course 表中添加数据。

课程号	课 程 名 称	课程类别	学时数	学分
1	哲学	公共	36	2
2	实用英语(1)	公共	72	3
3	实用英语(2)	公共	72	3
4	计算机应用基础	公共	102	5
5	C 语言程序设计	专业基础	102	5
6	关系数据库技术基础	专业基础	102	5

6. 使用 SQL 语句实现对数据的操作

(1) 使用 INSERT 语句向 Course 表中添加记录：

```
计算机网络,专业基础,72,4
```

(2) 使用 UPDATE 语句将 Course 表中的"计算机应用基础"课的学时数修改为 106。

(3) 使用 DELETE 语句将 Course 表中的公共课全部删除。

三、实验思考

1. 删除表的命令是什么？要将实验中的 Student 表删除，应使用什么 SQL 命令？

2. 要将 Course 表中的“学分”字段删除，应使用什么 SQL 命令？

实验 2　表的完整性

一、实验目的

1. 理解数据完整性的概念和 SQL Server 实现数据完整性的机制。

2. 掌握使用企业管理器和 SQL 语句定义数据完整性，重点掌握主键、外键、检查、唯一性和默认值等约束的定义和使用。

二、实验内容

1. 使用 SQL 语句按下表结构创建表（在创建表时定义约束）

表名：Grade

属性名称	属性描述	数据类型	字节数	空否	约　束	备注
StudentNum	学号	char	9	否		主键
CourseID	课程号	int	4	否		主键
DailyGrade	平时成绩	decimal	5,1		不小于 0 且不大于 20	
PracticeGrade	实践成绩	decimal	5,1		不小于 0 且不大于 30	
TestGrade	期末成绩	decimal	5,1		不小于 0 且不大于 50	
Grade	总评	由平时成绩(20%)、实践成绩(30%)和期末成绩(50%)计算得出				

2. 使用 SQL 语句修改表的结构

(1) 为班级表 ClassInfo 添加入学时间 EnrollDate 字段，并定义入学时间不小于 2009 年 9 月 1 日。

(2) 为班级表 ClassInfo 定义主键约束，定义班级号 ClassID 为主键。

3. 使用企业管理器定义约束

(1) 为学生表 Student 定义外键约束，使 ClassID 参照班级表 ClassInfo 中的 ClassID，并为约束设置级联更新。

(2) 为班级表 ClassInfo 的 ClassName 定义唯一约束。

4. 默认值对象的创建与使用

(1) 使用 SQL 语句创建名为 DF_GRADE 的默认值对象，值为 0。

(2) 使用企业管理器将 DF_GRADE 绑定到成绩表 Grade 中的 DailyGrade、PracticeGrade 和 TestGrade 字段上。

(3) 使用 sp_unbindefault 存储过程将 DF_GRADE 从 DailyGrade、PracticeGrade 和 TestGrade 字段上解除。

(4) 删除 DF_GRADE 默认值对象。

三、实验思考

1. 若要删除第 3 题(1)中所建立的外键约束,使用企业管理器应怎么做?使用 SQL 语句应怎么做?

2. 默认值约束和默认值对象是一回事吗?

第12章 数据查询

12.1 SELECT 语句的基本语法格式

数据库查询是数据库的核心操作。在 SQL 中可以使用 SELECT 语句进行数据库的查询，该语句使用方式灵活，具有丰富的功能。使用数据库的最终目的是为了利用数据库中的数据，而 SELECT 语句的功能就是从数据库中检索出符合用户需求的数据。使用 SELECT 语句可以从数据库中查询行，并允许从一个或多个表中选择一个或多个行或列。使用 SELECT 语句可以对数据库进行精确和模糊查询。

SELECT 语句的完整语法比较复杂，但其基本语法格式可归纳为：

```
SELECT [ALL|DISTINCT][TOP n]<select_list>[,<select_list>]…
    FROM<table_source>[,<table_source>]…
    [WHERE<search_condition>]
    [GROUP BY<group_by_expression>[HAVING<search_condition>]]
    [ORDER BY<order_by_expression>[ASC|DESC]]
```

其中，[]表示可选项；<>表示必选项；|表示只能选一项；[,…n]表示前面的项可以重复 n 次。

SELECT 语句包括 FROM、WHERE、GROUP BY、ORDER BY 等子句。

各参数及子句说明如下。

ALL：指定显示所有记录，包括重复行。

DISTINCT：指定显示所有记录，但不包括重复行。

TOP n：指定从查询结果返回前 n 行。

select_list：指定返回结果中的列，若为 *，表示所有列，若为[AS] column_alias，则表示为列名取一个别名。显示查询结果时，别名将代替列名。

FROM<table_source>子句：指定从其中查询行的表，table_source 指定要查询的表(包括视图、派生表、连接表)。

WHERE <search_condition>子句：指定用于限制返回的行的搜索条件。

[GROUP BY <group_by_expression>[HAVING<search_condition>]]子句：指定结果集的排序方式，其中 HAVING<search_condition>指定组或集合的搜索条件，一般和 GROUP BY 一起使用。如果不使用 GROUP BY 子句，HAVING 的行为和

WHERE 子句一样。

[ORDER BY<order_by_expression>[ASC|DESC]]子句：指定对查询结果排序，其中 ASC 指定按递增顺序，DESC 指定按递减顺序，若都不选，则默认为 ASC。

在一个 SELECT 语句中至少要包含 SELECT 和 FROM 这两个子句。SELECT 子句指定查询的某些选项，FROM 子句指定查询的表或视图。本章将以“高考招生”数据库为例说明 SELECT 语句的各种用法。“高考招生”数据库中包括 3 个表。

学校表：School(Sccode, Scname, Sctype, Plnum, Renum, Average)，表中的数据见表 11-1。

考生表：Examine(Exno, Exgrade, Exname, Sex, City, Nation)，表中的数据见表 11-3。

考生志愿表：Ewill(Exno, Scode1, Scode2, Order)，表中的数据见表 11-4。

12.2 简单查询

简单查询是最简单的查询操作，只选择某表中的行或列。

1. 查询表中有的行、列以及指定的列

[**例 12-1**] 查看“高考招生”数据库 School 表中的全部信息。

```
USE 高考招生
GO
SELECT Sccode,Scname,Sctype,Plnum,Renum,Average FROM School
GO
```

本语句也可写成：

```
USE 高考招生
GO
SELECT * FROM  School
GO
```

运行结果如图 12-1 所示。

[**例 12-2**] 查询 School 表中前 5 条记录的 Sccode、Scname、Sctype 字段。

```
USE 高考招生
GO
SELECT TOP 5 Sccode,Scname,Sctype FROM School
GO
```

运行结果如图 12-2 所示。

[**例 12-3**] 查询 School 表中的 Sctype 字段，并去掉重复值。

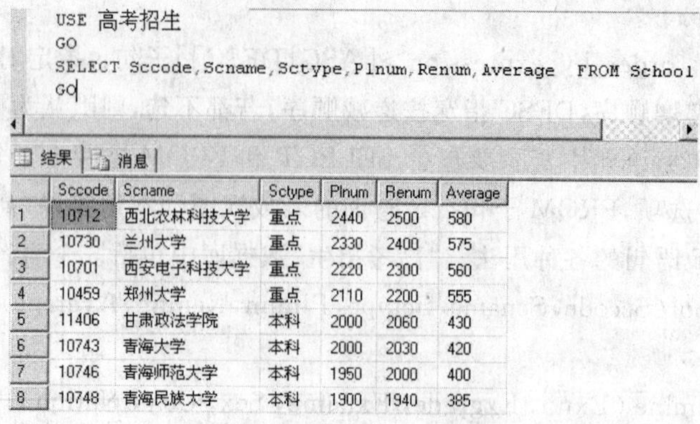

```
USE 高考招生
GO
SELECT Sccode,Sname,Sctype,Plnum,Renum,Average  FROM School
GO
```

	Sccode	Scname	Sctype	Plnum	Renum	Average
1	10712	西北农林科技大学	重点	2440	2500	580
2	10730	兰州大学	重点	2330	2400	575
3	10701	西安电子科技大学	重点	2220	2300	560
4	10459	郑州大学	重点	2110	2200	555
5	11406	甘肃政法学院	本科	2000	2060	430
6	10743	青海大学	本科	2000	2030	420
7	10746	青海师范大学	本科	1950	2000	400
8	10748	青海民族大学	本科	1900	1940	385

图 12-1　例 12-1 查询结果

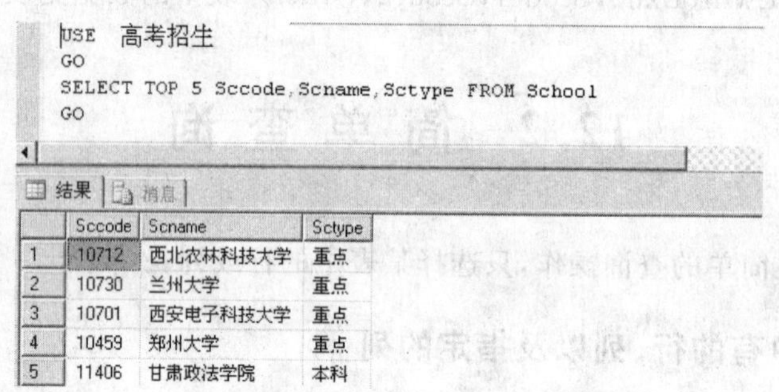

```
USE 高考招生
GO
SELECT TOP 5 Sccode,Scname,Sctype FROM School
GO
```

	Sccode	Scname	Sctype
1	10712	西北农林科技大学	重点
2	10730	兰州大学	重点
3	10701	西安电子科技大学	重点
4	10459	郑州大学	重点
5	11406	甘肃政法学院	本科

图 12-2　例 12-2 查询结果

```
USE 高考招生
GO
SELECT DISTINCT Sctype FROM School
GO
```

运行结果如图 12-3 所示。

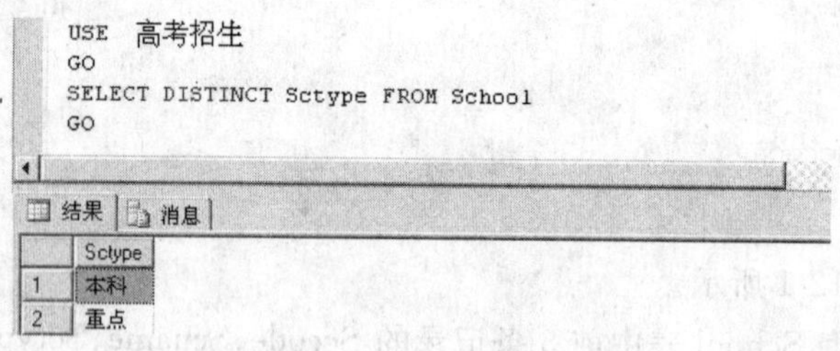

```
USE 高考招生
GO
SELECT DISTINCT Sctype FROM School
GO
```

	Sctype
1	本科
2	重点

图 12-3　例 12-3 查询结果

[**例 12-4**]　查询 School 表中所有记录的字段，并设置列 Sccode、Scname、Sctype、Plnum、Renum、Average 的别名分别为“校代码”、“校名”、“校类型”、“计招人数”、“实录人数”、“平均分”。

```
USE 高考招生
GO
```

```
SELECT Sccode 校代码,校名=Scname,Sctype AS 校类型,Plnum AS 计招人数,
Renum AS 实录人数,Average AS 平均分   FROM School
GO
```

运行结果如图 12-4 所示。

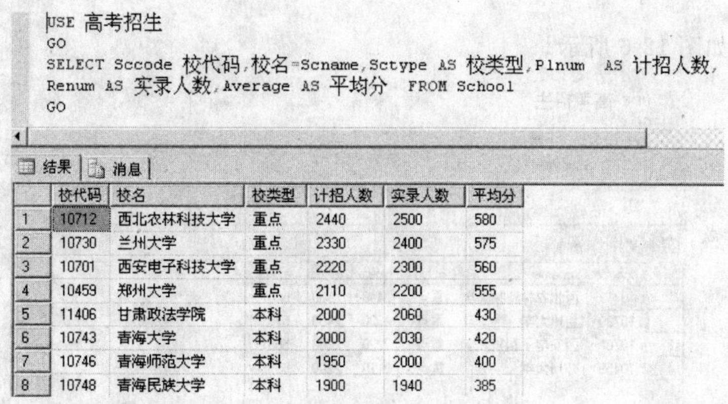

```
USE 高考招生
GO
SELECT Sccode 校代码,校名=Scname,Sctype AS 校类型,Plnum  AS 计招人数,
Renum AS 实录人数,Average AS 平均分  FROM School
GO
```

结果 | 消息

	校代码	校名	校类型	计招人数	实录人数	平均分
1	10712	西北农林科技大学	重点	2440	2500	580
2	10730	兰州大学	重点	2330	2400	575
3	10701	西安电子科技大学	重点	2220	2300	560
4	10459	郑州大学	重点	2110	2200	555
5	11406	甘肃政法学院	本科	2000	2060	430
6	10743	青海大学	本科	2000	2030	420
7	10746	青海师范大学	本科	1950	2000	400
8	10748	青海民族大学	本科	1900	1940	385

图 12-4　例 12-4 查询结果

在本例中分别使用了别名的 3 种定义方法。

(1) 列名 列别名。

(2) 列别名＝列名。

(3) 列名 AS 列别名。

2. 查询表中满足指定条件的行或列

［例 12-5］ 查询 School 表中校代码为 10712 的学校情况。

```
USE 高考招生
GO
SELECT * FROM   School
WHERE Sccode=10712
GO
```

运行结果如图 12-5 所示。

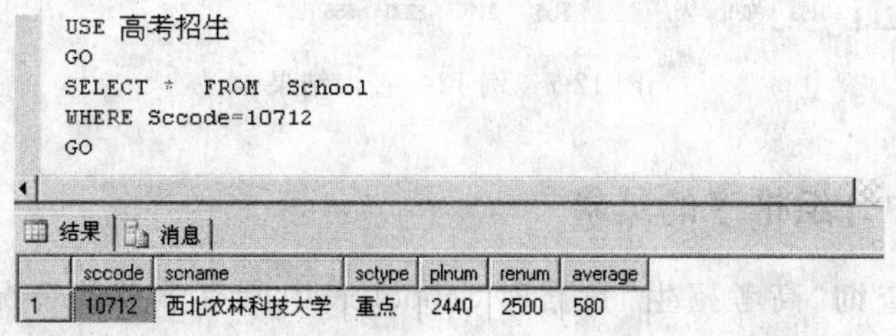

```
USE 高考招生
GO
SELECT *  FROM  School
WHERE Sccode=10712
GO
```

结果 | 消息

	sccode	scname	sctype	plnum	renum	average
1	10712	西北农林科技大学	重点	2440	2500	580

图 12-5　例 12-5 查询结果

［例 12-6］ 查询 School 表中校类型为“重点”的学校情况。

```
USE  高考招生
GO
SELECT * FROM  School
WHERE Sctype='重点'
GO
```

运行结果如图 12-6 所示。

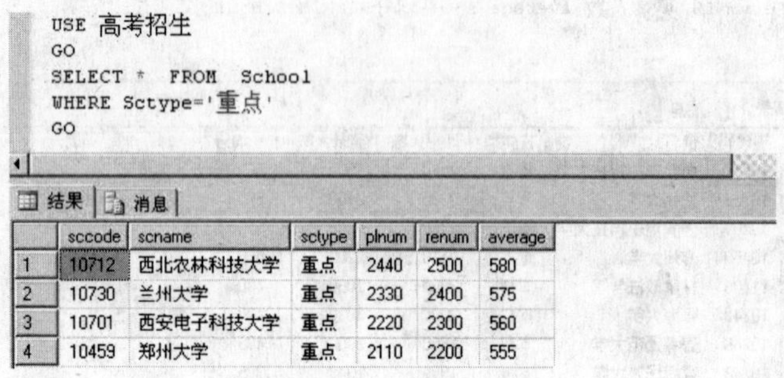

图 12-6　例 12-6 查询结果

[**例 12-7**]　查询 School 表中平均分在 500 分以上(包括 500 分)的学校情况。

```
USE  高考招生
GO
SELECT * FROM  School
WHERE Average>=500
GO
```

运行结果如图 12-7 所示。

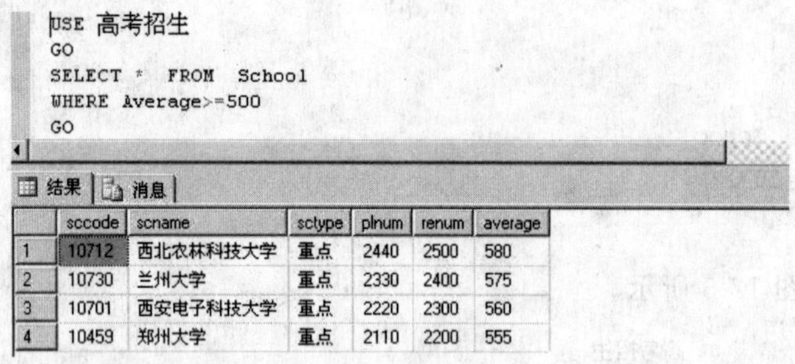

图 12-7　例 12-7 查询结果

3. 查询表中分组排序的结果

[**例 12-8**]　查询"高考招生"数据库 School 表中所有学校的情况,并按"校代码"排序。

```
USE  高考招生
GO
SELECT * FROM  School
```

```
ORDER BY Sccode
GO
```

运行结果如图 12-8 所示。

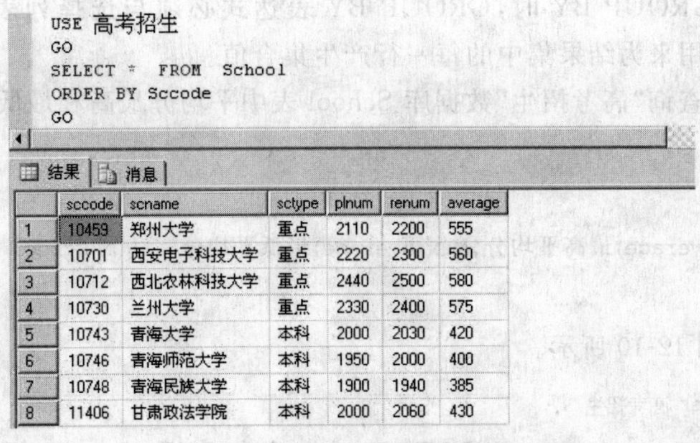

```
USE 高考招生
GO
SELECT *  FROM  School
ORDER BY Sccode
GO
```

结果 | 消息

	sccode	scname	sctype	plnum	renum	average
1	10459	郑州大学	重点	2110	2200	555
2	10701	西安电子科技大学	重点	2220	2300	560
3	10712	西北农林科技大学	重点	2440	2500	580
4	10730	兰州大学	重点	2330	2400	575
5	10743	青海大学	本科	2000	2030	420
6	10746	青海师范大学	本科	1950	2000	400
7	10748	青海民族大学	本科	1900	1940	385
8	11406	甘肃政法学院	本科	2000	2060	430

图 12-8　例 12-8 查询结果

［**例 12-9**］　查询"高考招生"数据库 Examine 表中所有学生的情况，并先按"考分"降序排序，再按"姓名"升序排序。

```
USE  高考招生
GO
SELECT * FROM  Examine
ORDER BY Exgrade DESC,Exname
GO
```

运行结果如图 12-9 所示。

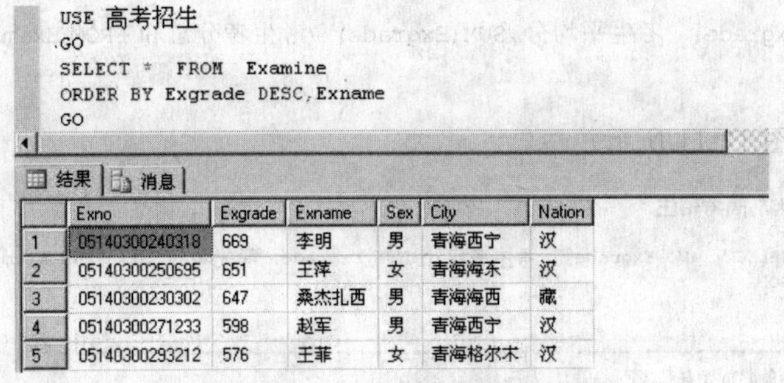

```
USE 高考招生
GO
SELECT *  FROM  Examine
ORDER BY Exgrade DESC,Exname
GO
```

结果 | 消息

	Exno	Exgrade	Exname	Sex	City	Nation
1	05140300240318	669	李明	男	青海西宁	汉
2	05140300250695	651	王萍	女	青海海东	汉
3	05140300230302	647	桑杰扎西	男	青海海西	藏
4	05140300271233	598	赵军	男	青海西宁	汉
5	05140300293212	576	王菲	女	青海格尔木	汉

图 12-9　例 12-9 查询结果

12.3　汇总查询

用于汇总数据的集合函数会将特定的一组数值进行计算并将结果以单一值返回。常用的集合函数有 SUM、AVG、MAX、MIN、COUNT。除了 COUNT 函数外，其余的集合函数会忽略所有 NULL 的值。在一般情况下，集合函数会与 SELECT 语句中的 GROUP BY 一起使用。GROUP BY 子句语法格式见本章 12.1 节。

在 GROUP BY 子句中，必须指定表或视图列的名称，而不是使用 AS 指定的结果集列的名称。指定 GROUP BY 时，GROUP BY 表达式必须与选择列表达式完全匹配。GROUP BY 子句用来为结果集中的每一行产生集合值。

［**例 12-10**］ 查询"高考招生"数据库 School 表中平均分最高和最低的分值。

```
USE  高考招生
GO
SELECT  MAX(Average)最高平均分,MIN(Average)最低平均分  FROM School
GO
```

运行结果如图 12-10 所示。

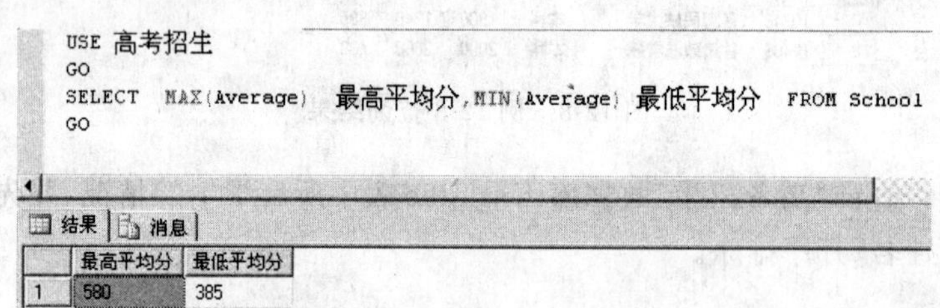

图 12-10　例 12-10 查询结果

［**例 12-11**］ 查询"高考招生"数据库 Examine 表中所有考生考分的平均值以及所有考生考分的总和。

```
USE  高考招生
GO
SELECT AVG(Exgrade)  考生平均分,SUM(Exgrade)  考生考分总和 FROM Examine
GO
```

运行结果如图 12-11 所示。

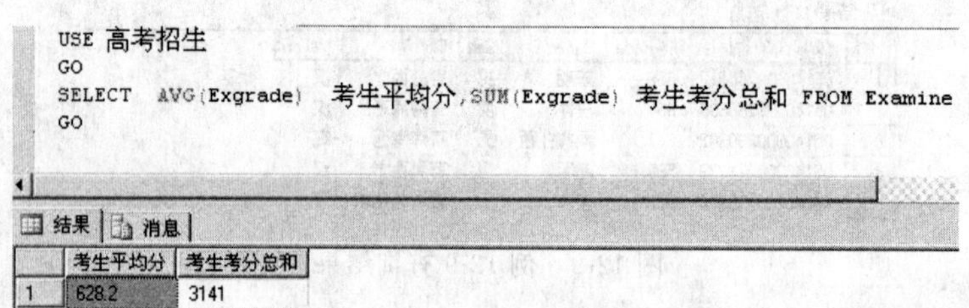

图 12-11　例 12-11 查询结果

［**例 12-12**］ 查询"高考招生"数据库 Ewill 表中一本志愿学校总数。

```
USE  高考招生
GO
SELECT  COUNT(Scode1)  一本志愿学校总数 FROM Ewill
```

```
GO
```

运行结果如图 12-12 所示。

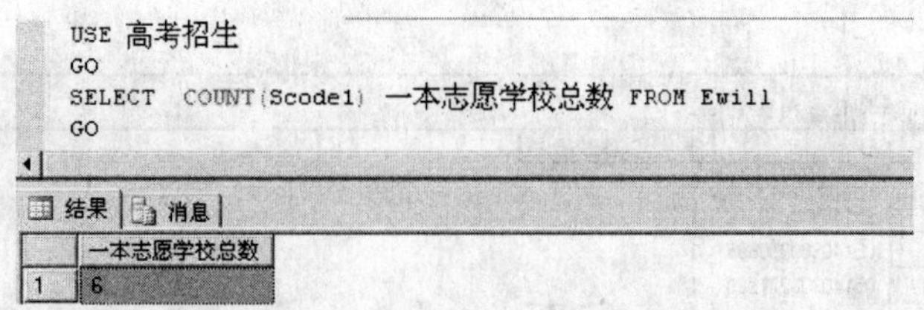
```
USE 高考招生
GO
SELECT  COUNT(Scode1) 一本志愿学校总数 FROM Ewill
GO
```

	一本志愿学校总数
1	6

图 12-12　例 12-12 查询结果

［例 12-13］　查询“高考招生”数据库 Examine 表中所有男生的总数。

```
USE  高考招生
GO
SELECT  COUNT(*)  男生总数 FROM Examine
WHERE Sex='男'
GO
```

运行结果如图 12-13 所示。

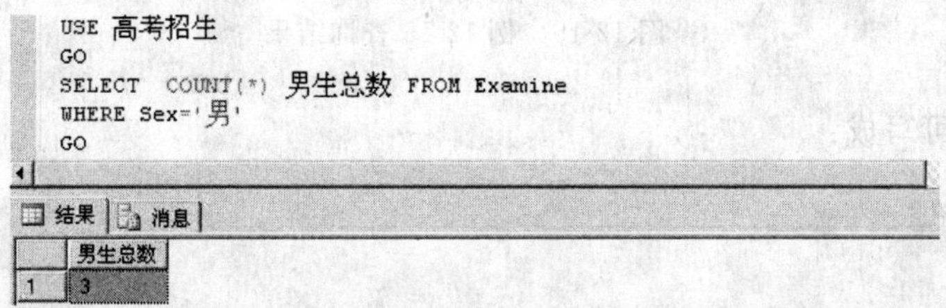
```
USE 高考招生
GO
SELECT  COUNT(*) 男生总数 FROM Examine
WHERE Sex='男'
GO
```

	男生总数
1	3

图 12-13　例 12-13 查询结果

［例 12-14］　查询“高考招生”数据库 Ewill 表中报读一本院校的考生。

```
USE  高考招生
GO
SELECT  Exno,COUNT(Scode1)  报读一本院校考生 FROM Ewill
GROUP BY Exno
GO
```

运行结果如图 12-14 所示。

［例 12-15］　对“高考招生”数据库 Examine 表中记录按性别进行分组统计，然后输出女生组的人数。

```
USE  高考招生
GO
SELECT  Sex,COUNT(Sex)  女生人数 FROM Examine
GROUP BY Sex HAVING Sex='女'
GO
```

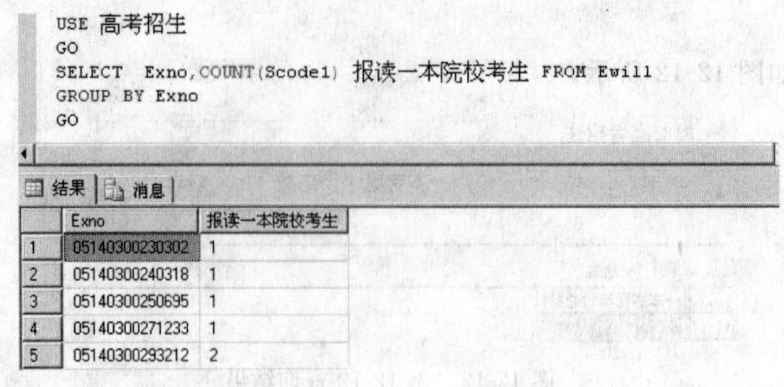

	Exno	报读一本院校考生
1	05140300230302	1
2	05140300240318	1
3	05140300250695	1
4	05140300271233	1
5	05140300293212	2

图 12-14　例 12-14 查询结果

运行结果如图 12-15 所示。

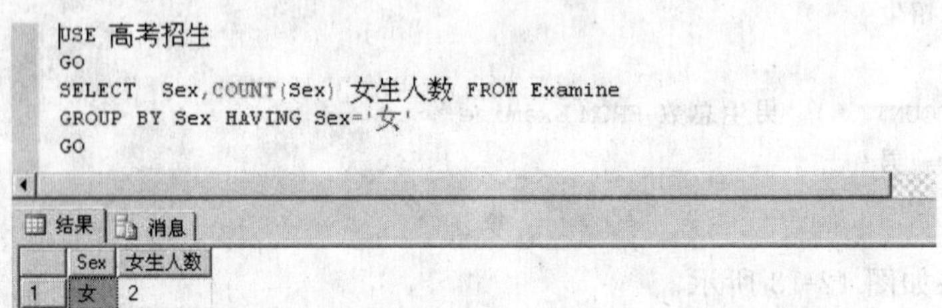

	Sex	女生人数
1	女	2

图 12-15　例 12-15 查询结果

本语句也可写成：

```
USE  高考招生
GO
SELECT  Sex,COUNT(Sex)  女生人数 FROM Examine
WHERE Sex='女'
GROUP BY Sex
GO
```

WHERE 子句和 HAVING 短语的作用一样，它们的区别在于作用对象不同。WHERE 子句作用于基本表或视图，而 HAVING 短语作用于组。

12.4　连接查询

在进行一个查询时，如果把多个表中的信息集中在一起，就要用到连接操作。若一个查询同时涉及两个以上的表，则称之为连接查询。通过连接运算符可以实现多个表查询。连接是关系数据库模型特有的，是区别于其他类型数据库管理系统的一个标志。

连接查询可以在 FROM 子句或 WHERE 子句中建立，在 FROM 子句中指出连接有助于将连接操作与 WHERE 子句中的搜索条件区分开来。因此，建议在 FROM 子句中指定连接。连接查询的语法格式为：

```
SELECT<select_list>[,<select_list>]…
    FROM<join_table>[join_type]<join_table>[ON (join_condition)]
    [WHERE<search_condition>]
    [ORDER BY<order_by_expression>[ASC|DESC]]
```

其中，join_table 指出参与连接操作的表名，可以对同一个表进行连接操作，也可以对多表进行连接操作，对同一个表进行的连接又称为自连接。join_type 指出连接类型，可分为 3 种：内连接、外连接和交叉连接。连接操作中的 ON(join_condition)子句用于指出连接条件，它由被连接表中的列和比较运算符、逻辑运算符等构成。不能对 text、ntext 和 image 数据类型列进行直接连接，但可以对这 3 种列进行间接连接。

1. 内连接

内连接(Inner Join)是最常见的连接操作。内连接使用比较运算符进行表间某(些)列数据的比较操作，并列出这些表中与连接条件相匹配的数据行。

[**例 12-16**] 查询“高考招生”数据库中全体考生报考志愿信息。

```
USE 高考招生
GO
SELECT * FROM Examine INNER JOIN Ewill ON Examine.Exno=Ewill.Exno
ORDER BY Examine.Exno
GO
```

运行结果如图 12-16 所示。

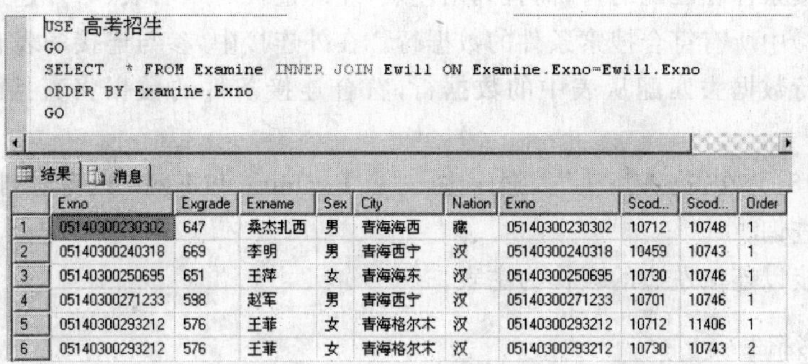

```
USE 高考招生
GO
SELECT  * FROM Examine INNER JOIN Ewill ON Examine.Exno=Ewill.Exno
ORDER BY Examine.Exno
GO
```

结果 消息

	Exno	Exgrade	Exname	Sex	City	Nation	Exno	Scod...	Scod...	Order
1	05140300230302	647	桑杰扎西	男	青海海西	藏	05140300230302	10712	10748	1
2	05140300240318	669	李明	男	青海西宁	汉	05140300240318	10459	10743	1
3	05140300250695	651	王萍	女	青海海东	汉	05140300250695	10730	10746	1
4	05140300271233	598	赵军	男	青海西宁	汉	05140300271233	10701	10746	1
5	05140300293212	576	王菲	女	青海格尔木	汉	05140300293212	10712	11406	1
6	05140300293212	576	王菲	女	青海格尔木	汉	05140300293212	10730	10743	2

图 12-16　例 12-16 查询结果

[**例 12-17**] 查询“高考招生”数据库中考生所在地相同的考生信息。

```
USE 高考招生
GO
SELECT  table1.Exname 考生姓名,table2.City 考生所在地
FROM Examine AS table1 INNER JOIN Examine AS table2
ON  table1.City=table2.City
WHERE table1.Exno<>table2.Exno
ORDER BY table1.City
GO
```

运行结果如图 12-17 所示。

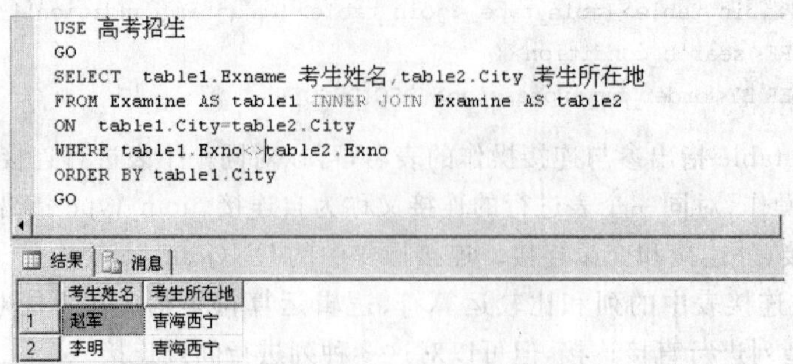
```
USE 高考招生
GO
SELECT  table1.Exname 考生姓名,table2.City 考生所在地
FROM Examine AS table1 INNER JOIN Examine AS table2
ON  table1.City=table2.City
WHERE table1.Exno<>table2.Exno
ORDER BY table1.City
GO
```

	考生姓名	考生所在地
1	赵军	青海西宁
2	李明	青海西宁

图 12-17 例 12-17 查询结果

本例属于自连接查询，查询涉及 Examine 表与自身连接，因此 Examine 表以两种角色显示，从程序中可以看出，在 FROM 子句中分别为 Examine 表提供两个不同的别名 table1 和 table2。

WHERE table1. Exno<>table2. Exno 子句的作用是防止考生记录与自身匹配，而在查询结果中出现相同的行。

2. 外连接

外连接分为左外连接(Left Outer Join 或 Left Join)、右外连接(Right Outer Join 或 Right Join)和全外连接(Full Outer Join 或 Full Join)3 种。与内连接不同的是，外连接不只列出与连接条件相匹配的行，而且列出左表(左外连接时)、右表(右外连接时)或两个表(全外连接时)中所有符合搜索条件的数据行。在外连接中，参与连接的表有主从之分，以主表中的每行数据去匹配从表中的数据行，符合连接条件的数据将直接返回到查询结果中。

[**例 12-18**] 在"高考招生"数据库中，对表 Examine 和 Ewill 以考号列值相等为条件做左外连接查询。

左外连接以连接左边的表作为主表。

```
USE  高考招生
GO
SELECT  table1.Exname 考生姓名,table1.Exno 考号,table2.Scode1 一本志愿
FROM Examine AS table1 LEFT JOIN Ewill AS table2
ON  table1.Exno=table2.Exno
ORDER BY table1.Exname DESC
GO
```

运行结果如图 12-18 所示。

[**例 12-19**] 在"高考招生"数据库中，对表 School 和表 Ewill 以校代码和一本志愿列值相等为条件做左外连接查询。

```
USE  高考招生
```

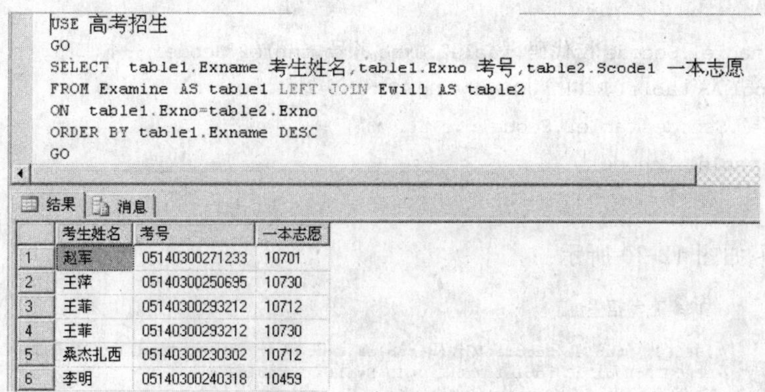

```
USE 高考招生
GO
SELECT  table1.Exname 考生姓名,table1.Exno 考号,table2.Scode1 一本志愿
FROM Examine AS table1 LEFT JOIN Ewill AS table2
ON  table1.Exno=table2.Exno
ORDER BY table1.Exname DESC
GO
```

	考生姓名	考号	一本志愿
1	赵军	05140300271233	10701
2	王萍	05140300250695	10730
3	王菲	05140300293212	10712
4	王菲	05140300293212	10730
5	桑杰扎西	05140300230302	10712
6	李明	05140300240318	10459

图 12-18　例 12-18 查询结果

```
GO
SELECT   table1.Sccode 校代码,table2.Exno 考号,table2.Scode1 一本志愿
FROM School AS table1 LEFT JOIN Ewill AS table2
ON  table1.Sccode=table2.Scode1
ORDER BY table1.Sccode
GO
```

运行结果如图 12-19 所示。

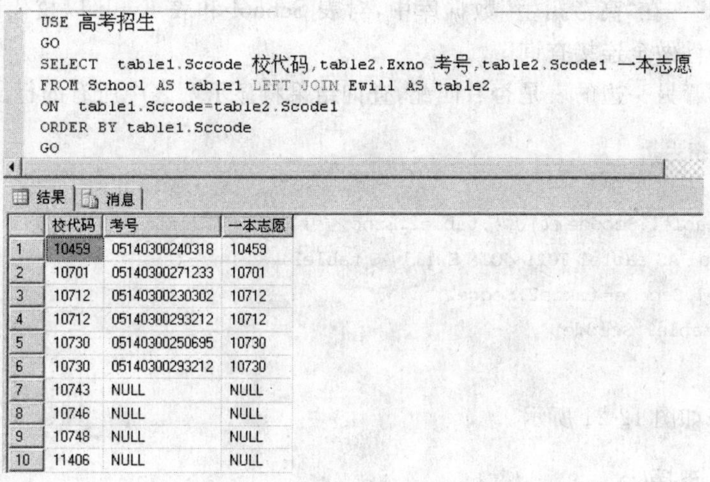

```
USE 高考招生
GO
SELECT  table1.Sccode 校代码,table2.Exno 考号,table2.Scode1 一本志愿
FROM School AS table1 LEFT JOIN Ewill AS table2
ON  table1.Sccode=table2.Scode1
ORDER BY table1.Sccode
GO
```

	校代码	考号	一本志愿
1	10459	05140300240318	10459
2	10701	05140300271233	10701
3	10712	05140300230302	10712
4	10712	05140300293212	10712
5	10730	05140300250695	10730
6	10730	05140300293212	10730
7	10743	NULL	NULL
8	10746	NULL	NULL
9	10748	NULL	NULL
10	11406	NULL	NULL

图 12-19　例 12-19 查询结果

从上例中可以看出,如果主表的行在从表中没有相匹配的行,主表的行不会被丢弃,而是返回到查询结果中,相对应的从表的列位置将被填上 NULL 值后再返回到结果集中。

[**例 12-20**]　在"高考招生"数据库中,对表 School 和 Ewill 以校代码和一本志愿列值相等为条件做右外连接查询。

右外连接以右边的表作为主表。

```
USE  高考招生
```

```
GO
SELECT  table1.Sccode 校代码,table2.Exno 考号,table2.Scode1 一本志愿
FROM School AS table1 RIGHT JOIN Ewill AS table2
ON  table1.Sccode=table2.Scode1
ORDER BY table1.Sccode
GO
```

运行结果如图 12-20 所示。

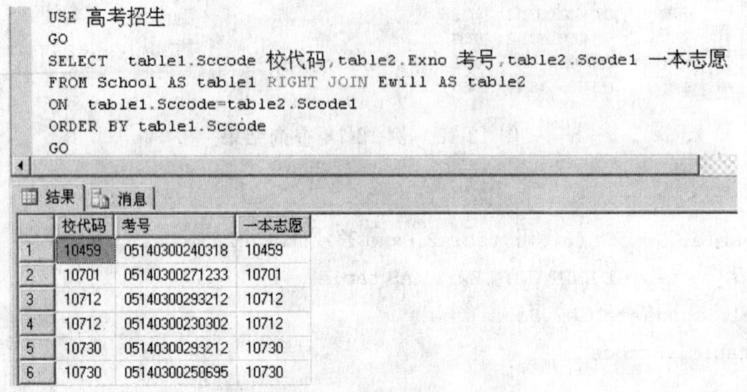
USE 高考招生
GO
SELECT table1.Sccode 校代码,table2.Exno 考号,table2.Scode1 一本志愿
FROM School AS table1 RIGHT JOIN Ewill AS table2
ON table1.Sccode=table2.Scode1
ORDER BY table1.Sccode
GO

	校代码	考号	一本志愿
1	10459	05140300240318	10459
2	10701	05140300271233	10701
3	10712	05140300293212	10712
4	10712	05140300230302	10712
5	10730	05140300293212	10730
6	10730	05140300250695	10730

图 12-20 例 12-20 查询结果

［例 12-21］ 在"高考招生"数据库中,对表 School 和表 Ewill 以校代码和一本志愿列值相等为条件做全连接查询。

全连接不管另一边的表是否右匹配,查询结果将显示两表中所有的行。

```
USE  高考招生
GO
SELECT  table1.Sccode 校代码,table2.Exno 考号,table2.Scode1 一本志愿
FROM School AS table1 FULL JOIN Ewill AS table2
ON  table1.Sccode=table2.Scode1
ORDER BY table1.Sccode
GO
```

运行结果如图 12-21 所示。

3. 交叉连接

交叉连接(Cross Join)没有 WHERE 子句,它返回连接表中所有数据行的笛卡儿积,其结果集合中的数据行数等于第一个表中符合查询条件的数据行数乘以第二个表中符合查询条件的数据行数。

［例 12-22］ 在"高考招生"数据库中,对表 Examine 和表 Ewill 做交叉连接。

```
USE  高考招生
GO
SELECT  table1.Exname 考生姓名,table1.Exno 考号,table2.Scode1 一本志愿
FROM Examine AS table1 CROSS JOIN Ewill AS table2
```

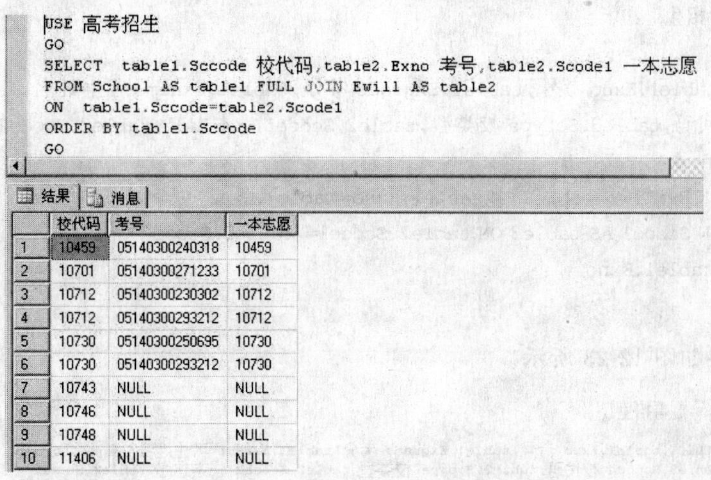

图 12-21 例 12-21 查询结果

```
ORDER BY table1.Exname DESC
GO
```

运行结果如图 12-22 所示。

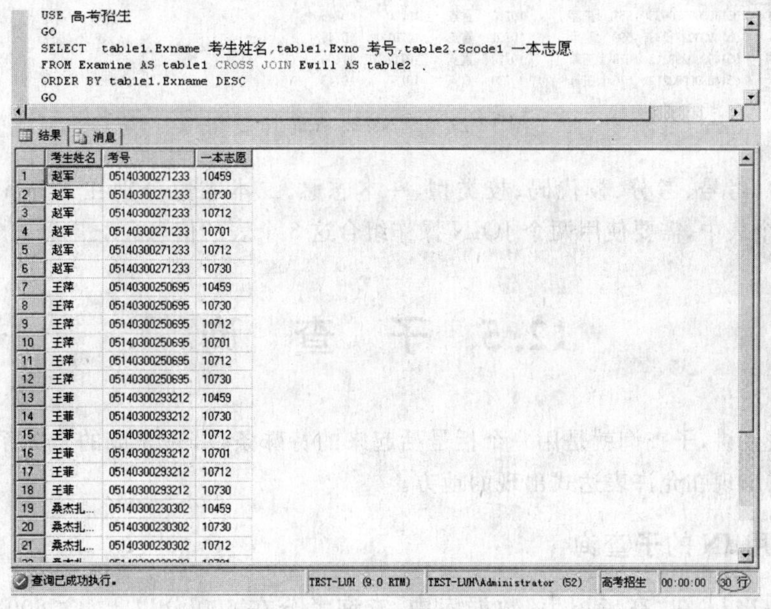

图 12-22 例 12-22 查询结果

查询结果包含 30 行，即 Examine 表的行数 5 乘以 Ewill 表的行数 6。

从实例中可以看出，每个 JOIN 操作的结果实际上是一个表，所以可以将该结果作为操作数用在后面的连接操作中。

[**例 12-23**] 在"高考招生"数据库中查询一本志愿考生的考号、考分、考生姓名、校代码、校类型、一本志愿、二本志愿。

```
USE  高考招生
GO
SELECT  table1.Exno 考号,table1.Exgrade 考分,table1.Exname 考生姓名,table3.Sccode 校
        代码,table3.Sctype 校类型,table2.Scode1 一本志愿,table2.Scode2 二本志愿
FROM Examine AS table1
INNER JOIN Ewill AS table2 ON table1.Exno=table2.Exno
INNER JOIN School AS table3 ON table2.Scode1= table3.Sccode
ORDER BY table1.Exno
GO
```

运行结果如图 12-23 所示。

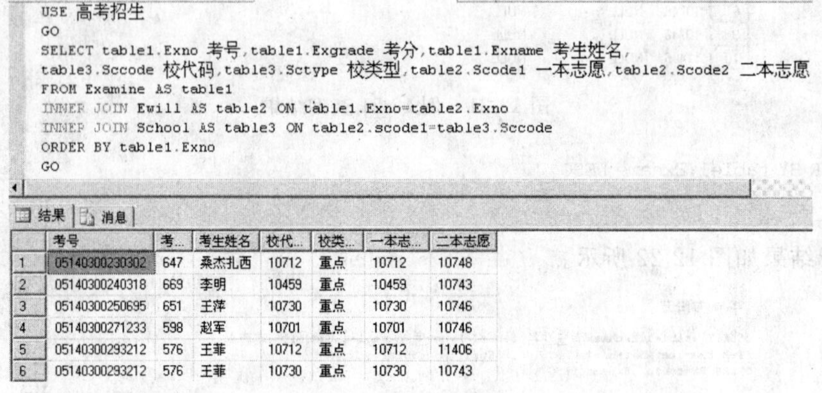

```
USE 高考招生
GO
SELECT table1.Exno 考号,table1.Exgrade 考分,table1.Exname 考生姓名,
table3.Sccode 校代码,table3.Sctype 校类型,table2.Scode1 一本志愿,table2.Scode2 二本志愿
FROM Examine AS table1
INNER JOIN Ewill AS table2 ON table1.Exno=table2.Exno
INNER JOIN School AS table3 ON table2.scode1=table3.Sccode
ORDER BY table1.Exno
GO
```


	考号	考...	考生姓名	校代...	校类...	一本志...	二本志愿
1	05140300230302	647	桑杰扎西	10712	重点	10712	10748
2	05140300240318	669	李明	10459	重点	10459	10743
3	05140300250695	651	王萍	10730	重点	10730	10746
4	05140300271233	598	赵军	10701	重点	10701	10746
5	05140300293212	576	王菲	10712	重点	10712	11406
6	05140300293212	576	王菲	10730	重点	10730	10743

图 12-23 例 12-23 查询结果

本例中,考号、考分、校代码、校类型、一本志愿、二本志愿分别在 School、Examine、Ewill 这 3 个表中,需要使用两个 JOIN 操作组合这 3 个表的信息。

12.5 子 查 询

从语法上讲,子查询就是用一个括号括起来的特殊条件,它完成的是关系运算,这样的查询可以出现在允许表达式出现的地方。

1. 使用 IN 的子查询

[**例 12-24**] 在“高考招生”数据库中,查询考分在 600 分以上(含 600 分)的考生志愿。

```
USE  高考招生
GO
SELECT * FROM Ewill
WHERE Exno IN
 (SELECT Exno FROM Examine
         WHERE Exgrade>=600)
```

GO

运行结果如图 12-24 所示。

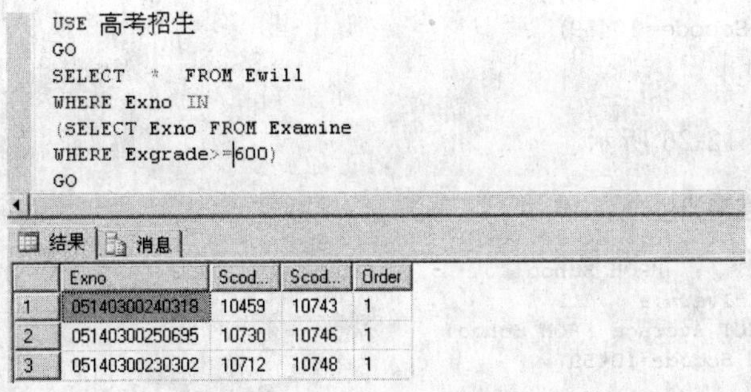

```
USE 高考招生
GO
SELECT  *  FROM Ewill
WHERE Exno IN
(SELECT Exno FROM Examine
WHERE Exgrade>=600)
GO
```

结果 | 消息

	Exno	Scod...	Scod...	Order
1	05140300240318	10459	10743	1
2	05140300250695	10730	10746	1
3	05140300230302	10712	10748	1

图 12-24　例 12-24 查询结果

2. 使用比较运算符的子查询

[例 12-25]　在"高考招生"数据库中,查询考分大于考号为 05140300271233 的考生的考生信息。

```
USE  高考招生
GO
SELECT * FROM Examine
WHERE Exgrade>
 (SELECT Exgrade FROM Examine
        WHERE Exno= 05140300271233)
GO
```

运行结果如图 12-25 所示。

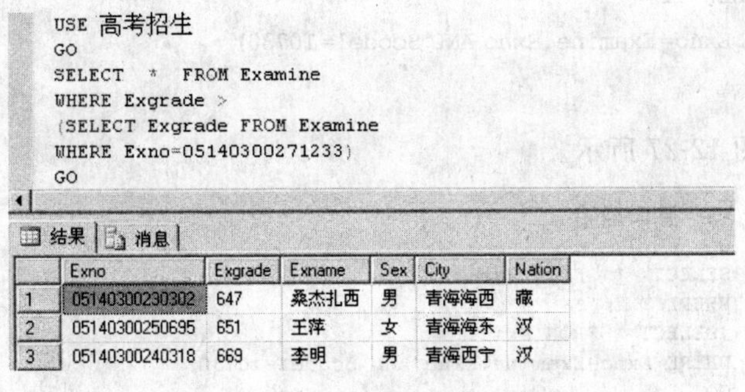

```
USE 高考招生
GO
SELECT  *  FROM Examine
WHERE Exgrade >
(SELECT Exgrade FROM Examine
WHERE Exno=05140300271233)
GO
```

结果 | 消息

	Exno	Exgrade	Exname	Sex	City	Nation
1	05140300230302	647	桑杰扎西	男	青海海西	藏
2	05140300250695	651	王萍	女	青海海东	汉
3	05140300240318	669	李明	男	青海西宁	汉

图 12-25　例 12-25 查询结果

3. 使用 ANY 或 ALL 的子查询

[例 12-26]　在"高考招生"数据库中,查询平均分大于校代码为 10459 的学校信息。

```
USE  高考招生
GO
```

```
SELECT * FROM School
WHERE Average> ALL
(SELECT Average FROM School
        WHERE Sccode= 10459)
GO
```

运行结果如图 12-26 所示。

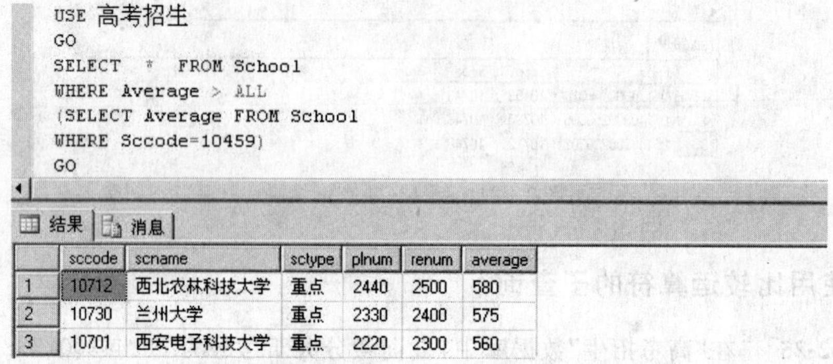

```
USE 高考招生
GO
SELECT  *  FROM School
WHERE Average > ALL
(SELECT Average FROM School
WHERE Sccode=10459)
GO
```

结果 | 消息

	sccode	scname	sctype	plnum	renum	average
1	10712	西北农林科技大学	重点	2440	2500	580
2	10730	兰州大学	重点	2330	2400	575
3	10701	西安电子科技大学	重点	2220	2300	560

图 12-26　例 12-26 查询结果

4. 使用 EXISTS 的子查询

[例 12-27]　在“高考招生”数据库中,查询报考志愿为 10730 的考生信息。

```
USE  高考招生
GO
SELECT * FROM Examine
WHERE EXISTS
(SELECT * FROM Ewill
        WHERE Exno= Examine.Exno AND Scode1= 10730)
GO
```

运行结果如图 12-27 所示。

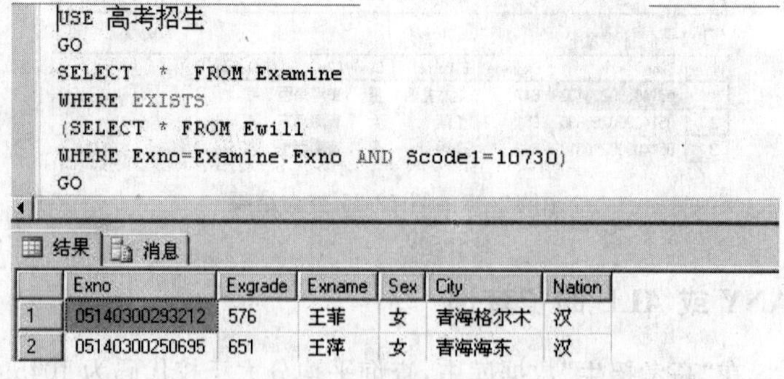

```
USE 高考招生
GO
SELECT  *  FROM Examine
WHERE EXISTS
(SELECT * FROM Ewill
WHERE Exno=Examine.Exno AND Scode1=10730)
GO
```

结果 | 消息

	Exno	Exgrade	Exname	Sex	City	Nation
1	05140300293212	576	王菲	女	青海格尔木	汉
2	05140300250695	651	王萍	女	青海海东	汉

图 12-27　例 12-27 查询结果

小　结

对数据库中数据的操作可以通过 SQL Server 提供的结构化查询语言来实现。本章首先介绍了 SELECT 的基本语法格式并在 SQL Server 2005 环境中使用 SELECT 语句完成对示例数据库中数据表中的数据操作。

习　题　12

1. 在 SELECT 语句中用什么关键字可以消除查询结果中重复行(提示：使用 DISTINCT)。

2. 简要说明什么是内连接、外连接、交叉连接。

实验：SELECT 语句的基本使用方法

一、实验目的

熟练掌握 SELECT 语句的用法。

二、实验内容

根据表 11-1、表 11-3 和表 11-4，使用 SELECT 语句，完成下列操作。

1. 查看所有考生的信息。
2. 查看每位考生的考分。
3. 查看每位考生的所在地。
4. 查看每位考生的民族。
5. 查看招生学校的基本信息。
6. 查看招生学生的实录人数。
7. 查看考分超过 500 分的考生。
8. 查看所有男考生的考分及志愿学校。
9. 查看所有超过 500 分女考生的志愿学校，并按考号排序。
10. 查看考生志愿不是 10730 的考生信息。

第13章 视图与索引

在数据库中，视图是查看数据的一种方法，索引是一种可以加快数据检索的数据结构。

本章内容主要包括视图和索引的概述，如何在 SQL Server 2005 中创建、修改、删除视图与索引，通过使用视图修改数据库中的信息等。

13.1 视　　图

13.1.1 视图概述

1. 视图的概念

视图是一种数据库对象，是从一个或多个基本表中导出的表(如图 13-1 所示)。视图与基本表一样也是由若干个列和一些记录组成。它与基本表不同的是，视图是一个虚表，视图中的数据还是存储在原来的基本表中，数据库中只存放了视图的定义。视图是不能独立存在的，只有打开与视图相关的数据库才能创建和使用视图。因此，视图依赖于数据库和基本表的存在。

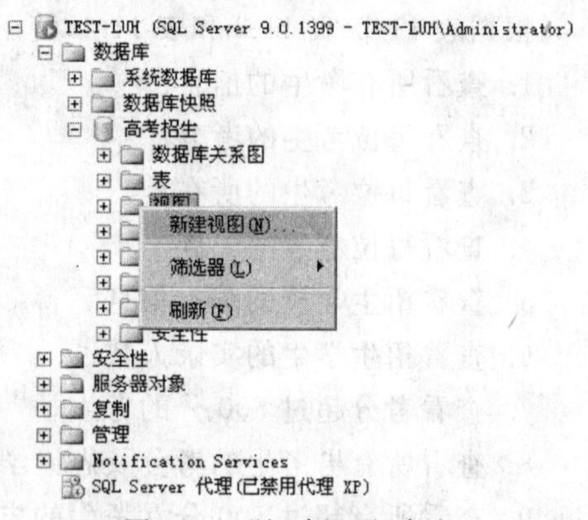

图 13-1 “新建视图”命令

2. 视图的分类与作用

在 SQL Server 2005 中，可以创建标准视图、索引视图、分区视图。标准视图组合了一个或多个表中的数据，主要用于特定的数据及简化数据操作。索引视图和分区视图是 SQL Server 2005 数据库引入的新特性，索引视图是被物理化的视图，特别适于聚合许多行的查询。索引视图不太适合经常更新的基本数据集。分区视图连接来自一台或多台服务器间水平连接一组成员表中的分区数据，使数据看起来就像来自一个表。分区视图允许将大型表中的数据拆分成较小的成员表。根据其中一列的数据值范围，将数据在各个成员表之间进行分区。

视图可以用来访问一个整表、部分表或组合表。它的作用主要有集中数据、简化数据的查询操作、使用户能从多角度共享数据、合并分割数据、提高安全性等。视图可用做安全机制,可用于提供向后兼容接口来模拟曾经存在但其结构已更改的表。还可以在向Microsoft SQL Server 2005 中复制数据和从其中复制数据时使用视图,以便提高性能并对数据进行分区。

在 SQL Server 2005 中一般在使用特定数据、简化数据操作、提供向后兼容性、自定义数据导入和导出、跨平台组合分区数据时使用视图。

13.1.2 创建视图

在 SQL Server 2005 中,创建视图可以通过 SQL Server Management Studio 和 Transact-SQL 语句的 CREATE VIEW 命令来实现。

1. 使用 SQL Server Management Studio 创建视图

[**例 13-1**] 以"高考招生"数据库为例,在 SQL Server 2005 中使用 Microsoft SQL Server Management Studio 创建视图的操作步骤如下。

(1) 启动 SQL Server Management Studio,在 Microsoft SQL Server Management Studio 的"对象资源管理器"窗口中,展开 TEST-LUH|"数据库"|"高考招生"|"视图"节点,右击,在弹出的快捷菜单中选择"新建视图"命令,如图 13-1 所示。

(2) 在打开的"添加表"对话框中,如图 13-2 所示,选择想添加到视图中的数据表(本例中选择添加 School 表和 Examine 表),然后单击"添加"按钮。添加后,单击"添加表"对话框中的"关闭"按钮,添加后的效果如图 13-3 所示。

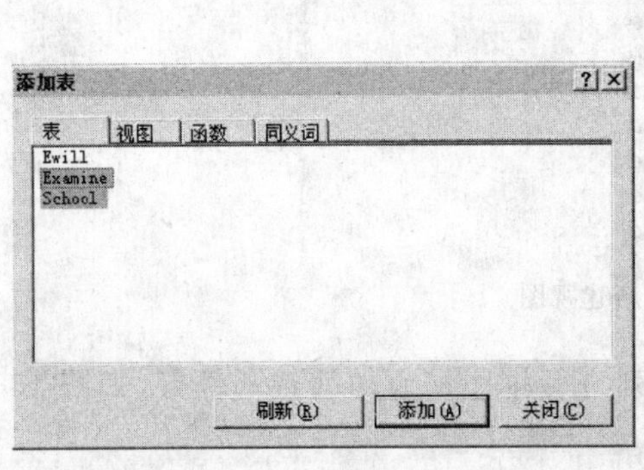

图 13-2 "添加表"对话框

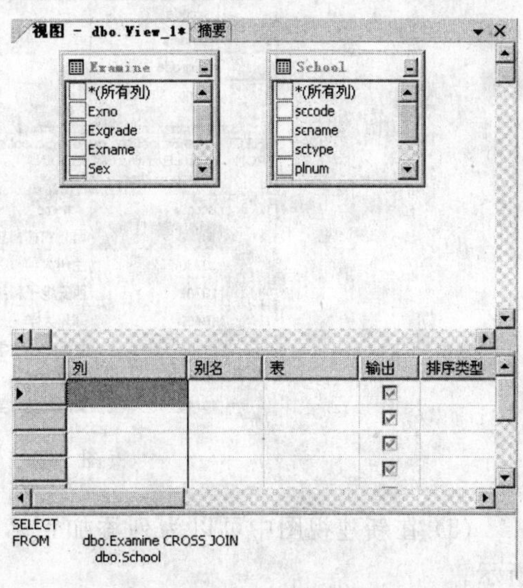

图 13-3 添加 School 表和 Examine 表后的效果

(3) 在视图中如果要显示某张表的某个列，只需要单击其列前的复选框即可，与此同时在窗口的中间窗格会显示被选中的列，在代码区可以看到具体实现的代码。添加列后的效果如图 13-4 所示。

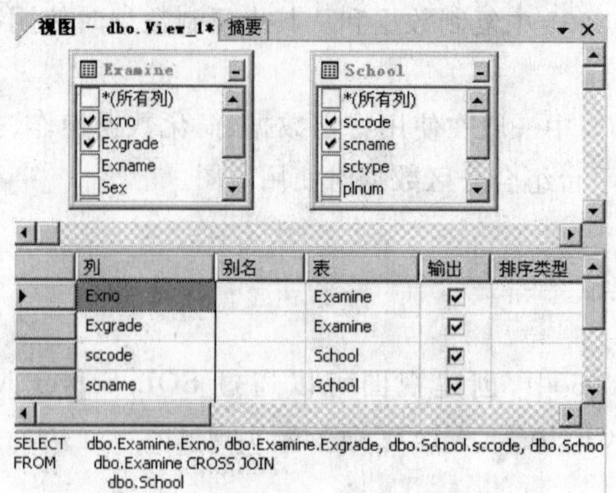

图 13-4　为 School 表和 Examine 表添加列后的效果

(4) 如果需要查看新建视图中的数据，可以单击“视图设计”工具栏中的“执行 SQL”按钮或者按 Ctrl+R 键，就可以看到视图中的数据，如图 13-5 所示。

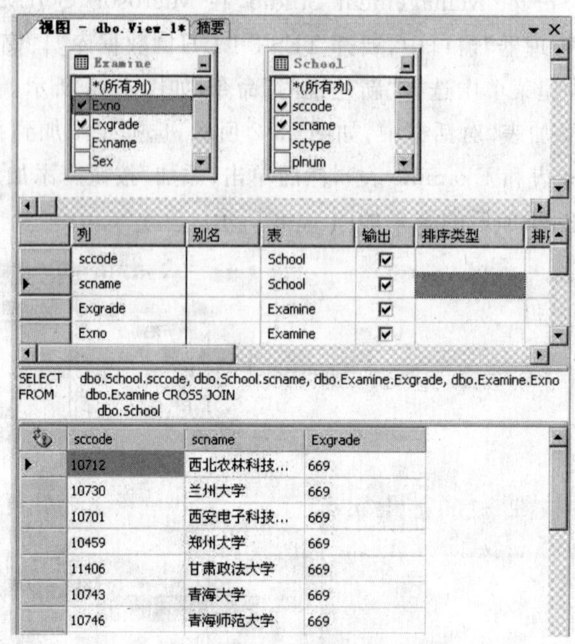

图 13-5　查看新建视图

(5) 在新建视图中可以为列添加别名，对列进行排序和添加筛选条件等，如图 13-6 所示。

(6) 单击工具栏中的“保存”按钮或按 Ctrl+S 键，在打开的保存视图对话框中输入视图名，如图 13-7 所示，然后单击“确定”按钮，这样就完成了视图的创建。

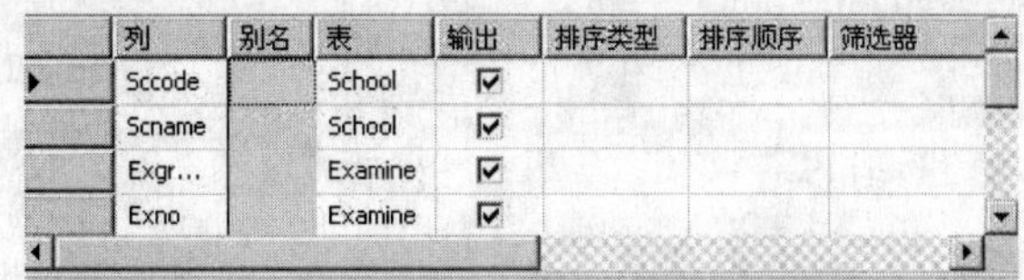

图 13-6　在新建视图中添加列别名和设置排序类型、筛选条件

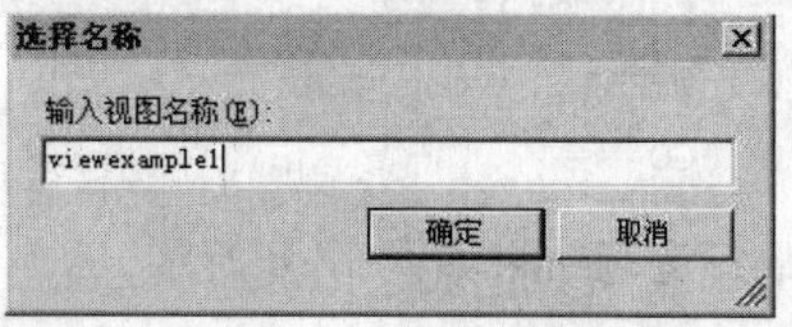

图 13-7　保存新建视图

2. 使用 SQL 命令创建视图

使用 Transact-SQL 语句中的 CREATE VIEW 命令创建视图，其语法格式为：

```
CREATE VIEW [<database_name>.] [<owner>.] view_name [(column[,…])]
        [WITH<view_attribute>[,…]]
        AS
          select_statement
          [WITH CHECK OPTION]
        <view_attribute>::={ENCRYPTION|SCHEMABINDING|VIEW_METADATA}
```

各参数含义说明如下。

database_name：表示当前数据库，owner 表示所有者。

view_name：表示视图名称。

column[,…]：表示在视图中所选择的列，可以是多个列名。若使用与源表或视图中相同的列名，此项可不选。

WITH ＜view_attribute＞：表示视图的属性。视图的属性即＜view_attribute＞，可以取 ENCRYPTION、SCHEMABINDING、VIEW_METADATA 这 3 个值。其中，ENCRYPTION 表示对系统表 syscomments 的 SELECT 语句加密，SCHEMABINDING 表示可以在基本表结构修改时保护视图定义。若选择 SCHEMABINDING 选项生成视图，则之后无法改变或删除影响视图定义的基本表。VIEW_METADATA 表示若某查询中引用该视图且要求返回浏览模式的元数据时，那么 SQL Server 将向 DBLIB、ODBC 或 OLEDB API 返回有关视图的元数据信息，而不是返回给基本表或其他表。

AS：表示视图要执行的操作。

select_statement：是用来查询视图的 SELECT 语句，它是构成视图文本的主体。

WITH CHECK OPTION：表示对通过视图插入的数据进行校验，指出在视图上对数据所进行的修改都要符合 select_statement 所指定的限制条件，这样可以确保数据修改后，仍可以通过视图看到修改的信息。

［**例 13-2**］　在“高考招生”数据库中，创建学校类型为“重点”的所有学校信息视图。

```
USE  高考招生
GO
CREATE VIEW SchoolView
AS
```

```
SELECT * FROM School
WHERE Sctype='重点'
GO
```

运行结果如图 13-8 所示。

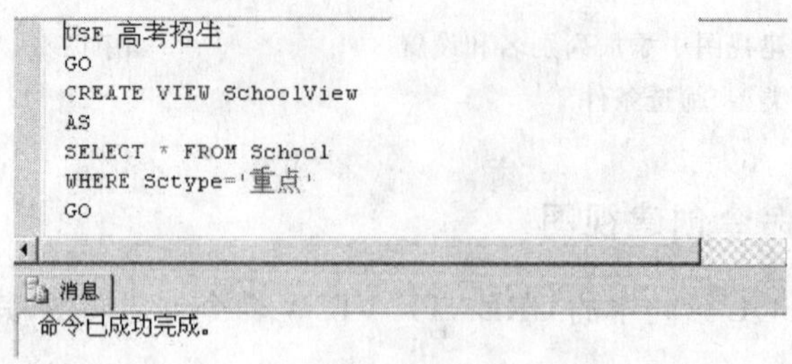

图 13-8　例 13-2 运行结果

在对象资源管理器中，右击"视图"节点，在弹出的快捷菜单中选择"刷新"命令，此时可以看到新建的视图 SchoolView，如图 13-9 所示。

选中并右击视图 dbo.SchoolView，在弹出的快捷菜单中选择"打开视图"命令，即可浏览新建的视图，如图 13-10 所示。

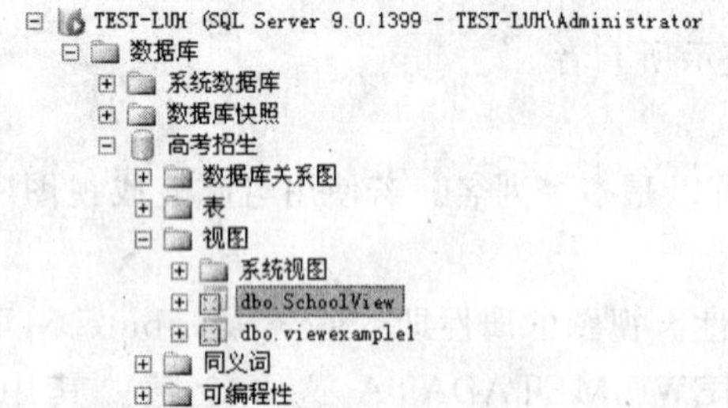

图 13-9　例 13-2 新建的视图 SchoolView

视图 - dbo.SchoolView　TEST-LUH.zh...LQuery1.sql*　摘要

	sccode	scname	sctype	plnum	renum	average
▶	10712	西北农林科技大学	重点	2440	2500	580
	10730	兰州大学	重点	2330	2400	575
	10701	西安电子科技大学	重点	2220	2300	560
	10459	郑州大学	重点	2110	2200	555
*	NULL	NULL	NULL	NULL	NULL	NULL

图 13-10　浏览新建视图

［**例 13-3**］　在"高考招生"数据库中，创建考分在 600～700 分之间的考生信息视图，并在要求通过此视图修改考生信息时，仍能看到考分在 600～700 分之间的这些考生的信息。

```
USE  高考招生
GO
CREATE VIEW ExgradeView
AS
SELECT * FROM Examine
WHERE Exgrade BETWEEN 600 AND 700
WITH CHECK OPTION
GO
```

运行结果如图 13-11 所示。

通过新建视图 ExgradeView 可以查询考分在 600～700 分之间的考生信息。

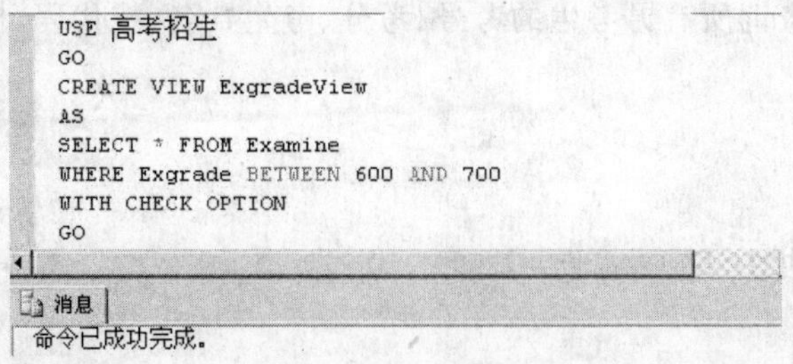

图 13-11 例 13-3 运行结果

```
USE 高考招生
GO
SELECT * FROM ExgradeView
GO
```

运行结果如图 13-12 所示。

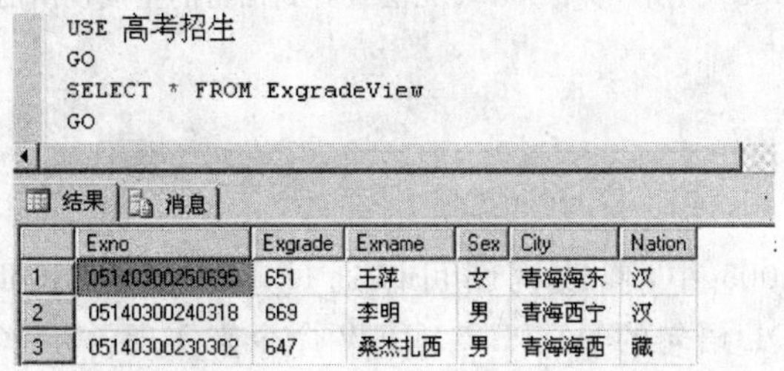

	Exno	Exgrade	Exname	Sex	City	Nation
1	05140300250695	651	王萍	女	青海海东	汉
2	05140300240318	669	李明	男	青海西宁	汉
3	05140300230302	647	桑杰扎西	男	青海海西	藏

图 13-12 通过视图 ExgradeView 查询考生信息

在本例中，由于选择了 WITH CHECK OPTION 选项，所以当通过此视图修改学生的考分时只能介于 600～700 分之间，否则系统会报错。

［**例 13-4**］ 在"高考招生"数据库中创建一个 School_Examine_EwillView 视图，用于查看所有男考生的考号、考分、考生姓名、校代码、校类型、一本志愿、二本志愿，将创建该视图的代码用 ENCRYPTION 加密。

```
USE 高考招生
GO
CREATE VIEW School_Examine_EwillView
WITH ENCRYPTION
AS
SELECT table1.Exno 考号,table1.Exgrade 考分,table1.Exname 考生姓名,
       table3.Sccode 校代码,table3.Sctype 校类型,table2.Scode1 一本志愿,
       table2.Scode2 二本志愿
FROM Examine AS table1
INNER JOIN Ewill AS table2 ON table1.Exno=table2.Exno
INNER JOIN School AS table3 ON table2.Scode1=table3.Sccode
WHERE table1.Sex='男'
GO
```

通过视图可以查询所有男考生的考号、考分、考生姓名、校代码、校类型、一本志愿、二本志愿。

```
USE 高考招生
GO
SELECT * FROM School_Examine_EwillView
GO
```

在本例中,由于用 WITH ENCRYPTION 对生成视图的代码进行了加密,因此利用 sp_helptext School_Examine_EwillView 命令无法看到生成视图的代码,如图 13-13 所示。

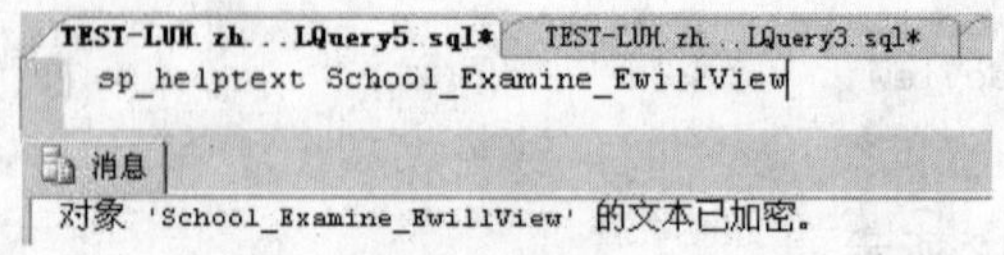

图 13-13 使用 sp_helptext 无法查看到加密的生成视图的代码

13.1.3 修改视图

在 SQL Server 2005 中,修改视图可以通过 Microsoft SQL Server Management Studio 和 Transact-SQL 语句的 ALTER VIEW 命令来实现。

1. 使用 Microsoft SQL Server Management Studio 修改视图

[**例 13-5**] 以"高考招生"数据库中的视图 viewexample1 为例,在 SQL Server 2005 中使用 Microsoft SQL Server Management Studio 修改视图的操作步骤如下。

(1) 启动 Microsoft SQL Server Management Studio,在 Microsoft SQL Server Management Studio 的"对象资源管理器"窗口中,展开 TEST-LUH|"数据库"|"高考招生"|"视图"节点,就可以看到已存在的视图。

(2) 选择要修改的视图 viewexample1,在弹出的快捷菜单中选择"修改"命令,如图 13-14 所示。

(3) 在图 13-14 所示窗口的右侧窗格中会出现表设计器,这样就可以直接修改视图了。

2. 使用 SQL 命令修改视图

ALTER VIEW 语法格式为:

```
ALTER VIEW [<database_name>.] [<owner>.] view_name [(column[,…])]
        [WITH <view_attribute>[,…]]
        AS
          select_statement
          [WITH CHECK OPTION]
```

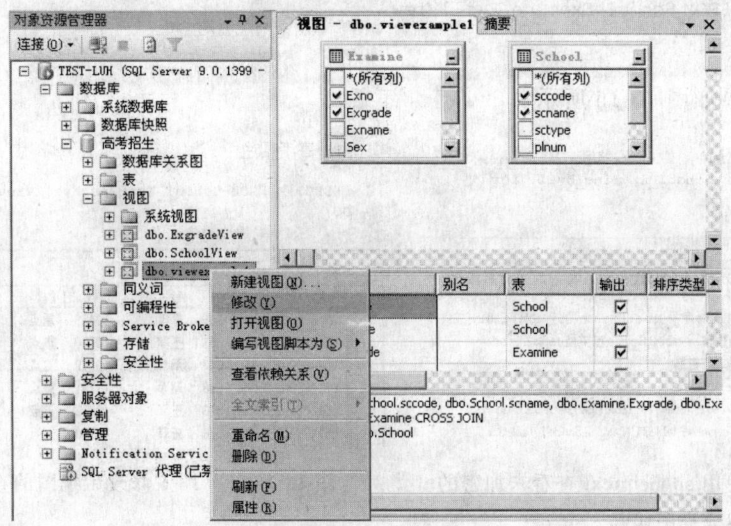

图 13-14　修改视图

```
<view_attribute>::={ENCRYPION|SCHEMABINDING|VIEW_METADATA}
```

各参数含义说明：WITH<view_Attribute>、select_statement 等参数与 CREATE VIEW 语句中的含义相同，view_name 是指待修改的视图。

［例 13-6］　在"高考招生"数据库中，将已加密的 School_Examine_EwillView 视图修改为所有考生的考号、考分、考生姓名、校代码、校类型、一本志愿、二本志愿，并且对视图定义语句不再加密。

```
USE 高考招生
GO
ALTER VIEW School_Examine_EwillView
AS
SELECT table1.Exno 考号,table1.Exgrade 考分,table1.Exname 考生姓名,
       table3.Sccode 校代码,table3.Sctype 校类型,
       table2.Scode1 一本志愿,table2.Scode2 二本志愿
FROM Examine AS table1
INNER JOIN Ewill AS table2 ON table1.Exno= table2.Exno
INNER JOIN School AS table3 ON table2.Scode1= table3.Sccode
GO
```

在本例中由于对视图定义语句不再进行加密，所以利用 sp_helptext School_Examine_EwillView 命令可以看到生成视图的代码，如图 13-15 所示。

通过修改后的视图可以查询所有考生的考号、考分、考生姓名、校代码、校类型、一本志愿、二本志愿。

```
USE 高考招生
GO
```

```
SELECT * FROM School_Examine_EwillView
GO
```

运行结果如图 13-16 所示。

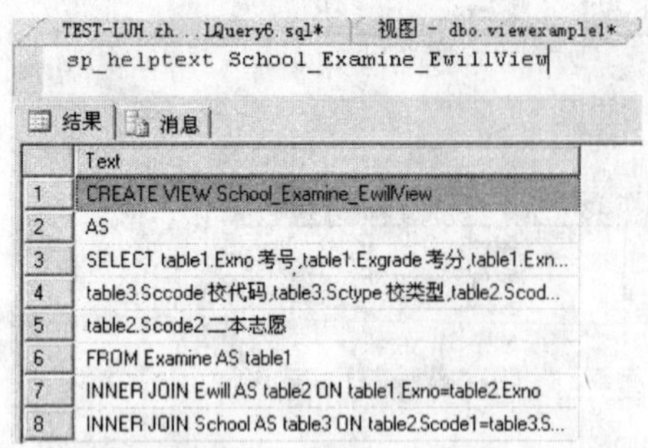

sp_helptext School_Examine_EwillView

	Text
1	CREATE VIEW School_Examine_EwillView
2	AS
3	SELECT table1.Exno 考号,table1.Exgrade 考分,table1.Exn...
4	table3.Sccode 校代码,table3.Sctype 校类型,table2.Scod...
5	table2.Scode2 二本志愿
6	FROM Examine AS table1
7	INNER JOIN Ewill AS table2 ON table1.Exno=table2.Exno
8	INNER JOIN School AS table3 ON table2.Scode1=table3.S...

图 13-15　使用 sp_helptext 查看未加密的生成视图代码

```
USE 高考招生
GO
SELECT * FROM School_Examine_EwillView
GO
```

	考号	考...	考生姓名	校代...	校类...	一本志...	二本志愿
1	05140300240318	669	李明	10459	重点	10459	10743
2	05140300250695	651	王萍	10730	重点	10730	10746
3	05140300230302	647	桑杰扎西	10712	重点	10712	10748
4	05140300271233	598	赵军	10701	重点	10701	10746
5	05140300293212	576	王菲	10712	重点	10712	11406
6	05140300293212	576	王菲	10730	重点	10730	10743

图 13-16　例 13-6 修改后视图的查询结果

[**例 13-7**]　在"高考招生"数据库中，修改已有的 School_Examine_EwillView 视图，添加一个性别列。

```
USE  高考招生
GO
ALTER VIEW School_Examine_EwillView
AS
SELECT table1.Exno 考号,table1.Exgrade 考分,table1.Exname 考生姓名,
        table1.Sex 性别,table3.Sccode 校代码,table3.Sctype 校类型,
        table2.Scode1 一本志愿,table2.Scode2 二本志愿
FROM Examine AS table1
INNER JOIN Ewill AS table2 ON table1.Exno= table2.Exno
INNER JOIN School AS table3 ON table2.Scode1= table3.Sccode
GO
```

通过修改后的视图可以查询所有考生的考号、考分、考生姓名、性别、校代码、校类型、一本志愿、二本志愿。查询结果如图 13-17 所示。

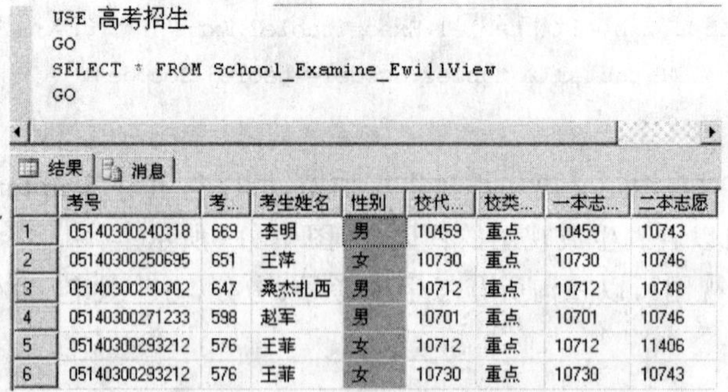

```
USE 高考招生
GO
SELECT * FROM School_Examine_EwillView
GO
```

	考号	考...	考生姓名	性别	校代...	校类...	一本志...	二本志愿
1	05140300240318	669	李明	男	10459	重点	10459	10743
2	05140300250695	651	王萍	女	10730	重点	10730	10746
3	05140300230302	647	桑杰扎西	男	10712	重点	10712	10748
4	05140300271233	598	赵军	男	10701	重点	10701	10746
5	05140300293212	576	王菲	女	10712	重点	10712	11406
6	05140300293212	576	王菲	女	10730	重点	10730	10743

图 13-17　例 13-7 修改后视图的查询结果

13.1.4 使用视图

在 SQL Server 中，视图的使用方法和表的使用方法基本相同，在视图中可以插入、修改或删除数据库中的数据。但是，视图毕竟不是表，在进行插入、更新、删除和查询操作时有一定的限制。

在视图中进行插入、更新、删除等操作，都可以使用 INSTEAD OF 触发器(触发器的相关内容将在第 15 章中详细介绍)，并配合 INSERT、UPDATE 及 DELETE 命令。如果不想使用 INSTEAD OF 触发器，所创建的视图必须是可更新视图，一个可更新视图符合下列条件：

(1) 在创建视图时，select_statement 语句中的 FROM 子句至少包含一个基本表。

(2) 在创建视图时，select_statement 语句中所列出的数据列不能包含任何的汇总函数值，并且没有 GROUP BY、UNION、DISTINCT 关键字及 TOP 子句。

1. 插入数据

通过视图插入数据时，使用 INSERT 语句来完成，插入的数据是存储在基本表中的。INSERT 语句的基本语法格式如下：

```
INSERT INTO view_name(column1,column2,…)
VALUES(values1,values2,…)
```

[**例 13-8**] 在"高考招生"数据库中，在已有的 SchoolView 视图中插入一条记录('51382','青海广播电视大学','专科','1000','1100','380')。

```
USE 高考招生
GO
INSERT INTO SchoolView
VALUES('51382','青海广播电视大学','专科','1000','1100','380')
GO
```

运行结果如图 13-18 所示。

```
USE 高考招生
GO
INSERT INTO SchoolView
VALUES('51382','青海广播电视大学','专科','1000','1100','380')
GO
```

消息

(1 行受影响)

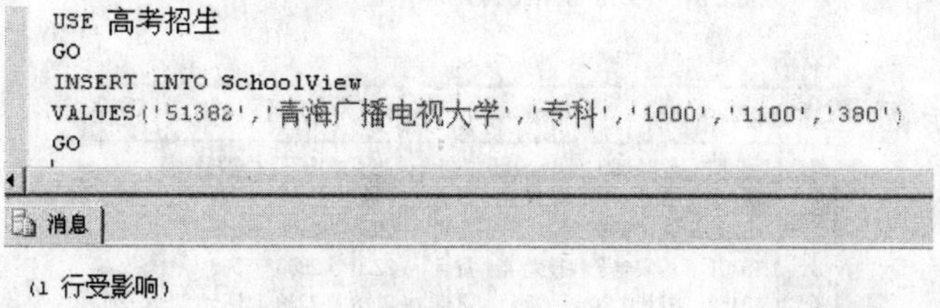

图 13-18 例 13-8 通过视图插入数据的运行结果

使用 SELECT 语句查询 SchoolView 所依赖的基本表 School，查询结果如图 13-18 所示，运行结果如图 13-19 所示。

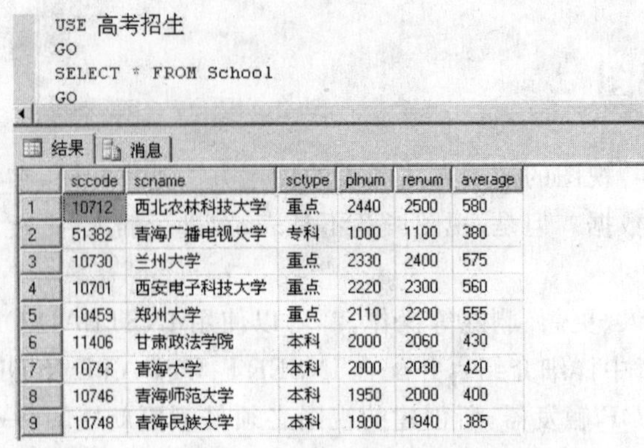

```
USE 高考招生
GO
SELECT * FROM School
GO
```

	sccode	scname	sctype	plnum	renum	average
1	10712	西北农林科技大学	重点	2440	2500	580
2	51382	青海广播电视大学	专科	1000	1100	380
3	10730	兰州大学	重点	2330	2400	575
4	10701	西安电子科技大学	重点	2220	2300	560
5	10459	郑州大学	重点	2110	2200	555
6	11406	甘肃政法学院	本科	2000	2060	430
7	10743	青海大学	本科	2000	2030	420
8	10746	青海师范大学	本科	1950	2000	400
9	10748	青海民族大学	本科	1900	1940	385

图 13-19　例 13-8 通过视图插入数据的查询结果

2. 修改数据

在视图内使用 Transact-SQL 中的 UPDATE 语句修改数据，其语法格式如下：

```
UPDATE view_name
SET column_name={Expression|DEFAULT|NULL}
WHERE condition
```

[**例 13-9**]　在"高考招生"数据库中，在已有的 SchoolView 视图中，修改校代码为 10730 的学校平均分为 590 分。

```
USE  高考招生
GO
UPDATE SchoolView
SET Average=590
WHERE Sccode=10730
GO
```

运行结果如图 13-20 所示，查询结果如图 13-21 所示。

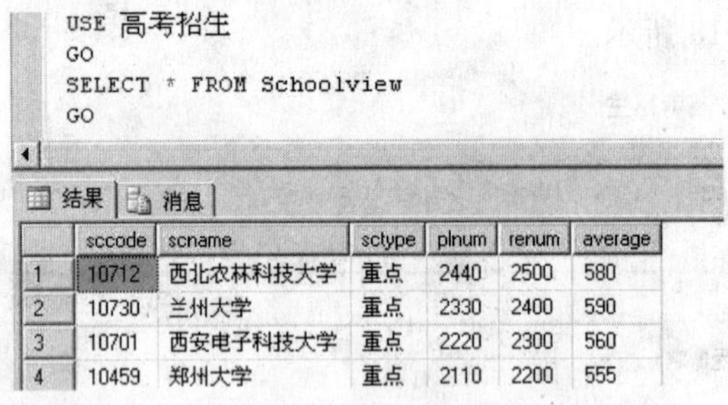

```
USE 高考招生
GO
SELECT * FROM Schoolview
GO
```

	sccode	scname	sctype	plnum	renum	average
1	10712	西北农林科技大学	重点	2440	2500	580
2	10730	兰州大学	重点	2330	2400	590
3	10701	西安电子科技大学	重点	2220	2300	560
4	10459	郑州大学	重点	2110	2200	555

图 13-20　例 13-9 通过视图修改数据的运行结果

3. 删除数据

在视图中使用 DELETE 语句删除数据，其语法格式如下：

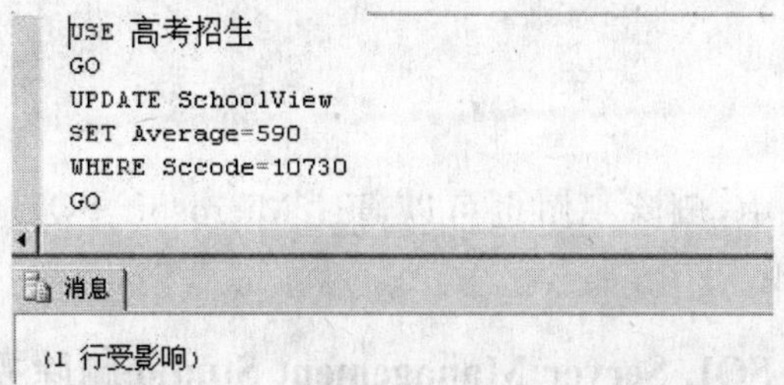

图 13-21　例 13-9 通过视图修改数据的查询结果

```
DELETE FROM view_name
WHERE condition
```

[**例 13-10**]　在"高考招生"数据库中,在已有的 SchoolView 视图中,将校代码为 10730 的记录删除。

```
USE  高考招生
GO
DELETE FROM SchoolView
WHERE Sccode= 10730
GO
```

运行结果如图 13-22 所示,查询结果如图 13-23 所示。

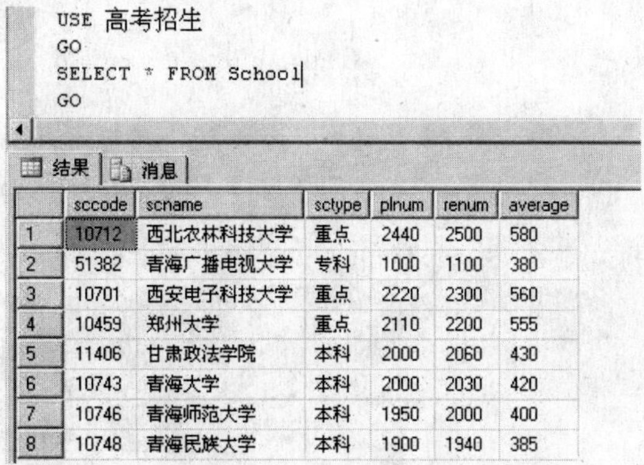

	sccode	scname	sctype	plnum	renum	average
1	10712	西北农林科技大学	重点	2440	2500	580
2	51382	青海广播电视大学	专科	1000	1100	380
3	10701	西安电子科技大学	重点	2220	2300	560
4	10459	郑州大学	重点	2110	2200	555
5	11406	甘肃政法学院	本科	2000	2060	430
6	10743	青海大学	本科	2000	2030	420
7	10746	青海师范大学	本科	1950	2000	400
8	10748	青海民族大学	本科	1900	1940	385

图 13-22　例 13-10 通过视图删除数据的运行结果

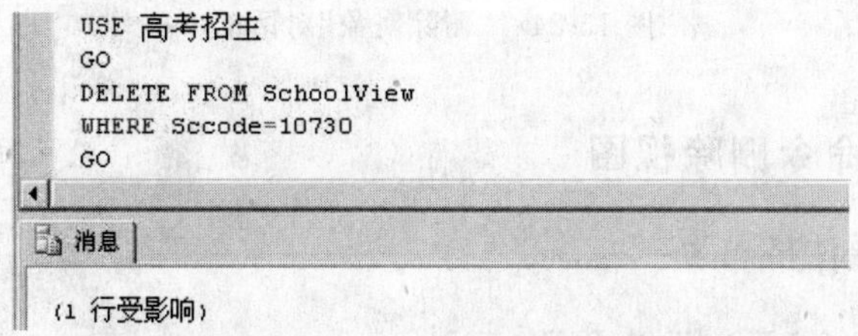

图 13-23　例 13-10 通过视图删除数据的查询结果

13.1.5 删除视图

在 SQL Server 2005 中，删除视图也可以通过 Microsoft SQL Server Management Studio 和 SQL 语句来实现。

1. 使用 Microsoft SQL Server Management Studio 删除视图

［**例 13-11**］ 以“高考招生”数据库中的视图 viewexample1 为例，在 SQL Server 2005 中使用 SQL Server Management Studio 删除视图的操作步骤如下。

(1) 启动 SQL Server Management Studio，在 SQL Server Management Studio 的“对象资源管理器”窗口中，展开 TEST-LUH|“数据库”|“高考招生”|“视图”节点，就可以看到已存在的视图。

(2) 选择要删除的视图 viewexample1，在弹出的快捷菜单中选择“删除”命令。

(3) 在打开的如图 13-24 所示的“删除对象”对话框中，单击“确定”按钮就可以删除视图。

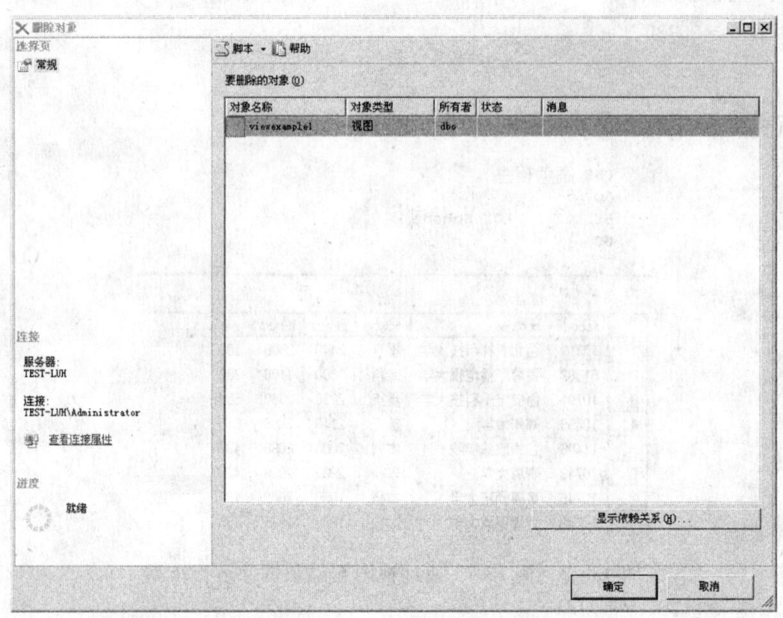

图 13-24 “删除对象”对话框

2. 使用 SQL 命令删除视图

DROP VIEW 语法格式为：

```
DROP VIEW[database_name.]view_name[,…n]
```

其中，各参数说明如下：

database_name：视图所在的数据库名称。

view_name：需要删除的视图名称。

n：表示在任何数据库中可以删除多个视图。

［**例 13-12**］ 删除“高考招生”数据库中视图“SchoolView”。

```
USE  高考招生
GO
DROP VIEW SchoolView
GO
DROP VIEW SchoolView
```

查询结果如图 13-25 所示。

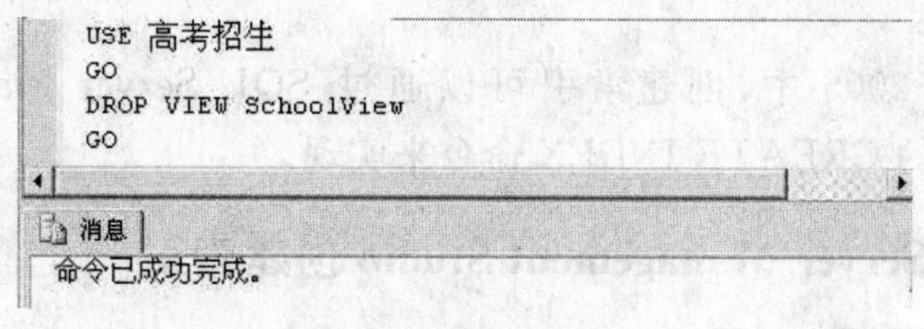

图 13-25　例 13-12 删除视图 SchoolView 查询结果

13.2 索　　引

13.2.1 索引概述

索引是数据库中的重要数据对象，通过建立索引可以提高数据查询或者其他操作的效率。索引可以创建在任意表和视图的列字段上。索引是一个单独的物理数据库结构，索引中包含键值，通过键值可以方便快速地找到与键值相关的数据记录。

在 SQL Server 2005 中提供的索引类型有聚集索引、非聚集索引、唯一索引、包含列的索引、全文索引、XML 索引。

聚集索引是根据索引的键值对表中的数据进行排序并保存。由于聚集索引对表中行数据进行了排序，使得表的物理顺序和索引顺序一致，因此，一个表中只能有一个聚集索引。非聚集索引不影响表中行的实际存储顺序，完全独立于表中行的顺序结构。非聚集索引的键值包含指向表中记录存储位置的指针，不对表中的数据排序，只对键值排序。唯一索引是在建立索引时，作为索引项的列中不允许有重复值（包括空值），如果是由多个列建立的唯一索引，其每行的多个列的组合值也同样不能重复。包含列的索引是一种非聚集索引，其中包含一些非键值的列，这些列对键值有辅助作用。全文索引是由 Microsoft 全文引擎创建并管理的一种基于符号的函数索引，支持在字符串中快速地查找单词。

索引的建立有利也有弊，建立索引可以提高数据查询速度，与此同时，建立过多的索引会占据很多的磁盘空间。一般来说在下列情况下适合建立索引。

(1) 被经常连续访问的列。

(2) 在 ORDER BY 子句中使用的列。

(3) 带 GROUP BY 的子查询。

(4) 外键或主键列。

(5) 值唯一的列。

一般在 SQL Server 2005 中按存储结构的不同将索引分为聚集索引和非聚集索引，根据索引键的组成又把索引分为唯一索引和复合索引。

13.2.2 创建、查看索引

在 SQL Server 2005 中，创建索引可以通过 SQL Server Management Studio 和 Transact-SQL 语句的 CREATE INDEX 命令来实现。

1. 使用 SQL Server Management Studio 创建索引

［**例 13-13**］ 以“高考招生”数据库为例，在 SQL Server 2005 中使用 Microsoft SQL Server Management Studio 创建索引的操作步骤如下。

(1) 启动 SQL Server Management Studio，在 Microsoft SQL Server Management Studio 的“对象资源管理器”窗格中，如图 13-26 所示，展开 TEST-LUH|“数据库”|“高考招生”|“表”节点，再展开 dbo.Examine 表，右击“索引”选项，在弹出的快捷菜单中选择“新建索引”命令。

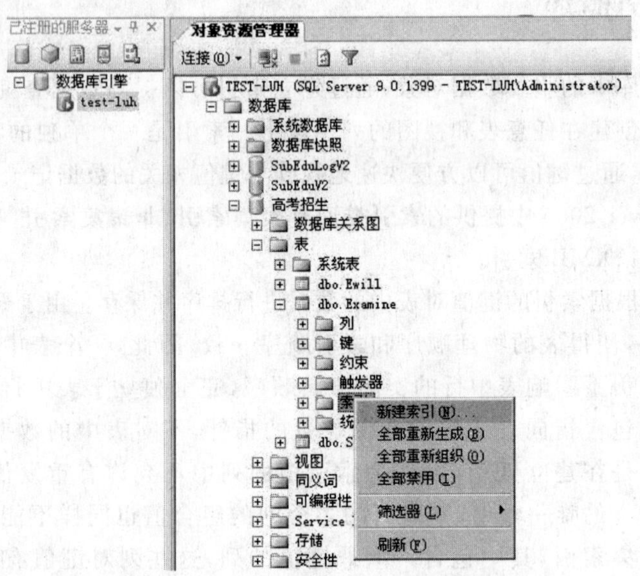

图 13-26 选择“新建索引”命令

(2) 在打开的“新建索引”对话框中，如图 13-27 所示，设置索引名称为 ExamineIndex，索引类型为“聚集”，然后单击“添加”按钮。

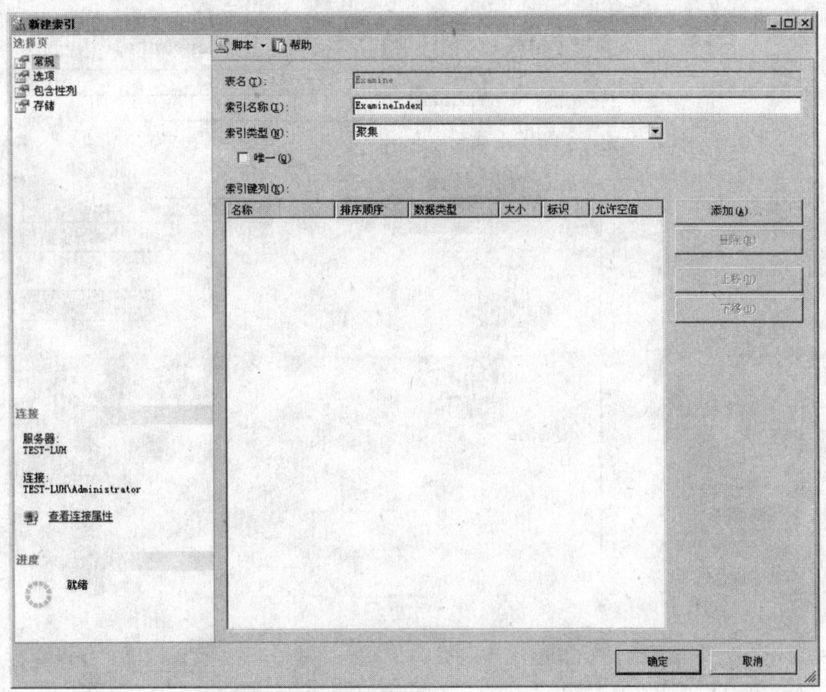

图 13-27 “新建索引”对话框

(3) 在打开的“从 dbo. Examine 中选择列”对话框中选择要添加到索引键的表列，如图 13-28 所示，设置 Exno 为索引键列，然后单击“确定”按钮。

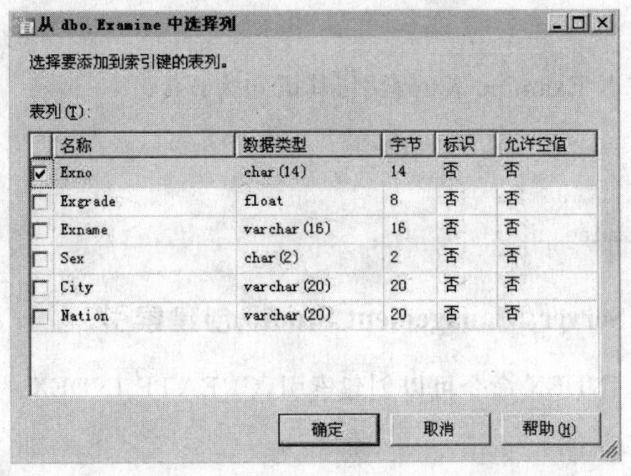

图 13-28 “从 dbo. Examine 中选择列”对话框

(4) 选择索引键后的“新建索引”对话框如图 13-29 所示，设置索引列 Exno(考号)的排序顺序为“降序”，设置完成后，单击“新建索引”对话框中的“确定”按钮，这样就为表 Examine 创建了索引。另外，还可以通过选择对话框左侧的“选项”选项来设置索引的参数，通过“包含性列”选项来为索引添加非键值辅助列，通过“存储”选项来选择索引存储文件组等参数。

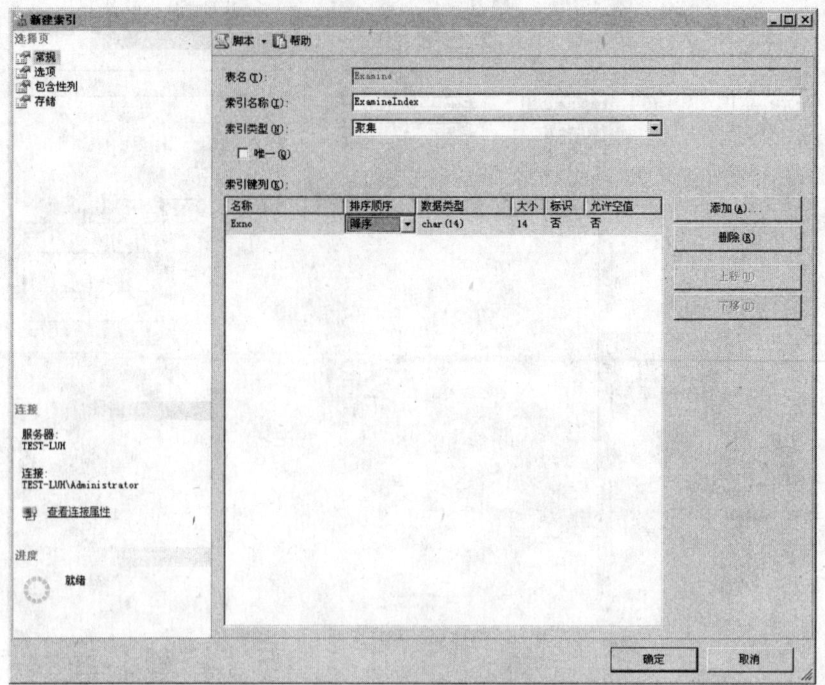

图 13-29　选择索引键后的"新建索引"对话框

索引可以通过对象资源管理器查看,也可使用 SQL 命令查看,这里介绍使用 SQL 命令查看索引的方法。查看索引的 SQL 命令格式为:

```
sp_helpindex<@ObjName>
```

[例 13-14]　查看 Examine 表的索引,其语句为:

```
USE  高考招生
GO
sp_helpindex Examine
```

2. 使用 SQL Server Management Studio 创建索引

利用 CREATE INDEX 命令可以创建索引,CREATE INDEX 的语法格式为:

```
CREATE [UNIQUE][CLUSTERED][NONCLUSTERED]
INDEX<index_name>
ON{table|view}(column[ASC|DESC][,…])
[WITH
  [PAD_INDEX]
  [[,]FILLFACTOR=fillfactor]
  [[,]IGNORE_DUP_KEY]
  [[,]DROP_EXISTING]
  [[,]STATISTICS_NORECOMPUTE]
```

```
    [[,]SORT_IN_TEMPB]
]
[ON filegroup]
```

其中各参数说明如下。

UNIQUE：表示创建唯一索引。如果使用该选项，则应确定索引所包含的列均不允许为 NULL 值。

CLUSTERED|NONCLUSTERED：指明创建的索引为聚集索引还是非聚集索引。前者为聚集索引，后者为非聚集索引。如果省略此项，则创建的索引为非聚集索引。

index_Name：表示索引文件名。

table|View：指定创建索引的表或视图的名称。

column：创建索引的列。

ASC|DESC：索引的列的排序方式。默认值为 ASC。

PAD_INDEX：指定索引中间级每个页节点上保持开放的时间。

FILLFACTOR＝fillfactor：指定在创建索引的过程中，各索引页级的填充程度。FILLFACTOR 称为填充因子。

IGNORE_DUP_KEY：该选项只有在索引中定义了 UNIQUE 时才生效，用于控制当向创建唯一索引的列中插入重复值时所发生的情况。

DROP_EXISTING：指定删除已存在的同名聚集索引或非聚集索引。

STATISTICS_NORECOMPUTE：指定分布统计不自动更新。

SORT_IN_TEMPB：指定用于创建索引的分类排序结果将被存储到 tempdb 数据库中。

ON filegroup：指定索引文件所在的文件组。数据类型为 TEXT、NTEXT、IMAGE 或 BIT 的列不能作为索引的列，当数据类型为 CHAR、VARCHAR、BINARY 和 VARBINARY 的列的宽度超过 800 字节时，或数据类型为 NCHAR、NVARCHAR 的列的宽度超过 450 个字节时不能作为索引的列。

[例 13-15] 为"高考招生"数据库 School 表的 Sccode 和 Sctype 列创建复合索引。

```
USE 高考招生
GO
CREATE INDEX Sccode_typeIndex
ON School(Sccode,Sctype)
GO
```

运行结果如图 13-30 所示。

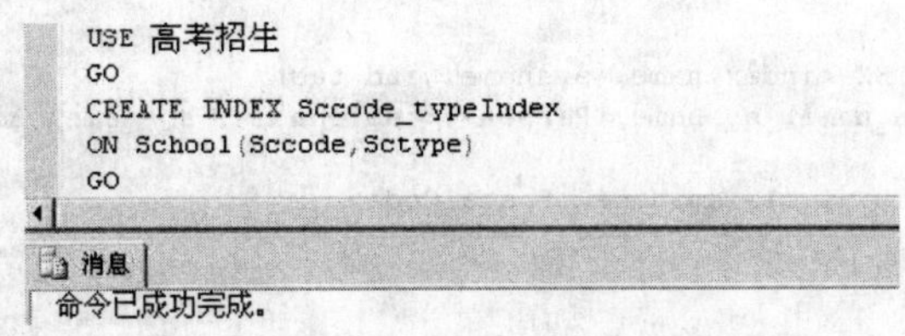

图 13-30 例 13-15 运行结果

[**例 13-16**]　为“高考招生”数据库 Ewill 表的 Exno 列创建聚集索引。

```
USE 高考招生
GO
CREATE INDEX Ewill_exnoIndex
ON Ewill(Exno)
GO
```

除以上方法外,还可以利用 SQL Server Management Studio 提供的模板资源管理器来创建索引。以例 13-16 为例,利用模板资源管理器来创建索引,操作步骤如下。

(1) 在 SQL Server Management Studio 中,在菜单栏中选择“视图”菜单中的“模板资源管理器”命令,如图 13-31 所示。

(2) 在打开的“模板资源管理器”窗格中,选择 Index 选项,展开后选择 Create Index Basic 选项,如图 13-32 所示。

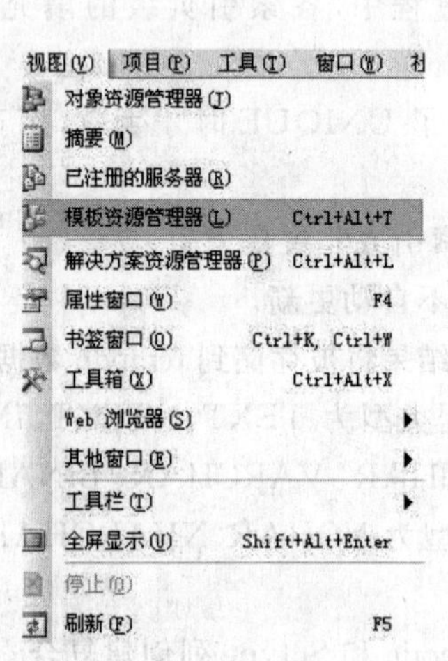

图 13-31　“视图”菜单选项

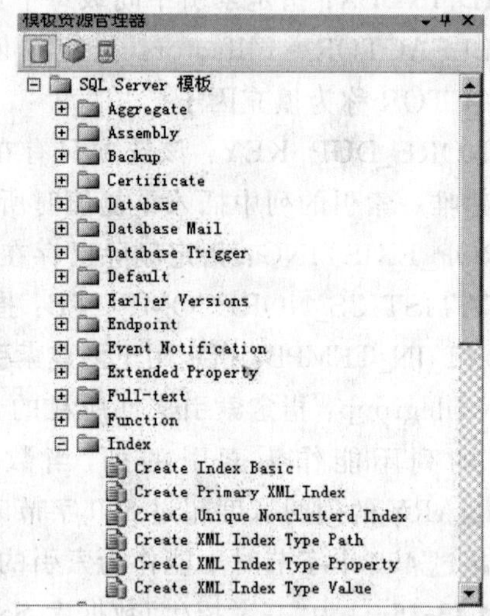

图 13-32　“模板资源管理器”窗格

(3) 双击 Create Index Basic 选项,会打开一个新的编辑器窗口,其中包含如图 13-33 所示的代码。

```
-- ============================================
-- Create index basic template
-- ============================================
USE <database_name, sysname, AdventureWorks>
GO

CREATE INDEX <index_name, sysname, ind_test>
ON <schema_name, sysname, Person>.<table_name, sysname, Address>
(
    <column_name1, sysname, PostalCode>
)
GO
```

图 13-33　Create Index Basic 模板代码

(4) 模板生成的代码可以直接在编辑器中修改,也可以单击工具栏中的“指定模板参数的值”按钮或者在“查询”菜单中选择“指定模板参数的值”命令,如图 13-34 所示。

(5) 在打开的“指定模板参数的值”对话框中,更改相关参数,如图 13-35 所示。

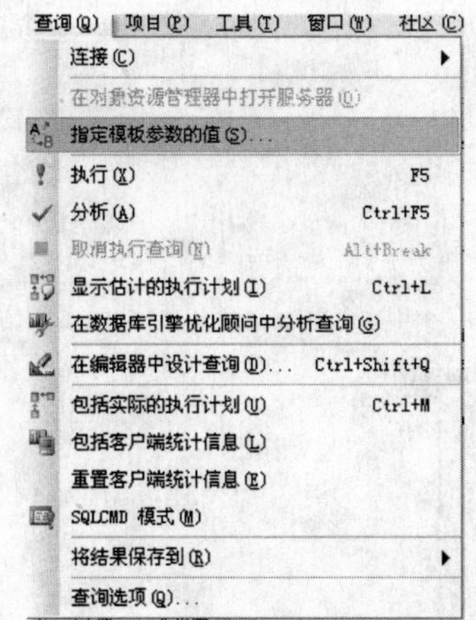

图 13-34 “查询”菜单

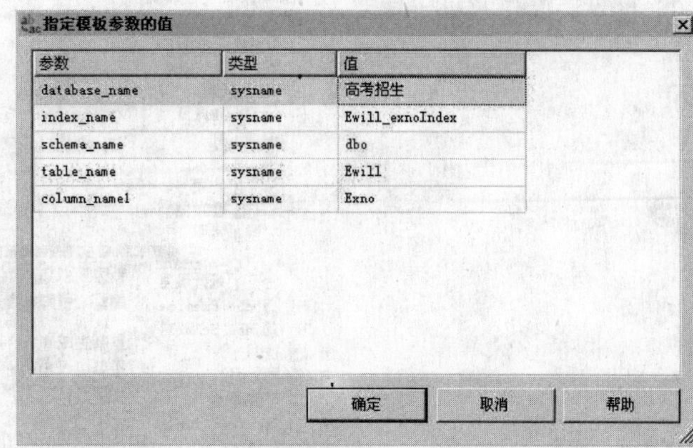

图 13-35 “指定模板参数的值”对话框

(6) 在图 13-35 所示对话框中单击“确定”按钮,得到如图 13-36 所示的代码。按 F5 键,运行代码即可创建索引。

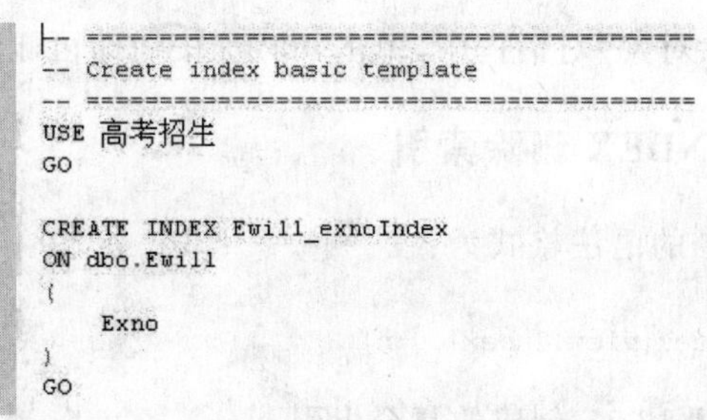

```
-- =============================================
-- Create index basic template
-- =============================================
USE 高考招生
GO

CREATE INDEX Ewill_exnoIndex
ON dbo.Ewill
(
    Exno
)
GO
```

图 13-36 指定参数后的创建索引代码

13.2.3 删除索引

可以使用 SQL Server Management Studio 工具或执行 DROP INDEX 命令删除索引。

1. 使用 SQL Server Management Studio 删除索引

[**例 13-17**] 删除 Ewill 表中名为 Ewill_exnoIndex 的索引,其操作步骤如下。

(1) 启动 SQL Server Management Studio,在 Microsoft SQL Server Management Studio 的“对象资源管理器”窗格中,如图 13-26 所示,展开 TEST-LUH|“数据库”|“高考招生”|“表”节点,再展开 dbo.Ewill 表和下面的“索引”节点,右击 Ewill_exnoIndex 选项,

在如图 13-37 所示的快捷菜单中选择“删除”命令。

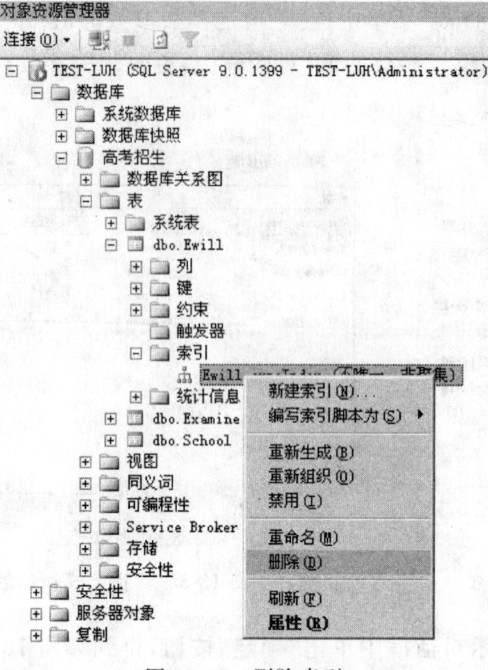

图 13-37　删除索引

(2) 在打开的“删除对象”对话框中,单击“确定”按钮即可删除索引。

2. 使用 DROP INDEX 删除索引

DROP INDEX 命令的语法格式为:

```
DROP INDEX table.index|view.index[,…n]
```

[**例 13-18**]　删除例 13-15 创建的复合索引。

```
USE  高考招生
GO
DROP INDEX Sccode_typeIndex
GO
```

小　　结

本章在简要介绍视图和索引相关概念的基础上,首先介绍了在 SQL Server 2005 中创建、修改、使用和删除视图的方法,然后介绍了在 SQL Server 2005 中创建、查看和删除索引的方法,分别讲述了使用 SQL Server Management Studio 和 SQL 命令对视图和索引进行相关操作的方法。

习 题 13

1. 简述索引的概念。

2. 视图的优点和作用有哪些?

实验:索引和视图

一、实验目的

掌握数据库索引和视图的创建方法。

二、实验内容

1. 在“高考招生”数据库中,分别对 School、Examine、Ewill 表创建唯一索引、聚集索引、非聚集索引。

2. 显示已建立索引表的索引。

3. 删除已建立索引表的索引。

4. 建立表 Examine 的视图。

第14章 规则与默认

14.1 规　　则

规则是单独存储的数据库对象，在数据库中定义一次就可以在任意表中的一列或多列进行绑定，用来限制存储在表中的列或用户定义数据类型的值；而删除、修改绑定了规则的表或用户定义了数据类型的值，不会影响绑定在上面的规则。

规则的作用与CHECK约束相似，但又有区别。CHECK约束是在创建表时指定在列上的，一个列允许有多个CHECK约束；而规则作为单独的数据库对象，表中每列或者每个用户定义的数据类型只能绑定一个规则。未解除绑定的规则，最后一次绑定的规则有效。列中包含CHECK约束时，CHECK约束优先。

14.1.1 创建规则

创建规则可以使用CREATE RULE语句，其语法格式如下：

```
CREATE RULE rule_name
AS condition_expression
```

其中各参数含义如下。

rule_name：所要创建规则的名称，该名称必须符合标识符规则。

condition_expression：定义规则的条件(条件表达式)。

规则可以是WHERE子句中任何有效的表达式，可以包含算术运算符、关系运算符和IN、LIKE、BETWEEN等谓词之类的元素。规则不允许引用列名或其他数据库对象，但是可以包含不引用数据库对象的内置函数。

如果condition_expression中包含一个变量，那么每个局部变量前都必须有一个@符号，用来引用通过UPDATE或INSERT命令输入的值。在创建规则时，可以使用任何名称或符号表示值，但是@符号必须是第一个符号。

［**例14-1**］ 创建一个名为ybfsx(一本分数线)的规则，限定输入的值必须在440～650之间。

具体程序如下：

```
CREATE RULE ybfsx
```

```
AS @E1 BETWEEN 440 AND 650
```

［**例 14-2**］ 创建一个名为 RULE_CODE(志愿序号)的规则,限定输入到该规则所绑定的列中的实际值只能是该规则中列出的值。

具体程序如下：

```
CREATE RULE RULE_CODE
AS @C1 IN('1','2','3')
```

14.1.2 绑定规则

规则创建后,使用系统存储过程 sp_bindrule 将规则绑定到列或用户定义数据类型上。在绑定了规则的列或用户定义数据类型的所有列上执行 INSERT 或 UPDATE 时,新的数据必须符合规则。

绑定规则使用系统存储过程 sp_bindrule,其语法格式如下：

```
EXEC sp_bindrule 'rule_name','object_name'[,'futureonly_flag']
```

其中各参数含义如下。

rule_name：使用 CREATE RULE 创建的规则名称。

object_name：要绑定规则的表和列或用户定义数据类型的名称。

futureonly_flag：可选参数,仅在将规则绑定到用户定义数据类型时才使用。将此参数设置为 futureonly 时,原本属于用户定义数据类型的列不受新规则的影响。如果不设置参数 futureonly,则规则将会绑定到用户定义类型的任一列,不管它在绑定规则时是否已经存在。

注意：规则必须与列的数据类型兼容,SQL Server 不会在绑定规则时提示错误,因为此时规则未被激活,只有在插入值时规则被激活,才会返回错误信息。规则不能绑定到 textimage 或 timestamp 列。

［**例 14-3**］ 将创建的 RULE_CODE 规则绑定到“高考招生”数据库考生志愿表 Ewill 的 Order(志愿序号)列上。

具体程序如下：

```
USE 高考招生
GO
EXEC sp_bindrule 'RULE_CODE','Ewill.Order'
GO
```

14.1.3 查看规则

用户可以通过 Microsoft SQL Server Management Studio 来查看当前数据库中创建的规则的相关信息。

［例 14-4］ 查看“高考招生”数据库中的所有规则。

(1) 启动 Microsoft SQL Server Management Studio。

(2) 在“对象资源管理器”窗格中展开“数据库”|“高考招生”数据库|“可编程性”|“规则”节点。

(3) 在“规则”节点下显示了当前数据库中的所有规则，如图 14-1 所示。

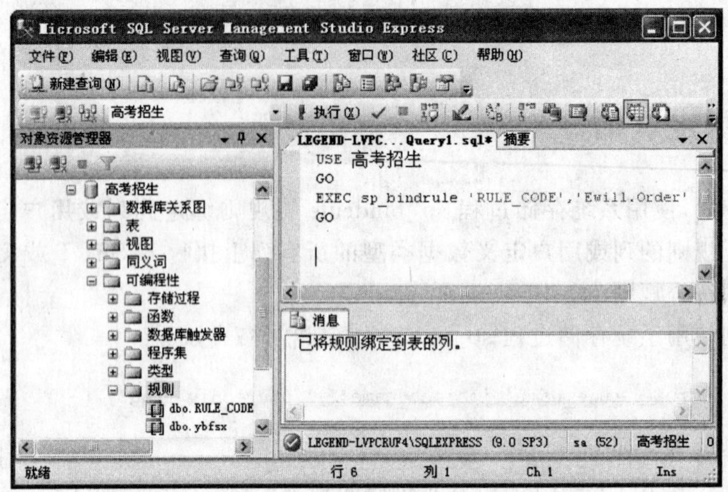

图 14-1 查看规则

［例 14-5］ 查看规则 RULE_CODE 的基本信息。

可以使用系统存储过程 sp_help 查看规则 RULE_CODE 的拥有者、创建时间等基本信息，具体程序如下：

```
USE 高考招生
EXEC sp_help RULE_CODE
```

执行上述语句，运行结果如图 14-2 所示。

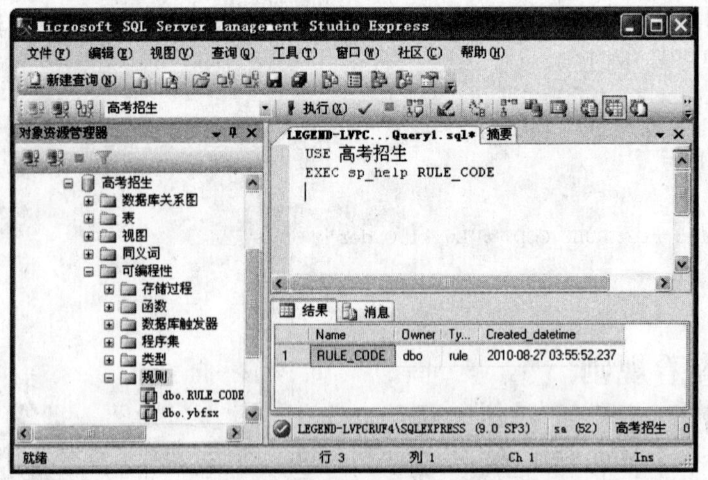

图 14-2 查看规则基本信息

可以使用系统存储过程 sp_helptext 查看规则 RULE_CODE 的定义信息，具体程序如下：

```
USE  高考招生
EXEC sp_helptext RULE_CODE
```

执行上述语句，运行结果如图 14-3 所示。

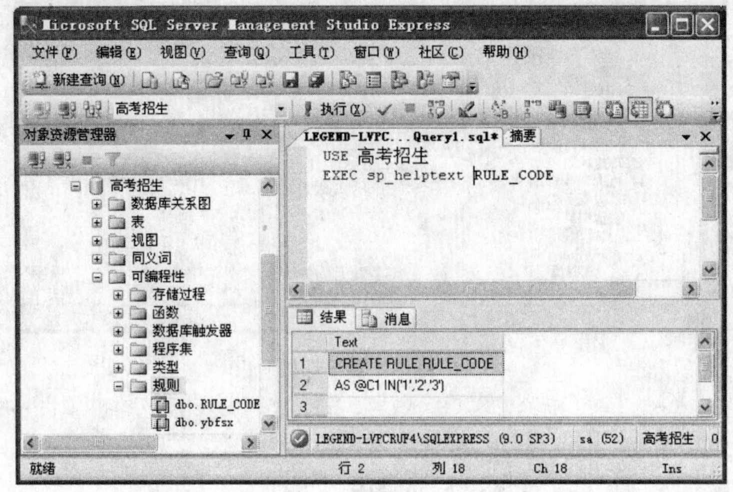

图 14-3　查看规则定义信息

14.1.4　解除和删除规则

如果要删除规则，首先要解除绑定在表中某列或用户定义数据类型上的规则，否则，在执行删除语句时，SQL Server 就会提示出现错误，删除操作被取消。

解除规则的绑定需执行系统存储过程 sp_unbindrule，其语法格式如下：

```
EXEC sp_unbindrule 'object_name'[,'futureonly_flag']
```

其中各参数的含义与 sp_bindrule 中各参数含义相同。

未使用或已解除绑定的规则可以使用 DROP RULE 语句删除，其语法格式如下：

```
DROP  RULE  rule_name[,…n]
```

［**例 14-6**］　删除已创建规则 RULE_CODE。

具体程序如下：

```
USE  高考招生
GO
EXEC sp_unbindrule 'Ewill.Order'
GO
DROP RULE RULE_CODE
GO
```

说明：该程序将解除绑定到“高考招生”数据库中考生志愿表 Ewill 的 Order(志愿序号)列上的规则，并将该规则从数据库中删除，执行上述程序，运行结果如图 14-4 所示。

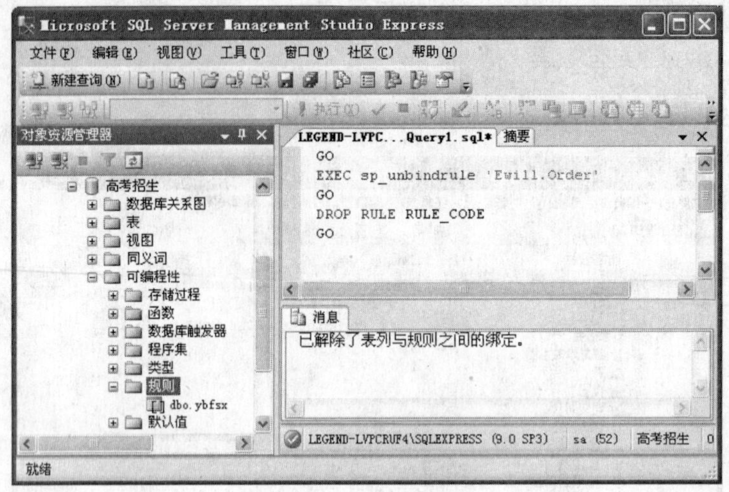

图 14-4　删除规则

14.2　默　　认

默认和规则一样，是单独存储的数据库对象。在数据库中定义一次就可以在任意表中一列或多列上进行绑定，还可以用于用户定义数据类型。当用户向数据库表中插入一行数据时没有指定列的值，则由 SQL Server 自动为该列输入默认值，即默认指定列中所使用的值。而删除绑定了默认对象的表，DEFAULT 约束会自动删除，但是默认对象不会被删除。

在 SQL Server 中有两种使用默认值的方法。

(1) 在创建表时，指定默认对象。如果使用 Microsoft SQL Server Management Studio，那么可以在设计表时指定默认值。如果使用 T-SQL 语句，则在 CREATE TABLE 语句中使用 DEFAULT 子句，这种方法定义默认值很简洁，可以首选。

(2) 使用 CREATE DEFAULT 语句创建默认对象。这种方法与规则一样，创建后必须使用系统存储过程 sp_bindefault 将默认对象绑定到列上，当用户在数据库表中使用 INSERT 和 UPDATE 语句时，如果没有提供值，则默认对象会提供值。

14.2.1　在创建表时指定默认值

如果使用 Microsoft SQL Server Management Studio，那么可以在设计表时指定默认值，默认值可以是任何取值为常量的对象。

[**例 14-7**]　在创建表 School 时，将 Sctype(校类型)列的默认值设置为“本科”。

如图 14-5 所示，在创建表时，输入列名称 Sctype 后，设定该列的默认值为“本科”。

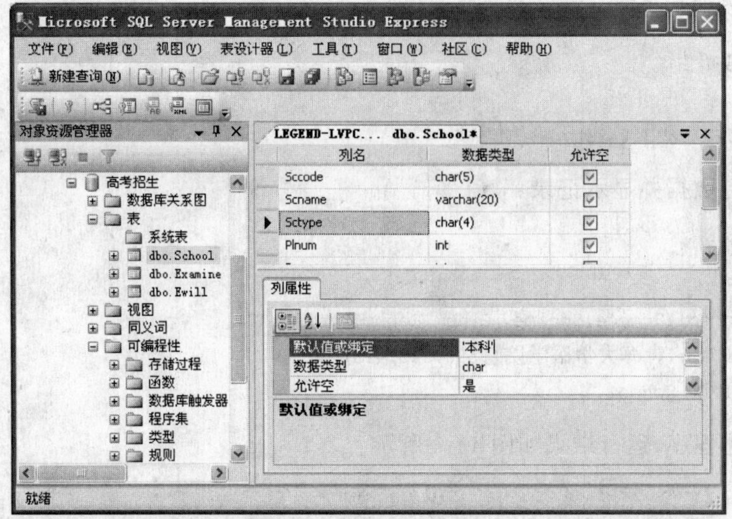

图 14-5　设置列默认值

具体程序如下：

```
USE  高考招生
GO
CREATE TABLE School
(
Sccode char 5,
Scname varchar 20 ,
Sctype char 4 DEFAULT '本科',
Plnum int,
Renum int,
Average float
)
GO
```

14.2.2　创建默认值

创建默认对象可以使用 CREATE DEFAULT 语句，其语法格式如下：

```
CREATE DEFAULT default_name
AS condition_expression
```

其中各参数含义如下。

default_name：所要创建的默认对象的名称，该名称必须符合标识符规则。

condition_expression：常量表达式，在常量表达式中可以包括任何常量、内置函数或数学表达式，但是不能包括任何列或其他数据库对象的名称。

［**例 14-8**］ 创建一个名为 def_Scty 的默认值对象，值为字符型“本科”。

具体程序如下：

```
USE 高考招生
GO
CREATE DEFAULT def_Scty AS '本科'
```

插入一行数据并显示记录：

```
USE 高考招生
GO
INSERT School(Sccode,Scname, Plnum,Renum,Average)
VALUES(10743,'青海大学医学院',500,545,425)
SELECT * FROM School
```

执行上述程序，运行结果如图 14-6 所示。

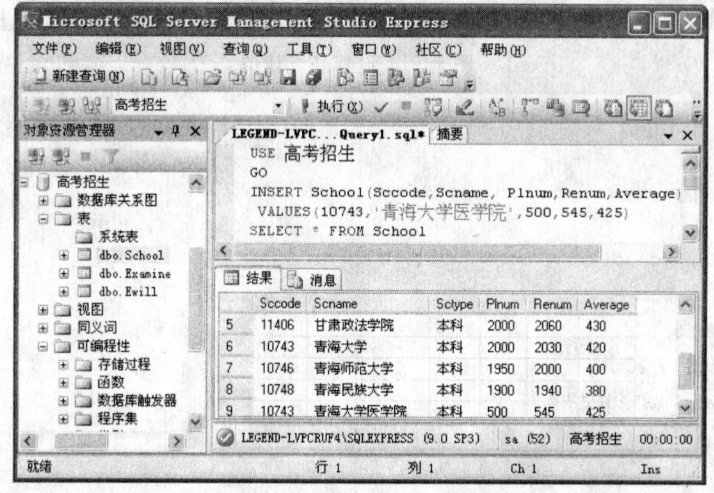

图 14-6 显示列的默认值

14.2.3 绑定默认值

默认对象创建后，使用系统存储过程 sp_bindefault 将默认对象绑定到列上，绑定在列上的默认值必须符合该列的数据类型和列上存在的 CHECK 约束。当用户在数据库表中使用 INSERT 和 UPDATE 语句时，如果没有提供值，则默认对象会提供值。而删除绑定了默认对象的表后，DEFAULT 约束会自动删除，但是默认对象不会被删除。

绑定默认对象使用系统存储过程 sp_bindefault，其语法格式如下：

```
EXEC sp_bindefault 'default_name','object_name'[,'futureonly_flag']
```

其中各参数含义和规则中相同。

[**例 14-9**]　将创建的 def_Scty 默认对象绑定到招生数据库 School(学校)表的 Sctype(校类型)列上。

具体程序如下：

```
USE  高考招生
GO
EXEC sp_bindefault 'def_Scty','School.Sctype'
GO
```

执行上述程序，运行结果如图 14-7 所示。

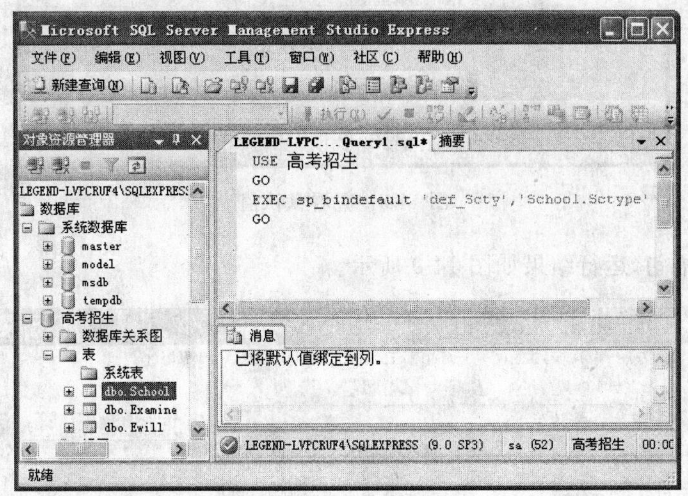

图 14-7　绑定默认值

14.2.4　查看默认值

用户可以通过 Microsoft SQL Server Management Studio 来查看在当前数据库中创建的默认值的相关信息。

[**例 14-10**]　查看"高考招生"数据库中的所有默认值。

(1) 启动 Microsoft SQL Server Management Studio。

(2) 在"对象资源管理器"窗格中展开"数据库"|"高考招生"数据库|"可编程性"|"默认值"节点。

(3) 在"默认值"节点下显示了当前数据库中的所有默认值，如图 14-8 所示。

[**例 14-11**]　查看默认值 def_Scty 的基本信息。

可以使用系统存储过程 sp_help 查看默认值 def_Scty 的拥有者、创建时间等基本信息，具体程序如下：

```
USE  高考招生
EXEC sp_help def_Scty
```

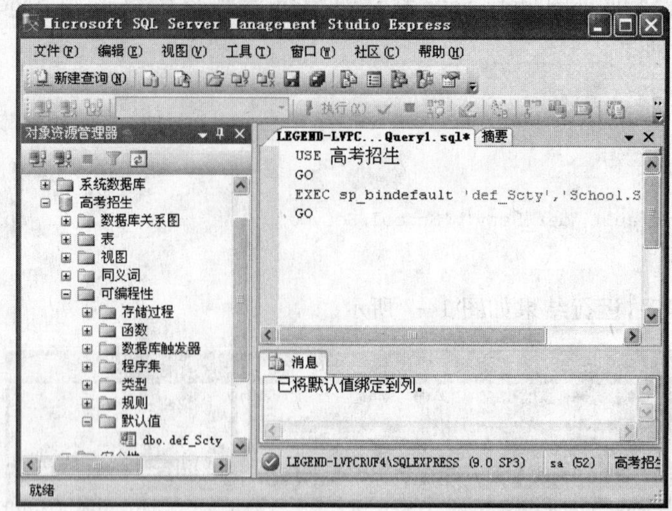

图 14-8　查看默认值

执行上述语句,运行结果如图 14-9 所示。

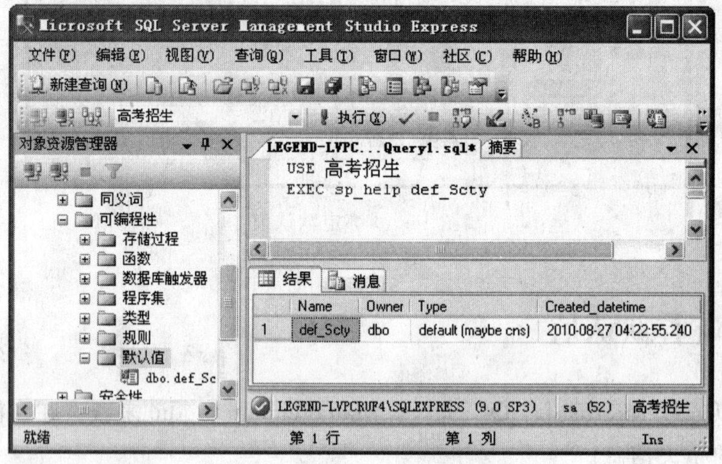

图 14-9　查看默认值基本信息

[例 14-12]　查看默认值 def_Scty 的定义信息。

可以使用系统存储过程 sp_helptext 查看默认值 def_Scty 的定义信息,程序如下:

```
USE 高考招生
EXEC sp_helptext def_Scty
```

执行上述程序,运行结果如图 14-10 所示。

14.2.5　重命名默认对象

重命名默认对象使用 sp_rename 存储过程来完成,其语法格式如下:

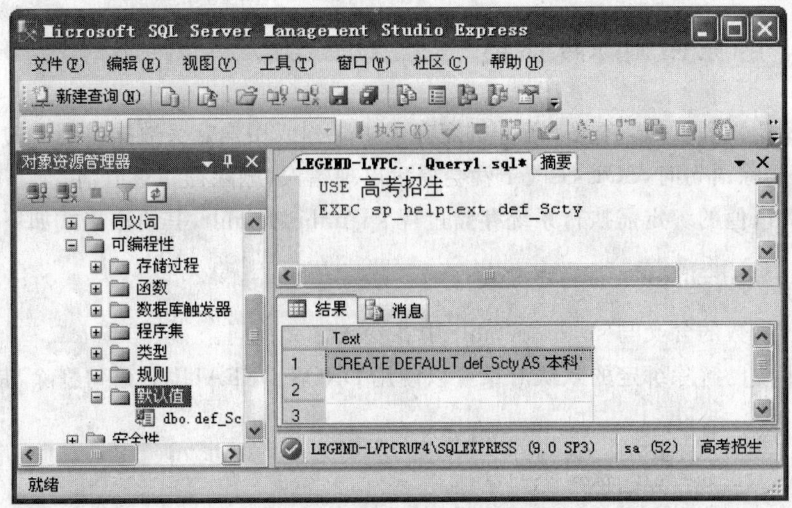

图 14-10 查看默认值定义信息

```
EXEC sp_rename 'default_name','new default_name'
```

[**例 14-13**] 重命名默认值 def_Scty 为 default_Scty。

具体程序如下：

```
USE 高考招生
GO
EXEC sp_rename 'def_Scty','default_Scty'
GO
```

该程序将默认值 def_Scty 改为 default_Scty，执行上述程序，运行结果如图 14-11 所示。

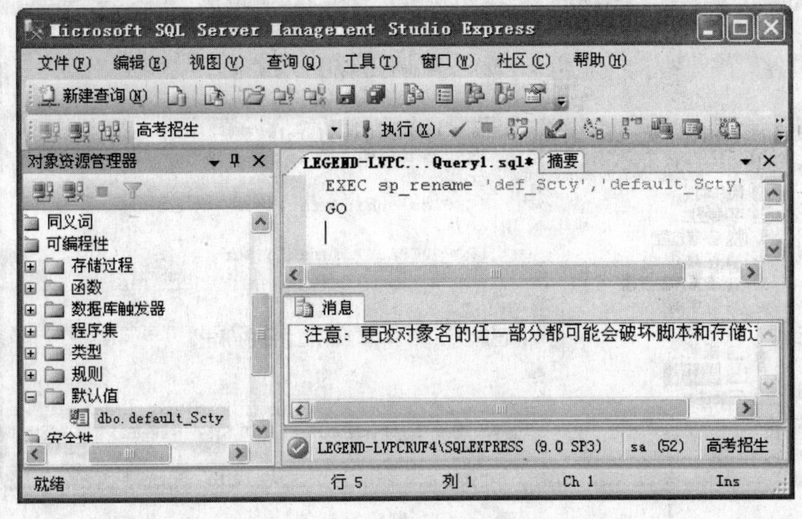

图 14-11 重命名默认对象

14.2.6 解除和删除默认值

如果要删除默认值，首先要解除绑定在表中某列或用户定义数据类型上的默认值，否则，在执行删除语句时，SQL Server 就会提示出现错误，删除操作被取消。

解除默认值的绑定需执行系统存储过程 sp_unbindefault，其语法格式如下：

```
EXEC sp_unbindefault 'object_name'[,'futureonly_flag']
```

其中各参数的含义与 sp_bindefault 中各参数含义相同。

未使用或已解除绑定的默认对象可以使用 DROP DEFAULT 语句删除，其语法格式如下：

```
DROP DEFAULT default_name [,…]
```

［**例 14-14**］ 删除已创建的默认值 default_Scty。

具体程序如下：

```
USE 高考招生
GO
EXEC sp_unbindefault 'School.Sctype'
GO
DROP DEFAULT default_Scty
```

说明：该程序将解除绑定到“高考招生”数据库中的 School(学校)表的 Sctype(校类型)列上的默认值，并将该默认值从数据库中删除，执行上述程序，运行结果如图 14-12 所示。

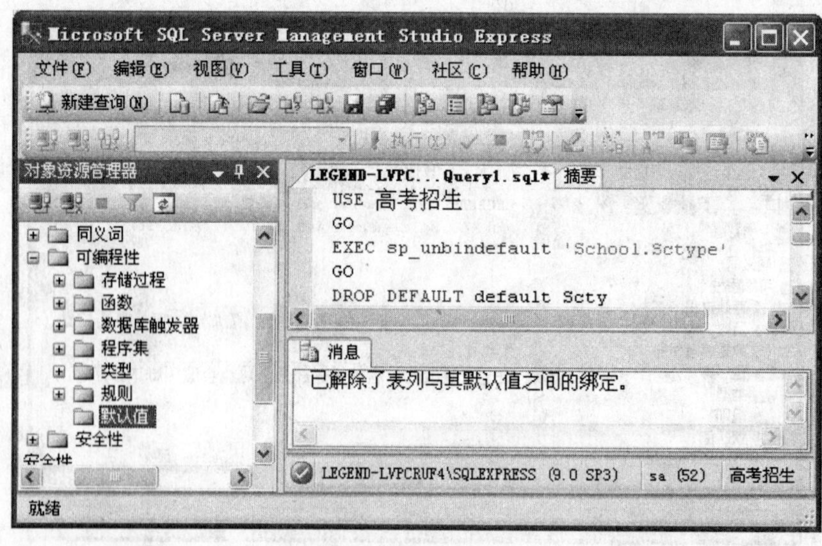

图 14-12 删除默认值

小　结

本章主要介绍了规则与默认两种实现数据完整性的方法。在 SQL Server 中，规则与默认都是单独存储的与表相关的独立数据库对象。

规则和默认值都是单独存储的数据库对象，在数据库中定义一次就可以在任意表中的列进行绑定；如果要删除规则和默认值，首先要解除绑定在表中某列或用户定义数据类型上的规则和默认值，否则，在执行删除语句时，SQL Server 就会提示出现错误，删除操作被取消。而删除、修改绑定了规则和默认值的表或用户定义了数据类型的值，不会影响绑定在上面的规则和默认值。

习　题　14

1. 简述规则的作用及创建方式。
2. 简述默认值的作用及创建方式。

实验 1：创建和使用规则

一、实验目的

1. 掌握使用企业管理器和 SQL 语句创建规则的方法。
2. 掌握使用企业管理器和 SQL 语句绑定规则的方法。
3. 掌握使用企业管理器和 SQL 语句查看及删除规则的方法。

二、实验内容

基于在第 11 章的实验 1 中建立的表 Course，使用 SQL 语句完成下列操作。

1. 创建一个规则 rule_cred，限定输入的值必须在 1～6 之间。
2. 将创建的规则 rule_cred 绑定在表 Course 列 Credit（学分）。
3. 分别查看规则 rule_cred 的基本信息和定义信息。
4. 使用 INSERT 语句在表 Course 中插入信息，在列 Credit（学分）中输入 9，再改为 5。
5. 删除规则。

三、实验思考

1. 规则可以直接删除吗？要将实验中的规则 rule_cred 删除，应先做什么？
2. 使用企业管理器完成实验 1 的操作。

实验 2：创建和使用默认值

一、实验目的

1. 掌握使用企业管理器和 SQL 语句创建默认值的方法。
2. 掌握使用企业管理器和 SQL 语句绑定默认值的方法。
3. 掌握使用企业管理器和 SQL 语句查看及删除默认值的方法。

二、实验内容

基于在第 11 章的实验 1 中建立的表 Student，使用 SQL 语句完成下列操作。

1. 创建一个默认对象 Def_sex，值为字符型"男"。
2. 将创建的默认对象 Def_sex 绑定在表 Student 的列 Sex(性别)上。
3. 分别查看默认对象 Def_sex 的基本信息和定义信息。
4. 使用 INSERT 语句在表 Student 中插入一行信息，对"性别"列不指定值。
5. 查看新插入表 Student 中的数据列 Sex(性别)中的值。
6. 删除默认对象。

三、实验思考

1. 默认值可以直接删除吗？要将实验中的默认对象 Def_sex 删除，应先做什么？
2. 使用企业管理器完成实验 2 的操作。

第15章 T-SQL编程、存储过程及触发器

15.1 T-SQL基础

15.1.1 T-SQL简介

SQL(Structured Query Language,结构化查询语言)是由美国国家标准协会(ANSI)和国际标准化组织(ISO)定义的标准数据库语言。T-SQL(Transact-SQL的简写)语言是一种交互式查询语言,是Microsoft公司对SQL语言的扩展。T-SQL代码已成为SQL Server的核心,T-SQL具有功能强大、简单易学等特点,在关系数据库管理系统中可以进行数据的检索、操纵和添加等操作。

根据T-SQL语言的执行功能,可以将其分为3种类型。

(1) 数据定义语言(Data Definition Language,DDL)用于创建(CREATE)、修改(ALTER)、删除(DROP)数据库及各种数据库对象,是T-SQL中最基本的语言类型,为其他操作提供对象。

(2) 数据操纵语言(Data Manipulation Language,DML)用于操纵数据库中的数据,主要包括查询(SELECT)语句、插入(INSERT)语句、更新(UPDATE)语句、删除(DELETE)语句等。

(3) 数据控制语言(Data Control Language,DCL)用于数据访问权限的控制,确保数据库安全,主要包括GRANT、REVOKE、DENY等语句。

任何程序设计语言都有自己的数据类型、表达式、关键字等,T-SQL语言也不例外,相对其他语言T-SQL有如下特点:T-SQL语言集数据定义语言、数据操纵语言、数据控制语言元素为一体,附加语言元素增加了用户对数据库操作的灵活性和简便性;T-SQL语言有联机和嵌入程序两种使用方式;T-SQL语言有高度非过程化特点,用户只需要提出"做什么",而无须指出"如何做",存取路径的选择、SQL语句的操作过程由系统自动完成;T-SQL语言继承了SQL语言的特点,语言简洁,语法简单,易学易用。

15.1.2 T-SQL程序设计基础

T-SQL语言是一系列对数据库及数据库对象的操作命令,它虽然和高级语言不同,但它本身也具有运算、流控制等功能,可以利用T-SQL语句来编程,因此本节主要介绍

T-SQL 语言程序设计的基本概念。

1. 标识符

在 SQL Server 中每个内容都有一个名称，标识符就是对这些内容定义的名称，例如服务器、数据库、数据库对象（例如表、视图、索引、默认、规则等）、变量名等都有标识符，大多数对象要求带有标识符，但对于有些对象（如约束），标识符是可选项。在 SQL Server 2005 中标识符分为如下两种。

(1) 常规标识符：在 T-SQL 语句中，若符合标识符的格式规则，不需要使用分隔标识符。

在 SQL Server 2005 中，一个对象的全称的格式如下：

```
[server.database.owner.]object
```

即：

```
[服务器名.数据库名.所有者.]对象名
```

在实际使用时，使用全称比较烦琐，因此一般会使用简写格式。在简写格式中，没有指明的部分使用默认值。

server：本地服务器。

database：当前数据库。

owner.：在指定的数据库中与当前连接会话的登录标识相对应的数据库用户或者数据库所有者。

几种简写格式：

```
server.database..object
server..owner.object
server...object
database.owner.object
database..object
owner.object
object
```

(2) 分隔标识符：在 T-SQL 语句中，若不符合标识符的格式规则，则必须使用分隔标识符。分隔标识符有两种：双引号("")分隔符和方括号([])分隔符。

[**例 15-1**] 如果在“高考招生”数据库中存在表“E will”和表 Ewill，分别查询“高考招生”数据库中表“E will”和表 Ewill 的所有信息。

```
SELECT * FROM "E will"
SELECT * FROM Ewill
```

或

```
SELECT * FROM [E will]
SELECT * FROM Ewill
```

2. 常量和变量

在任何语言中,常量和变量都是必不可少的。常量是在程序运行过程中一直保持不变的数据,有点类似于数学中的常数,日期和字符串常量在使用时要用单引号括起来。

变量就是在程序中没有固定值的元素对象,变量是编程者大量使用的编程元素。在程序中是使用常量还是变量要根据是否需要其发生变化来决定。使用变量名标识不同的变量,同时要给出变量的数据类型。在 SQL Server 2005 中有两种类型的变量:用户声明的局部变量和系统定义与维护的全局变量。下面分别介绍这两种变量。

(1) 局部变量:是用户自定义的,可以保存单个特定类型数据值的对象,局部变量名称前加@符号。局部变量有它自己的作用域,局部变量仅在声明它的程序段内有效。例如,局部变量仅在声明它的批处理、存储器或触发器中有效,当这段程序执行完后,局部变量将被释放并失效。

定义局部变量可以使用 DECLARE 语句,其语法格式如下:

```
DECLARE{@local_variable [AS] data_type} [,…n]
```

其中各参数含义如下。

@local_variable:局部变量的名称,变量名不能使用 SQL Server 中的关键字,必须符合标识符规则。

data_type:必须指定局部变量的数据类型及长度,数据类型可以是除 text、ntext、image 以外的任何数据类型。

[,…n]:表示在 DECLARE 语句中可以声明多个变量,中间用逗号隔开。

声明的局部变量系统默认为 NULL。

声明了局部变量后,可以使用 SET 和 SELECT 语句给变量赋值,其语法格式如下:

```
SET @local_variable=expression                --直接赋值,expression是相应类型的表达式
SELECT{@local_variable=expression} [,…n]  --在查询语句中为变量赋值
```

[**例 15-2**] (直接赋值)定义两个变量 exgra 和 S,分别使用 SET 和 SELECT 语句赋值,使用这两个变量查询考生表 Examine 中性别为男且成绩高于 640 分的记录。

具体程序如下:

```
USE  高考招生
DECLARE @exgra FLOAT,@s CHAR(8)
SET @exgra=640
SELECT @s='男'
SELECT * FROM Examine WHERE Exgrade>=@exgra AND Sex=@s
```

执行上述程序,运行结果如图 15-1 所示。

[**例 15-3**] (在查询语句中为变量赋值)定义两个变量 no 和 name,使用 SELECT 语句查询并输出考生表 Examine 中性别为女的记录。

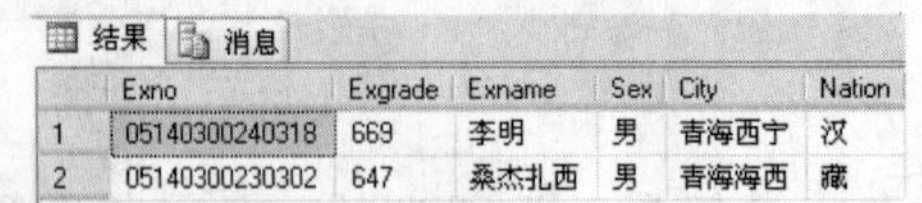

	Exno	Exgrade	Exname	Sex	City	Nation
1	05140300240318	669	李明	男	青海西宁	汉
2	05140300230302	647	桑杰扎西	男	青海海西	藏

图 15-1　例 15-2 的执行结果

具体程序如下：

```
USE  高考招生
DECLARE @no char(14),@name varchar(16)
SELECT @no=Exno,@name=Exname
FROM Examine WHERE Sex='女'
PRINT @no+''+@name
```

说明：如果 SELECT 语句返回多个值，则将最后一个值赋给变量并返回，如果没有返回行，变量保留当前值，在上述程序中，Examine 表中性别为女的最后一个考生是王菲，所以结果输出王菲的考号和姓名，执行上述程序，运行结果如图 15-2 所示。

消息

05140300293212 王菲

图 15-2　例 15-3 的执行结果

除了以上两种变量赋值方式，还可以使用子查询结果为变量赋值、使用排序规则在查询语句中为变量赋值、使用聚合函数为变量赋值，这里不再一一举例，读者可自己练习。

(2) 全局变量：全局变量是由系统定义的内部变量，记录了 SQL Server 的各种状态信息，用户只能使用，不能声明和赋值。全局变量可以提供当前的系统信息，其作用范围并不局限于某一程序，任何程序随调随用。全局变量前加两个@符号，即@@。注意，用户自定义的局部变量不能与系统定义的全局变量重名。

[**例 15-4**]　使用全局变量@@VERSION 来查看 SQL Server 服务器的日期、版本和处理器类型；@@LANGUAGE 返回当前使用的语言名称。

```
PRINT  @@VERSION
PRINT  @@LANGUAGE
```

执行上述程序，运行结果如图 15-3 所示。

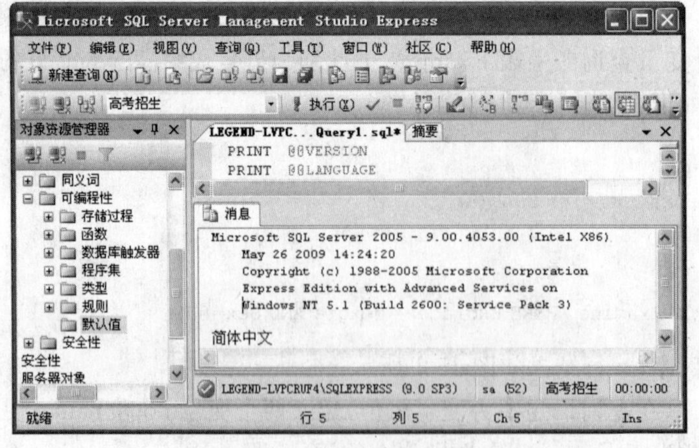

图 15-3　全局变量

3. 运算符

要进行各种复杂的处理，就需要各种运算符号，并建立由运算符连接的各种表达式。SQL Server 有多种运算符和表达式，包括算术运算符、逻辑运算符、字符串连接运算符、赋值运算符、位运算符、比较运算符、一元运算符。

1）算术运算符

使用约定符号来表示特定的运算，这是数学表示法。计算机是基于计算的，它也具有各种进行算术运算的符号。T-SQL 中的算术运算符如表 15-1 所示。

表 15-1　算术运算符

运算符	说　明	运算符	说　明
+	加法	/	除法
—	减法	%	求模，返回一个除法的余数
*	乘法		

计算机使用 *、/代表数学中的乘、除号（×、÷），注意浮点型数值和整型数值的运算结果不同。加（+）、减（—）运算符也可用于对 DATETIME 及 SMALLDATETIME 值进行算术运算，格式如下：

```
日期±整数
```

［**例 15-5**］　使用 T-SQL 语句计算下列各表达式的值，并写出结果：

```
1.1+4.8、8.9-6、5*6、5.0*6.0、2/5、2.0/5.0、13MOD3
```

具体程序如下：

```
SELECT 1.1+4.8          --加
SELECT 8.9-6            --减
SELECT 5*6              --整型乘法
SELECT 5.0*6.0          --浮点型乘法
SELECT 2/5              --整型除法
SELECT 2.0/5.0          --浮点型除法
SELECT 13MOD3           --求模
```

图 15-4　运算结果

执行上述程序，运行结果如图 15-4 所示。

2）逻辑运算符

逻辑运算符用于判断表达式或操作数的比较或测试结果是 TRUE 还是 FALSE，其结果是布尔型，T-SQL 提供了 10 个逻辑运算符，如表 15-2 所示。

由于 LIKE 使用部分字符串来查询记录，因此可以使用通配符。在 SQL Server 中可以使用的通配符有%（包含零个或更多个字符的任意字符串）、_（任何单个字符）、[]（指定范围或集合中的任何单个字符）、[^]（不属于指定范围或集合中的任何单个字符）。

表 15-2　逻辑运算符

运算符	说　明
ALL	当一组的比较都为 TRUE 时其结果为 TRUE
AND	当两个布尔表达式都为 TRUE 时其结果为 TRUE，否则为 FALSE
ANY	当一组的比较中有一个为 TRUE 时，其结果为 TRUE
BETWEEN	当操作数在定义的范围之内时，其结果为 TRUE
EXISTS	如果子查询中存在结果，其结果为 TRUE
IN	当操作数在所给的列表表达式中，其结果为 TRUE
LIKE	当操作数与模式相匹配时，其结果为 TRUE
NOT	对所有布尔运算取反
OR	当两个比较的表达式中有一个为 TRUE 时其结果为 TRUE
SOME	当在一组比较中有些比较为 TRUE 时，其结果为 TRUE

[例 15-6]　查询“高考招生”数据库中考生表 Examine 中姓王或姓赵的考生信息。

具体程序如下：

```
USE 高考招生
SELECT * FROM Examine
WHERE Exname LIKE '王%' OR Exname LIKE '赵%'
```

说明：结果返回姓王或者赵的考生信息，即王萍、王菲、赵军的信息。执行上述程序，运行结果如图 15-5 所示。

图 15-5　使用逻辑运算符查询的结果

3）字符串连接运算符

在 T-SQL 语言中使用＋连接字符串形成更大的新字符串。在与字符串连接之前，对于不兼容的类型使用 CAST 函数将其转换为字符串。

[例 15-7]　查询“高考招生”数据库中考生表 Examine 中 Exno 为 05140300230302 的考生的考号 Exno、考分 Exgrade、姓名 Exname、性别 Sex、所在地 City、民族 Nation，并

将这些信息连接起来输出。

具体程序如下：

```
USE  高考招生
SELECT Exno+''+Exname+''+Sex+''+City+''+Nation
FROM Examine WHERE Exno='05140300230302'
```

运行结果如图 15-6 所示。

图 15-6 字符串连接

4）赋值运算符

在 T-SQL 语言中使用＝将表达式的值赋给变量或使用＝在 WHERE 子句中提供查询条件。

［**例 15-8**］ 定义一个变量 name，使用 SELECT 语句查询并输出考生表 Examine 中民族(Nation)为“藏”的记录。

具体程序如下：

```
USE  高考招生
DECLARE @name VARCHAR(16)
SELECT @name=Exname FROM Examine
WHERE Nation='藏'
```

执行上述程序，运行结果如图 15-7 所示。

5）位运算符

使用位运算符可以在两个表达式之间进行位操作。参与运算的两个表达式可以是整型数据或二进制数据。T-SQL 首先将整型数据转换为二进制数据，然后对二进制数据进行按位运算。T-SQL 语言中的位运算符如表 15-3 所示。

图 15-7　赋值运算

表 15-3　位运算符

运算符	说　明
&	按位与：两个表达式对应位值都为 1，结果中位值为 1，否则为 0
|	按位或：两个表达式对应位值只要有一个为 1，结果中位值为 1，否则为 0
^	按位异或：两个表达式对应位值只有一个为 1，结果中位值为 1；只有当两个位值都为 0 或 1 时，结果中的位值才为 0

［**例 15-9**］　定义两个整型变量，分别赋值为 4 和 55，并进行按位与、按位或和按位异或运算。

具体程序如下：

```
DECLARE @A INT,@B INT
SET @A=4
SELECT @B= 55
SELECT @A&@B AS 'A&B',@A|@B AS 'A|B',@A^@B AS 'A^B'
```

说明：在位运算中，4 的二进制值为 0000 0000 0000 0100，55 的二进制值为 0000 0000 0011 0111。根据按位与运算规则，两个表达式对应位值都为 1，结果中位值为 1，否则为 0。那么 4 与 55 的按位与逻辑运算值为 0000 0000 0000 0100，转换为十进制的值为 4。

6）比较运算符

比较运算符用来比较两个表达式的值，条件成立时返回 TRUE，条件不成立时返回 FALSE。在 T-SQL 语言中有 9 种比较运算符，如表 15-4 所示。

［**例 15-10**］　定义两个变量 exgra1 和 exgra2，使用 SET 语句赋值，使用这两个变量查询考生表 Examine 中成绩低于 650 分并且大于 580 分的考生记录。

表 15-4　比较运算符

运算符	说　明	运算符	说　明	运算符	说　明
＝	等于	＞＝	大于等于	!＝	不等于
＞	大于	＜＝	小于等于	!＞	不大于
＜	小于	＜＞	不等于	!＜	不小于

具体程序如下：

```
USE　高考招生
DECLARE @exgra1 FLOAT,@exgra2 FLOAT
SET @exgra1=580
SET @exgra2=650
SELECT * FROM Examine WHERE Exgrade>=@exgra1 AND Exgrade<=@exgra2
```

说明：该程序是查询考生表 Examine 中成绩低于 650 分并且大于 580 分的考生记录。执行上述程序，运行结果如图 15-8 所示。

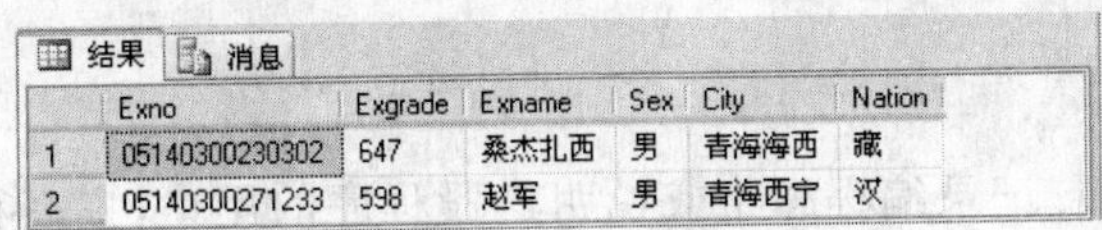

	Exno	Exgrade	Exname	Sex	City	Nation
1	05140300230302	647	桑杰扎西	男	青海海西	藏
2	05140300271233	598	赵军	男	青海西宁	汉

图 15-8　比较运算

7）一元运算符

只有一个操作数的运算符称为一元运算符。在 T-SQL 语言中有 3 种一元运算符，如表 15-5 所示。

表 15-5　一元运算符

运算符	说　明
＋	正：数值为正（可以对所有的数据类型进行操作）
－	负：数值为负（可以对所有的数据类型进行操作）
～	位反：返回一个数的补数（只能对整数数据进行操作）

［**例 15-11**］　定义一个变量 NUM 为整型数据，给变量赋值 4，然后对变量取反。

具体程序如下：

```
DECLARE @NUM INT
SET @NUM=4
SELECT ~@NUM AS '位反运算'
```

4. 控制语句

在 T-SQL 语言中，使用流程控制语句可以控制 SQL 语句的发生顺序，控制程序的走向，允许语句彼此相关及相互依赖。流程控制语句是特殊关键字，可以用于单个的 SQL 语句、语句块和存储过程的执行。T-SQL 语言中的流程控制语句如表 15-6 所示。

表 15-6 控制语句

控制语句	说　明
BEGIN…END	定义一个语句块
IF…ELSE	条件处理语句：条件为 TRUE 时执行 IF 条件表达式后的语句，否则执行 ELSE 后的语句
CASE	分支语句，允许表达式具有条件表达式
WHILE	当特定条件为真时重复执行语句
BREAK	退出最内层的 WHILE 循环
GOTO	无条件跳转语句
CONTINUE	重新开始一个 WHILE 循环
RETURN	无条件终止执行
WAITFOR	延迟语句

5. 注释

在程序中使用注释记录编程思路或说明这段程序的用途，提高程序的可读性。注释不是程序的代码，它不会被执行。注释有如下两种。

(1) --(双联字符)：用于注释一整行，这些注释字符可以与要执行的代码在同一行，也可另起一行。从双联字符开始到结尾都是注释，如果要注释多行，每一行注释开始前都要加双联字符。

［例 15-12］ 例如在例 15-1 中就是使用双联字符为每一行进行注释。

```
…
DECLARE  @exgra float,@S char(2)          --声明变量
SET  @exgra=640                           --给变量@exgra 赋值 640
SELECT  @S='男'                           --给变量@S 赋值为'男'
…
```

(2) /＊…/＊(正斜杠星号符)：可以注释语句块或较多的信息块。从"/＊"开始到"＊/"结束注释，可以与要执行的代码在同一行，也可以另起一行，还可以在执行代码内，但此注释符号必须在一个批处理内。

［例 15-13］ 使用/＊…/＊(正斜杠星号符)注释以下程序的功能。

```
/*本段代码定义一个变量 exgra1,使用 SET 语句赋值,使用这个变量查询考生(Examine)表中成
绩低于 620 分的考生记录。/*
USE  高考招生
DECLARE  @exgra1 FLOAT
SET  @exgra1=620
SELECT * FROM Examine WHERE Exgrade<=@exgra1
```

15.2 存 储 过 程

存储过程就是将一组完成特定功能的 SQL 语句预先编译好后存储在数据库服务器端，有效封装重复性工作代码，以后作为一个单元处理。存储过程只需要在第一次执行时进行语法检查和编译，以后可直接调用。

15.2.1 存储过程分类

SQL Server 2005 提供了如下 3 种存储过程。

(1) 系统存储过程：由 SQL Server 2005 提供，存储在 SQL Server 的 master 数据库中，并以 sp_为前缀标识。系统存储过程主要是从系统表中获取信息，用于管理 SQL Server 和显示有关数据库及用户信息，可以从任何数据库中执行这些存储过程。

(2) 用户自定义存储过程：用户在独立数据库中创建的可以重复并完成特定功能的 T-SQL 语句块称为用户自定义存储过程。在本节涉及的存储过程主要是指用户自定义存储过程。

(3) 扩展存储过程：扩展存储过程使 SQL Server 可以动态装入并执行动态链接库(Dynamic Linking Library，DLL)，这样就允许用户使用编程语言(例如 C)创建自己的外部例程。

15.2.2 存储过程的优点

在 SQL Server 2005 中使用存储过程主要有如下优点。

(1) 执行速度快：存储过程仅在第一次执行时检查语法和编译，编译好的版本存储在过程高速缓存中，以后可直接调用，无须再检查语法和编译，改进系统执行性能，提高运行效率。

(2) 提供安全机制：通过存储过程的安全机制可以只给用户访问存储过程的权限，而不给用户访问存储过程中涉及的表或视图的权限，用户无法直接操作表或视图中的数据，只能进行有限的操作，从而保证了数据库中数据的安全性。

(3) 模块化程序设计：将为完成某个特定功能编写的功能模块封装起来，实现代码重用，加快应用开发速度。

(4) 减少网络流量：存储过程是对多条 SQL 语句的封装，使用存储过程避免了从服务器上下载批量 SQL 语句，大大减少网络上的数据传输。

15.2.3 创建存储过程

在 SQL Server 2005 中可以使用 T-SQL 语句 CREATE PROCEDURE 或者使用

Microsoft SQL Server Management Studio 来创建存储过程。创建存储过程有一些规则。

(1) 单个批处理中的 CREATE PROCEDURE 不能与其他 T-SQL 语句合用。

(2) 根据可用内存的不同,存储过程最大不超过 128MB。

(3) 存储过程可以嵌套使用,但最多不可超过 32 层。

(4) 用户定义的存储过程只能在当前数据库中创建。

(5) 存储过程是数据库对象,命名应符合标识符规则,不可使用 sp_ 前缀。

(6) 尽量不要使用临时存储过程,以避免造成 tempdb 对系统表资源的争夺,影响系统的执行性能;如果存储过程创建了临时表,则该表只能用于该存储过程,并且当存储过程执行完毕后,临时表会被自动删除。

(7) 存储过程中的参数最大数目为 2100。

1. 使用 T-SQL 语句 CREATE PROCEDURE 来创建存储过程

语法格式如下:

```
CREATE PROC[EDURE] [owner.]procedure_name[;number]
[{@parameter data_type}
[VARYING][=default][OUTPUT] ][,…n]
[WITH
{RECOMPILE|ENCRYPTION|RECOMPILE,ENCRYPTION}]
[FOR REPLICATION]
AS sql_statements
```

其中各参数含义如下。

procedure_name:创建存储过程名称,不可与系统存储过程重名,不要以 sp_开头。

number:可选整数,用来对同名过程分组。

parameter:存储过程中包含的输入、输出参数。

default:参数的默认值。创建存储过程时如果定义了 default 值,执行存储过程时若没有向具有默认值的参数传递参数值,则参数使用该默认值。

WITH RECOMPILE:决定执行计划不保存在高速缓存中。

WITH ENCRYPTION:对含有 CREATE PROCEDURE 的 syscomments 选项进行加密。

OUTPUT:指示参数是输出参数。

[**例 15-14**] 在"高考招生"数据库上新建一个名为 my_procedure1 的存储过程,该存储过程返回计招人数 Plnum>=2300,校类型 Sctype='重点'的信息。

具体程序如下:

```
USE 高考招生
GO
CREATE PROC dbo.my_procedure1
AS
SELECT * FROM dbo.School
```

```
WHERE Plnum>=2300 AND Sctype='重点'
GO
```

执行上述程序，运行结果如图 15-9 所示。

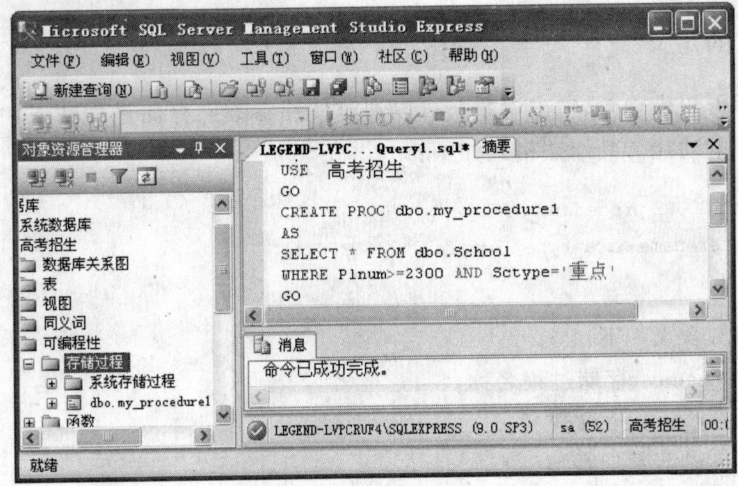

图 15-9　创建存储过程

2. 使用 Microsoft SQL Server Management Studio 来创建存储过程

具体操作步骤如下。

(1) 启动 Microsoft SQL Server Management Studio。

(2) 在“对象资源管理器”窗格中展开“数据库”|“高考招生”数据库|“可编程性”|“存储过程”节点。

(3) 展开“存储过程”节点可以找到新建的存储过程。右击“存储过程”节点，在弹出的快捷菜单中选择“新建存储过程”命令，然后出现如图 15-10 所示的 CREATE PROCEDURE 语句的模板，修改名称，添加需要的 SQL 语句。

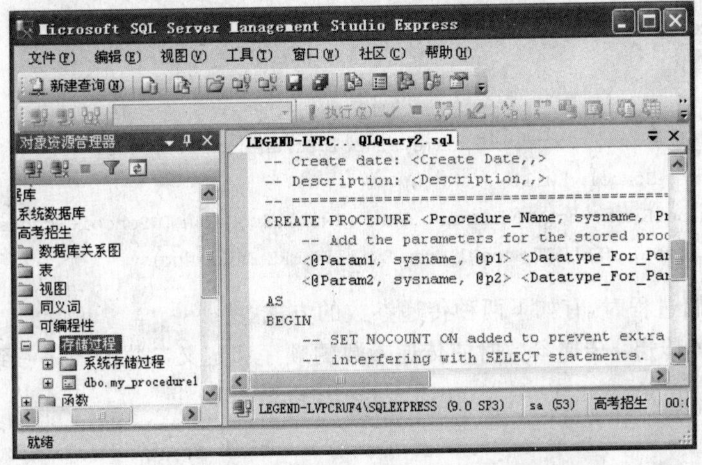

图 15-10　CREATE PROCEDURE 语句的模板

(4) 修改完成后,单击"执行"按钮即可创建一个存储过程。

15.2.4 存储过程的参数

1. 参数的定义

存储过程可以带输入、输出参数。可以通过使用参数向存储过程输入和输出信息来扩展存储过程的功能。其语法格式如下:

```
CREATE PROCEDURE procedure_name
[[@parameter_name data_type] [=default][OUTPUT]]
AS SQL 语句
```

其中各参数含义如下:

procedure_name:存储过程名称。

@parameter_name:参数名。

data_type:参数数据类型。

default:参数默认值。

OUTPUT:输出参数选项。

2. 输入参数

输入参数是指在创建存储过程的语句中定义参数,而通过调用程序在执行该存储过程时给出相应变量的值。使用输入参数,可以通过同一存储过程多次查找数据库。

[**例 15-15**] 在"高考招生"数据库上新建一个名为 my_procedure2 的存储过程,以考号为参数,输出指定考号的考生考号、姓名、一本志愿学校名称及一本志愿代码。

具体程序如下:

```
USE 高考招生
GO
CREATE PROC dbo.my_procedure2
@no char(14)
AS
SELECT Examine.Exno, Examine.Exname,School.Scname,Ewill.Scode1
From Examine, School, Ewill
WHERE Examine.Exno=@no AND Examine.Exno=Ewill.Scode1 AND School.Sccode=Ewill.Scode1
AND Ewill.Scode1=(SELECT Scode1 From Ewill WHERE Exno=@no)
```

在调用存储过程时,有如下两种传递参数的方式。

(1) 按位置传递:传递参数时使传递参数的顺序和定义参数的顺序一致;

```
USE 高考招生
GO
EXEC my_procedure2 05140300250695
```

```
GO
```

(2) 按名称传递：采用“参数＝值”的形式，此时各参数的顺序可以任意。

```
USE 高考招生
GO
EXEC my_procedure2 @no='05140300250695'
GO
```

上述两种方式的执行结果相同，如图 15-11 所示。

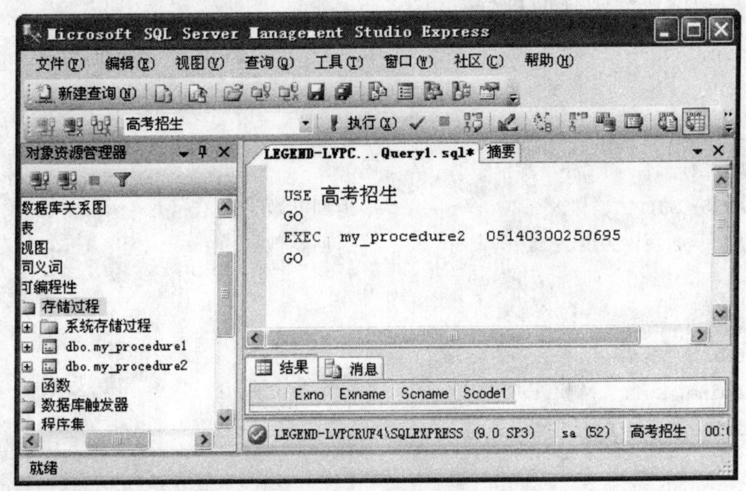

图 15-11 传递参数结果

3. 使用默认参数值

在执行含有参数的存储过程时，如果没有指定参数，系统运行会出错；但是如果给参数提供一个默认值，并且此默认值为常量或者 NULL，那么不指定参数也可以正常执行这个存储过程。其语法格式如下：

```
CREATE PROCEDURE procedure_name
[@parameter_name1=默认值 1, @parameter_name2=默认值 2, …]
AS  SQL 语句
```

［**例 15-16**］ 修改例 15-13 中的存储过程，指定其默认考号为 05140300250695。

```
USE 高考招生
Go
CREATE PROC dbo.my_procedure2
@no CHAR(14)='05140300250695'
AS
SELECT Examine.Exno,Examine.Exname,School.Scname,Ewill.Scode1
FROM Examine,School,Ewill
WHERE Examine.Exno=@no AND Examine.Exno=Ewill.Scode1 AND School.Sccode=Ewill.Scode1
```

```
AND Ewill.Scode1= (SELECT Scode1 FROM Ewill WHERE Exno= @no)
```

通过实验了解：当不指定实参调用 my_procedure2 时和指定实参为 05140300293212 时的结果有什么区别。

4. 输出参数

通过在创建存储过程的语句中定义输出参数来实现从存储过程中返回一个或多个值，输出参数使用 OUTPUT 关键字来说明。

［**例 15-17**］ 创建一个存储过程。

```
USE  高考招生
GO
CREATE  PROC  dbo.my_procedure3
(@no  CHAR(14),
@Sco  CHAR(5) OUTPUT,                  --返回参数
@Exna  VARCHAR(16) OUTPUT              --返回参数
)
AS
SELECT  @Exna =Exname, @Sco =Scode1
FROM  Examine, Ewill
WHERE Examine.Exno=Ewill.Exno
GO
```

执行该存储过程查询考号 Exno 为 05140300293212 的考生的姓名和一本志愿校代码：

```
DECLARE  @Sco  CHAR(5)
DECLARE  @Exna  VARCHAR(16)
EXEC  my_procedure3 '05140300293212', @Sco OUTPUT, @Exna OUTPUT
SELECT  '姓名'=@Exna,'一本志愿校代码'=@Sco
GO
```

执行上述程序，运行结果为：考号为 05140300293212 的考生姓名为“王菲”，“一本志愿校代码”为“10730”。

15.2.5 存储过程的管理

在 SQL Server 2005 中，存储过程的管理包括查看、修改、重命名和删除用户自定义的存储过程。

1. 查看存储过程

创建了用户自定义存储过程后，可以使用 SQL Server 管理控制器或者系统存储过程来查看。下面分别举例说明用这两种方法来查看创建的存储过程的方法。

1）使用 SQL Server 管理控制器查看创建的存储过程

使用 SQL Server 管理控制器查看在例 15-17 中创建的存储过程 my_procedure3，具体步骤如下。

(1) 启动 Microsoft SQL Server Management Studio。

(2) 在“对象资源管理器”窗格中展开“数据库”|“高考招生”数据库|“可编程性”|“存储过程”|dbo. my_procedure3 节点。

(3) 右击 dbo. my_procedure3 节点，在弹出的快捷菜单中选择“编写存储过程脚本为(S)” |“CREATE 到(C)” |“新查询编辑器窗口”命令。

(4) 在右边编辑窗口中出现 my_procedure3 源代码，用户可进行编辑修改。

2）使用系统存储过程查看创建的存储过程

(1) 查看“高考招生”数据库上的所有存储过程。

具体程序如下：

```
USE 高考招生
EXEC sp_stored_procedures
GO
```

(2) 使用系统存储过程查看在例 15-15 中创建的存储过程 my_procedure3 的定义信息。

具体程序如下：

```
USE 高考招生
EXEC sp_helptext my_procedure3
GO
```

2. 修改存储过程

使用 T-SQL 语句 ALTER PROCEDURE 来修改存储过程的基本语法格式如下：

```
ALTER PROCEDURE [owner.]procedure_name[;number]
[{@parameter data_type}
[VARYING][=default][OUTPUT] ][,…n]
[WITH
{RECOMPILE|ENCRYPTION|RECOMPILE,ENCRYPTION}]
[FOR REPLICATION]
AS sql_statements
```

其中各参数含义和创建时相同。

3. 删除存储过程

删除存储过程的基本语法格式如下：

```
DROP PROCEDURE{procedure}[,…n]
```

例如：

```
DROP PROC my_procedure3
```

15.3 触 发 器

数据库触发器也是 SQL 语句集，是特殊的存储过程。SQL Server 包括两大类触发器：数据操纵语言触发器 DML 和数据定义语言触发器 DDL。

(1) DML 触发器：当数据库中发生数据操纵语言事件时调用 DML 触发器，DML 事件包括在指定表或视图中对数据进行插入、更新、删除操作。DML 触发器可以查询其他表，还可以包含复杂的 T-SQL 语句。将触发器和触发它的事务看做一个整体事务，可以自动进行事务回滚。

(2) DDL 触发器：激活存储过程以响应事件，用于执行管理业务，并强制影响数据库的业务规则，仅在运行了 DDL 触发器的 DDL 语句后，DDL 触发器才被激活。DDL 触发器无法作为 INSTEAD OF 触发器使用。

在 SQL Server 2005 中，触发器执行时系统会自动产生 DELETED 和 INSERTED 两个临时表，它们存放在内存中，用户不能对它们进行修改。这两个表结构与该触发器作用的表结构相同。当执行 DELETE、UPDATE 语句时从表中删除的行存放在 DELETED 表中；当执行 INSERT、UPDATE 语句时向表中插入的行存放在 INSERTED 表中。触发器执行完毕相关表就会被删除。

15.3.1 创建触发器

创建触发器有两种方法：使用 SQL Server 管理控制器或 CREATE TRIGGER 语句。使用 CREATE TRIGGER 语句创建触发器的基本语法格式如下：

```
CREATE TRIGGER trigger_name
ON {table|view}
{
  {{FOR|AFTER|INSTEAD OF}
    { [DELETE] [,] [INSERT] [,] [UPDATE] }
    AS
       sql_statement
  }
}
```

其中各主要参数含义如下。

trigger_name：所要创建触发器的名称。

table|view：指定在此表或视图上执行触发器。

FOR|AFTER|INSTEAD OF：说明触发器何时被触发。

DELETE、INSERT、UPDATE：触发触发器的关键字。

sql_statement：指定触发器所执行的 T-SQL 语句。

1. INSERT 触发器

向数据库中插入数据，就会调用该触发器。

[**例 15-18**] 在"高考招生"数据库中的考生表 Examine 上创建一个触发器 trig_no1，当向表中插入数据时，如果出现重复考号的，则事务回滚。

具体程序如下：

```
USE  高考招生
GO
CREATE TRIGGER  trig_no1
ON  Examine
FOR INSERT
AS
BEGIN
    DECLARE @no1 CHAR(14)
    SELECT @no1=INSERTED.Exno FROM INSERTED
    IF EXISTS(SELECT Exno FROM Examine WHERE Exno=@no1)
    BEGIN
        RAISERROR('该考号已存在,禁止重复插入',16,1)
        ROLLBACK
  END
END
```

执行以下操作：

```
USE  高考招生
GO
INSERT INTO Examine(Exno,Exgrade,Exname,Sex,City,Nation)
VALUES('05140300240318',669,'李明','男','青海西宁','汉')
```

执行上述程序，出现一个消息，由于设置了事务回滚，只提示插入记录出错，但不会向表中插入新记录，运行结果如图 15-12 所示。

[**例 15-19**] 修改例 15-18，在"高考招生"数据库中的考生表 Examine 上创建一个触发器 trig_no2，向表中插入数据时激活该触发器。

具体程序如下：

```
USE  高考招生
GO
CREATE TRIGGER trig_no2
ON Examine
FOR INSERT
AS
```

图 15-12　事务回滚

```
RAISERROR('该考号已存在,禁止重复插入',16,1)
```

执行以下操作：

```
USE  高考招生
GO
INSERT  INTO  Examine(Exno,Exgrade,Exname,Sex,City,Nation)
VALUES('05140300240318',669,'李明','男','青海西宁','汉')
GO
```

使用 SELECT 命令查看考生表 Examine，可以发现上述记录已经插入表中。由于 AFTER 在执行 INSERT 语句后才被激活，所以虽然会出错，但是仍然会执行。

2. UPDATE 触发器

修改数据库中的数据时，UPDATE 触发器被激活。修改一条记录等于删除旧的记录并插入新的记录。

［例 15-20］　在“高考招生”数据库中的考生表 Examine 上创建一个 UPDATE 触发器 trig_exg1，更新表数据时激活该触发器，该触发器用来防止用户修改表 Examine 中考生的考分。

具体程序如下：

```
USE  高考招生
GO
CREATE TRIGGER trig_exg1
ON Examine
AFTER UPDATE
AS
IF UPDATE(Exgrade)
BEGIN
```

```
        RAISERROR('谢绝修改考分!',16,2)
        ROLLBACK
    END
GO
```

执行以下操作：

```
USE  高考招生
GO
UPDATE  Examine
SET  Exgrade=680
WHERE  Exgrade=669
GO
```

说明：提示修改记录时出错，执行上述程序，运行结果如图 15-13 所示。

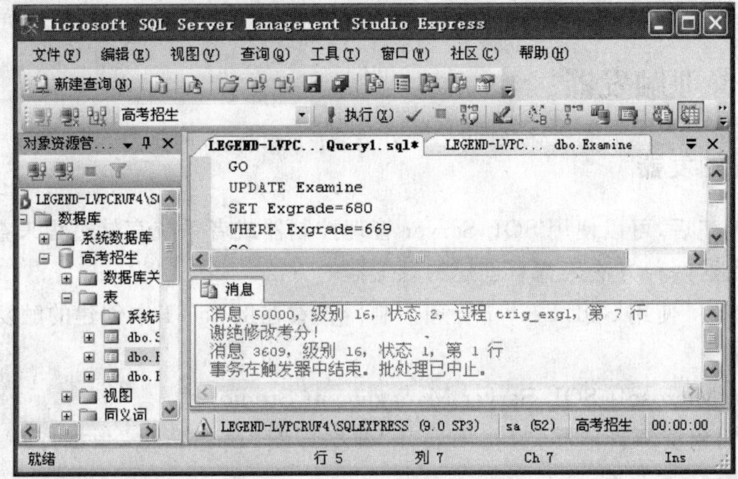

图 15-13　例 15-20 的执行结果

3. DELETE 触发器

删除数据库中的数据时激活该触发器，可以防止误删除操作。

［**例 15-21**］　在"高考招生"数据库中的学校表 School 上创建一个 DELETE 触发器 trig_typ，删除表中数据时激活该触发器，该触发器用来防止用户删除表 School 中的所有重点大学记录。

具体程序如下：

```
USE  高考招生
GO
CREATE TRIGGER trig_typ
ON School
AFTER DELETE
AS
```

```
    IF EXISTS(SELECT * FROM DELETED WHERE Sctype='重点')
 BEGIN
        RAISERROR('不能删除重点大学',16,2)
        ROLLBACK
    END
GO
```

执行以下操作：

```
USE  高考招生
GO
DELETE School
WHERE  Sctype='重点'
GO
```

说明：提示删除记录时出错。

15.3.2 管理触发器

1. 查看触发器

触发器创建后，可以使用 SQL Server 管理控制器或者系统存储过程来查看。下面分别举例说明用这两种方法来查看创建的触发器的方法。

[**例 15-22**] 使用 SQL Server 管理控制器查看在例 15-21 中创建的触发器 trig_typ，具体步骤如下。

(1) 启动 Microsoft SQL Server Management Studio。

(2) 在“对象资源管理器”窗格中展开“数据库”|“高考招生”数据库|“表”|School|“触发器”| trig_typ 节点。

(3) 右击 trig_typ 节点，在弹出的快捷菜单中选择“编写触发器脚本为” |“CREATE 到”|“新查询编辑器窗口”命令。

(4) 在右边编辑窗口中出现 trig_typ 源代码，可以进行编辑修改。

[**例 15-23**] 使用系统存储过程查看创建的触发器。

(1) 查看 trig_typ 触发器的一般信息。

具体程序如下：

```
USE  高考招生
GO
EXEC sp_help trig_typ
```

说明：查看触发器的名称、属性、类型和创建时间。

(2) 查看触发器 trig_typ 的信息。

具体程序如下：

```
USE  高考招生
```

```
GO
EXEC sp_helptext trig_typ
```

(3) 使用 sp_depends 查看 trig_typ 触发器所引用的表或指定的表涉及的所有触发器。

具体程序如下：

```
USE  高考招生
GO
EXEC sp_depends trig_exg1
```

2. 修改触发器

使用 T-SQL 语句 ALTER TRIGGER 来修改触发器的基本语法格式如下：

```
ALTER TRIGGER trigger_name
ON {table|view}
{
  {{FOR|AFTER|INSTEAD OF}
    { [DELETE] [,] [INSERT] [,] [UPDATE] }
      AS
        sql_statement
    }
}
```

其中各参数含义和创建时相同。

3. 删除触发器

删除存储过程的基本语法格式如下：

```
DROP TRIGGER { trigger}[,…N]
```

例如：

```
DROP  TRIGGER  trig_exg1
```

4. 启用或禁用触发器

可以使用 SQL Server 管理控制器或 ALTER TABLE 语句来启用和禁用触发器，以便编辑存放在触发器当前表中的数据。

ALTER TABLE 语句的语法格式如下：

```
ALTER TABLE table_name
{ENABLE|DISABLE} TRIGGER trigger_name
```

ENABLE 表示启用触发器，DISABLE 表示禁用触发器。

小　结

通过学习本章内容应熟悉并掌握 T-SQL 语言本身的运算、流控制等功能，学会用 T-SQL 语句来编程。

存储过程能有效封装重复性工作，只需要在第一次执行时进行语法检查和编译，以后可直接调用。SQL Server 2005 提供了 3 种存储过程：系统存储过程、用户自定义存储过程、扩展存储过程。

数据库触发器是特殊的存储过程。SQL Server 2005 包括两大类触发器：数据操纵语言触发器 DML 和数据定义语言触发器 DDL。

本章主要介绍了存储器和触发器的创建、查看、修改、删除等操作。

习　题　15

1. 简述标识符的种类。
2. 分别说明什么是局部变量和全局变量及其表示方法。
3. 简述存储过程的优点。
4. 什么是 DML 触发器？什么是 DDL 触发器？

实验 1：创建存储过程

一、实验目的

1. 掌握使用企业管理器和 SQL 语句创建存储过程的方法。
2. 掌握如何调用存储过程。
3. 掌握对存储过程的其他操作。

二、实验内容

基于在第 11 章的实验 1 中建立的表 Student，使用 SQL 语句完成下列操作。

1. 新建一个名为 my_procedure1 的存储过程，以学号为参数，输出指定学号学生的学号、姓名、性别、出生日期、班级号。
2. 在调用存储过程时，分别按位置和按名称传递参数。
3. 查看 my_procedure1，并重命名为 my_procedure2。
4. 删除存储过程 my_procedure2。

三、实验思考

按位置和按名称传递参数有什么不同？

实验 2：创建触发器

一、实验目的

1. 掌握使用企业管理器和 SQL 语句创建触发器的方法。

2. 掌握事务回滚。

3. 掌握对触发器的其他操作。

二、实验内容

基于在第 11 章实验 1 中建立的表，使用 SQL 语句完成下列操作。

1. 在表 Student 上创建一个触发器 trig_no，当向表中插入数据时，如果出现重复的学号，则事务回滚。

2. 在 Course 表上创建一个 DELETE 触发器 trig_Cred，删除表数据时激活该触发器，该触发器用来防止用户删除表 Credit 中所有学分大于 1 的行。

3. 查看触发器 trig_no 和 trig_Cred。

4. 删除触发器 trig_no 和 trig_Cred。

三、实验思考

1. 在事务回滚的语句中使用什么会产生不同的结果？

2. 分别尝试实验 1 中的事务回滚并查看结果。

第16章 SQL Server 2005 管理服务

16.1 SQL Server 2005 权限管理

16.1.1 安全身份认证

登录 SQL Server 访问数据的用户，必须拥有一个 SQL Server 服务器允许登录的账号和密码，只有该账号和密码通过 SQL Server 服务器验证后才能访问其中的数据。SQL Server 2005 有两种身份验证模式：Windows 身份验证和 SQL Server 身份验证。

1. Windows 身份验证

Windows 身份验证模式就是要登录到 SQL Server 系统的用户身份由 Windows 系统来进行验证。也就是说，在 SQL Server 中可以创建与 Windows 用户账号一样的登录账号，采用这种方式验证身份时，登录了 Windows 操作系统后，登录 SQL Server 时就不需要再输入账号和密码了。但这并不代表所有能登录 Windows 操作系统的账号都能访问 SQL Server，还必须由数据库管理员在 SQL Server 中创建与 Windows 登录账号一样的 SQL Server 账号，然后再用该 Windows 账号登录 Windows 操作系统，才能直接访问 SQL Server。SQL Server 2005 默认本地 Windows 组可以不受限制地访问数据库。

使用 Windows 身份验证具有以下优点。

(1) 用户账号的管理交由 Windows 系统管理，而数据库管理员只需要专注于数据库的管理。

(2) 可以充分利用 Windows 系统的账号管理工具，包括安全验证、加密、审核、密码过期、最小密码长度、账号锁定等强大的账号管理功能。不需要在 SQL Server 中再建立一套登录验证机制。

(3) 利用 Windows 的用户组管理策略，SQL Server 可以针对一组用户进行访问权限设置，因而可以通过 Windows 对用户进行集中管理。

2. SQL Server 身份验证

SQL Server 2005 的另一种身份验证方式是 SQL Server 身份验证，该验证方式是使用 SQL Server 中的账号和密码来登录数据库服务器，而这些账号和密码与 Windows 操作系统无关。

选择 SQL Server 身份验证时，密码是防止入侵者入侵的第一道防线，因此设置密码对于确保系统的安全性至关重要。使用 SQL Server 验证方式可以很方便地从网络上访问 SQL Server 服务器，即使网络上的客户端没有服务器操作系统的账号和密码，也可以通过账号和密码登录 SQL Server 数据库进行数据库的操作 。在 SQL Server 2005 中，设置 SQL Server 身份验证的方法如下。

(1) 启动 SQL Server Management Studio，连上数据库实例。在“对象资源管理器”窗格中右击数据库实例名，在弹出的快捷菜单中选择“属性”命令。

(2) 在打开的“服务器属性”对话框中选择“安全性”选项。

(3) 如图 16-1 所示，在 SQL Server 2005 中可以使用的身份验证模式有两种，一种是“Windows 身份验证模式”，另一种是“SQL Server 和 Windows 身份验证模式”，也就是说可以同时使用 SQL Server 身份验证模式和 Windows 身份验证模式。在 SQL Server 2005 中不能单独使用 SQL Server 身份验证模式。

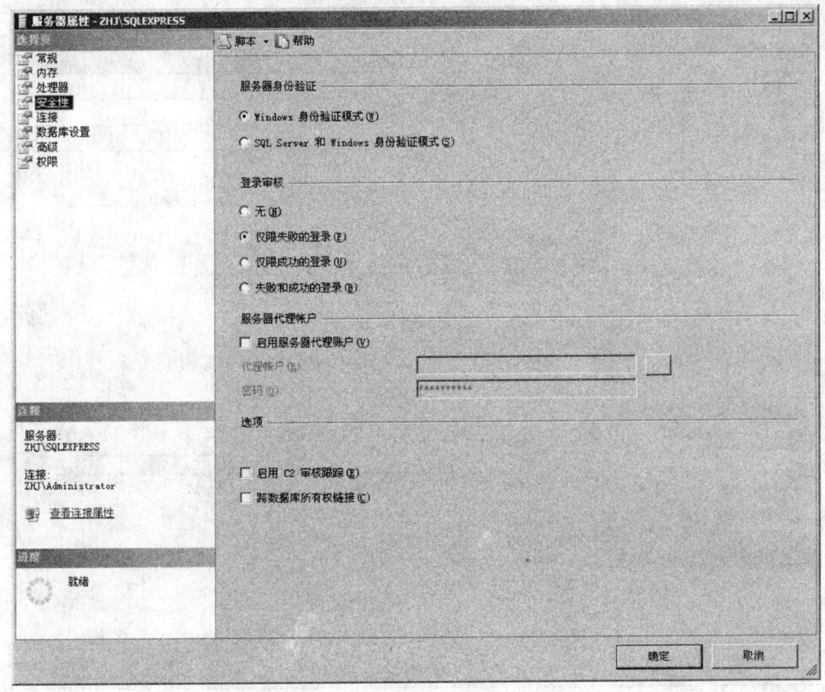

图 16-1　设置 SQL Server 身份验证方式

(4) 修改后单击“确定”按钮完成操作。

16.1.2　用户权限管理

SQL Server 2005 除了提供服务器级的角色管理外，还提供基于数据库级、用户级、表级的权限管理，对增强数据库安全具有非常细致的管理力度。

1. 新建数据库用户

SQL Server 2005 首先验证用户的登录名,然后连接到相应的数据库服务器,但这时用户还不能直接访问数据库,SQL Server 2005 规定只有具有访问数据库权限的数据库用户才能访问数据库。

在 SQL Server 2005 中可以采用两种方式创建数据库用户。

1）通过 SQL Server 对象资源管理器(SQL Server Management Studio)创建数据库用户

(1) 通过 SQL Server 对象资源管理器连接到 SQL Server 数据库引擎并开始对该数据库的操作。

(2) 展开"数据库"节点,然后展开要操作的数据库及其下面的"安全性"节点。

(3) 选中"用户"选项,然后右击并从弹出的快捷菜单中选择"新建用户"命令,打开"数据库用户-新建"对话框,如图 16-2 所示。

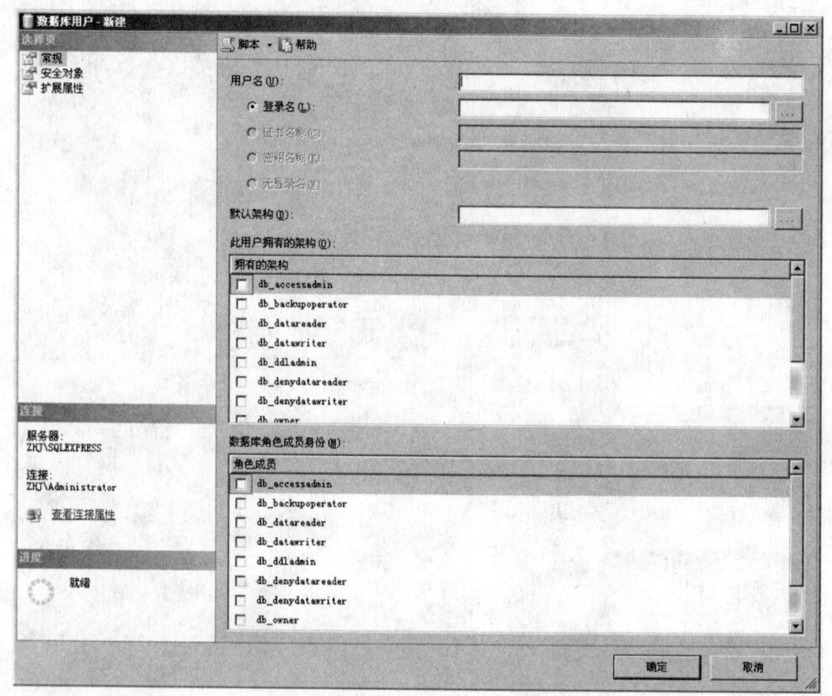

图 16-2 "数据库用户-新建"对话框

(4) 在"用户名"文本框中输入要新建的数据库用户名,然后在"登录名"文本框中输入登录名或单击"登录名"文本框右边的"…"按钮,选择一个用于登录的名称,使用户名与登录名对应起来。

2）使用存储过程新建数据库用户

使用系统存储过程 sp_grantdbaccess 可以创建数据库用户。其具体的语法形式如下:

```
sp_ grantdbaccess {'login'}['name_ in_ db']
```

这个存储过程有两个参数,但只有第一个参数是必需的。

(1) login:数据库用户所对应的登录名。

(2) name_ in_ db:为登录账户 login 在当前数据库中创建的用户名。

注意:

(1) 如果第二个参数被省略,一个和登录名相同的用户名将被添加到数据库中,通常省略这个参数。

(2) 这个存储过程只对当前的数据库进行操作,所以在执行存储过程前应该首先确认当前使用的数据库是要增加用户的数据库。

(3) 要创建用户名的登录账户必须在执行存储过程前已经存在。

例如,为数据库 XSCJ 的登录账户 zhj 创建一个名为 qhu 的数据库用户,可使用下面的语句:

```
sp_ grantdbaccess 'qhu', 'zhj'
```

2. 授权管理

(1) 登录账户权限设置:在"登录属性"对话框中,如图 16-3 所示,可以设置以下内容。

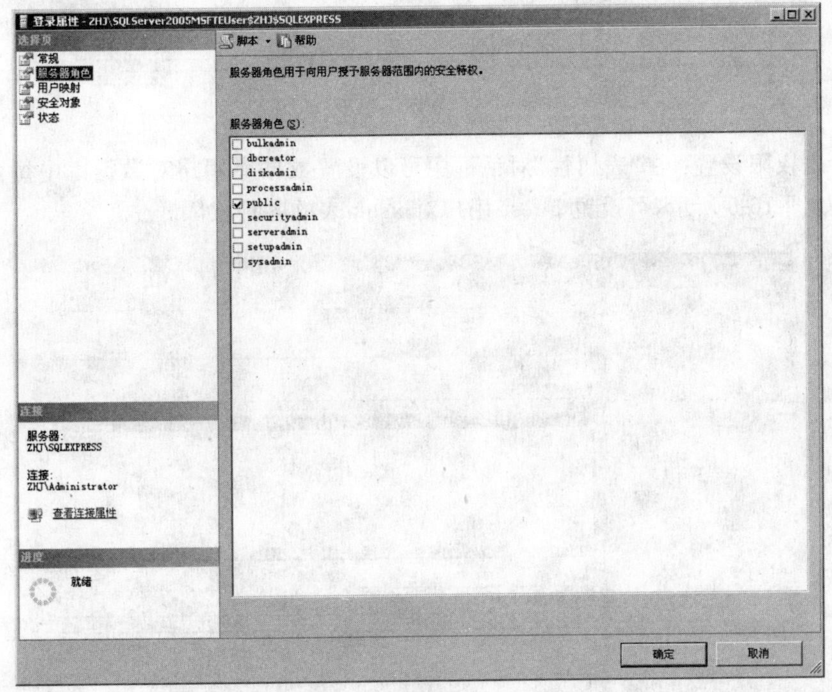

图 16-3　登录账户权限设置

① 服务器角色:通过登录名可以向用户授予服务器角色范围的权限。

② 用户映射:可以指定映射到此登录名的数据库用户,实现对数据库的访问。

③ 安全对象:授予安全对象的权限。

④ 状态:可以设置是否允许连接到数据库引擎和是否启动登录。

(2) 数据库权限设置：在“数据库属性”对话框中可以设置数据库用户对数据库的多种权限，如图 16-4 所示，可设置 guest 用户对 xscj 数据库的各种权限。

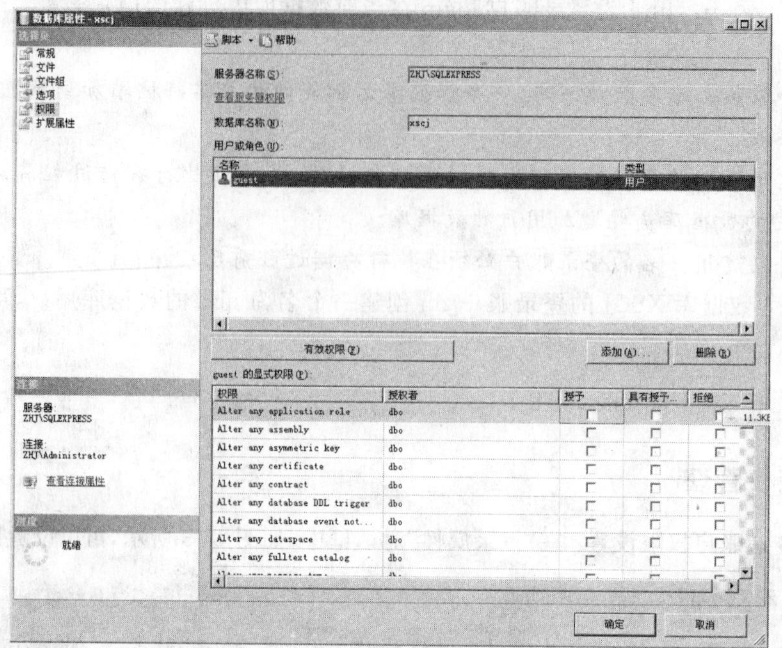

图 16-4　数据库权限设置

(3) 表权限设置：在“表属性”对话框中可以设置数据库用户对数据库中每个表的多种权限，如图 16-5 所示，可设置 guest 用户对 xsqk 表的各种权限。

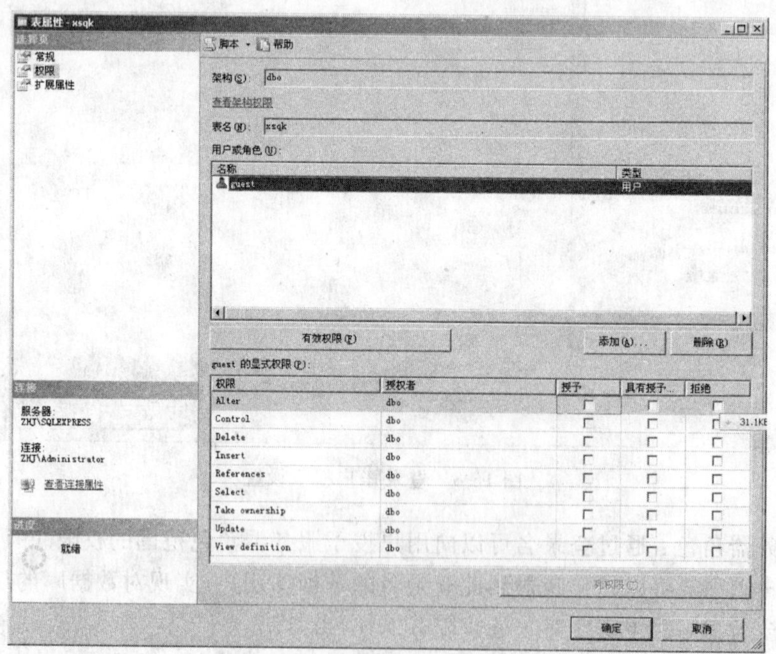

图 16-5　表权限设置

16.2 SQL Server 2005 代理服务

SQL Server 代理服务是 Windows 的一个后台服务，可以执行安排的管理任务，这个管理任务又称为“作业”。每个作业包含了一个或多个作业步骤，每个步骤都可以完成一个任务。SQL Server 代理可以在约定的时间或在设定的事件条件下执行作业的步骤，并记录作业的完成情况，如果执行作业步骤时出现错误，SQL Server 代理还可以设法通知管理员。SQL Server 代理可以完成的工作有以下 4 种。

(1) 作业调度。

(2) 执行作业。

(3) 产生警报。

(4) 通知管理员。

16.2.1 配置 SQL Server 2005 代理服务

为了方便使用 SQL Server 代理，下面首先介绍 SQL Server 代理的设置。在“对象资源管理器”窗格中右击“SQL Server 代理”选项，在弹出的快捷菜单中选择“属性”命令，将打开如图 16-6 所示的“SQL Server 代理属性”对话框。

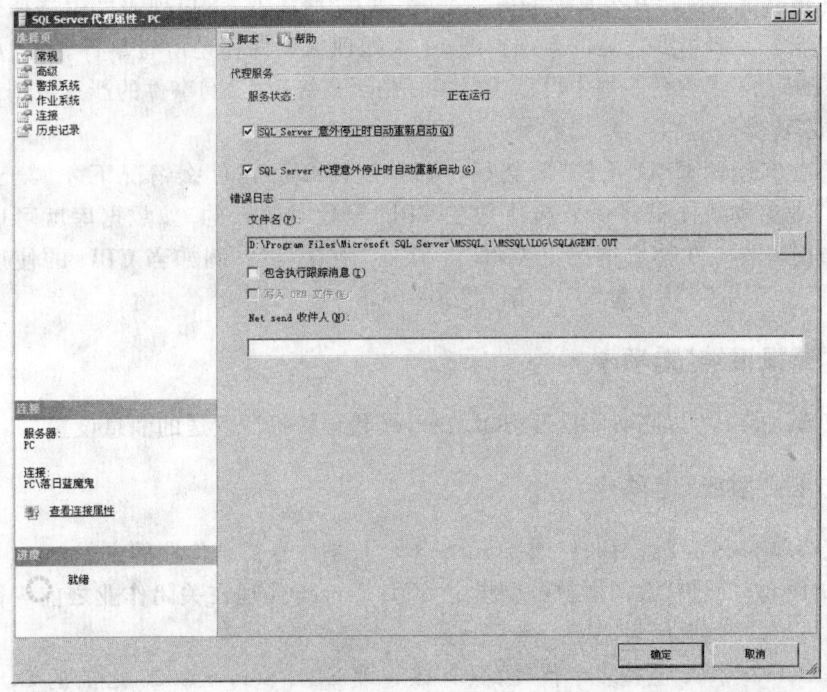

图 16-6 “SQL Server 代理属性”对话框

在该对话框中可以设置以下几个选项卡中的选项。

1. “常规”选项卡

在该选项卡中可以查看和修改 SQL Server 代理服务的常规属性。

选中“SQL Server 意外停止时自动重新启动”复选框，则在 SQL Server 发生意外停止运行时，SQL Server 代理会自动将 SQL Server 重新启动。

选中“SQL Server 代理意外停止时自动重新启动”复选框，则在 SQL Server 代理发生意外停止时，SQL Server 会自动将 SQL Server 代理重新启动。

在“文件名”文本框中显示 SQL Server 代理错误日志记录的文件及位置。

选中“包含执行跟踪消息”复选框，则会在错误日志记录中包含执行跟踪的消息，这时会记录 SQL Server 操作的详细信息，因而会占用大量的磁盘空间，建议只有在排错时才使用。

在“Net send 收件人”文本框中可以输入操作员的名称，该操作员的作用是接收针对 SQL Server 代理写入日志文件消息的 Net send 通知。要使用 Net send 发送消息通知，接收 Net send 消息的计算机必须开启了 Messenger 服务。

2. “高级”选项卡

在该选项卡中可以查看和修改 SQL Server 代理服务的高级属性。

选中“SQL Server 事件转发”复选框，可以激活和配置事件转发功能。SQL Server 2005 允许将指定事件转发至其他服务器上，可以在“服务器”下拉列表框中选择要发送到的服务器，然后选择需要发送的事件类型，是未处理的事件还是所有事件。在“如果事件的严重性不低于”下拉列表框中可以选择事件的严重级别，只有事件的严重级别高于选择的级别时才转发。

选中“定义空闲 CPU 条件”复选框，可以设置 CPU 在什么情况下才属于“空闲状态”。在作业启动条件中有一个选项是在 CPU 闲置时执行的，如数据库就可以选择在 CPU 闲置时备份。在什么情况下 CPU 才算是“闲置”呢？例如当 CPU 的使用率持续 1min 都在 10%以下，就算是“CPU 闲置”。

3. “警报系统”选项卡

在该选项卡中可以查看和修改 SQL Server 代理警报所发送的消息设置。

4. “作业系统”选项卡

在该选项卡中可以查看和修改 SQL Server 代理服务管理作业的方式。

在“关闭超时间隔”微调框中可以指定 SQL Server 代理在关闭作业之前等待作业完成的时间，设置时间单位为 s。

SQL Server 2005 支持多个代理，只有在管理 SQL Server 2005 之前的 SQL Server 代理版本时“作业步骤代理账户”区域才能使用。

5. “连接”选项卡

在该选项卡中可以查看和修改 SQL Server 代理服务与 SQL Server 之间的连接设置。

在“本地主机服务器别名”文本框中可以输入用来连接 SQL Server 本地实例的别名，如果无法使用 SQL Server 代理的默认连接选项，可以为相应的实例定义一个别名，并在此处指定该别名。

6. “历史记录”选项卡

在该选项卡中可以查看和修改用于管理 Microsoft SQL Server 代理服务历史记录日志的设置。

选中“限制作业历史记录日志的大小”复选框，可以对 SQL Server 代理在日志中保留的作业历史记录信息量设置限制。可限制的项目有作业历史日志的最大行的大小和每个作业的最大作业历史记录行数。

选中“自动删除代理历史记录”复选框，可以设置 SQL Server 代理自动删除在日志中保留的时间超过指定的时间量的项。保留时间选项在“保留时间超过”文本框中指定。

16.2.2 定义操作员

SQL Server 代理有一个很重要的功能，就是可以根据特定条件将警报通知给数据库管理人员。由于数据库管理员不会 24 小时都待在计算机旁边，因此 SQL Server 代理可以使用电子邮件、Net Send 和寻呼方式来通知管理员，管理员收到通知后再来处理这些问题。

在 SQL Server 代理中定义“操作员”，就是设置通知系统管理员的方式，只有设置好了通知系统管理员的方式后，在出现故障时 SQL Server 代理才会通过设置好的通知方式来通知系统管理员来解决问题。创建操作员的方法如下。

(1) 启动 SQL Server Management Studio，连接数据库实例，在“对象资源管理器”窗格中展开“数据库实例名”|“SQL Server 代理”|“操作员”节点。

(2) 右击“操作员”节点，在弹出的快捷菜单中选择“新建操作员”命令，打开如图 16-7 所示的对话框。

(3) 在如图 16-7 所示的对话框的“名称”文本框中可以输入操作员的名称，如果没有选中“已启用”复选框，则 SQL Server 代理不会向操作员发送消息。在“电子邮件名称”文本框中可以输入管理员的电子邮件地址；在“Net send 地址”文本框中可以输入用于发送消息的计算机名称；在“寻呼电子邮件名称”文本框中可以输入管理员的寻呼程序和电子邮件地址，要使用这种通知方式必须有传呼功能的软件支持；在“寻呼值班计划”区域可以设置寻呼程序处理活动状态的时间。在“工作日开始”的时间与“工作日结束”的时间之间寻呼程序才会向管理员发送寻呼。

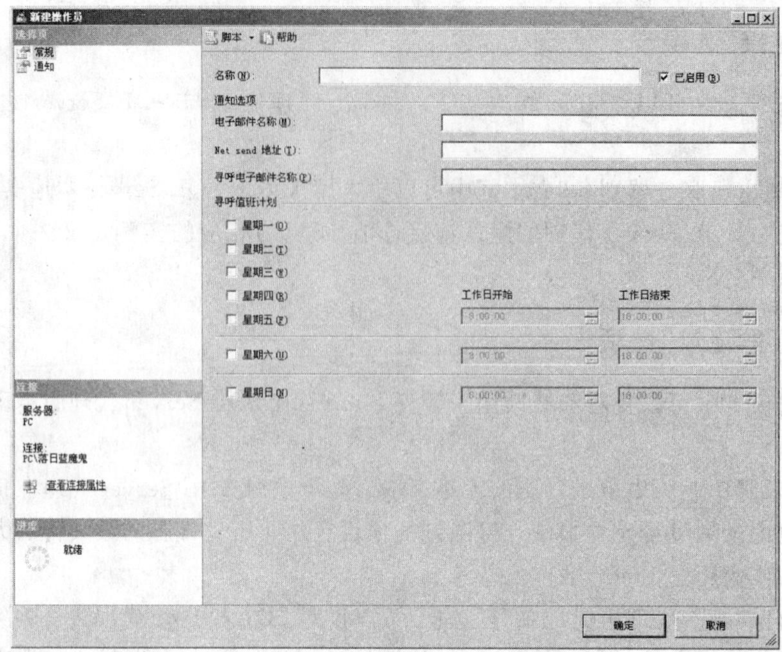

图 16-7 “新建操作员”对话框

16.2.3 管理作业

在 SQL Server 代理中用得最多的就是作业，作业是一系列由 SQL Server 代理按设定顺序执行的操作。通常将经常在 SQL Server 上运行的一些日常管理任务创建为作业，然后由 SQL Server 代理来自动反复地执行，如数据库备份等。

作业可以包含一个或多个步骤，在每个步骤中都可以运行 T-SQL 脚本、命令行应用程序、ActiveX 脚本、Integration Services 包、Analysis Services 命令、查询或复制等操作。作业可以单独或者重复执行某个操作，也可以通过生成警报来通知作业状态，从而大大减轻系统管理员的工作负担。

1. 新建作业

在 SQL Server Management Studio 中创建作业的步骤如下。

(1) 启动 SQL Server Management Studio，连接数据库实例，在“对象资源管理器”窗格中展开“数据库实例名”|“SQL Server 代理”|“作业”节点。

(2) 右击“作业”节点，在弹出的快捷菜单中选择“新建作业”命令，打开如图 16-8 所示的“新建作业”对话框。

(3) 在如图 16-8 所示对话框的“名称”文件框中可以输入作业的名称，在“所有者”文本框中可以输入作业的所有者名称，在“类别”下拉列表框中可以选择作业的类别，在“说明”文本框中可以输入作业的说明文字，只有选中“已启用”复选框，该作业才能被 SQL Server 代理执行。

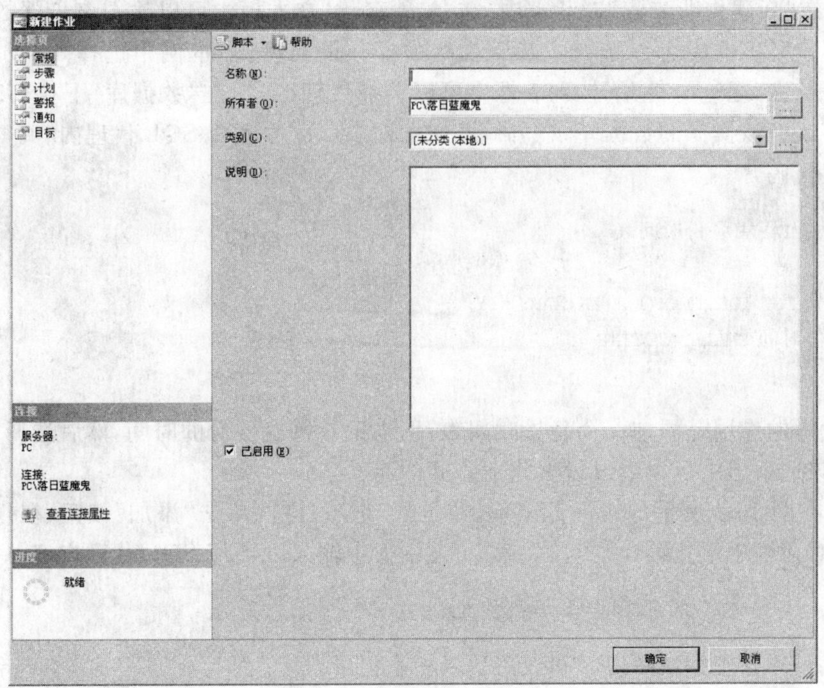

图 16-8 “新建作业”对话框

(4) 设置完毕后选择“步骤”选项卡,在该选项卡里可以添加、删除和修改作业中的步骤,单击“新建”按钮,打开如图 16-9 所示的对话框。

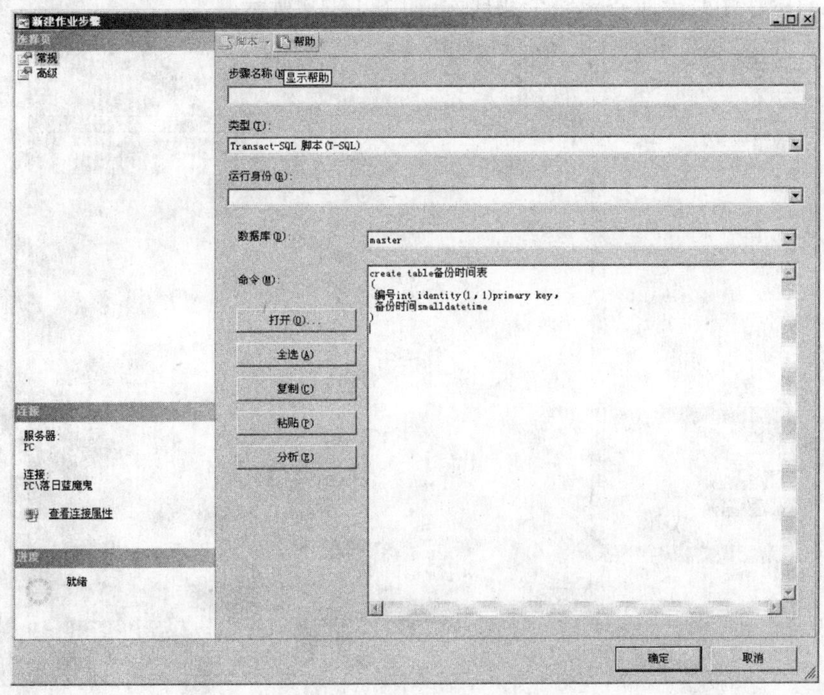

图 16-9 “新建作业步骤”对话框

(5) 在“新建作业步骤”对话框中，在“步骤名称”文本框中可以输入该步骤的名称；在“类型”下拉列表框中可以选择本步骤执行的操作的类型，在本例中选择“Transact-SQL 脚本”选项，在“运行身份”下拉列表框中可以选择代理账户，在“数据库”下拉列表框中可以选择要运行该操作的数据库；在“命令”文本框中可以输入 T-SQL 代理内容。在本例中输入以下代码：

```
CREATE TABLE 备份时间表
(
  编号 INT IDENTITY(1,1)PRIMARY KEY,
  备份时间 SMALLDATETIME
)
```

该代码的作用是添加一个备份时间表，用来记录每次备份的时间，然后选择“高级”选项卡，在该选项卡中可以继续设置作业步骤的属性。

(6) 在图 16-8 所示的对话框中单击“步骤”选项，再次单击“添加”按钮，在打开的“新建作业”对话框中重复第(4)步，在“命令”文本框中输入以下 T-SQL 代理内容：

```
INSERT 备份时间 (备份时间)VALUES(GETDATE())
```

该代码的作用是在备份时间表中插入一条记录。

(7) 在“新建作业”对话框中再次单击“添加”按钮，在打开的“新建作业步骤”对话框中重复第(4)步，在“命令”文本框中输入以下 T-SQL 代理内容：

```
BACKUP DATABASE Northwind TO DISK='D:\SQL Server 2005 教材\第 16 章\myjob-UP.bak'
```

该代码的作用是分步备份整个数据库，如图 16-10 所示。

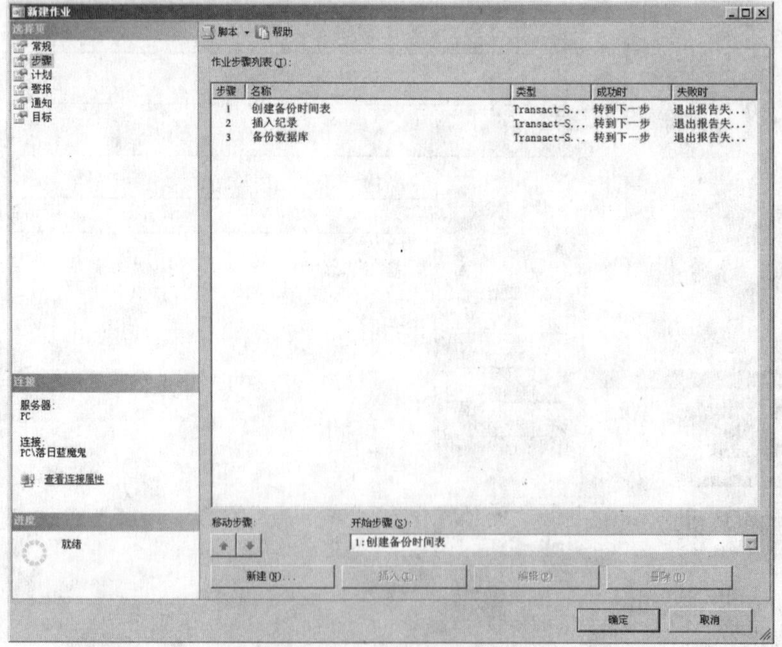

图 16-10 “步骤”选项卡

如果没有其他需要，则一个作业已经创建完毕，在“对象资源管理器”窗格中的“SQL Server 代理”|“作业”节点下可以看到新创建的作业，如图 16-11 所示。

2. 手动执行作业

虽然 SQL Server 代理可以自动执行作业，但在一些时候，如没有到设定的作业执行时间而又想执行作业时，则可以手动执行作业。如果要手动执行刚才创建的 myjob 作业，则在图 16-11 中右击作业名，在弹出的快捷菜单中选择“作业开始步骤”命令，打开如图 16-12 所示的“开始作业”对话框，在该对话框中单击“启动”按钮。

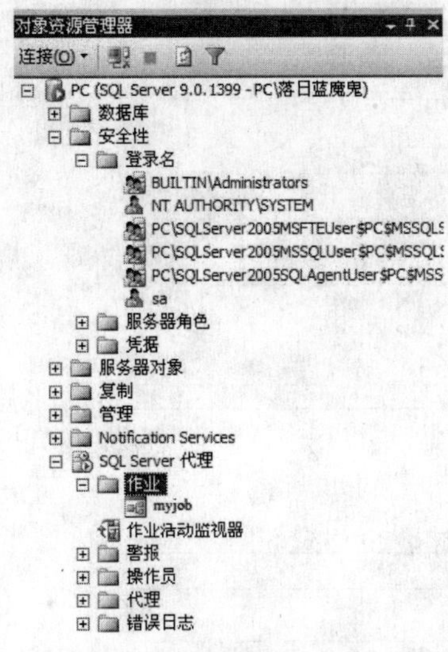

图 16-11 新创建的作业

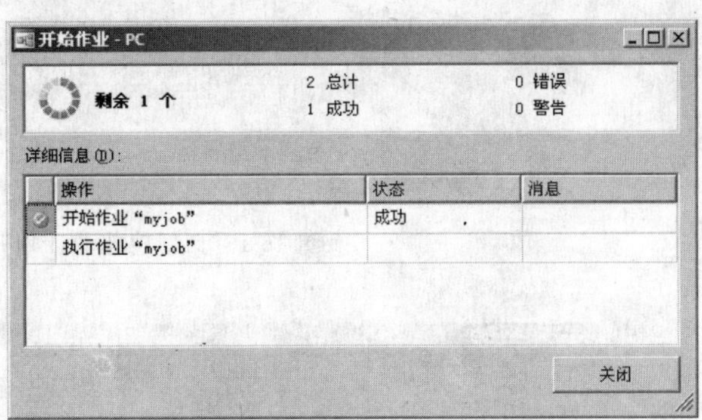

图 16-12 “开始作业”对话框

3. 调度作业

前面介绍了如何手动执行作业，如果只手动执行作业，就完全不能实现 SQL Server 代理带来的快捷与方便。只有为作业创建了执行计划之后，才能让 SQL Server 代理自动执行该作业。创建作业计划的方法如下。

(1) 右击作业名称，在弹出的快捷菜单中选择“属性”命令。

(2) 在打开的“作业属性”对话框中选择“计划”选项卡，单击“新建”按钮，打开如图 16-13 所示的“新建作业计划”对话框，在该对话框中可以设置执行作业的计划。

(3) 设置完毕后单击“确定”按钮返回“作业属性”对话框。在 SQL Server 2005 中允许对一个作业分配多个计划来执行。

4. 查看历史记录

SQL Server 代理可以多次执行作业，在 SQL Server 2005 中还可以查看作业的完成详细情况，其查看方法如下。

(1) 右击作业名称，在弹出的快捷菜单中选择“查看历史记录”命令，打开如图 16-14 所示的“日志文件查看器”对话框。

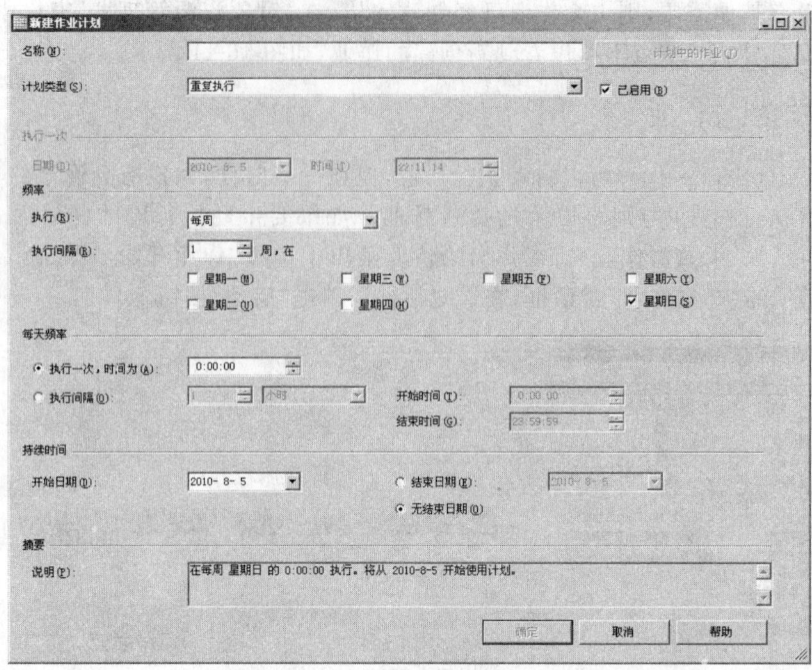

图 16-13 “新建作业计划”对话框

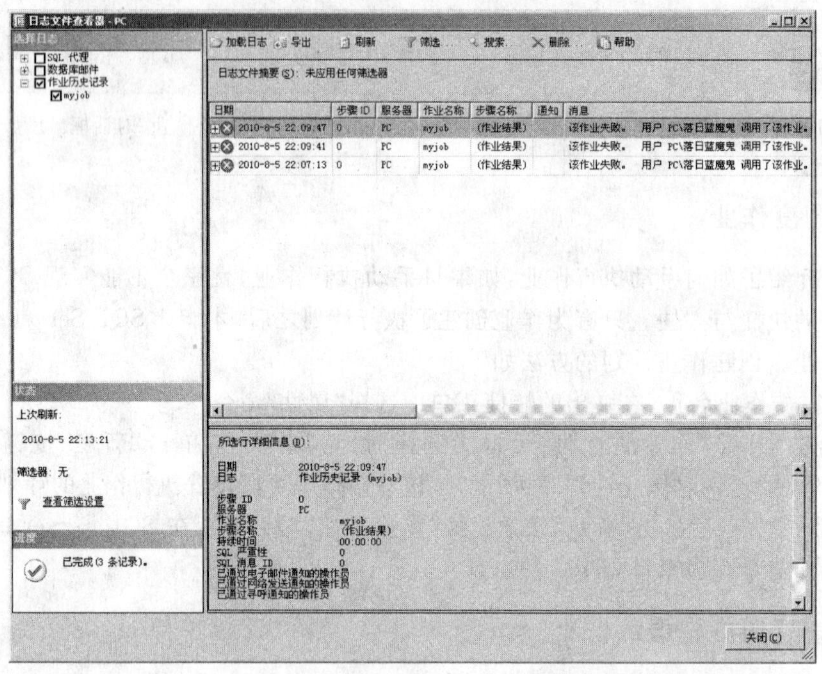

图 16-14 “日志文件查看器”对话框

(2) 在该对话框中可以看到作业的所有日志记录情况,在本例中可以看到执行了myjob 作业,但没成功。

5. 删除、禁用与启用作业

想让一个作业不再执行，可以采用 3 个方法：将作业删除、将作业中的计划删除和禁用作业。如果某个作业以后不需要时，可以将其删除，删除方法是：右击作业名，在弹出的快捷菜单中选择“删除”命令。

如果某个作业以后可能要执行，只是不需要再由 SQL Server 代理来自动执行，可以将该作业中的计划删除，删除方法为：右击作业名，在弹出的快捷菜单中选择“属性”命令，在打开的“作业属性”对话框中选择“计划”选项卡，再将“计划”选项卡中的所有计划全部删除。以后如果还要执行该作业，要么手动执行，要么重新添加计划。

如果某个作业只是临时不执行，则可以先将其禁用，禁用的方法是：右击作业名，在弹出的快捷菜单中选择“禁用”命令。如果以后还要让该作业按计划执行，再次右击作业名，在弹出的快捷菜单中选择“启用”命令即可。

16.2.4 管理警报

在 SQL Server 2005 中，对事件的自动响应称为“警报”。警报与通知往往是结合使用的。警报管理用于设置什么样的事件才会发出警报，发生了警报之后要做些什么。

1. 新建警报

在 SQL Server Management Studio 中新建警报的步骤如下。

(1) 启动 SQL Server Management Studio，连接数据库实例，在“对象资源管理器”窗格中展开“数据库实例名”|“SQL Server 代理”|“警报”节点。

(2) 右击“警报”节点，在弹出的快捷菜单中选择“新建警报”命令，打开如图 16-15 所示的“新建警报”对话框，在该对话框中可以设置以下项目。

在“名称”文本框中可以输入警报的名称。在“类型”下拉列表框中可以选择警报的类型，可选项有以下几个。

① “SQL Server 事件警报”：要为其指定发生事件的数据库名、用于响应的错误号或严重级别，或者按特定字符串来筛选事件。其中错误信息号可以在 sys.messages 视图中查找到。

② “SQL Server 性能条件警报”：要为其指定性能条件、计数器、实例以及计数器满足什么条件才触发警报。

③ “WMI 事件警报”：要为其指定用于 WMI 查询语言语句的命名空间和用于标识警报所响应事件的 WQL 语句。

(3) 在图 16-15 所示的对话框中选择“响应”选项卡，在该对话框中可以设置发生警报之后要怎么处理。可选方式有两种，一种是执行作业，在发生警报时执行一个作业来解决警报问题；另一种是通知操作员，在发生警报时可以用电子邮件、寻呼程序或 Net send 方式通知操作员。

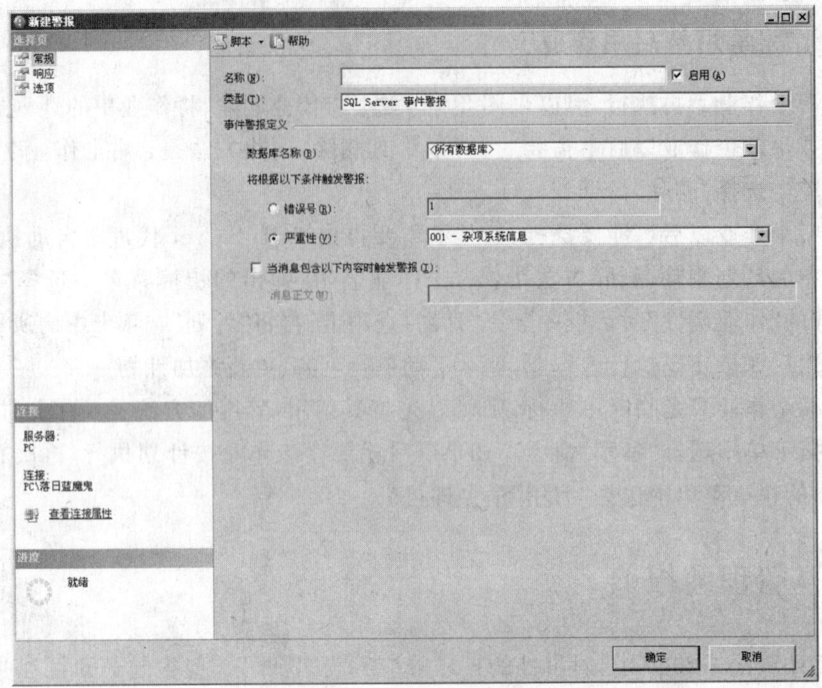

图 16-15 “新建警报”对话框

(4) 在图 16-15 所示的对话框中选择“选项”选项卡，打开如图 16-16 所示的“选项”对话框，在该对话框中可以设置警报的一些选项。

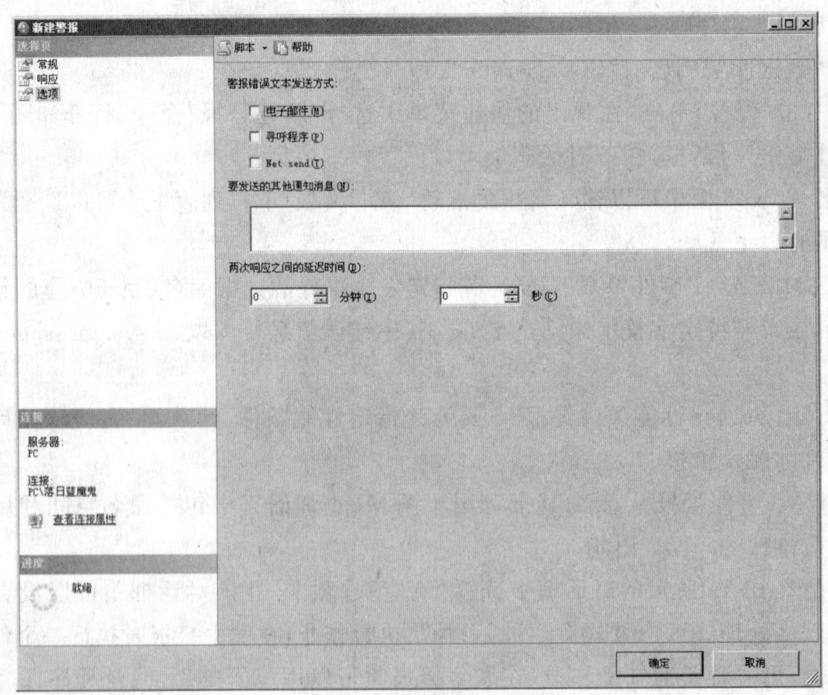

图 16-16 “选项”选项卡

① 在“警报错误文本发送方式”区域可以设置用某种方式发送错误文本，可选项为“电子邮件”、“寻呼程序”和 Net send。

② 在“要发送的其他通知消息”文本框中可以输入要包括在通知消息中的其他文本内容。

③ 在“两次响应之间的延迟时间”微调框中可以为重复发生的事件指定两次响应之间的延迟时间。有些事件可能在短时间内频繁发生，在这种情况下，可能只需要为该事件已经发生而没有必要为每一次事件发生设置警报。如果设定了延迟时间，在警报响应某个事件之后，SQL Server 代理将等待指定的延迟时间，然后再响应，而不管在延迟时间内该事件发生与否。

(5) 设置完毕后单击“确定”按钮完成操作。创建警报之后，在“对象资源管理器”窗格中可以查看到该警报。

2. 修改警报

警报创建完毕后，如果发现有设置不对的地方，可以修改其内容，修改方式如下。

(1) 启动 SQL Server Management Studio，连接数据库，在“对象资源管理器”窗格中展开“数据库实例名”|“SQL Server 代理”|“警报”节点。

(2) 右击警报名，在弹出的快捷菜单中选择“属性”命令，或直接双击警报名，打开“警报属性”对话框。

(3) 在“警报属性”对话框中对警报内容进行修改，方法与创建警报类似。

3. 启动、禁用与删除警报

警报只有启动后才会生效，否则就是发生了警报内所定义的事件，SQL Server 代理也不会对其进行处理。启用警报的方法：右击警报，在弹出的快捷菜单中选择“启用”命令。

如果只是临时停止使用警报，可以先将其禁用。禁用方法为：右击警报名，在弹出的快捷菜单中选择“禁用”命令。

如果警报不再需要，可以将其删除。删除方法为：右击警报名，在弹出的快捷菜单中选择“删除”命令，在打开的“删除对象”对话框中单击“确定”按钮。

16.3 SQL Server 2005 报表服务

SQL Server 2005 数据库报表服务是基于服务器的报表技术，它支持报表的分发、创作、管理和最终用户访问，可提供全面的报表解决方案。利用 SQL Server 2005 数据库报表服务可以创建、管理和发布传统的、可打印的报表和交互的、基于 Web 的报表。

16.3.1 报表服务概述

SQL Server Reporting Services(SSRS)是基于服务器的端对端报表解决方案，它支持报表的设计、分发、管理和最终用户访问。Reporting Services 包括客户端组件和服务器组件。可在单台计算机上安装所有组件,也可以在不同的计算机上分别安装单独的组件。Reporting Services 可以与其他 SQL Server 组件和技术一起安装,也可以单独安装。可以在单台服务器上运行报表服务器的多个实例。

安装 Reporting Services 后根据应用需要可以将其配置为以下的报表服务器。

(1) 在面向 Internet 的 Web 服务器上配置报表服务器。

(2) 在承载其他 Web 应用程序的服务器上配置报表服务器。

(3) 在分布式多服务器安装中配置一个或多个报表服务器。

与 SQL Server 2000 相比,SQL Server 2005 从以下几个方面增强了其功能。

1. 报表功能的增强

报表用户可用的功能增强,包括新的打印功能、最终用户排序、多值参数以及通过 Microsoft SharePoint Web 部件进行报表的导航和查看。

1) 在报表中交互排序

可以在查看报表时更改数据的排序顺序,而不需要在报表处理过程中指定排序顺序或指定报表中的参数值以获得特定顺序。用户可以通过单击表和矩阵报表中的列标题对数据进行排序,从而实现按需运行报表、缓存报表和报表快照。

2) 打印报表

可以从 Internet Explorer 上直接打印多页报表。Reporting Services 提供了自定义客户端打印功能,可以在客户端打印 HTML 报表。打印的副本保留了报表分页,与在显示屏上查看时具有相同的视觉效果。如果要支持此功能,需提供可下载的 ActiveX 控件。控件的.cab 文件驻留在报表服务器上并可由客户下载。

3) 创建即席报表

用户可使用名为“报表生成器”的 ClickOnce 报表设计工具即席创建报表。报表生成器的报表模型是制作报表的基础。模型定义了用户创建报表时所使用的数据结构和关系。模型在模型设计器中创建,然后发布到报表服务器。在报表生成器中,用户选择一个模型,然后将各个项从模型中拖放到报表布局上。只有拥有运行报表生成器权限的用户才可以使用此工具。

4) 多值参数

添加多值参数支持之后,就可以为单个参数指定两个或多个参数值,对任何配置为接受多个值的参数可以指定多个值。

5) SharePoint Web 部件用于查找和查看报表

Reporting Services 包含两个可在 SharePoint 站点中使用的新 Web 部件。Web 部件包括用于浏览报表的报表服务器导航部件和在站点内查看报表的报表查看器部件。还可以使用 Web 部件创建对特定报表的订阅。

6) 固定表头

可在“表属性”对话框中设置新选项来定位表头,以便当用户向下滚动报表时,仍然可以在屏幕上看见表头。固定表头为包含大量数据的表格报表提供了上下文,提高了以

HTML 格式呈现的在线报表的可用性。

2. 设计功能的增强

添加了报表生成器和模型设计器这两个新工具以支持基于模型的拖放报表。重要的报表设计增强功能还包括更新的表达式编辑器与其他 SQL Server 组件的集成。

1）新的模型设计器

生成报表基于"预先定义，然后发布到报表服务器"的模型。添加了名为报表模型的新项目类型，以创建报表生成器客户端所使用的报表模型。如果要使用报表模型，可使用模型设计器（运行在 Business Intelligence Development Studio 中）。模型设计器提供多个向导，可帮助用户指定数据源和数据视图，并生成模型。

2）报表设计器增强功能

SQL Server 2005 中的报表设计器运行在 Business Intelligence Development Studio 中，后者可以作为对本地计算机上已安装的 Visual Studio 2005 的访问点，或者在计算机未安装 Visual Studio 2005 时作为 Visual Studio 外壳程序的访问点。报表设计器包括对其提供的编辑器和查询生成器的多种增强功能。

3）表达式编辑器增强功能

表达式编辑器现在包括一组可用的函数，以及提供有关内联参数、语句结束和实时语法检查的区分上下文信息的 Intelligence 功能。

4）基于表达式的数据源

Reporting Services 支持动态指定数据源的功能，利用它可以在运行时根据表达式中所指定的条件切换数据源。

5）新 Analysis Services 查询设计器

报表设计器包括新的查询设计器，可用于创建 MDX 查询。可以使用 Analysis Services 的集成查询设计器，将服务器元数据拖放到报表布局中，通过预览结果来生成查询。

6）Integration Services 增强功能

可以使用新的数据处理扩展插件，根据 SQL Server Integration Services（SSIS）包生成的数据生成报表。

7）报表定义语言增强功能

Report Definition Language 具有支持自定义报表控制的新元素和其他新功能。

3. 编程功能的增强

增强了以编程方式访问报表服务器的新 SOAP 端点，增强了报表服务器 Windows Management Instrumentation（WMI）提供程序的功能，新增了报表查看器控件。

1）报表服务器 Web 服务的新 SOAP 端点

SQL Server 2005 为报表服务器 Web 服务引入了两个端点。

(1) 管理端点。报表服务器 Web 服务的管理端点使开发人员能够以编程方式管理报表服务器上的对象。由管理端点显示的方法被封装在 Reporting Services 2005 类中，此新端点中包含了报表服务器 Web 服务早期版本中所包含的许多类和方法。

(2) 执行端点。报表服务器 Web 服务的端点便于开发人员对来自报表服务器的报表的处理和呈现进行细粒度的、编程方式的控制。此外，还向报表服务器 Web 服务添加了多个通过执行端点显示的新的类和方法。由于现有的处理方法未迁移到报表服务器 Web 服务的新管理端点，因此应针对报表服务器 Web 服务的执行端点编写需要处理报表的新应用程序。

2) 修改后的新 WMI 提供程序

报表服务器 Windows Management Instrumentation 提供程序是一个编程接口，利用它可以配置 Reporting Services 安装环境。可以使用 WMI 提供程序生成自定义报表服务器管理工具，或在用于配置 Reporting Services 安装选项的脚本中调用它。

3) Visual Studio 2005 中的新 Report Viewer 控件

Microsoft Visual Studio 2005 包含了一组可自由分发的报表查看器控件，便于将 Reporting Services 功能嵌入自定义应用程序中。Report Viewer 控件供开发人员使用，以提供预先设计并编写完全的报表，作为应用程序功能集的一部分。在应用程序中嵌入控件为在应用程序配置中包含 Reporting Services 服务器组件提供了简化的替代方法。

4. 可管理性和配置的增强功能

对安装程序进行更改，以便用于配置和管理 Reporting Services 安装的新的配置工具，增加了对 SQL Server Management Studio 和 SQL Server 配置管理器中的报表服务器管理支持。

1) 新的 Reporting Services 配置工具

Reporting Services 配置工具可通过报表服务器所在计算机上的“开始”菜单运行。可以使用此工具来配置报表服务器，以创建和使用远程 SQL Server 实例上的报表服务器数据库。还可以使用此工具指定 Windows 和 Web 服务的账户、虚拟路径以及电子邮件传送方式。仅通过配置工具或配置脚本即可处理多个报表服务器的扩展配置。

2) 安装改进

安装程序为安装 Reporting Services 提供了两种方法。

(1) 默认配置选项，安装即用型报表服务器，要求在本地安装所有服务器组件并使用默认值。

(2) “仅文件”安装选项，将程序文件复制到硬盘中。使用此选项时，报表服务器需要其他配置方可使用。目前，可使用新的 Reporting Services 工具单独执行配置。

3) Management Studio 集成

可以在统一的 Management Studio 工作区内使用 SQL Server Management Studio 管理多个报表服务器。可以与集成 Management Studio 的其他 SQL Server 服务并列管理一个或多个报表服务器。

4) SQL Server 外围应用配置器和 SQL Server 配置管理器的集成

可以使用“SQL Server 外围应用配置器”工具来确定报表服务器 Windows 服务和 Web 服务的可用性。可以使用配置管理器指定报表服务器 Windows 服务运行方式的属性。

5）报表模型管理

报表功能引入了新的报表模型管理功能，可以安全地配置模型和模型驱动的报表。添加了若干新角色，以控制对报表生成器和模型的访问。SQL Server Management Studio可以用这些角色对访问进行精确到字段级的控制。

16.3.2 创建报表服务项目

1. 创建报表服务项目

与SQL Server Analysis Services相似，可以通过SQL Server Business Intelligence Development Studio来创建报表服务项目，然后将项目部署到Web服务器上以便查看。创建报表服务项目的步骤如下。

（1）在"开始"菜单中选择Microsoft SQL Server 2005|SQL Server Business Intelligence Development Studio选项，启动SQL Server Business Intelligence Development Studio，并打开Visual Studio 2005开发环境。

（2）在Visual Studio 2005开发环境中选择菜单栏中的"文件"|"新建项目"命令。

（3）在打开的如图16-17所示的"新建项目"对话框中，在"项目类型"列表中选择"商业智能项目"选项，然后在"模板"区域选择"报表服务器项目"选项；在"名称"文本框中输入项目名称；在"位置"文本框中输入项目存放的位置；在"解决方案名称"文本框中输入解决方案名称。输入完毕后单击"确定"按钮。

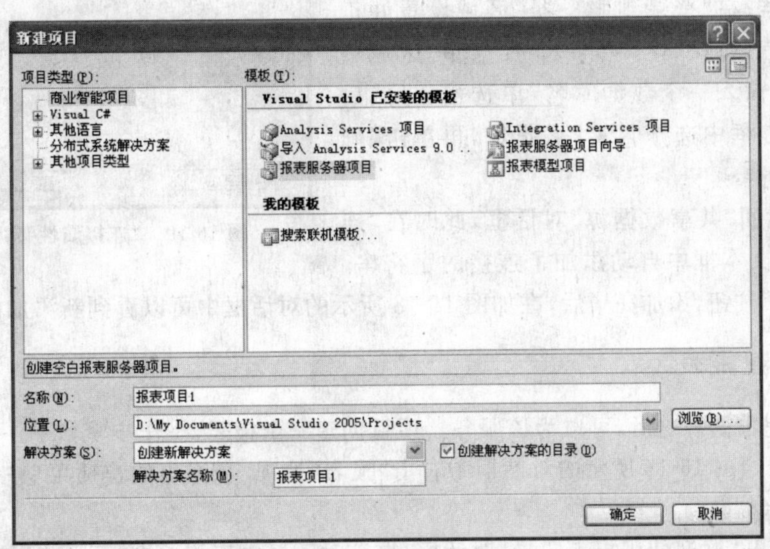

图16-17 "新建项目"对话框

创建完项目之后，在Visual Studio 2005开发环境中的"解决方案资源管理器"窗格中可以看到刚才创建的项目，如图16-18所示。

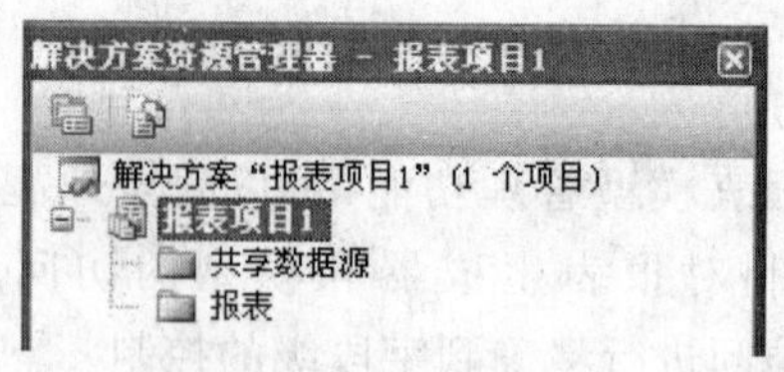

图 16-18　新创建的项目

2. 创建数据源

创建报表服务器项目之后，可以为该报表服务器项目创建数据源，用于连接报表所要调用数据的服务器。创建数据源的步骤如下。

(1) 在如图 16-18 所示的对话框中右击“共享数据源”选项，在弹出的快捷菜单中选择“添加数据源”命令。

(2) 在打开的“共享数据源”对话框中，在“名称”文本框中输入共享数据源的名称，在“类型”下拉列表框中可以选择不同的数据源服务器，在本例中选择 Microsoft SQL Server 选项，然后单击“编辑”按钮。

(3) 在打开的如图 16-19 所示的“连接属性”对话框中可以设置用来连接数据库的连接属性。在“服务器名”文本框中输入“local”，连接本地服务器；在“登录到服务器”区域设置好正确的登录信息；在“连接到一个数据库”区域选中“选择或输入一个数据库名”单选按钮，然后在下拉列表框中选择 XSCJ 数据库，再单击“确定”按钮。

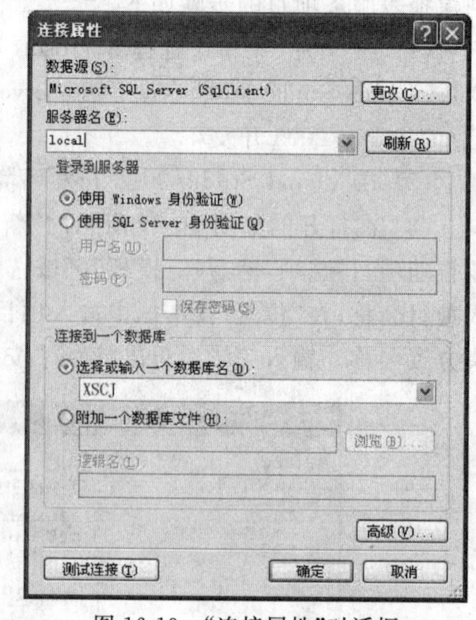

图 16-19　“连接属性”对话框

(4) 返回“共享数据源”对话框，此时在“连接字符串”文本框中自动添加了连接的字符串，单击“确定”按钮，添加完毕后，在如图 16-18 所示的对话框中可以看到新添加的数据源。

3. 创建报表

创建完数据源之后，可以为该服务器项目创建一个报表，操作步骤如下。

(1) 在如图 16-18 所示的对话框中右击“报表”选项，在弹出的快捷菜单中选择“添加新报表”命令。

(2) 打开“欢迎使用报表向导”对话框，在该对话框中直接单击“下一步”按钮。

(3) 打开“选择数据源”对话框，在该对话框中可以选择刚才创建的数据源，也可以在此新建一个数据源。在本例中，在“共享数据源”下拉列表框中选择 Data Source 1 选项，然后单击“下一步”按钮。

(4) 打开如图 16-20 所示的“设计查询”对话框，在该对话框中可以输入获取报表数据所要执行的查询语句。也可以单击“查询生成器”按钮，通过查询生成器来生成查询语句。输入完毕之后单击“下一步”按钮。

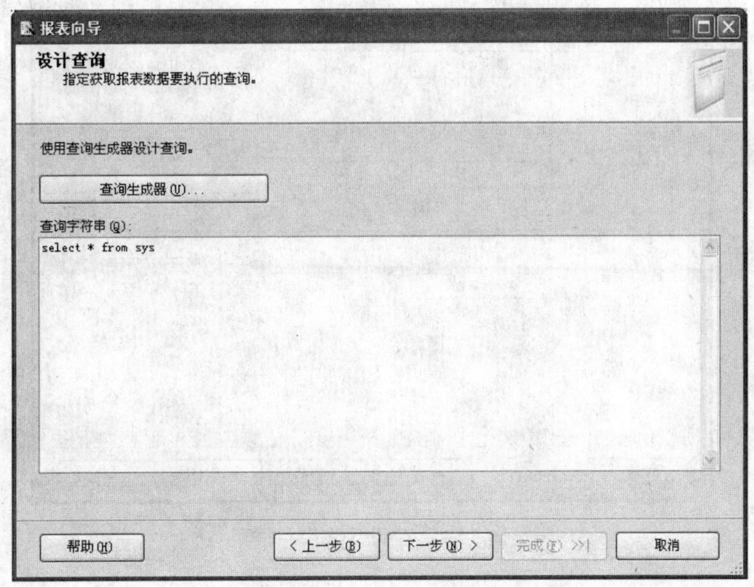

图 16-20 “设计查询”对话框

(5) 打开如图 16-21 所示的“选择报表类型”对话框，在该对话框中可以选择报表的表格格式，包括表格格式和矩阵格式，选择完毕后，单击“下一步”按钮。

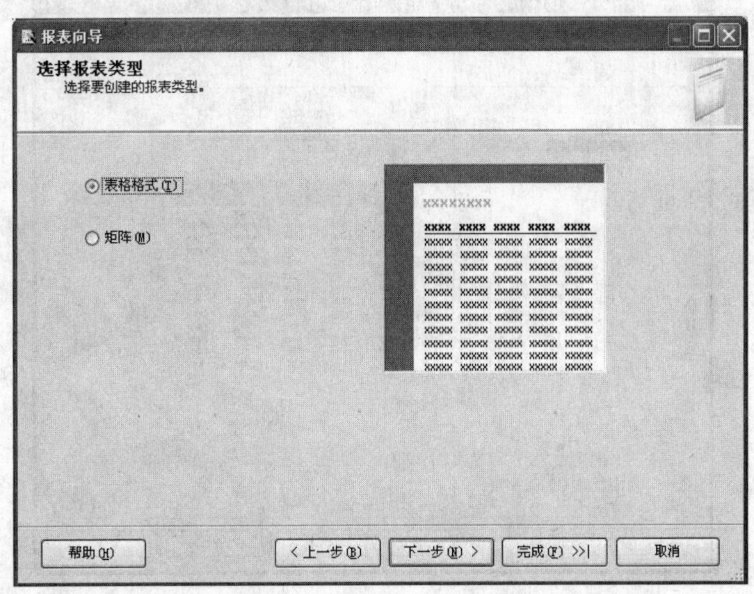

图 16-21 “选择报表类型”对话框

(6) 打开如图 16-22 所示的“设计表”对话框，分别设置显示的字段、分组信息等。设置完毕后单击“下一步”按钮。

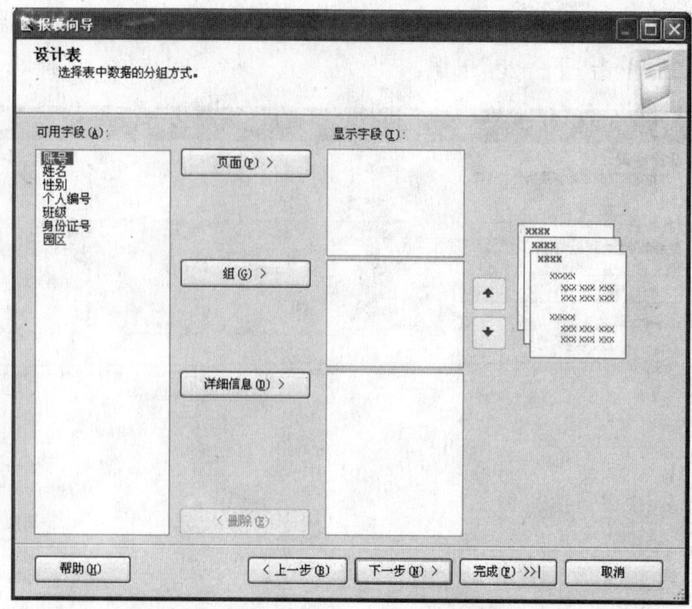

图 16-22 “设计表”对话框

(7) 打开如图 16-23 所示的“选择表样式”对话框，SQL Server Reporting Services 为报表设置了几种样式，在该对话框中可以选择这些样式。也可以在创建完报表后再修改这些样式。选择完毕后单击“下一步”按钮。

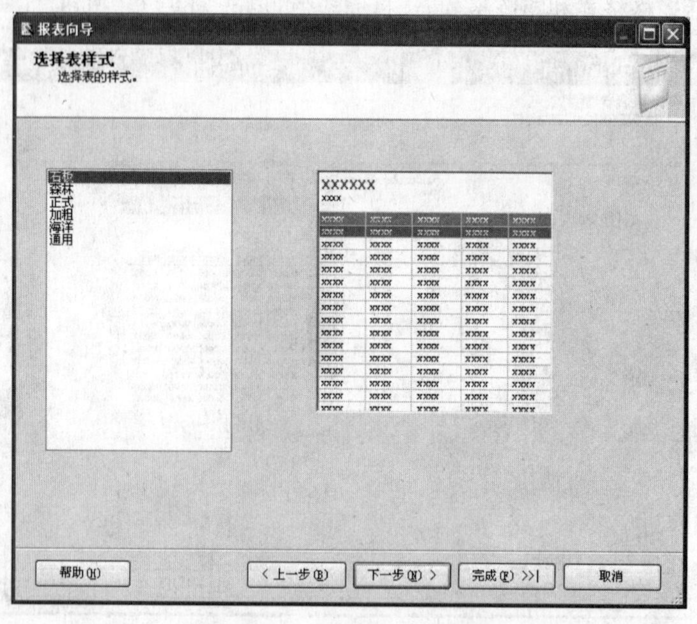

图 16-23 “选择表样式”对话框

(8) 打开如图 16-24 所示的“完成向导”对话框，在该对话框的“报表名称”文本框中输入报表名称，然后单击“完成”按钮完成报表的创建。

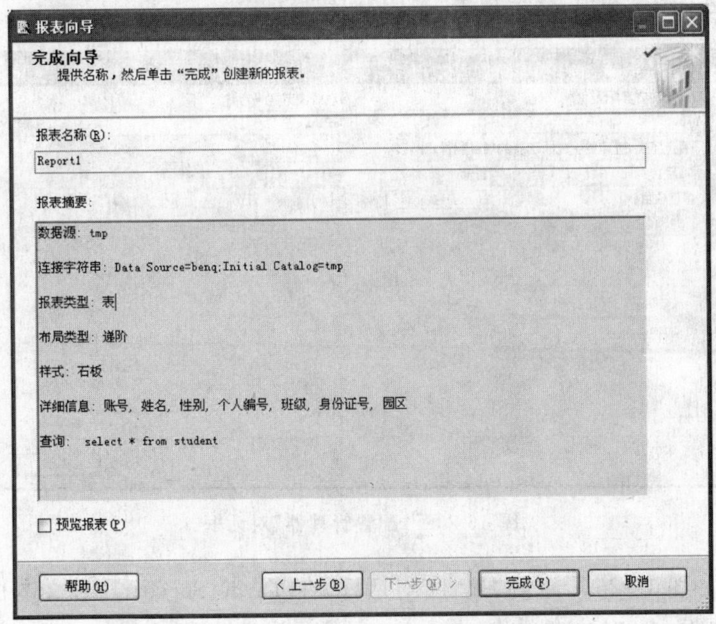

图 16-24 "完成向导"对话框

4. 发布报表

在报表创建完毕之后,可以将报表发布到 Web 服务器上,操作步骤如下。

(1) 在如图 16-18 所示的"解决方案资源管理器"窗格中右击"报表项目 1"项目,在弹出的快捷菜单中选择"属性"命令。

(2) 打开如图 16-25 所示的属性对话框,在该对话框中单击"配置管理器"按钮。

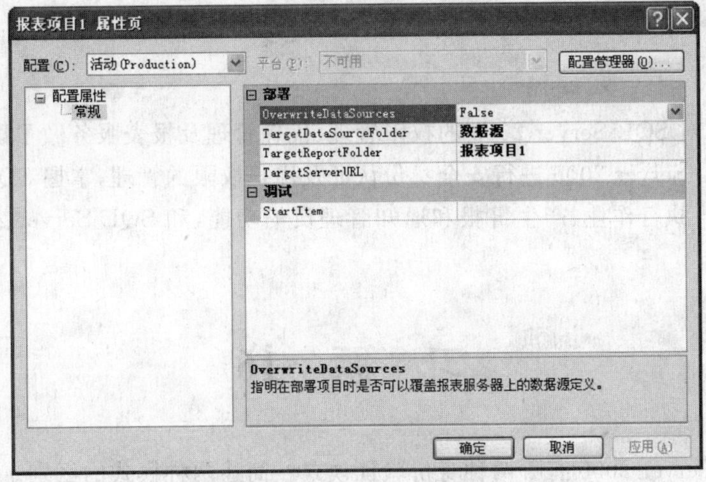

图 16-25 属性对话框

(3) 打开如图 16-26 所示的"配置管理器"对话框,在"活动解决方案配置"下拉列表框中选择 Production 选项，然后单击“关闭”按钮。

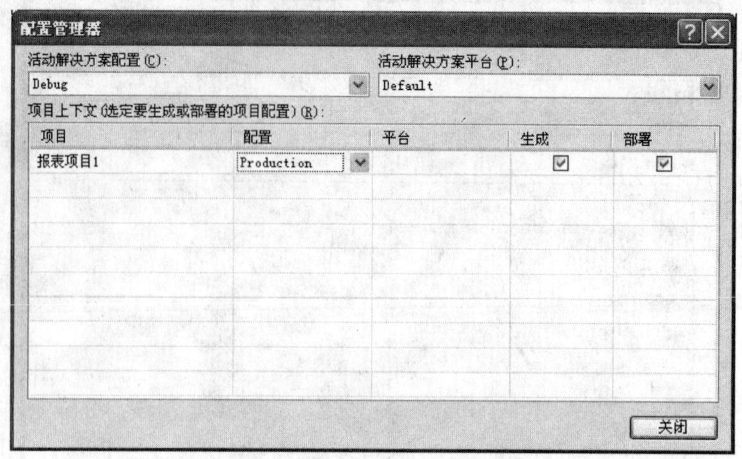

图 16-26 “配置管理器”对话框

(4) 返回如图 16-25 所示的“属性”对话框，在 TargetServerURL 文本框中输入报表服务器的虚拟目录，在本例中输入 http://localhost/reportserver，在“调试”区域的 StartItem 下拉列表框中选择刚才创建的 Report 1，然后单击“确定”按钮。

(5) 选择菜单栏上的“文件”|“全部保存”命令，保存刚才所做的修改。

(6) 选择菜单栏上的“调试”|“开始执行(不调试)”命令，此时弹出一个浏览器对话框，在该对话框中可以看到报表内容，也可以选择报表的上一页、下一页，在报表中查找字符串，以不同的形式导出报表，打印报表。调试成功后，可以通过 http://localhost/reportserver 来访问报表内容。

小　结

本章主要对 SQL Server 2005 的权限管理、代理管理及报表服务做了讲解，从而使用户掌握对 SQL Server 2005 进行安全身份认证及用户权限的管理，掌握 SQL Server 可以完成作业调度、执行作业、产生警报和通知管理员的功能，和 SQL Server 2005 中的报表服务功能。

习　题　16

1. SQL Server 2005 有哪两种身份验证模式？简述两种模式的区别。
2. 登录名和数据库用户的关系如何？
3. SQL Server 代理可以完成的工作有哪 4 种？
4. 如何利用导入向导进行数据的导入操作？

实验 1：权限设置

一、实验目的

1. 掌握利用 SQL Server Management Studio 为用户添加或修改权限的两种方法。
2. 掌握在“安全性”选项卡中设置用户权限的方法。
3. 掌握在数据库中设置用户权限的方法。

二、实验内容

1. 启动 SQL Server 2005 的对象资源管理器。
2. 在“安全性”选项卡中设置用户权限。
3. 在数据库中设置用户权限。

实验 2：导入导出

一、实验目的

1. 了解数据导入导出的概念。
2. 掌握导入导出数据的方法。
3. 理解导入导出数据时数据类型的转换方法。

二、实验内容

1. 实现数据库之间数据的导入(将第 10 章创建的数据库中的所有数据表导入新建的 test1 数据库中)。
2. 实现不同数据源与目标源之间数据的传输。

第17章 新型数据库

17.1 分布式数据库

17.1.1 分布式数据库概述

分布式数据库的出现是空间地理位置分散的用户对数据共享的需求增加和计算机网络技术空前发展的结果。它是在传统的集中式数据库系统的基础上发展而来的。它是在应用的驱动下，随着数据库技术和网络技术不断发展，不断互相渗透、互相促进而产生的。

分布式数据库作为数据库领域的一个分支，已经在数据库应用中占有重要的地位。分布式数据库的研究起始于 20 世纪 70 年代。美国的一家计算机公司在 DEC 计算机上实现了第一个分布式数据库系统。随后，分布式数据库系统逐渐进入商用领域。分布式数据库(Distributed Database)简记为 DDB，分布式数据库系统简记为 DDBS，分布式数据库管理系统简记为 DDBMS。

分布式数据库系统的基础是计算机网络技术和集中式数据库系统技术，但并不是简单地将集中式数据库联网就能构成分布式数据库。在分布式数据库系统的研究与开发中，人们要解决分布式环境下数据库的设计，数据的分配、查询处理，并发控制及系统的管理等多方面的问题。

一个分布式数据库系统强调数据的分布性，数据分布存储在网络的不同计算机(又称为节点或场地)上，各个场地既具有高度的自治性，同时又强调各场地系统之间的协作性。对使用数据库中数据的用户来说，一个分布式数据库系统在逻辑上就像一个集中式数据库系统一样，用户可以在任何一个场地执行全局应用和(或)局部应用。分布式数据库系统也具有自己的性质和特征。集中式数据库的数据独立性、数据共享和减少冗余度、并发控制、完整性、安全性及恢复等许多概念和技术在分布式数据库系统中都得到了发展，有了更加丰富的内容。随着技术的进步和人们对信息网络化、分布化、开放化的需求日益增长，分布式数据库系统的应用将更加广泛。

分布式数据库系统是分布式网络技术与数据库技术相结合的产物，是分布在计算机网络上的多个逻辑相关的数据库的集合，如图 17-1 所示。

图 17-1 中的每个“地域”可以称为“场地”。图中的 4 个场地通过网络连接，可能相距很远，也可能就在同一个地区甚至同一个校区中。

在同一个场地中，由计算机、数据库及不同的终端构成一个集中式数据库系统，各个

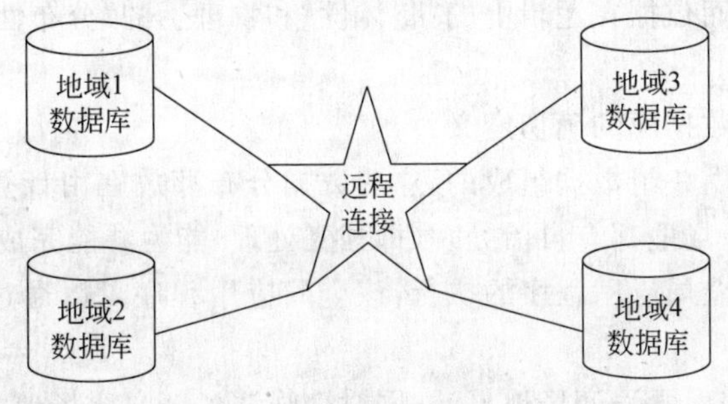

图 17-1 分布式数据库系统

不同场地的集中式数据库系统通过网络连接起来，组成一个分布式数据库系统。从图 17-1 中可以看出，在分布式数据库系统中，数据在物理上分布在不同的场地中，但通过网络连接，逻辑上又构成一个统一的整体，这也是分布式数据库系统与分散式数据库系统的区别。各个场地中的数据库可以称为局部数据库，与之对应的即为全局数据库。

假设图 17-1 中的 4 个地域分别代表 4 个不同城市的学校，每个数据库中分别保存了各个城市的学校的教学资源。在一般情况下，本学校的人员只关心本学校的教学资源，只需要访问本地数据库即可，这些应用称为局部应用。如果分布式数据库系统仅仅限于局部应用，那么与分散式数据库系统应用没有区别。如果某城市学校的人员想要访问其他学校的教学资源，则此人员需要访问其他场地的数据库，这种应用称为全局应用。

17.1.2 分布式数据库的定义、分类

1. 分布式数据库系统的定义

描述分布式数据库系统的一个很好的例子是：高校加入 CRENET 网络平台。利用这个平台，各个高校的网络用户不仅可以通过访问该校数据库来进行学习和获取资源，实现所谓的局部应用，还可以通过计算机网络使用异地异高校的教学资源，某一高校的用户从本地教学资源库访问另一个高校资源库，实现同时访问两个学校（场地）资源库上的数据库的所谓全局应用（或分布应用）。

如图 17-1 所示，在物理上分布式数据库的数据分散在各个场地，但是在逻辑上却是一个整体，如同一个大的集中式数据库一样。于是，在分布式系统中就有了全局数据库和局部数据库的概念。全局数据库是从系统的角度出发研究问题的，而局部数据库则是从各个场地的角度出发研究问题的。

在图 17-1 所示的例子中，分布式数据库系统表面上是一个用通信网络连接起来的节点（也称为“场地”）的集合，每个节点是拥有集中式数据库系统的计算机。不同场地之间可能相距很远，如在几千千米以上，也可以相距很近，如在一个办公楼。场地之间都通过通信网络联系，在每个场地则一般使用一个集中式数据库系统。

局部应用主要涉及具体场地的数据库，而全局应用可以认为是涉及两个或两个以上场地的数据库。数据库中的数据是否存储在同一场地是分布式数据库系统与集中式数据

库系统的最大区别。而数据在逻辑上的“整体性”和物理上的“分布性”是分布式数据库系统的两个重要特点。

下面给出分布式数据库的确切定义：

分布式数据库是由一组数据组成的，这些数据分布存放在由计算机网络相连的不同场地的计算机中，每一场地都有自治处理（即独立处理）能力并能完成局部应用；而每一场地也参与（至少一种）全局应用程序的执行，该全局应用程序可以通过通信系统存取若干场地的数据。

可见，分布式数据库既强调场地自治，同时也强调各个自治场地之间的协作性。不同场地可以拥有自己独立的数据库系统，有自己的用户、独立的操作系统、CPU 等，运行自己的 DBMS，有专门的数据库管理人员，拥有特殊的硬件资源，具有高度的场地自治能力。同时，各个不同的场地又在计算机网络和相关协议的支持下协同工作，在逻辑上就如同一个大的集中式数据库一样，用户可以在任何一个场地执行一个或涉及多个场地的全局应用。

与集中式数据库系统一样，分布式数据库系统也包含分布式数据库、分布式数据库管理系统和数据库管理员（DBA）3 个重要成分。

分布式数据库是各场地数据库的逻辑集合。它是一组结构化的数据集合，在逻辑上属于同一系统，而在物理上数据又存储在计算机网络的各个不同节点（场地）上。需要强调的是，这组数据的分布性和逻辑相互协调性。

分布式数据库管理系统是分布式数据库系统中的一套软件的集合，负责管理分布环境下逻辑集成数据的存取、一致性、有效性、完备性等；同时，在管理机制上还必须具有计算机网络通信协议上的分布管理特性。

2. 分布式数据库系统的透明性

分布式数据库系统的物理分布特性使其能够支持涉及多个场地的全局应用，便于全局应用的用户使用分布式数据库系统，将主要精力集中在应用的逻辑上，而不是数据的位置分布上。因此，分布式数据库应提供包括位置透明性和复制透明性在内的各种透明性。

1）位置透明性

位置透明性是指用户和应用程序不必知道所使用的数据在什么场地。用户所要使用的数据很可能在本地的数据库中，也可能在异地的数据库中。系统提供位置透明性时，用户就不必关心数据是在本地还是在异地，应用程序的逻辑变得简单，而且允许在数据的使用方式改变时，不必重新编写程序，这样就避免了应用程序的频繁变更，也降低了应用程序的复杂程度。

2）复制透明性

复制透明性是指在分布式系统中，为了提高系统的性能和可用性，将部分数据同时复制存放在不同的场地，这样，本地数据库中也可能包含异地数据库中的数据，应用程序执行时，应使用本地数据库，尽量不通过网络去读取异地数据库，而用户还以为在使用异地数据库中的数据。这样可以避免场地之间的通信开销，加快应用程序的运行速度，对查询操作比较有利。但是，各个场地大量复制其他场地的数据会使数据的更新操作涉及所有复制的数据，这将加大系统更新时间。

3. 分布式数据库系统的分类

对于分布式数据库系统，可以按照很多方式进行分类。如可以根据以下三个因素来划分：局部场地的 DBMS 及数据模型，局部场地的自治性，以及分布式透明性。通常根据局部场地的 DBMS 及数据模型来对分布式数据库系统进行分类。

根据构成各个场地局部数据库的 DBMS 及其依赖的数据模型，可以把分布式数据库系统分为下面 3 类。

(1) 同构同质型 DDBS：特征是各个场地都采用同一类型的数据模型(例如都是关系型)，而且都是同种型号的数据库管理系统。

(2) 同构异质型 DDBS：特征是各个场地都采用同一类型的数据模型，但数据库管理系统的类型(或型号)是不相同的。例如，DB2、Sybase、Oracle 等。

(3) 异构型 DDBS：各个场地采用不同类型的数据模型。

17.1.3 分布式数据库系统的优点和缺点

1. 分布式数据库系统的优点

分布式数据库系统是在集中式数据库的基础上发展来的，分布式数据库系统与集中式数据库系统相比较，分布式数据库系统具有下列优点。

(1) 更适合分布式的管理与控制。分布式数据库系统的结构更适合具有地理分布特性的组织或机构使用，可以让分布在不同区域、不同级别的各个部门对其自身的数据实行局部控制。例如，实现全局数据在本地录入、查询、维护，由于计算机资源位于用户附近，可以降低通信代价，提高响应速度，而涉及的异地数据库中的数据只是少量的，从而可以大大减少网络上的信息传输量，同时，局部数据的安全性也会更好。

(2) 具有灵活的体系结构。集中式数据库系统强调的是集中式控制，物理数据库是存放在一个场地上的，由一个 DBMS 集中管理。多个用户只可以通过本地或远程终端在多用户操作系统支持下运行该 DBMS 来操作集中式数据库中的数据。分布式数据库系统的场地局部 DBMS 的自治性，使得大部分的局部事务都能在本地进行管理和控制，只有在涉及操作其他场地的数据时才需要通过网络将其作为全局事务进行处理。分布式 DBMS 可以设计成具有不同程度的自治性，从具有充分的场地自治性到几乎是完全集中式的控制。

(3) 系统经济，可靠性高，可用性好。与一个大型计算机支持一个大型的集中式数据库再加一些本地和远程终端相比，由超级微型计算机或超级小型计算机支持分布式数据库系统往往具有更高的性价比和实施灵活性。分布式系统具有更高的可靠性和更好的可用性。例如由于数据分布在多个场地并有许多复制数据，在个别场地或个别通信链路发生故障时，不会导致整个系统崩溃，而且系统的局部故障不会引起全局失控。

(4) 在一定条件下响应速度快。如果用户只操作本地数据库，那么就可以由用户所在的计算机来执行，速度就相对比较快。

(5) 可扩展性好，易于集成现有系统，也易于扩充。

一个企业或组织，可以采用分布式数据库技术在已建立的若干数据库的基础上开发全局应用，对原有的局部数据库系统做局部改动，形成一个分布式系统，这比重建一个大型数据库系统要简单，既省时间，又省财力、物力。也可以通过增加场地数的办法，迅速扩充已有的分布式数据库系统。

2. 分布式数据库系统的缺点

分布式数据库系统有如下缺点。

(1) 通信开销较大，对网络通信传输要求高，故障率高。例如，在网络通信传输速率不高时，系统的响应速度慢，与通信相关的因素等都会导致系统故障，同时系统本身的复杂性也容易导致较高的故障率。故障发生后系统的恢复也比较复杂，可靠性需要很大的提高。

(2) 数据的存取结构复杂。在分布式数据库中存取数据，比在集中式数据库中存取数据更复杂，开销更大。

(3) 数据的安全性和保密性较难控制。在具有高度场地自治性的分布式数据库中，不同场地的局部数据库管理员可以采用不同的安全措施，很难保证全局数据都是安全的。安全性问题是分布式系统的固有问题。因为分布式系统是通过通信网络来实现分布操作的，而通信网络本身却在保护数据的安全性和保密性方面存在着弱点，数据很容易被篡改。

(4) 分布式数据库的设计、场地划分及数据在不同场地的分配比较复杂。数据的划分及分配对系统的性能、响应速度等具有极大的影响。不同场地的通信速度与局部数据库系统的存取部件的存取速度相比是非常慢的。分布式数据库系统要注意解决分布式数据库的设计、查询处理和优化、事务管理及并发控制和目录管理等问题。

17.1.4 分布式数据库系统的主要特点

1. 数据的物理分布性

分布式数据库系统中的数据不是集中存放在一个场地的计算机中，而是分布在多个不同场地的计算机中，各场地的子系统具有自治能力，可以完成局部应用。

2. 数据的逻辑统一性

在分布式数据库系统中，数据虽然在物理上是分布的，但这些数据并不是互不相关的，它们在逻辑上构成统一的整体。各场地虽然具有高度自治能力，但又相互协作构成一个整体。

3. 数据的分布独立性

在分布式数据库中，除了数据的物理独立性和数据的逻辑独立性外，还有数据的分布独立性。在普通用户看来,整个数据库仍然是一个集中的整体,不必关心数据的分片存储和数据的具体物理分布,完全由分布式数据库管理系统来完成。

4. 数据冗余及冗余透明性

分布式数据库中存在适当冗余适合分布处理的特点,对于使用者来说,这些冗余是透明的,可以提高整个系统处理的效率和可靠性。

17.1.5 分布式数据库管理系统

1. 分布式数据库管理系统的组成

分布式数据库管理系统(DDBMS)是建立、管理、维护分布式数据库的一组软件,一般由以下 4 部分组成。

(1) LDBMS(Local DBMS):局部场地上的数据库管理系统,功能是建立和管理局部数据库,提供场地自治能力,执行局部应用及全局查询的子查询。

(2) GDBMS(Global DBMS):全局数据库管理系统,功能是提供分布透明性,协调全局事务的执行,协调各局部 DBMS 以完成全局应用,保证数据库的全局一致性,执行并发控制,实现更新同步,提供全局恢复功能等。

(3) 全局数据字典(Global Data Directory,GDD):用来存放全局概念模式、分片模式、分布模式的定义以及各模式之间映像的定义,存放用户存取权限的定义,以保证全部用户的合法权限和数据库的安全性;另外,还存放数据完整性约束条件的定义,其功能与集中式数据库的数据字典类似。

(4) 通信管理(Communication Management,CM):负责在分布式数据库的各场地之间传送消息和数据,完成通信功能。

2. 分布式数据库管理系统的分类

DDBMS 功能的分割和重复以及不同的配置策略使其具有各种不同的体系结构,按全局控制方式可以分为以下 3 种。

1) 全局控制集中的 DDIBMS

这种结构的特点是全局控制成分 GDBMS 集中在某一节点上,由该节点完成全局事务的协调和局部数据库转换等一切控制功能。全局数据字典只有一个,也存放在该节点上,它是 GDBMS 执行控制的主要依据。

这种结构的优点是控制简单,容易实现更新一致性,但由于控制集中在某一特定的节点上,不仅容易形成瓶颈,而且系统较脆弱,一旦该节点出现故障,整个系统就将瘫痪。

2) 全局控制分散的 DDBMS

这种结构的特点是全局控制成分 GDBMS 分散在网络的每一个节点上,全局数据字典也在每个节点上存放一份。每个节点都能完成全局事务的协调和局部数据库转换的控制功能,每个节点既是全局事务的参与者,又是全局事务的协调者,称这类结构为完全分布的 DDBMS。

这种结构的优点是节点独立，自治性强，单个节点退出或进入系统均不会影响整个系统的运行，但是全局控制的协调机制和一致性的维护都比较复杂。

3）全局控制部分分散的 DDBMS

这种结构是根据应用的需要将 GDBMS 和全局数据字典分散在某些节点上，是介于前两种情况之间的体系结构。

另一种分类方法是按局部 DBMS 的类型分类。它区分不同 DDBMS 的一个重要特性是：局部 DBMS 是同构的还是异构的。同构和异构的级别可以有 3 级：硬件、操作系统和局部 DBMS。最主要的是局部 DBMS，因为硬件和操作系统的不同将由通信软件处理和管理，所以，定义同构型 DDBMS 为：每个节点的局部数据库具有相同的 DBMS，如都是 Oracle 关系数据库管理系统，即使操作系统和计算机硬件并不相同；定义异构型 DDBMS 为：各节点的局部数据库具有不同的 DBMS，如有的是 Oracle，有的是 Sybase，有的是 IMS 层次数据库管理系统。

异构型 DDBMS 的设计和实现比同构型 DDBMS 更加复杂。因为各节点的局部数据库可能采用不同的数据模型（层次、网状或关系），或者虽然模型相同但它们是不同厂商的 DBMS（如 DB2、Oracle、Sybase Informix），DDBMS 要解决不同的 DBMS 之间以及不同的数据模型之间的转换问题，要解决异构数据模型的同种化问题。

现在的分布式数据库系统产品大都提供了集成异构数据库的功能，如使用 Sybase Replication Server，任何数据存储系统只要按照基本的数据操作和事务处理规范，都可以充当局部数据库管理系统。

17.1.6 查询处理和优化

1. 查询优化的意义

一般来说，分布式数据库系统中的查询处理较集中式数据库系统复杂，查询优化较集中式数据库系统更重要。选择一个好的查询策略将会显著提高查询操作的效率。

在分布式数据库中进行查询操作，若数据不是保存在查询机所在的场地时，场地之间就必然产生通信过程，查询处理中的通信时间将可能相对较长；另外，查询处理时间还可能包括在某一场地上的处理时间，主要包括 I/O 时间和 CPU 处理时间。事实上，在分布式数据库中，通信时间往往成为最主要的开销，采用不同的存取策略时通信时间相差可能很大。因此，必须对存取策略进行优化，既要考虑数据传输速率和传输延迟的综合效应，也要考虑传输延迟、传输持续时间及网络状况的影响等。

2. 查询优化要解决的问题

绝大多数分布式数据库系统都是关系型的，由于关系查询的语义级别较高，为查询优化提供了可能。系统执行查询可以采用多种策略，而且彼此之间性能会有很大差别。分布式 DBMS 极其复杂，系统开销非常可观，为了提供能够接受的效率，查询优化是十分必要的。

可以把分布式数据库系统中的查询操作分为 3 类查询：局部查询、远程查询和全局查询。局部查询和远程查询都只涉及单个节点上的数据(本地的或远程的)，所以查询优化采用的技术就是集中式数据库的查询优化技术(代数优化和非代数优化)。全局查询涉及多个节点的数据，查询处理和优化要更复杂。

下面讨论全局查询处理和优化涉及的问题，优化的目标及连接查询的优化方法。

为了执行全局查询和确定一个好的查询处理策略，要做许多判断和计算工作，但总体上可分为 3 类。

1) 查询分解

对于全局查询，必须把它们分成若干子查询，每个子查询只涉及某一节点的数据，可以由局部 DBMS 处理。在分布式数据库中，一个关系可分为若干逻辑片段，这些片段又可以在系统的多个节点上存放。因此，对一个查询中所涉及的关系需要确定一个物理片段，选择不同的物理片段执行查询操作会直接影响查询执行的效率。所以，必须选择查询开销最节省的那些物理片段。

2) 选择操作执行的次序

这里主要是指确定连接和并操作的次序，其他的操作顺序是不难确定的，例如选择和投影操作总是应尽量提前执行，这个原则和集中式数据库中代数优化的策略相同。但是，涉及不同节点上关系的连接和并操作的次序是必须仔细考虑的。

3) 选择执行操作的方法

它包括将若干操作组合在对数据库的一次存取中执行，选择可用的存取路径(如索引)，以及选择某一种算法等问题。连接(Join)是查询中最费时的操作，连接的执行方法是研究的重点。因此，在分布式数据库中提出了半连接(Semi-Join)的方法。

这 3 个问题不是独立的。为了找到一个全局查询的最优分解，确定执行查询的物理片段，必须掌握查询中各操作执行的次序，而这又依赖于对每个操作的执行方法。这 3 个问题之间的联系不是单向的或线性的，而是互相制约的。

3. 查询优化的目标

无论是在集中式数据库中还是在分布式数据库中，一个查询处理策略的选择都是以执行查询的预期代价为依据的，不同的是构成查询代价的主要因素在这两类系统中不完全相同。

在集中式数据库中，查询执行开销主要是 I/O 代价和 CPU 代价，而在分布式数据库中，除上面两种开销外，还有网络上数据的传输代价即通信代价。

对于分布式数据库中的数据传输代价应根据不同情况进行考虑。在远程通信网或数据传输率较低的系统中，通信代价可能会比查询执行中的 I/O 及 CPU 开销大得多，所以要作为首要的优化目标来考虑。在局域网且传输率高的系统中，通信代价和本地处理的开销差不多，此时在优化中就应平等对待它们。

在查询优化过程中将通信代价作为一个首要问题单独列出来研究是基于以下原因的：首先，通信代价很好估计，通常是数据传输量的一个函数，这个特点是 I/O 开销所不具备的；其次，分布查询可分为两部分，即存取策略的分布优化和局部优化，二者可以分别予以解决。

事实上，局部优化可以采用集中式数据库中的技术，而分布优化是分布式系统要考虑的，一般来说比局部优化更重要。

对于连接查询可以用以下两种策略进行优化：一种是使用半连接来缩减关系（或片段），进而节省传输开销；另一种是不采用半连接，而是用直接连接的优化方案。

17.1.7 分布事务管理

一个事务的执行必须保持其原子性，即它所包含的所有更新操作要么全部都做，要么都不做。在分布式数据库系统中，一个全局事务会涉及多个场地上的数据更新，因此事务是分布执行的，可以把一个事务看成由不同场地上的若干子事务组成。分布事务的原子性是指：组成该事务的所有子事务要么一致地全部提交，要么一致地全部回滚。

在多用户系统中，还必须保证分布事务的可串行性。因此，分布事务管理主要包括两个方面：分布事务的恢复和并发控制。下面简要地讨论这两个问题。

1. 分布事务的恢复

如同集中式数据库一样，在运行过程中分布式数据库同样会出现故障和错误，会造成数据库不同程度的损害，导致事务不能正常运行或导致数据库中数据的不一致，使部分或整个数据库遭到破坏。在分布式数据库系统中，各个场地除了可能发生如同集中式数据库的那些故障外，还会出现通信网络中通信障碍、时延、线路中断等事故，情况比集中式数据库更复杂，相应的恢复过程也就更复杂些。

为了执行分布事务，通常在每个场地都设立一个局部事务管理器，用来管理局部子事务的执行，保证子事务的完整性。同时，这些局部管理器之间还必须相互协调，保证所有场地对它们所处理的子事务采取同样的策略：要么都提交，要么都回滚。为了保证这一策略的执行，通常采用两段提交协议（简称 2PC）。

两段提交协议把一个分布事务的事务管理分为两类：协调者、参与者。协调者负责作出该事务是提交还是撤销的最后决定。所有参与者负责管理相应子事务的执行及在各自局部数据库上执行写操作。

两段提交协议的内容如下。

(1) 第一阶段：协调者向所有参与者发出“准备提交”信息。如果某个参与者准备提交，就回答“就绪”信息，否则回答“撤销”信息。参与者在回答前，应把有关信息写入自己的日志中。协调者在发出准备提交信息前也要把有关信息写入自己的日志中。

如果在规定时间内协调者收到了所有参与者“就绪”的信息，则将作出提交的决定，否则将作出撤销的决定。

(2) 第二阶段：协调者将有关决定的信息先写入日志，然后把这个决定发送给所有的参与者。所有参与者收到命令之后，首先向日志中写入“收到提交（或撤销）”决定的信息，并向协调者发送“应答”消息，最后执行有关决定。协调者收到所有参与者的应答消息后，一个事务的执行就结束了，有关日志信息可以脱机保存。

采用两段提交协议后，当系统发生故障时，各场地利用各自有关的日志信息便可执行恢复操作，恢复操作的执行类似于集中式数据库。

由以上内容可知，在两段提交协议中，各节点采取完全同步的方法来保证数据库的一致性，称为紧密一致性。

紧密一致性能绝对保证任何时刻整个分布式数据库系统中数据的一致性和全局事务的原子性。但从实际应用的角度来说，它的缺陷也是非常明显的，主要有以下几点。

(1) 全局事务可靠性低。任何一个参与节点的失败或网络的中断都将导致整个事务回滚。

(2) 系统效率低下。由于采用完全同步的方法来保证数据库的一致性，系统的性能将取决于系统中最慢的节点。

为了弥补紧密一致性的缺陷，人们相应地提出了松散一致性的概念：数据各副本的修改是异步的，也就是说各副本将不保证任何时刻数据库的绝对一致性；各副本同步的延迟时间可长可短，视系统的具体情况而定。与紧密一致性相比，松散一致性比较灵活，系统的可用性大为提高，适用于对数据一致性要求不是很高的应用，但对于银行转账这样的关键性应用，显然是不适合的。

2. 并发控制

在集中式数据库系统中并发控制一般采用封锁技术。

锁可分为不同类型，常用的是共享锁(SLock)、排他锁(XLock)。封锁的对象可以是表一级的或记录一级的。

为了保证并发事务的可串行性，必须：

(1) 遵守锁的相容性规则。

(2) 遵守两段锁协议。

在分布式数据库系统中，并发控制也可采用封锁技术，不过与集中式数据库系统相比，分布式数据库系统有支持多副本的特点及由于事务的分布执行，封锁的方法可能会引起全局死锁，使并发控制更为复杂。

如为了解决多副本问题，分布事务管理就要把“事务 T_1 对 d 的 X 封锁”这件事让 d 副本所在场地上的事务管理器都知道，一个简单的方法是向这些场地的事务管理器发出局部封锁请求，这个办法是有效的，但封锁的冗余度很大，局部封锁的数目和副本数相同。

为了减少系统开销，处理多副本的封锁可采取如下几种方法。

(1) 对写操作，要申请对所有副本的 X 锁。对于读操作，只要申请对某个副本的 S 锁。

(2) 无论是写操作还是读操作，都要对多数(大于半数)副本申请 X 锁或 S 锁。

(3) 规定某个场地上的副本为主副本，所有的读写操作均申请对主副本的封锁。

这 3 个方法均可有效地发现冲突，协调并发事务的执行。

基于封锁的并发控制方法在分布环境下还必须解决全局死锁的问题。所谓全局死锁即在两个以上场地间发生的死锁。

和集中式数据库系统相似，通常采用分布等待图的方法来检测死锁。不同的是，在分布情况下死锁检测涉及多个场地、多个局部数据库，需要较多的通信和验证，开销较大。

除了用死锁检测及解除方式来解决死锁问题外，还可以采用死锁预防方法，即不让死锁发生。一种典型的解决方法是对事务按某一标准进行排序，只允许它们沿着这一次序单向等待，这样就不会发生死锁了。

在分布式数据库中还研究了基于时标(或称为时间戳)的方法和乐观方法等并发控制技术，但实际系统则大都是基于封锁的方法。

17.1.8 分布式数据库的安全

分布式数据库系统具备物理上分散而逻辑上集中的特性。计算机网络用于将地理位置分散而需要集中管理和控制的多个逻辑单位(如集中式数据库)连接起来。网络安全因素同时也成为分布式数据库的安全因素，因此，也使分布式数据库安全问题具备复杂、多变的特点。如何保证开放网络环境中分布式数据库系统的安全，成为设计、使用分布式数据库时应该考虑的一个重要问题。

分布式数据库面临的安全问题主要有：单站点故障，网络故障，各类管理制度不完善，人为攻击(黑客攻击)，内部人员泄露密码数据，程序内嵌的不安全因素等引起的安全问题。常见的攻击方式主要有：窃听、重发、假冒、越权攻击、破译密文以及在编制源程序时嵌入恶意代码等。针对这类安全隐患，网络安全是分布式数据库安全的基础。下面分别介绍保证分布式数据库安全的关键技术。

1. 身份验证

实践证明，身份验证是保证网络、分布式数据库安全的重要手段。身份验证是基于身份验证协议的。身份验证协议规定了一套具体的验证手段，但这类协议的应用场合存在一定的局限性。开放式网络应用系统一般采用基于公钥密码体制的双向身份验证技术。

2. 保密通信

进行数据传输前，客户与服务器、服务器与服务器之间应进行身份验证。为了对抗报文窃听和报文重发攻击，需要在通信双方之间建立保密信道，对数据进行加密传输(例如使用加密卡等硬件)。在分布式数据库系统中，传输的数据量往往很大，加解密过程消耗的时间较长，对系统性能影响很大。如何实现高速度的保密通信，是值得不断研究的问题。

保密通信可以由分布式数据库系统实现，也可以采用底层网络协议提供的安全体制。

3. 访问控制

加强访问控制，防止越权攻击，将用户的数据访问请求先送到一个访问控制模块，由该模块审查，再由访问控制模块代理有访问权限的用户去完成相应的数据操作。

用户的访问控制有两种形式：自主访问授权控制和强制访问授权控制。其中自主访问授权控制由管理员设置访问控制表，规定用户能够进行的操作和不能进行的操作。而强制访问授权控制是先给系统内的用户和数据对象分别授予安全级别，根据用户、数据对象之间的安全级别关系，限定用户的操作权限。

为了减轻系统访问控制的负担。一般将系统中许多具有相似访问权限的用户确定为某个角色，一个角色可以授予多个用户，同时一个用户可以拥有多个角色，这样可以在一定程度上降低系统访问控制管理的开销。

4. 库文加密

为防止黑客利用网络协议、操作系统安全漏洞绕过数据库的安全机制而直接访问数据库文件，有必要对库文进行加密。常见的库文加密方法主要有 ANSI(美国国家标准协会)颁布的数据加密标准 DES(可硬件实现)和公钥加密系统等。根据需要，库文的加密系统应该同时提供几种不同强度、速度的加解密算法，用户可以根据数据对象的重要程度和访问速度要求来设置适当的算法。系统还应该能调整被加密数据对象的粒度，在保证重要数据对象安全性的同时提高访问速度。

5. 密码体制与密码管理

在分布式数据库系统中，身份验证、保密通信、库文加密等都利用了加、解密算法，根据它们的使用位置不同，应在操作步骤上选择合适的加、解密算法。

密码体制的保密强度依赖于密钥的保密性，对分布式数据库中所涉及的大量公钥、密钥需制订严格的管理方案，保证公钥、密钥不被泄露。

6. 防范恶意代码造成的安全问题

由于程序恶意代码而产生的安全问题已经屡见不鲜。根据恶意代码的来源而防范此类安全问题，主要应注意以下几方面：加强程序设计人员的法制教育、道德教育，避免源程序编制期间出现恶意代码；使用单位也要加强软件测试、代码检查等工作；使用具备国家安全机构认可的网络产品(如路由器、交换机、防火墙等)；加强内部工作人员的技术教育、道德教育，防止内部人员嵌入恶意代码。

17.2 面向对象数据库

面向对象数据库系统是数据库技术与面向对象程序设计相结合的产物。面向对象的数据库系统一般具备以下几点性质：支持复合对象，支持对象标识，支持封装性，支持类或类型，具备继承机制，支持覆盖、重载和动态链接，计算完备性，可扩充性，支持永久性，二级存储管理，并行性，支持数据库恢复和专用查询功能等。

17.2.1 面向对象数据库的发展

数据库技术在商业领域的巨大成功，促进数据库的应用领域迅速扩展。20 世纪 80 年代以来，出现了大量的新一代数据库应用。设计目标源于商业事务处理的层次、网状和关系数据库系统，面对层出不穷的新一代数据库应用显得力不从心。人们一直在研究支持新一代数据库应用的技术和方法，试图研制和开发新一代数据库管理系统。

面向对象程序设计方法在计算机的各个领域都产生了深远的影响，也给数据库技术带来了机会和希望。人们把面向对象程序设计方法和数据库技术相结合，能有效地支持新一代数据库应用。于是，面向对象数据库系统研究领域应运而生，吸引了相当多的数据库工作者，获得了大量的研究成果，开发了很多面向对象的数据库管理系统。

面向对象的英文缩写为 OO。有关 OO 数据模型和面向对象数据库系统的研究在数据库研究领域是沿着 3 条路线展开的。

第一条是以关系数据库和 SQL 为基础的扩展关系模型。例如美国加州伯克利分校的 POSTGRES 就是以 INGRES 关系数据库系统为基础，扩展抽象数据类型(Abstract Data Type，ADT)，使之具有面向对象的特性。目前，Informix、DB2、Oracle、Sybase 等关系数据库厂商都在不同程度上扩展了关系模型，推出了对象数据库产品。

第二条是以面向对象的程序设计语言为基础，研究持久的程序设计语言，支持 OO 模型。例如美国 Ontologic 公司的 Ontos 是以面向对象程序设计语言 C++ 为基础的；Servialogic 公司的 GemStone 则是以 Smalltalk 为基础的。

第三条是建立新的面向对象数据库系统，支持 OO 数据模型。例如法国 O2 Technology 公司的 O2、美国 Itasca System 公司的 Itasca 等。

17.2.2 面向对象设计方法

面向对象是一种先进的设计方法学，也是一种认知方法学，相应的程序设计语言主要有 C++ 、Java 等。

面向对象数据库系统源于面向对象的程序设计语言。第一个面向对象程序设计语言是 SIMULA67。20 世纪 80 年代以来，Smalltalk 和 C++ 成为人们普遍接受的面向对象程序设计语言。

面向对象设计方法是一种支持模块化设计和软件重用的实际可行的编程方法。它把程序设计的主要活动集中在建立对象和对象之间的联系上，从而完成所需要的计算。一个面向对象的程序就是相互联系的对象集合。

现实世界可以抽象为对象和对象联系的集合，所以面向对象的程序设计方法学是一种更接近现实世界的、更自然的程序设计学。在传统的程序设计方法中可以认为：程序＝数据结构＋算法；在面向对象程序设计方法中可以认为：程序＝对象＋对象＋……。

面向对象设计方法的基本思想是封装和可扩展的思想。

面向对象设计就是把数据结构和数据结构上的操作算法封装在一个对象之中。对象是以对象名封装的数据结构和可施加在这些数据上的私有操作组成的。对象的数据结构描述了对象的状态，对象的操作是对象的行为。例如，定义一个日期时间类，其状态由“年，月，日，时，分，秒”等属性值组成，其行为由“设置时间”、“显示时间”等操作组成。

在面向对象程序设计中，操作名列在封装对象的界面上，当其他对象要启动它的某个操作时，以操作名发送一条消息，该对象接收消息后，执行具体的行为动作序列，完成对成员数据的加工。例如，在学生管理应用系统中，以“显示学生”发送一条消息，就可以把相应的代码激活，完成对学生数据的显示。

当一个面向对象的程序运行完毕时，各对象也就达到了各自的终态，输入、输出也由对象自己完成，这种全封装的计算实体给软件带来了模块性、安全性的优点。因为它基本上没有数据耦合，对象没有因操作而产生边界效应，出了错可以很快找到原因，易于维护和修改。

面向对象程序设计的可扩展性体现在继承性和行为扩展两个方面。

对象具有一种层次关系。每个对象可以有子对象。子对象可以继承父对象的数据结构和操作，继承的部分就是重用的成分。另一方面，子对象还可以增加新的数据结构和新的操作。子对象新增加的部分就是子对象对父对象扩展的部分。

面向对象程序设计的行为扩展是指，可以方便地增加程序代码来扩展对象的行为而不会影响对象上的其他操作。

面向对象程序设计方法除了具有封装和继承特性外，还具有如多态、动态联编等特性。

面向对象程序设计方法所支持的封装、继承等特性提供了同时表示、同时管理程序和数据的统一框架。数据库研究人员通过借鉴和吸收面向对象的方法和技术，提出了面向对象数据模型，把面向对象方法和数据库技术结合起来建立了面向对象数据库系统。

17.2.3 面向对象数据库

面向对象数据库系统支持面向对象数据模型，简称 OO 模型。也就是说，一个面向对象数据库系统是一个持久的、可共享的对象库的存储和管理者；而一个对象库是由一个 OO 模型所定义的对象的集合体。

面向对象数据库系统目前尚缺少关于 OO 模型的统一的规范说明，OO 模型缺少一个统一的严格的定义，但是有关 OO 模型的许多核心概念已取得了共识。

1. OO 模型

一个 OO 模型是用面向对象观点来描述现实世界实体的逻辑组织、对象间限制、联系等的模型。一系列面向对象核心概念构成了 OO 模型的基础。

OO 模型的核心概念主要有以下几个。

(1) 对象与对象标识：现实世界的任一实体都被统一地模型化为一个对象，每个对象有一个唯一的标识，称为对象标识(Object Identity，OID)。OID 与关系数据库中码的概念，以及部分系统中支持的记录标识、元组标识有本质的区别。OID 是独立于值的、系统全局唯一的。对象通常与实际领域的实体对应。在现实世界中,实体中的属性值随着时间的推移可能会发生改变,但是每个实体的标识始终保持不变。如一个对象的部分属性、方法可能会发生变化,但对象标识不会改变。OID 是区分两个不同的对象的标准。常用的 OID 有以下几种。

① 值标识:用值来标识。如在关系数据库中使用元组的码值区分元组。

② 名标识:用一个名字来标识。如在一个作用域内程序变量使用的一般就是名标识。

③ 内标识:是建立在数据模型或程序设计语言中的不要求用户给出的标识。例如,面向对象数据库系统使用的就是内标识。

(2) 封装:每一个对象是其状态与行为的封装,其中状态是该对象一系列属性值的集合,行为是在对象状态上操作的集合,操作也被称为方法。封装是 OO 模型的一个关键概念,封装是对象的外部界面与内部实现之间实行隔离的抽象,外部与对象的通信是通过封装将对象的实现与对象应用隔离开的,允许对操作的实现算法和数据结构进行修改而不影响应用接口;不必修改使用它们的应用,这有利于提高数据独立性。封装还隐藏了数据结构与程序代码等细节,增强了应用程序的可读性。

查询或使用对象属性值必须通过调用方法实现,如在 Visual Basic 中,要将一个文本框中的文本内容存储到一个字符串变量中,可以使用下面的语句:

```
MyStr=txtTextBox1.Text
```

其中,.称为访问符,通过它可以访问文本框对象 txtTextBox1 的 Text 属性。

(3) 类:共享同样属性和方法集的所有对象构成了一个对象类(Class),一个对象是某一类的一个实例。类的概念在面向对象数据库中是一个基本概念,属性、方法相似的对象的集合称为类,而每一个对象称为它所属类的一个实例。

类的概念类似于关系模式,类的属性类似于关系模式中的属性;对象类似于元组的概念,类的一个实例对象类似于关系中的一个元组。类本身也可看做一个对象,称为类对象。

(4) 类层次:在一个面向对象数据库模式中,可以定义一个类(C1)的子类(C2),类 C1 称为类 C2 的超类,子类还可以再定义子类(如 C3)。这样,面向对象数据库模式的一组类构成一个有限的层次结构,称为类层次。在每个类的最顶部的类通常称为基类。

如图 17-2 所示,(a)图展示了交通工具的类层次,汽车是一个类,交通工具是它的父类,而家用轿车、货运车和客运轿车则是它的 3 个不同的子类。(b)图展示了食品的类层次关系,食品是一个基类,蔬菜类、主食类、肉类是食品类的 3 个不同的子类,而大米、面粉和其他主食类是主食类的 3 个不同的子类(其他主食类从概念上来讲,是指除了大米和面粉之外的可以食用的主食类)。

对一个类来说,它可以有多个超类,也可以继承类层次中其直接或间接超类的属性和方法。

(5) 消息:对象是封装的,对象与外部的通信一般通过显式的消息传递实现的,即消息从外部传送给对象,存取和调用对象中的属性和方法;在内部执行所要求的操作,操作

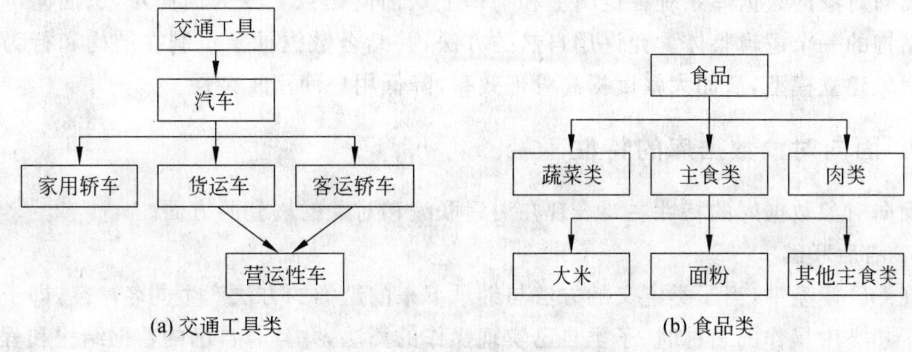

图 17-2　基于继承的类层次

的结果仍以消息的形式返回。

（6）继承：在OO模型中常用两种继承，即单继承与多重继承。若一个子类只能继承一个超类的特性，这种继承称为单继承；若一个子类能继承多个超类的特性，这种继承称为多重继承。例如"客运车"既是客运车又是轿车，它继承了客运车和轿车两个超类的所有属性、方法和消息，因此它属于多重继承。

继承性是建模的有力工具，它同时提供了对现实世界简明而精确的描述和信息重用机制。子类可以继承超类的特性，可以避免许多重复定义，还可以定义自己特殊的属性、方法和消息。当在定义自己的特殊属性、方法和消息时与继承下来的超类的属性、方法和消息发生冲突时，通常由系统解决，在不同的系统中使用不同的冲突解决方法，因此便产生了不同的继承性语义。例如对于子类与超类之间的同名冲突，一般以子类定义的为准，即用子类的定义取代或替代由超类继承而来的定义；对于子类的多个直接超类之间的同名冲突，有的系统是在子类中规定超类的优先次序，首先继承优先级最高的超类的定义，有的系统则指定继承其中某一个超类的定义。

2. 持久性

不同对象的标识的持久性程度是不同的。若标识能在程序或查询的执行期间保持不变，则称该标识具有程序内持久性。若标识能在两个程序执行期间保持不变，则称该标识具有程序间持久性。若标识不仅在程序执行过程中而且在对数据的重组重构过程中一直保持不变，则称该标识具有永久持久性。例如，在面向对象数据库系统中对象标识具有永久持久性，而在SQL语言中关系名不具有永久持久性，因为数据的重构可能修改关系名。

对象标识具有永久持久性的含义是：一个对象一经产生，系统就给它赋予一个在全系统中唯一的对象标识符，直到它被删除。对象标识是由系统统一分配的，用户不能对对象标识符进行修改。对象标识是稳定的，它不会随对象中某个值的改变而改变。

3. 面向对象数据库

面向对象数据库模式是类的集合。面向对象的数据模型提供了一种类层次结构。在面向对象数据库模式中，一组类可形成一个类层次。一个面向对象数据库可能有多个类层次。在一个类层次中，一个类继承其所有超类的全部属性、方法和消息。

面向对象的数据库系统在逻辑上和物理上从面向记录上升为面向对象、面向可具有复杂结构的一个逻辑整体。允许用自然的方法，并结合数据抽象机制在结构和行为上对复杂对象建立模型，从而大幅度提高管理效率，降低用户使用复杂性。

4. 面向对象数据库的特性

面向对象数据库的特性主要表现在滞后联编和对象的嵌套两方面。

1）滞后联编

在 OO 模型中，当子类定义的方法与继承下来的超类的方法产生同名冲突，即子类只继承了超类中操作的名称时，子类自己实现操作的算法，并且有自己的数据结构和程序代码。这样，同一个操作名就会与不同的实现方法、不同的参数相关联。

一般地，在 OO 模型中对于同一个操作，可以按照类的不同重新定义操作的实现，这称为操作的重载(同名函数，不同参数)。

例如，定义 Tdate 类，同时为了满足不同的设置需要，可设定 3 个 set 函数()：

```
Class Tdate
{
Public:
int month,day,year;                          //3个属性
void set(int m,int d,int y);                 //同时设置 3个属性：月、日、年
void set(int m);                             //设置月
void set(int d,int y);                       //设置日、年
};
```

程序中用到如下定义：

```
Tdate myDate:
```

可以有以下不同的 set 方法(函数)的应用：

```
MyDate.set(12,3,2002);
MyDate.set(12);
MyDate.set(12,2002);
```

为了正确执行 myDate 的一个 set 方法，OODBMS 不能在编译时就把操作 set 联编到程序上，而必须根据运行时的实际需求，选择相应对象类型的相应程序进行联编，这个推迟的转换称为滞后联编。

2）对象的嵌套

在一个面向对象数据库模式中，对象的某一属性可以是一个对象，这样对象之间就产生一个嵌套层次结构。例如，设 Obj1 和 Obj2 是两个对象，如果 Obj2 是 Obj1 的某个属性的值，称 Obj2 属于 Obj1，或 Obj1 包含 Obj2。一般地，如果对象 Obj1 包含 Obj2，则称 Obj1 为复杂对象或复合对象。

对象嵌套的概念是面向对象数据库系统的一个重要概念，它允许不同的用户采用不同的粒度来观察对象。对象嵌套层次结构和类层次结构形成了对象横向和纵向的复杂结构。

17.2.4 面向对象数据库语言

在OODB中，与对象模型密切相关的是面向对象数据库语言。OODB语言用于描述面向对象数据库模式，说明并操纵类定义与对象实例。OODB语言主要包括对象定义语言(ODL)和对象操纵语言(OML)，对象操纵语言的一个重要子集是对象查询语言。

OODB语言一般应具备下列功能。

(1) 类的定义与操纵。面向对象数据库语言可以操纵类，包括定义、生成、存取、修改与撤销类。其中类的定义包括定义类的属性、操作特征、继承性与约束等。

(2) 操作/方法的定义。面向对象数据库语言可用于对象操作/方法的定义与实现。在操作实现中，语言的命令可用于操作对象的局部数据结构。对象模型中的封装性允许操作/方法由不同程序设计语言来实现，并且隐藏不同程序设计语言实现的事实。

(3) 对象的操纵。面向对象数据库语言可用于操纵实例对象。

OODB数据模型的概念来自OOP(Object-Oriented Programming，面向对象的程序设计)，但OODB语言又不同于OOPL(Object Oriented Programming Language，面向对象的程序设计语言)，它是用于数据库操作的语言，主要提供对数据库的操作功能；而OOPL的查询功能很弱，这是因为OOPL的查询采用的是导航方式。

OOPL要求所有对象之间的相互通信都通过发送消息来实现，这种要求严重地限制了数据库应用。面向对象数据库语言的研制是OODB系统开发中的重要部分。

目前，还没有像SQL那样的关于面向数据库语言的标准，因此不同的OODBMS其具体的数据库语言各不相同。

17.2.5 面向对象数据库的模式演进

面向对象数据库的模式是类的集合。为适应需求的变化而随时间对模式进行改进称为模式演进。模式演进包括创建新的类、删除旧的类、修改类的属性和操作等。在关系数据库系统中，模式的修改操作主要有创建或删除一个关系、在关系模式中增加或删除一个属性、在关系模式中修改完整性约束条件等操作。

面向对象数据库模式的修改要比关系模式的修改复杂，其主要原因有以下两点。

(1) 模式改变频繁。OODB应用通常需要频繁地改变OODB数据库模式。

(2) 模式修改复杂。OO模型具有很强的建模能力和丰富的语义，包括类本身的语义、类属性之间和类之间丰富的语义联系，可能使模式修改操作复杂多样。在OODB中模式演进往往是动态的。

1. 模式一致性

模式一致性是指模式自身内部不能出现矛盾和错误，它由模式一致性约束来刻画。模式的演进必须保持模式的一致性。

模式一致性约束可分为唯一性约束、存在性约束和子类型约束等，满足所有这些一致性约束的模式则称为是一致的。

(1) 唯一性约束：这类约束条件要求名字的唯一性。例如，在同一模式中所有类的名字必须唯一，类中的属性名和方法名必须唯一，包括从超类中继承的属性和方法，但模式的不同种类的成分可以同名，如属性和方法可以同名。

(2) 存在性约束：是指显式引用的某些成分必须存在。例如，不能引用一个没有在模式中定义的类。

(3) 子类型约束。例如不允许有从多继承带来的任何冲突等。

2. 模式演进的操作与实现

模式演进操作主要有以下几种。

(1) 类集的改变，包括创建新的类、删除已有类、改变已有类等。

(2) 已有类的成分的改变，包括增加新的属性或新的操作/方法，删除已有的属性或操作，改变已有属性的名字或类型，改变已有操作的名称或操作的实现。

(3) 子类/超类联系的改变，包括增加新的超类、删除已有超类。

模式演进主要的困难是模式演进操作可能影响模式一致性，类的修改操作可能影响到其他类的定义。因此，在OODB模式演进的实现中必须具有模式一致性验证功能(类似于编译器的语义分析)。

任何一个面向对象数据库模式修改操作不仅要改变有关类的定义，而且要修改相关类的所有对象，使之与修改后的类定义一致。一般采用转换的机制来实现模式演进。

所谓转换方法，是指在OO数据库中，已有的对象将根据新的模式结构进行转换，以适应新的模式。根据转换发生的时间可采取不同的转换方式。

① 立即转换方式。一旦模式变化立即执行所有变换，缺点是系统为了执行转换需要消耗一些时间。

② 延迟转换方式。模式变化后不立即执行，延迟到低层数据库载入时，或者延迟到该对象被存取时才执行变换。缺点是应用程序存取一个对象时，要把它的结构与其所属类的定义进行比较，完成必需的修改，处理效率较低。

③ 多模式版本方式。当修改面向对象的数据库模式时，建立一个数据库模式版本，保留旧版本，不废弃原数据库模式。这样，系统中同时存在多个数据库模式版本，这对于历史数据库的存取非常有利。但是，这种方法将导致存储空间开销增大。

如何实现面向对象数据库模式的演进，是面向对象数据库系统研究的一个重要方向。

17.3 数据仓库

17.3.1 从数据库到数据仓库

数据库系统作为数据管理的主要手段，主要用于事务处理。在这些数据库中已经保存了大量的日常业务数据。传统的决策支持系统(Decision Support System, DSS)一般是直接建立在这种事务处理环境上的。

数据库技术在事务处理、批处理、分析处理等方面发挥了巨大的作用，但它对分析处理的支持一直不能令人满意，尤其是当以事务处理为主的联机事务处理(OLTP)应用与以分析处理为主的DSS应用共存时，人们逐渐认识到事务处理和分析处理具有不同的特性。

以下原因将导致事务处理环境不适用于DSS应用。

(1) 事务处理和分析处理的特性不同。在事务处理环境中，用户的行为特点是数据的存取操作频率高而每次操作处理的时间短，因此系统允许多个用户按分时方式使用系统资源，同时保持较短的响应时间。在分析处理环境中，某个DSS应用程序可能需要连续运行几个小时，消耗大量的系统资源。

(2) 数据集成问题。全面、正确、大量的数据是有效分析和决策的前提，相关数据收集得越完整，从中得到的结果就越可靠、越有价值。在DSS过程中不仅需要企业内部各部门的相关数据，还需要企业外部竞争对手现在的、历史的等相关数据，即DSS需要集成数据。

事务处理的目的比较简单，主要是业务处理的自动化。一般只涉及较少的当前数据，对整个企业范围内的、历史的集成的应用考虑得很少。如许多使用数据库的地方，数据的真正状况是分散而非集成的，能产生丰富的细节数据，但这些数据却不能成为一个统一的整体。对于需要集成数据的DSS应用来说，必须自己在应用程序中对这些纷杂的数据进行集成。

数据集成是十分繁杂的工作，若交由应用程序完成，将大大增加程序员的负担，并且每次分析都要进行一次集成，将导致极低的处理效率。DSS对数据集成的迫切需要是数据仓库技术出现的最重要原因。

(3) 数据动态集成问题。因为进行数据集成的开销太大，若一个应用只在开始时对所需的数据进行一次集成，以后就一直以这部分集成的数据作为分析的基础，不再与原数据源发生联系，称这种方式的集成为静态集成。静态集成的最大缺点在于如果在数据集成后数据源发生了改变，这些变化将不能反映给决策者，导致决策者使用的是过时的数据。因此，集成数据必须以一定的周期(例如几天或几周)进行刷新，称为动态集成。事务处理系统不具备动态集成的能力。

(4) 历史数据问题。事务处理一般只需要当前数据，在数据库中一般也只存储短期数据，且不同数据的保存期限也不一样，即使是保存下来的历史数据也不能充分利用。但对于决策分析而言，历史数据是相当重要的，对于趋势分析等许多分析应用来说，必须以大量的历史数据为依托。

综上可见，DSS对数据在空间和时间的广度上都有了更高的要求，而事务处理环境难以满足这些要求。

(5) 数据的综合问题。事务处理系统往往积累了大量的细节数据，但不具备对这些数据进综合的能力。DSS并不需要直接对这些细节数据进行分析，而是在分析前先对细节数据进行综合。以上这些问题表明，在事务型环境中直接构建分析型应用是很困难的。要从本质上解决这些问题，就需要提高分析、决策的效率和结论的有效性。分析型处理及其数据必须与操作型处理和数据相分离，必须把分析数据从事务处理环境中提取出来，按照DSS处理的需要进行重新组织，建立单独的分析处理环境。数据仓库正是为了构建这种新的分析处理环境而出现的一种数据存储和组织技术。

17.3.2 数据仓库的定义及其特点

1. 数据仓库的定义

数据仓库是近年来信息领域中迅速发展起来的数据库新技术。数据仓库一词尚没有一个统一的定义，比较一致的说法是：数据仓库是一个面向主题的、集成的、相对稳定的、反映历史变化的数据集合，主要用于支持管理决策过程。

关于数据仓库的概念，要注意两点：首先，数据仓库用于支持决策，面向分析型数据处理，它不同于操作型数据库；其次，数据仓库是对多个异构的数据源的有效集成，集成后按照主题进行了重组，并包含历史数据，且存放在数据仓库中的数据一般不再修改。

建立数据仓库能充分利用已存在的数据资源，获得有用信息，并借此创造出效益。目前越来越多的企业、行政、事业单位开始认识到数据仓库应用所带来的好处。

与传统的数据库技术相比较，数据仓库是以数据库为中心，用于进行从事务处理、批处理到决策分析等各种类型的数据处理的技术。不同类型的数据处理有其不同的处理特点，以单一的数据组织方式进行组织的数据库并不能反映这种差异，满足不了数据处理的多样化要求。随着数据库应用的普及，人们发现，对数据的处理除了有操作型处理外还会有分析型处理，而且分析型处理会带来更好的效益。

所谓操作型处理(或事务处理)，是指对数据库进行的联机的日常操作，如对一个或一组记录的查询和修改等，主要是为特定应用服务的，操作人员比较注重响应时间、数据的安全性和完整性等问题。而分析型处理则主要由管理人员处理，处理结果往往会影响其决策行为，这种操作经常要访问大量的历史数据，与操作型数据之间有很大的差异。

数据仓库是以已有的业务系统和大量业务数据的积累为基础的，数据仓库不是静态的概念。把信息加以整理、归纳和重组，并及时提供给相应的管理决策人员，是数据仓库的根本任务。从产业界的角度看，数据仓库建设是一个工程。

2. 数据仓库的特点

与传统数据库相比较，数据仓库具有面向主题、集成的、相对稳定、反映历史变化4个特点。

1）面向主题

与传统数据库面向事务处理应用进行数据组织的特点相对应，数据仓库中的数据是面向主题进行组织的。

主题是一个抽象的概念，是指用户使用数据仓库进行决策时所关心的重点方面，是在较高层次上将企业信息系统中的数据综合、归类并进行分析利用的抽象，一个主题通常与多个操作型信息系统相关。在逻辑意义上，它对应企业中某一宏观分析领域所涉及的分析对象。所谓较高层次是相对面向应用的数据组织方式而言的，是指按照主题进行数据组织的方式具有更高的数据抽象级别。“主题”在数据仓库中是由一系列表实现的。一个主题下的表可以按数据的综合、数据所属时间段进行划分。基于一个主题的所有表都含有一个称为公共码键的属性作为其主码的一部分。公共码键将一个主题的各个表联系起来。由于数据仓库中的数据都是同某一时刻联系在一起的，所以除了其公共码键之外，还必须包括时间成分作为其码键的一部分。

数据仓库中的数据是按照一定的主题域进行组织的，同一主题的表不一定存储在相同的介质中，而可以根据数据被关心的程度，分别存储在磁盘、磁带、光盘等不同的介质中。一般而言，查询频率低的数据存储在廉价慢速设备(如磁带)上，而查询频率高的数据则保存在磁盘上。

2) 集成的

面向事务处理的操作型数据库通常与某些特定的应用相关，数据库之间相互独立，并且往往是异构的。而数据仓库中的数据是在对原有分散的数据库中的数据抽取、清理的基础上经过系统加工、汇总和整理得到的，必须消除源数据中的不一致性，以保证数据仓库内的信息是关于整个企业的一致的全局信息。

由于操作型处理与分析型处理之间的差别，数据仓库中的数据是从原有的分散的数据库中抽取来的，在数据进入数据仓库之前，需要经过加工、统一、综合等集成处理。数据集成是数据仓库建设中最关键、最复杂的一步。

3) 相对稳定

操作型数据库中的数据通常需要实时更新，数据根据需要及时发生变化。数据仓库的数据主要供企业决策分析之用，所涉及的数据操作主要是数据查询，一旦某个数据进入数据仓库以后，在一般情况下将被长期保留，也就是说数据仓库中一般有大量的查询操作，但修改和删除操作很少，通常只需要定期地加载、刷新。数据仓库中存储的是相当长一段时间内的历史数据，是不同时刻数据库快照的集合，以及基于这些快照进行统计、综合和重组的导出数据，不是联机处理的数据。因此，数据一经集成进入数据库后是极少或根本不更新的，是稳定的。

4) 反映历史变化

操作型数据库主要关心当前某一个时间段内的数据，而数据仓库中的数据通常包含历史信息，系统记录了企业从过去某一时间点(如开始应用数据仓库的时间点)到目前的各个阶段的信息，通过这些信息，可以对企业的发展历程和未来趋势作出定量分析和预测。

数据仓库中数据的相对稳定是指，数据仓库的用户进行分析处理时可能是不进行数据更新操作的，但并不是说在数据仓库的整个生存周期中数据集合是不变的。事实上，数据仓库的数据是随时间变化而不断变化的。这一特征表现在以下3方面。

(1) 数据仓库随时间变化不断增加新的数据内容。

(2) 数据仓库随时间变化不断删除旧的数据内容。

(3) 数据仓库中的综合数据需要随着时间的变化不断地进行重新综合。

17.3.3 数据仓库系统的体系结构

整个数据仓库系统的体系结构可以划分为数据源、数据的存储与管理、OLAP 服务器、前端工具 4 个层次，具体如图 17-3 所示。

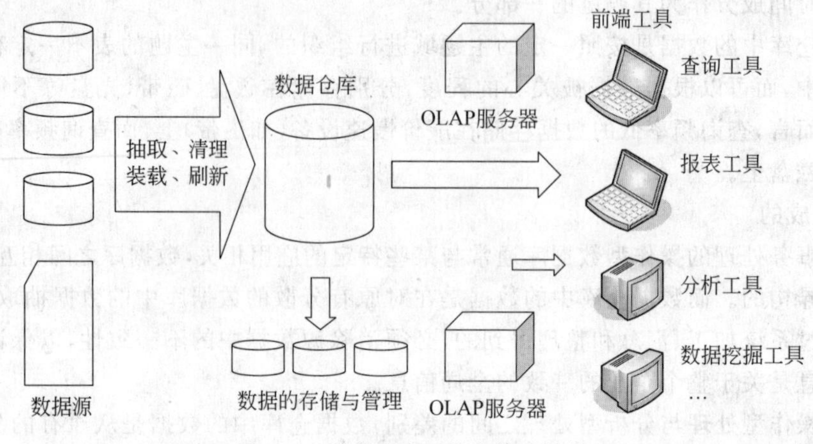

图 17-3 数据仓库系统的体系结构

数据源是数据仓库系统的基础，是各类数据的源泉，通常包括企业的各类信息，如存放于 RDBMS 中的各种业务处理数据、各类文档数据、各类法律法规、市场信息、竞争对手的信息等。

数据的存储与管理是整个数据仓库系统的核心，是数据仓库的关键。数据仓库的组织管理方式决定了它不同于传统数据库，同时也决定了其对外部数据的表现形式。数据仓库按照数据的覆盖范围可以分为企业级数据仓库和部门级数据仓库（通常称为数据集市）。

OLAP 服务器对分析需要的数据进行有效集成，按多维模型予以组织，以便进行多角度、多层次的分析，并发现趋势。按其具体实现可以分为 ROLAP、MOLAP 和 HOLAP。ROLAP 基本数据和聚合数据均存放在 RDBMS 之中；MOLAP 基本数据和聚合数据均存放在多维数据库之中；HOLAP 基本数据存放在 RDBMS 之中，聚合数据存放于多维数据库之中。

前端工具主要包括各种报表工具、查询工具、数据分析工具、数据挖掘工具以及各种基于数据仓库或数据集市的应用开发工具。其中数据分析工具主要针对 OLAP 服务器，报表工具、数据挖掘工具主要针对数据仓库。

17.3.4 分析工具

数据仓库系统是多种技术的综合体，它由数据仓库、数据仓库管理系统和数据仓库工具 3 个部分组成。数据仓库的数据分析工具用于帮助用户对数据进行分析、获取信息，是数据仓库系统的重要组成部分。在整个系统中，数据仓库居于核心地位，是信息挖掘的基础。数据仓库管理系统负责管理整个系统的运转，是整个系统的引擎。数据仓库工具则是整个系统发挥作用的关键，只有通过高效的工具，数据仓库才能真正发挥出数据宝库的作用。

1. 联机分析处理技术及工具

联机分析处理(OLAP)的应用不同于联机事务处理，它具有灵活的分析功能、直观的数据操作和可视化的分析结果表示形式等突出优点，从而使用户对基于大量数据的复杂分析变得轻松而高效。

在 OLAP 中，特别应指出的是多维数据视图的概念和多维数据库(Multidimension Database，MDB)的实现。其中，维是人们观察现实世界的角度，决策分析需要从不同的角度观察分析数据，以多维数据为核心的多维数据分析是决策的主要内容。数据仓库技术把决策分析中的数据结构和分析方法分离开，使分析工具的产品化成为可能。

目前，OLAP 工具产品的实现可分为两大类，一类是基于多维数据库的，一类是基于关系数据库的。两者的相同之处是，基本数据源仍是基于关系数据模型的，向用户呈现的也都是多维数据视图。不同之处是，前者把分析所需的数据从数据库或数据仓库中抽取出来，物理地组织成多维数据库，后者则利用关系表来模拟多维数据库，并不物理地生成多维数据库。

2. 数据挖掘技术和工具

数据挖掘(Data Mining，DM)是从超大型数据库或数据仓库中发现并提取隐藏在内部的信息的一种新技术。目的是帮助决策者寻找数据间潜在的关联，发现被其忽略的要素，而这些要素对预测趋势、作出决策也许是十分有用的信息。

人们期望数据挖掘技术能够自动分析数据，进行归纳性推理，从中发掘出数据间潜在的模式，或产生联想，建立新的业务模型，以帮助决策者调整市场策略，作出正确的决策。

17.3.5 数据仓库、OLAP 和数据挖掘的关系

数据仓库、OLAP 和数据挖掘是作为 3 种独立的信息处理技术出现的。数据仓库用于数据的存储和组织，OLAP 集中于数据的分析，数据挖掘则致力于知识的自动发现。可以将它们分别应用到信息系统的设计和实现中，以提高相应部分的处理能力。

由于这 3 种技术具有内在联系和互补性，将它们结合起来构成一种新的 DSS 构架。这一构架以数据仓库中的大量数据为基础，其特点如下。

(1) 在底层的数据库中保存了大量的事务级细节数据，是整个 DSS 系统的数据源。

(2) 数据仓库对底层数据库中的事务级数据进行集成，重组为面向全局的数据视图，为 DSS 提供数据存储和组织的基础。

(3) OLAP 从数据仓库中的集成数据出发，构建面向分析的多维数据模型，再从多个不同的视角对多维数据进行分析、比较，分析活动从以前的方法驱动转向了数据驱动，分析方法和数据结构实现了分离。

(4) 数据挖掘则以数据仓库和多维数据库中的大量数据为基础，自动地发现数据中的潜在模式，并以这些模式为基础自动地进行预测。

17.4 多媒体数据库

17.4.1 概述

媒体是信息的载体，多媒体是指各种信息载体（即媒体）的复合体，或者说多媒体是指多种媒体如数字、文本、图形、图像和声音的有机集成（而不是简单的组合）。其中数字、字符等称为格式化数据；文本、图形、图像、声音、视频等称为非格式化数据，非格式化数据具有数据量大、处理复杂等特点。

多媒体数据库用于对格式化和非格式化的多媒体数据进行存储、管理和查询，其主要特征如下。

(1) 多媒体数据库应能够表示多种媒体的数据。

非格式化数据表示起来比较复杂，需要根据多媒体系统的特点来决定表示方法。例如，如果感兴趣的是它的内部结构，且主要是根据其内部特定成分来检索的，则可把它按一定算法映射成包含它所有子部分的一张结构表，然后用格式化的表结构来表示它；如果感兴趣的是它本身的内容整体，要检索的也是它的整体，则可以用源数据文件表示它，文件由文件名来标记和检索。

(2) 多媒体数据库应能够协调处理各种媒体数据，正确识别各种媒体数据之间在空间或时间上的关联。

(3) 多媒体数据库应提供比传统数据管理系统更强的、适合非格式化数据查询的搜索功能。

在现代生活中需要处理各种形态的信息，如计算机要以图形、印刷文字、手写文字、声音、图像、动画和身体语言（如手势）等多种媒体作为信息处理的对象。

17.4.2 多媒体数据库系统的主要研究课题

近年来，随着技术的发展，形形色色的数字化手段、设备层出不穷，媒体的数字化技术有了很大发展。声音、图像、视频和音频的采样、模/数转换及存储问题已完全解决，达到实用化的要求，这为多媒体的计算机处理和应用提供了可能。大容量存储设备的商品化和网络带宽的不断提高，为多媒体信息的计算机处理奠定了硬件基础。各种独立媒体的数据库技术（如文本库、图形库、图像库等）的发展和研究为多媒体数据库系统的研究和开发提供了基本技术的保障。多媒体数据库系统就是把组织在不同媒体上的数据一体化的系统。

1. DBS 对多媒体数据的支持

当前的很多商用 DBS 都对多媒体应用提供支持。例如 Oracle、Sybase、DB2 等都可以不同程度地支持多媒体应用，但主要是在系统中引入无结构的大对象数据类型来存储多媒体数据，因而无法满足语义信息复杂的多媒体应用建模需求。

在面向对象数据库中虽能利用类层次表达复合多媒体对象之间的语义联系，但也不能满足建模需求。此外，现有的面向对象 DBS 的查询机制、事务管理和并发控制及数据访问等，只能在一定程度上支持多媒体应用。因而，多媒体数据库的许多课题仍有待研究与开发。

2. 多媒体数据库技术的研究

资料显示，多媒体数据库涉及的研究问题有如下几个。

(1) 多媒体数据模型研究。

多媒体数据具有数据量大、类型多样以及具有时空性质等特点。而作为数据模型应提供统一的概念，既要在用户使用时屏蔽各类媒体间的差异，又要在具体实现时考虑各种媒体的不同。

(2) 多媒体数据的索引、检索、存取和组织技术。

信息检索既是计算密集的，也是 I/O 密集的。信息检索也可能是模糊的或基于不完全信息的。研究多媒体数据的索引、检索、存取和组织技术，对加速多媒体数据库的应用无疑是很重要的。

(3) 多媒体查询语言。

期望的多媒体查询语言应能够表达复杂的时空概念，允许不精确检索。

(4) 多媒体数据的聚簇、存储、表现合成和传输支持技术。

(5) 多媒体数据库系统的标准化工作。

17.4.3 多媒体数据库应用系统的开发

一般来说，图像、声音、数字视频是多媒体的基本要素，目前多媒体数据库的应用日益广泛。例如，城市交互式有线电视实时点歌系统使人们可以通过电话机按键点歌，并且同时在电视上看到自己正在操纵的菜单，选中歌曲后电视立即自动播放 MTV，不需要旁人帮助，这是网络多媒体数据库的具体应用。

多媒体应用的开发涉及多种技术。例如，有线电视实时点播系统不仅涉及语音卡、电话网、有线电视网、数据库、高级语言编程等多种技术，还要解决节目来源、版权等多方面的问题。

开发多媒体数据库应用系统可以采用 PowerBuilder、Visual Basic、Delphi、Visual C++ 等工具，数据库可根据应用的需要采用 SQL Server、DB2、Access 等。多媒体数据库应用系统的应用程序一般要具备多媒体录制、查询、播放等众多功能。

在开发过程中一般要注意以下事项。

(1) 系统统筹、设计、资源的数字化。

(2) 将图像(静态、动态)、声音、动画、文字等多媒体素材存入数据库中。

(3) 制作查询、播放功能模块。

(4) 设计、开发应用硬件平台,比如应用在银行等系统的 ATM、CDM、查询终端等中。目前多媒体数据库在各行各业都有应用,例如珍稀动植物多媒体数据库等。

17.5 对象关系数据库

17.5.1 概述

使用面向对象方法学可以定义任何一种 DBMS 数据库,即网络型、层次型、关系型、面向对象型均可,甚至文件系统设计也可以遵循面向对象的思路。对象关系数据库正是把面向对象方法学与关系型数据库系统技术相结合的产物。

按照"第三代数据库系统宣言"文章的思想,一个面向对象数据库系统(OODBS)必须满足如下两个条件。

(1) 支持统一的、核心的面向对象数据模型。

(2) 支持传统数据库系统所有的数据库特征。

也就是说,面向对象的数据库系统必须保持第二代数据库系统所具有的非过程化数据存取方式和数据独立性,既能很好地支持对象管理、规则管理,又能更好地支持现有的各种优秀的数据管理技术。

对象关系数据库系统将关系数据库系统与面向对象数据库系统两方面的特征相结合,增强了数据库的功能,使之具备了主动数据库和知识库的特性。对象关系数据库系统除了具有原来关系数据库的各种特点外,还具备以下特点。

(1) 应具有扩充数据类型。目前商品化的关系型数据库系统只能支持某一固定的类型集,而不能依据某一应用的特殊需求来扩展其类型集。而对象关系数据库系统应允许用户利用面向对象技术扩充数据类型,允许用户根据应用需求自己定义一个新的数据类型及相应的操作。新的数据类型、操作一经定义,就如同基本数据类型一样可供所有用户共享。

(2) 支持复杂对象。对象关系数据库系统能够在 SQL 中支持复杂对象,实现对复杂对象的查询等处理。复杂对象是指由多种基本类型或用户自定义的数据类型构成的对象。

(3) 支持继承的概念。继承是面向对象技术的一个重要概念,对象关系数据库系统能够支持子类、超类的概念,即支持继承的概念,如能够实现属性数据的继承和函数及过程的继承等;而且支持单继承与多继承等,也支持函数重载等面向对象的重要思想。

(4) 提供通用的规则系统。对象关系数据库系统能提供强大而通用的规则系统。在传统的关系型数据库系统中,一般用触发器来保证数据库中数据的完整性,触发器是规则的一种形式。对象关系数据库系统要支持的规则系统应该更通用、更灵活,并且要与其他的对象关系处理方式相统一。例如规则中的事件和动作可以是合适的 SQL 语句,可以使用定义函数，规则也能够被继承等。

17.5.2 实现对象关系数据库系统的方法

目前，实现对象关系数据库系统的方法主要有以下5类。

(1) 从头开发对象关系 DBMS。这种方法采用面向对象的技术，结合关系系统的思想，从头开发对象关系数据库系统，比较费力，需要付出的代价非常高，不现实，一般不采用。

(2) 扩展现有的关系型 DBMS。在现有关系系统的基础上进行适当的扩展，形成对象关系数据库系统，是比较切实可行的，也是最主要和最有效的方法。目前主要的扩展方法有两种。

① 从关系型 DBMS 的核心进行扩充，使其逐渐增加对象特性。

这种方法相对比较安全，开发出来的新系统的性能也较好，既有明显的关系特征，也有突出的面向对象的特性。例如，许多关系数据库系统厂商都采用这种方法，推出了最新版本的对象关系数据库系统。

② 不修改现有的关系型 DBMS 核心，而是在外面加上一个包装层，由包装层提供对象关系型应用的编程接口，并由包装层负责将用户提交的对象关系型查询转换成关系型 DBMS 的查询，再传送给核心的关系型 DBMS 处理，再将处理结果转换后交给基于对象关系数据库的应用程序。这种方法会因为包装层(转换功能)的存在而使系统效率受到一定的影响。

(3) 将关系型 DBMS 与其他厂商的对象关系型 DBMS 相连接，使其直接具有对象关系特征。

连接方法主要有以下两种。

① 使用网关技术将关系型 DBMS 与其他厂商的对象关系型 DBMS 连接起来。

② 将关系型存储管理器与对象关系型引擎相结合，这种方式主要以关系型 DBMS 作为系统的最底层，具有兼容的存储管理器的对象关系型系统作为上层。

(4) 将面向对象型的 DBMS 与其他对象关系型 DBMS 连接在一起，使现有的面向对象型 DBMS 具有对象关系特征。

连接方法主要是将面向对象型 DBMS 引擎与持久语言系统相结合，以面向对象的 DBMS 作为系统的核心层，具有兼容的持久语言系统的对象关系型系统作为上层。

(5) 扩展现有的面向对象的 DBMS，使之成为对象关系 DBMS。

17.6 并行数据库

17.6.1 概述

并行数据库系统是新一代高性能的数据库系统，致力于开发数据操作的时间并行性和空间并行性，是当今研究热点之一。并行数据库技术起源于20世纪70年代的数据库机研究，人们希望通过硬件实现关系操作的某些功能，研究主要集中在关系代数操作的并行化和实现关系操作的专用硬件设计上。20 世纪 80 年代后，逐步转向通用并行机的研究。20 世纪 90 年代以后，存储技术、网络技术、微型计算机技术的迅猛发展，以及通用并行计算机硬件的发展，为并行数据库技术的研究奠定了基础。

早期并行数据库系统的研究重点主要集中在并行数据库的物理组织、操作算法、优化和调度策略上，目前则集中在提高数据操作的时间并行性和空间并行性上。关系模型仍是研究的基础，基于对象模型的并行数据库也是一个重要的研究方向。

17.6.2 并行数据库系统的目标及问题

1. 并行数据库系统的目标

一个并行数据库系统应该实现高性能、高可用性、可扩充性等目标。

1）高性能

并行数据库系统通过将数据库管理技术与并行处理技术有机结合，发挥多处理机结构的优势，从而提供比相应的大型机系统要求高得多的性价比和可用性。例如，通过将数据库在多个磁盘上分布存储，利用多个处理机对磁盘数据进行并行处理，可以解决磁盘的瓶颈问题。通过提高查询间的并行性(不同查询并行执行)、查询内并行性(同一查询内的子操作并行执行)以及其他操作的内并行性(子操作并行执行)，可以大大提高查询效率。

2）高可用性

并行数据库系统可通过数据复制等手段来增强数据库的可用性。这样，当一个磁盘损坏时，该盘上的数据在其他磁盘上的副本仍可供使用，且无须额外开销(与基于日志的恢复不同)。数据复制还应与数据划分技术相结合，以保证当磁盘损坏时系统仍能并行访问数据。

3）可扩充性

并行数据库系统的可扩充性是指系统通过增强处理和存储能力可以平滑地扩展性能的能力。并行数据库系统具有两个方面的可扩充性优势：线性伸缩和线性加速。

2. 并行数据研究的问题

并行数据库特别是并行关系数据库已经成为数据库研究的热点。最近几年，伴随着 MPP 的发展，新的并行及分布式计算技术、计算机集群技术(Cluster-technology)等引起了人们的极大关注，成为十分活跃的研究领域。除了这些，目前在并行数据库领域主要有下列问题需要解决。

(1) 并行体系结构。目前的并行计算机其各个处理机都具有自己独立的主存和磁盘，不共享计算机，不共享硬件资源，处理机之间的通信由高速网络实现。需要研究与这些并行计算机结构相一致的并行数据库的体系结构及有关实现技术。

(2) 并行操作算法。为提高并行查询的效率，需要研究联接、聚集和统计等数据操作的并行执行算法。

(3) 并行查询优化。对并行操作的步骤进行优化组合,以进一步提高系统的执行效率。

(4) 并行数据库的物理设计。它包括数据分布算法的研究和数据库设计工具的研究等。

(5) 并行数据库的数据加载和再组织技术。

17.6.3 支持并行数据库的并行结构

并行计算机根据处理机与磁盘及内存的相互关系可以分为 3 种基本的体系结构,即共享内存(Shared-Memory,SM)结构、共享磁盘(Shared-Disk,SD)结构和无共享资源(Shared-Nothing,SN)结构。并行数据库系统研究以 3 种并行计算结构为基础。

1. SM 并行结构

SM 并行结构由多个处理机、一个共享内存(主存储器)和多个磁盘存储器构成。多处理机和共享内存通过高速通信网络连接起来,每个处理机可直接存取一个或多个磁盘,所有内存与磁盘为所有处理机所共享。例如,IBM/370 多处理机系统、VAX 多处理机系统是具有 SM 结构的并行计算机系统。

SM 方案的优势在于实现简单和负载均衡。在该结构中,共同执行一条 SQL 语句的多个数据库构件通过共享内存来交换消息与数据。数据库中的数据划分在多个局部磁盘上,并可以被所有处理机访问。数据库软件的编制与单处理机情形区别不大。查询间并行性的实现不需要额外开销,查询内并行性的实现也较容易。

这种系统可以基于实际负荷来动态地给各处理机分配任务,可以很好地实现负荷均衡。但是由于硬件成员之间的互联很复杂,因而成本较高;访问共享内存和磁盘也会成为瓶颈;为了避免访问冲突增多而导致系统性能下降,节点数目受到限制;可扩充性较差。此外,内存的任何错误都将影响到多个处理机,系统的可用性不是很好。

2. SD 并行结构

SD 并行结构由多个具有独立内存(主存储器)的处理机和多个磁盘构成。每个处理机都可以读写任何磁盘。多个处理机和磁盘存储器通过高速通信网络连接起来。

SD 方案具有成本低、可扩充性好、可用性强、容易从单处理机系统迁移以及负载均衡等优点。该结构的不足在于实现起来复杂以及存在潜在的性能问题。

由于 SD 方案中的每一个处理机可以访问共享磁盘上的数据库页(但它们无共享内存),因此数据被复制到各自的高速缓冲区中。为避免对同一磁盘页的访问冲突,该结构需要一个分布式缓存管理器来对各处理机(节点)并发访问进行全局控制与管理,并保持数据的一致性。维护数据一致性会带来额外的通信开销。此外,对共享磁盘的访问是潜在的瓶颈。

3. SN 并行结构

SN 并行结构由多个处理节点构成。每个处理节点具有自己独立的处理机、内存(主存储器)和磁盘存储器。多个处理机节点通过高速通信网络连接起来。

在 SN 方案中,每一节点可视为分布式数据库系统中的局部场地,因此分布式数据库设计中的多数设计思路(如数据库分片、分布事务管理和分布查询处理等)都可以借鉴。

SN 结构成本较低,它最大限度地减少了共享资源,具有极佳的可伸缩性。

17.6.4 并行数据库系统与分布式数据库系统的区别

分布式数据库系统与并行数据库系统有许多相似点,如都有用网络连接各个数据处理节点的特点。网络中的所有节点构成一个逻辑上的统一整体,用户可以对各个节点上的数据进行透明存取等。

由于分布式数据库系统和并行数据库系统的应用目标和具体实现方法不同,因此它们之间也具有很大的不同,主要有以下几点。

(1) 应用目标不同。并行数据库系统的目标是充分发挥并行计算机的优势,利用系统中的各个处理机节点并行地完成数据库任务,提高数据库系统的整体性能。分布式数据库系统主要用于实现场地自治和数据的全局透明共享,而不要求利用网络中的各个节点来提高系统处理性能。

(2) 实现方式不同。在具体的实现方法上,并行数据库系统与分布式数据库系统也有着较大的不同。在并行数据库系统中,为了充分利用各个节点的处理能力,各节点间可以采用高速网络互联。节点间的数据传输代价相对较低,当某些节点处于空闲状态时,可以将工作负载过大的节点上的部分任务通过高速网传送给空闲节点处理,从而实现系统的负载平衡。

但是在分布式数据库系统中,为了适应应用的需要,满足部门分布特点的需要,各节点间一般采用局域网或广域网相连,网络带宽较低,点到点的通信开销较大。因此,在进行查询处理时一般应尽量减少节点间的数据传输量。

(3) 各节点的地位不同。在并行数据库系统中,各节点都不是独立的,不存在全局应用和局部应用的概念,在数据处理中只能发挥协同作用,而不可能有局部应用。在分布式数据库系统中,各节点除了能通过网络协同完成全局事务外,还具有场地自治性,每个场地是独立的数据库系统。每个场地有自己的数据库、客户、CPU 等资源,运行自己的 DBMS,执行局部应用,具有高度的自治性。

17.7 空间数据库

17.7.1 概述

空间数据是用于表示空间物体的位置、形状、大小和分布特征等方面信息的数据,适用于描述所有二维、三维和多维分布的关于区域的现象。空间数据的特点是不仅包括物体本身的空间位置及状态信息,还包括表示物体的空间关系的信息。属性数据为非空间数据，用于描述空间物体的性质，对空间物体进行语义定义。

空间数据库系统则是描述、存储和处理空间数据及其属性数据的数据库系统。空间数据库是随着地理信息系统的开发和应用而发展起来的数据库新技术。目前，空间数据库系统尚不是独立存在的系统，它与应用紧密结合，大多数作为地理信息系统的基础和核心。

空间数据库的研究始于20世纪70年代的地图制图与遥感图像处理领域，其目的是为了有效地利用卫星遥感资源迅速绘制出各种经济专题地图。由于传统数据库在空间数据的表示、存储、管理和检索上存在许多缺陷，从而形成了空间数据库这一新的数据库研究领域。它涉及计算机科学、地理学、地图制图学、摄影测量与遥感、图像处理等多个学科。

17.7.2 空间数据库技术研究的主要内容

空间数据库技术研究的主要内容包括以下几方面。

1. 空间数据模型

空间数据模型是描述空间实体和空间实体关系的数据模型，一般来说可以用传统的数据模型加以扩充和修改来实现，也可以用面向对象的数据模型来实现。

空间数据库常用的空间数据结构有矢量数据结构和栅格数据结构两种。

矢量数据结构中，一个区域或一个地图划分为若干个多边形，每个多边形由若干条线段或弧组成。每条线段或弧包含两个节点，节点的位置用X，Y坐标表示。空间关系用点和边，边和面，面和面之间的关系隐含或显式表示。矢量数据结构数据存储量小，图形精度高，容易定义单个空间对象，但是处理空间关系比较费时，常用于描述图形数据。

栅格数据结构中，地理实体用格网单元的行和列为位置标识，栅格数据的每个元素(灰度)与地理实体的特征相对应。行和列的数目决定于栅格的分辨率(大小)。栅格数据简单，容易处理空间位置关系，但数据存储量大，图形精度低。常用于描述图像和影像数据。

2. 空间数据查询语言

空间数据查询包括位置查询、空间关系查询和属性查询等。前两种查询是空间数据库特有的，基本方式有面-面查询、线-线查询、点-点查询、线-面查询、点-线查询、点-面查询等。开发空间数据查询语言的目的是为了正确表达以上查询请求。

3. 空间数据库管理系统

空间数据库管理系统的主要功能是提供对空间数据和空间关系的定义和描述；提供空间数据查询语言，实现对空间数据的高效查询和操作；提供对空间数据的存储和组织；提供对空间数据的直观显示等。空间数据库管理系统比传统的数据库管理系统在数据的查询、操作、存储和显示等方面要复杂许多。

目前，以空间数据库为核心的地理信息系统的应用已经从解决道路、输电线路等基础设施的规划和管理，发展到更加复杂的领域，地理信息系统已经广泛应用于环境和资源管理、土地利用、城市规划、森林保护、人口调查、交通、地下管网、输油管道、商业网络等各个方面的管理与决策。例如，人们研制了许多国土资源管理信息系统、洪水灾情预报分析系统以及地理信息系统 GIS 软件产品。

小　结

数据库技术最初产生于 20 世纪 60 年代中期，根据数据模型的发展，可以划分为以下几个阶段：第一代的数据库系统是层次模型的数据库系统和网状模型的数据库系统；第二代的关系数据库系统的主要特征是支持关系数据模型；第三代以面向对象模型为主要特征的数据库系统支持多种数据模型，如关系模型和面向对象的模型，并与多种新技术相结合，广泛应用于多个领域，并由此衍生出多种新的数据库技术。

习　题　17

一、选择题

1. 随着数据库技术的发展，第二代数据库系统的主要特征是支持(　　)数据模型。

A. 层次　　B. 网状　　C. 关系　　D. 面向对象

2. 数据库技术与并行处理技术相结合，出现了(　　)。

A. 分布式数据库系统　　B. 并行数据库系统

C. 主动数据库系统　　D. 多媒体数据库系统

3. 数据库技术与分布处理技术相结合，出现了(　　)。

A. 分布式数据库系统　　B. 并行数据库系统

C. 主动数据库系统　　D. 多媒体数据库系统

二、填空题

1. ________是分布式网络技术与数据库技术相结合的产物，是分布在计算机网络上的多个逻辑相关的数据库的集合。

2. ________将数据库管理技术与并行处理技术进行了有机结合。

3. ________是一个面向主题的、集成的、相对稳定的、反映历史变化的数据集合，用于支持管理决策。

4. 分布式数据库系统的 4 个主要特点是________、________、________和________。

三、简答题

1. 名词解释。

对象　封装　类　继承

2. 结合实际，谈谈对国产数据库管理系统发展策略的认识。
3. 自20世纪60年代中期以来，数据库技术发展经历了哪些阶段？
4. 什么是面向对象的数据库系统？
5. 分布式数据库的特点有哪些？
6. 开发并行数据库是为了实现哪些目标？
7. 什么是数据仓库？数据仓库有哪些特点？
8. 数据挖掘的目的是什么？

参考文献

[1] 闪四清. SQL Server 实用简明教程[M]. 第三版. 北京：清华大学出版社，2008.

[2] 岳付强，罗明英，等. SQL Server 2005 从入门到实践[M]. 北京：清华大学出版社，2009.

[3] 赵松涛. 深入浅出 SQL Server 2005 系统管理与应用开发[M]. 北京：电子工业出版社，2009.

[4] 萨师煊，王珊. 数据库系统概论[M]. 第 4 版. 北京：高等教育出版社，2006.

[5] 杜文洁，白萍. 数据库开发技术——SQL Server 2005[M]. 北京：水利水电出版社，2009.

[6] Abraham Silberschatz，Henry E Korth，S Surarshan. 数据库系统概念[M]. 第 3 版. 北京：机械工业出版社，2000.

[7] 张晋连. 数据库原理及应用[M]. 北京：电子工业出版社，2004.

[8] Connolly T，Begg C. 数据库系统[M]. 第 3 版. 宁洪，等译. 北京：电子工业出版社，2004.

[9] 李维杰，孙乾君. SQL Server 2005 数据库原理与应用简明教程[M]. 北京：清华大学出版社，2007.

[10] 钱雪忠. 数据库原理与 SQL Server 2005 教程[M]. 北京：清华大学出版社，2007.

[11] 詹英. 数据库技术与应用——SQL Server 2005 教程[M]. 北京：清华大学出版社，2008.

[12] 文瑞，等. SQL Server 2005 从入门到精通：数据库基础[M]. 北京：清华大学出版社，2007.

[13] Microsoft Corporation MS SQL Server 2005 联机文档[OL].

[14] 龚小勇，段利文，等. 关系数据库与 SQL Server 2005[M]. 北京：机械工业出版社，2009.

[15] 高荣芳. 数据库原理[M]. 西安：电子科技大学出版社，2003.

[16] 马涛. 数据库技术及应用[M]. 北京：电子工业出版社，2003.

[17] 康会光，等. SQL Server 2005 中文版标准教程[M]. 北京：清华大学出版社，2007.

[18] 李春葆，等. SQL Server 2005 应用系统开发教程[M]. 北京：科学出版社，2009.

[19] 黄维通，刘艳明. SQL Server 2005 数据库应用基础教程[M]. 北京：高等教育出版社，2008.

高等学校计算机基础教育教材精选

书　名	书　号
Access 数据库基础教程　赵乃真	ISBN 978-7-302-12950-9
AutoCAD 2002 实用教程　唐嘉平	ISBN 978-7-302-05562-4
AutoCAD 2006 实用教程(第 2 版)　唐嘉平	ISBN 978-7-302-13603-3
AutoCAD 2007 中文版机械制图实例教程　蒋晓	ISBN 978-7-302-14965-1
AutoCAD 计算机绘图教程　李苏红	ISBN 978-7-302-10247-2
C++及 Windows 可视化程序设计　刘振安	ISBN 978-7-302-06786-3
C++及 Windows 可视化程序设计题解与实验指导　刘振安	ISBN 978-7-302-09409-8
C++语言基础教程(第 2 版)　吕凤翥	ISBN 978-7-302-13015-4
C++语言基础教程题解与上机指导(第 2 版)　吕凤翥	ISBN 978-7-302-15200-2
C++语言简明教程　吕凤翥	ISBN 978-7-302-15553-9
CATIA 实用教程　李学志	ISBN 978-7-302-07891-3
C 程序设计教程(第 2 版)　崔武子	ISBN 978-7-302-14955-2
C 程序设计辅导与实训　崔武子	ISBN 978-7-302-07674-2
C 程序设计试题精选　崔武子	ISBN 978-7-302-10760-6
C 语言程序设计　牛志成	ISBN 978-7-302-16562-0
PowerBuilder 数据库应用系统开发教程　崔巍	ISBN 978-7-302-10501-5
Pro/ENGINEER 基础建模与运动仿真教程　孙进平	ISBN 978-7-302-16145-5
SAS 编程技术教程　朱世武	ISBN 978-7-302-15949-0
SQL Server 2000 实用教程　范立南	ISBN 978-7-302-07937-8
Visual Basic 6.0 程序设计实用教程(第 2 版)　罗朝盛	ISBN 978-7-302-16153-0
Visual Basic 程序设计实验指导与习题　罗朝盛	ISBN 978-7-302-07796-1
Visual Basic 程序设计教程　刘天惠	ISBN 978-7-302-12435-1
Visual Basic 程序设计应用教程　王瑾德	ISBN 978-7-302-15602-4
Visual Basic 试题解析与实验指导　王瑾德	ISBN 978-7-302-15520-1
Visual Basic 数据库应用开发教程　徐安东	ISBN 978-7-302-13479-4
Visual C++ 6.0 实用教程(第 2 版)　杨永国	ISBN 978-7-302-15487-7
Visual FoxPro 程序设计　罗淑英	ISBN 978-7-302-13548-7
Visual FoxPro 数据库及面向对象程序设计基础　宋长龙	ISBN 978-7-302-15763-2
Visual LISP 程序设计(第 2 版)　李学志	ISBN 978-7-302-11924-1
Web 数据库技术　铁军	ISBN 978-7-302-08260-6
Web 技术应用基础 (第 2 版)　樊月华 等	ISBN 978-7-302-18870-4
程序设计教程(Delphi)　姚普选	ISBN 978-7-302-08028-2
程序设计教程(Visual C++)　姚普选	ISBN 978-7-302-11134-4
大学计算机(应用基础·Windows 2000 环境)　卢湘鸿	ISBN 978-7-302-10187-1
大学计算机基础　高敬阳	ISBN 978-7-302-11566-3
大学计算机基础实验指导　高敬阳	ISBN 978-7-302-11545-8
大学计算机基础　秦光洁	ISBN 978-7-302-15730-4
大学计算机基础实验指导与习题集　秦光洁	ISBN 978-7-302-16072-4
大学计算机基础　牛志成	ISBN 978-7-302-15485-3

大学计算机基础　訾秀玲　ISBN 978-7-302-13134-2
大学计算机基础习题与实验指导　訾秀玲　ISBN 978-7-302-14957-6
大学计算机基础教程(第 2 版)　张莉　ISBN 978-7-302-15953-7
大学计算机基础实验教程(第 2 版)　张莉　ISBN 978-7-302-16133-2
大学计算机基础实践教程(第 2 版)　王行恒　ISBN 978-7-302-18320-4
大学计算机技术应用　陈志云　ISBN 978-7-302-15641-3
大学计算机软件应用　王行恒　ISBN 978-7-302-14802-9
大学计算机应用基础　高光来　ISBN 978-7-302-13774-0
大学计算机应用基础上机指导与习题集　郝莉　ISBN 978-7-302-15495-2
大学计算机应用基础　王志强　ISBN 978-7-302-11790-2
大学计算机应用基础题解与实验指导　王志强　ISBN 978-7-302-11833-6
大学计算机应用基础教程(第 2 版)　詹国华　ISBN 978-7-302-19325-8
大学计算机应用基础实验教程(修订版)　詹国华　ISBN 978-7-302-16070-0
大学计算机应用教程　韩文峰　ISBN 978-7-302-11805-3
大学信息技术(Linux 操作系统及其应用)　衷克定　ISBN 978-7-302-10558-9
电子商务网站建设教程(第 2 版)　赵祖荫　ISBN 978-7-302-16370-1
电子商务网站建设实验指导(第 2 版)　赵祖荫　ISBN 978-7-302-16530-9
多媒体技术及应用　王志强　ISBN 978-7-302-08183-8
多媒体技术及应用　付先平　ISBN 978-7-302-14831-9
多媒体应用与开发基础　史济民　ISBN 978-7-302-07018-4
基于 Linux 环境的计算机基础教程　吴华洋　ISBN 978-7-302-13547-0
基于开放平台的网页设计与编程(第 2 版)　程向前　ISBN 978-7-302-18377-8
计算机辅助工程制图　孙力红　ISBN 978-7-302-11236-5
计算机辅助设计与绘图(AutoCAD 2007 中文版)(第 2 版)　李学志　ISBN 978-7-302-15951-3
计算机软件技术及应用基础　冯萍　ISBN 978-7-302-07905-7
计算机图形图像处理技术与应用　何薇　ISBN 978-7-302-15676-5
计算机网络公共基础　史济民　ISBN 978-7-302-05358-3
计算机网络基础(第 2 版)　杨云江　ISBN 978-7-302-16107-3
计算机网络技术与设备　满文庆　ISBN 978-7-302-08351-1
计算机文化基础教程(第 2 版)　冯博琴　ISBN 978-7-302-10024-9
计算机文化基础教程实验指导与习题解答　冯博琴　ISBN 978-7-302-09637-5
计算机信息技术基础教程　杨平　ISBN 978-7-302-07108-2
计算机应用基础　林冬梅　ISBN 978-7-302-12282-1
计算机应用基础实验指导与题集　冉清　ISBN 978-7-302-12930-1
计算机应用基础题解与模拟试卷　徐士良　ISBN 978-7-302-14191-4
计算机应用基础教程　姜继忱　徐敦波　ISBN 978-7-302-18421-8
计算机硬件技术基础　李继灿　ISBN 978-7-302-14491-5
软件技术与程序设计(Visual FoxPro 版)　刘玉萍　ISBN 978-7-302-13317-9
数据库应用程序设计基础教程(Visual FoxPro)　周山芙　ISBN 978-7-302-09052-6
数据库应用程序设计基础教程(Visual FoxPro)题解与实验指导　黄京莲　ISBN 978-7-302-11710-0
数据库原理及应用(Access)(第 2 版)　姚普选　ISBN 978-7-302-13131-1
数据库原理及应用(Access)题解与实验指导 (第 2 版)　姚普选　ISBN 978-7-302-18987-9
数值方法与计算机实现　徐士良　ISBN 978-7-302-11604-2

网络基础及 Internet 实用技术　姚永翘　ISBN 978-7-302-06488-6

网络基础与 Internet 应用　姚永翘　ISBN 978-7-302-13601-9

网络数据库技术与应用　何薇　ISBN 978-7-302-11759-9

网络数据库技术实验与课程设计　舒后 何薇

网页设计创意与编程　魏善沛　ISBN 978-7-302-12415-3

网页设计创意与编程实验指导　魏善沛　ISBN 978-7-302-14711-4

网页设计与制作技术教程(第 2 版)　王传华　ISBN 978-7-302-15254-8

网页设计与制作教程（第 2 版）　杨选辉　ISBN 978-7-302-10686-9

网页设计与制作实验指导（第 2 版）　杨选辉　ISBN 978-7-302-10687-6

微型计算机原理与接口技术(第 2 版)　冯博琴　ISBN 978-7-302-15213-2

微型计算机原理与接口技术题解及实验指导(第 2 版)　吴宁　ISBN 978-7-302-16016-8

现代微型计算机原理与接口技术教程　杨文显　ISBN 978-7-302-12761-1

新编 16/32 位微型计算机原理及应用教学指导与习题详解　李继灿　ISBN 978-7-302-13396-4

新编 Visual FoxPro 数据库技术及应用　王颖　姜力争　单波　谢萍